高等学校“十三五”重点规划

机械设计制造及其自动化系列

SHUKONG JISHU

数控技术

编著◆黄国权　舒海生

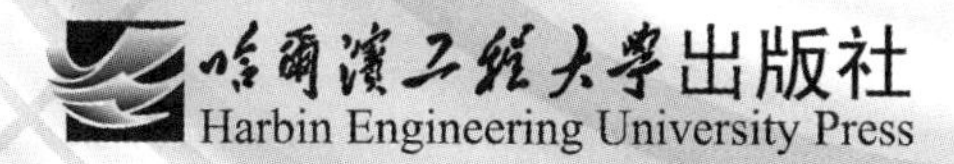

内容简介

本书内容主要覆盖了两个方面:一方面是数控系统,系统地介绍了数控技术、数控机床、计算机数控(CNC)装置和进给伺服系统;另一方面是数控编程,系统地介绍了数控编程基础、数控编程技术,主要有数控车床编程、数控铣床及加工中心编程和轮廓控制系统编程等。本书内容丰富,重点突出,逻辑性强,层次清晰,结构严谨,并突出课程思政的基本要素内容。本书各章均提供了小结和复习题,便于掌握好所学内容。

本书适合作为高等学校机械设计制造及其自动化专业的本科生的教材,也适合作为高等职业学院学生"数控技术"课程教材,还适合从事数控技术和有关工程的技术人员阅读学习。

图书在版编目(CIP)数据

数控技术 / 黄国权,舒海生编著. —哈尔滨 :哈尔滨工程大学出版社,2020.1(2024.1 重印)
ISBN 978 -7 -5661 -2614 -6

Ⅰ.①数… Ⅱ.①黄… ②舒… Ⅲ.①数控技术 Ⅳ.①TP273

中国版本图书馆 CIP 数据核字(2020)第 018876 号

选题策划 张淑娜 雷 霞
责任编辑 雷 霞
封面设计 博鑫设计

出版发行 哈尔滨工程大学出版社
社　　址 哈尔滨市南岗区南通大街 145 号
邮政编码 150001
发行电话 0451 -82519328
传　　真 0451 -82519699
经　　销 新华书店
印　　刷 哈尔滨午阳印刷有限公司
开　　本 787 mm×1 092 mm　1/16
印　　张 17.75
字　　数 464 千字
版　　次 2020 年 1 月第 1 版
印　　次 2024 年 1 月第 2 次印刷
定　　价 48.00 元
http://www.hrbeupress.com
E-mail:heupress@hrbeu.edu.cn

前 言 PREFACE

数控技术是现代先进制造技术的基础和核心。数控机床是电子信息技术和传统机械加工技术结合的产物,它集机械制造技术、信息技术、计算机技术、微电子技术和自动化技术等多学科为一体,具有高效率、高精度、高自动化和高柔性的特点,是当代制造业的重要装备。当今世界各国制造业通过发展数控技术,建立数控机床产业,促使制造业跨入了一个崭新的发展阶段。

"数控技术"课程是机械设计制造及其自动化专业的专业技术课程,是各工科高校开设的必不可少的课程,理论性和应用性都比较强。本书在内容的选取上侧重于数控技术的基本理论、基本框架、研究方法,注重理论联系实际和工程应用。本书指出了本学科的发展前景和当前面临的新问题,以研究方式引导学生掌握数控技术内容,并能很好地应用于工程实际。本书在编写的过程中,在重视系统基础知识的同时,着重吸收现代国内外数控技术的新发展和新成果,力求做到内容的先进性、科学性和实用性,取材新颖、结构严谨、系统性强,并突出课程思政的基本要素内容。根据作者多年的教学经验,本书的教学内容可以安排 32 ~ 64 学时。可以根据各学校的教学要求适当删减一些内容。

本书重点讲述了两方面内容:一方面是数控系统,另一方面是数控编程。全书共分 5 章。第 1 章绪论,简要介绍了数控技术、数控机床;第 2 章计算机数控(CNC)装置,介绍了 CNC 装置的硬件结构、CNC 装置的软件结构、刀具补偿、进给速度处理和加减速控制、插补计算(包括基准脉冲插补法、数据采样插补法)、CNC 装置的接口、数控机床中的可编程控制器(PLC)、开放式数控体系结构;第 3 章进给伺服系统,介绍了检测装置(包括旋转变压器、感应同步器、计量光栅、编码器)、步进式伺服系统、直流伺服电动机及其速度控制、交流伺服电动机及其速度控制、位置控制系统、全数字伺服系统;第 4 章数控编程基础,介绍了数控加工工艺分析、数控刀具(包括数控刀具的分类、数控刀具材料、数控车床刀具、数控铣床刀具等)、数控编程中的指令代码(包括准备功能字、辅助功能字、进给功能字、主轴功能字、刀具功能字、刀具偏置字等);第 5 章数控编程技术,介绍了数控编程方法、数控车床编程、数控铣床和加工中心编程、轮廓控制系统编程、曲面轮廓加工技术、图形编程技术。

本书适合作为高等学校机械设计制造及其自动化专业的本科生的教材,也适合作为高等职业学院学生"数控技术"课程教材,还适合从事数控技术,有关工程的技术人员阅读。

全书由哈尔滨工程大学黄国权教授、舒海生教授编著,由黄国权教授负责统稿全书。尽管作者在编写过程中投入了大量的时间和精力,但是由于水平有限,书中难免存在笔误、不足甚至错误,敬请读者批评指正。哈尔滨工程大学出版社的编辑为本书的编写和出版付出了辛勤劳动,在本书完成之际,致以诚挚的感谢。

编著者

2019 年 11 月

目　录

第1章　绪　　论

1.1　数控技术概述

1.1.1　引言

数控技术(numerical control technology)及装备是发展新兴高新技术产业和尖端工业(如信息技术及其产业、生物技术及其产业、航空、航天等国防工业产业)的使能技术和最基本的装备。数控技术是当今先进制造技术(advanced manufacturing technology,AMT)和装备最核心的技术。数控机床(numerical control machine)是电子信息技术和传统机械加工技术结合的产物,它集机械制造技术、信息技术、计算机技术、微电子技术和自动化技术等多学科为一体,具有高效率、高精度、高自动化和高柔性的特点,是当代制造业的重要装备。

当今世界各国制造业通过发展数控技术,建立数控机床产业,促使制造业跨入了一个崭新的发展阶段,从而提高制造能力和水平,提高经济的适应能力和竞争能力。总之,大力发展以数控技术为核心的先进制造技术,已成为世界各发达国家加速经济发展、提高综合国力和国家地位的重要途径。

先进的数控机床是重要的工业设备。“东芝事件”,让我们知道高端装备对于国家安全到底有多重要。

20世纪80年代,日本东芝机械公司背着“巴黎统筹委员会”向苏联出售高精密的加工船用螺旋桨的数控机床,该机床可以通过一套复杂完备的算法和精准的控制系统完成复杂曲面的数学建模和高精度加工,非常适合加工核潜艇所需要的高性能螺旋桨。数控机床制造的高精度螺旋桨如图1-1所示。

苏联人通过购买的数控机床,将潜艇制造业的加工水平大大提高,打破了美国对苏联海军的潜艇监听优势,在寂静的大海中,美国海军再也无法轻易找到潜伏的苏联潜艇。这就是历史上著名的“东芝事件”。

装备制造业,是一个国家工业发展的基石,它直接关系着一个国家的工业生产能力,而大型高精度数控加工设备又是装备制造业里的重中之重,它不但关系着工业的现代化程度,更关系着国防安全。直到今天,美国、日本等发达国家将中国的崛起视为一种极大的威胁,仍然禁止向中国出售高技术制造装备,这场尖端技术领域的制裁封锁与贸易渗透之战,依然在无声地持续着。

制造业是国民经济的主体,是立国之本、兴国之器、强国之基。《中国制造2025》以体现信息技术与制造技术深度融合的数字化、网络化、智能化制造为主线,主要指出包括八项战略对策:推行数字化、网络化、智能化制造;提升产品设计能力;完善制造业技术创新体系;强化制造基础;提升产品质量;推行绿色制造;培养具有全球竞争力的企业群体和优势产

图 1-1　数控机床制造的高精度螺旋桨

业;发展现代制造服务业。其中十大重点发展领域之一“高档数控机床和机器人”中指出:“开发一批精密、高速、高效、柔性数控机床与基础制造装备及集成制造系统。加快高档数控机床、增材制造等前沿技术和装备的研发。以提升可靠性、精度保持性为重点,开发高档数控系统、伺服电动机、轴承、光栅等主要功能部件及关键应用软件,加快实现产业化。加强用户工艺验证能力建设。”

1.1.2　数控技术的几个概念

数控技术是用数字化信号对机床运行及其加工过程进行控制的一种方法,简称数控(numerical control,NC)。

数控系统(numerical control systems),根据国际标准化组织的定义:“数控系统是一种控制系统,它自动阅读输入载体上事先给定的数字,并将其译码,从而使机床移动和加工零件。”

数控机床是一种装有程序控制系统的机床,该系统能够逻辑地处理具有使用代码或其他符号编码指令规定的程序。

1.2　数控机床的工作原理与组成

1.2.1　数控机床的工作原理

数控机床的工作原理:首先按照零件加工的技术和工艺要求编写零件加工程序,然后将加工程序输入数控装置,最后通过数控装置控制主轴的转动、进给运动、更换刀具、工件的夹紧与松开、冷却润滑泵的开与关,使刀具、工件和其他辅助装置按加工程序规定的顺序、轨迹和参数进行工作,从而加工出符合图纸要求的零件。

1.2.2　数控机床的组成

数控机床一般由程序载体、输入装置、计算机数控(computer numerical control,CNC)装置、伺服驱动系统、强电控制装置、位置检测装置、机床(主运动机构、进给运动机构、辅助动作机构)组成。如图1－2所示为数控机床的组成框图。

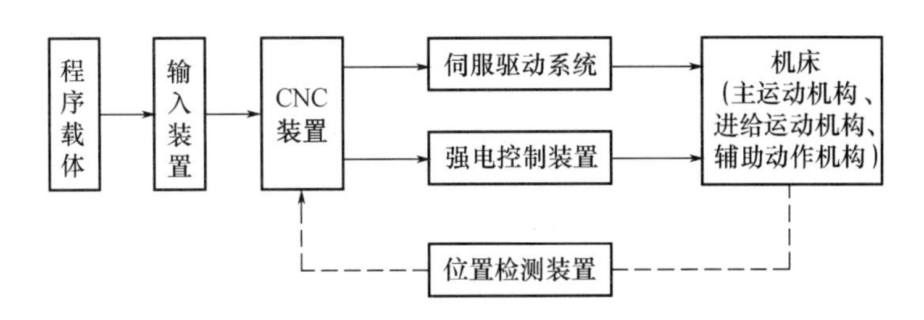

图1－2 数控机床的组成框图

1. 程序载体

程序载体是对数控机床进行控制,建立人与数控机床某种联系的媒介物。在程序载体上存储加工零件所需要的全部几何信息和工艺信息。它可以是穿孔纸带、磁盘、软盘、U盘等,采用哪一种存储载体,取决于数控装置的设计类型。

2. 输入装置

输入装置的作用是将程序载体上的数控代码变成相应的电脉冲信号,传送并存入数控装置内。根据程序存储介质的不同,输入装置可以是光电阅读机、磁带机、软盘驱动器、USB接口等。有些数控机床,不用任何程序存储载体,而是通过数控装置上的键盘将数控程序单的内容用手工方式(MDI方式)输入,或者将数控程序由编程计算机用通信方式传送到数控装置。

3. CNC装置

CNC装置是数控机床的核心,它接受输入装置送来的脉冲信号,经过数控装置的系统软件或逻辑电路进行编译、运算和逻辑处理后,输出各种信号和指令控制机床的各个部分,进行规定、有序的动作。

4. 伺服驱动系统

伺服驱动系统由伺服驱动电路和伺服驱动装置(电动机)组成,并与机床上的执行部件和机械传动部件组成数控机床的进给系统。它根据数控装置发来的速度和位移指令控制执行部件的进给速度、方向和位移。每个做进给运动的执行部件,都配有一套伺服驱动系统。它是机床工作的动力装置,CNC装置的指令要靠伺服驱动系统付诸实施。

5. 强电控制装置

强电控制装置是介于数控装置和机床机械、液压部件之间的控制系统。其主要作用是接收数控装置输出的主运动变速、刀具选择交换、辅助装置动作等指令信号,经必要的编译、逻辑判断、功率放大后,直接驱动相应的电器、液压、气动和机械部件,以完成指令所规定的动作。此外,还有行程开关和监控检测等开关信号也要经过强电控制装置送到数控装置进行处理。

6. 检测装置

检测装置也称反馈元件,通常安装在机床的工作台或丝杠上,它把机床工作台的实际位移转变成电信号反馈给CNC装置,供CNC装置与指令值比较产生误差信号,以控制机床向消除该误差的方向移动。此外,可以在线显示机床移动部件的坐标值,大大提高工作效率和工件的加工精度。

7. 机床的机械部件

数控机床的机械部件包括:主运动部件,进给运动执行部件如工作台、拖板及其传动部件和床身立柱等支承部件,此外,还有冷却、润滑、排屑、转位和夹紧等辅助装置。对于加工中心类的数控机床,还有存放刀具的刀库、交换刀具的机械手等部件。

1.3 数控机床的分类

数控机床的品种规格很多,可以从不同的角度进行分类,常用的分类方法有:按运动方式分类、按伺服系统控制方式分类、按加工工艺分类和按数控系统的性能分类,如表1-1所示。

表1-1 数控机床的分类

分类方法	数控机床类型
运动方式	点位控制数控机床、直线控制数控机床、轮廓控制数控机床
伺服系统控制方式	开环控制系统、半闭环控制系统、闭环控制系统
加工工艺	金属切削数控机床、金属成形数控机床、数控特种加工机床
数控系统的性能	经济型数控机床、普及型数控机床、高档型数控机床

1.3.1 按运动方式分类

按数控机床运动轨迹的运动方式分类,可将数控机床分为点位控制数控机床、直线控制数控机床和轮廓控制数控机床三种类型。

1. 点位控制(point to point control)数控机床

这类数控机床的主要特点是只控制刀具(或工作台)从一点移动到另一点的准确定位,数控机床移动部件在移动中不进行加工,只要求以最快的速度从一点移动到另一点。至于点与点之间的移动轨迹(路径与方向)并无严格要求,各坐标轴之间的运动并不相关。例如,数控钻床、数控镗床、数控冲床等。

2. 直线控制(line control)数控机床

这类机床是在点位控制基础上,除控制点与点之间的准确定位外,还要求从一点到另一点之间按直线移动、按指定的进给速度做直线切削。例如,平面铣削的数控铣床、阶梯车削的数控车床、磨削加工的数控磨床,按指定的进给速度做直线切削。

3. 轮廓控制(contouring control)数控机床

轮廓控制数控机床也称为连续控制数控机床,其特点是能够同时对两个或两个以上运动坐标位移和速度进行连续相关控制,不仅要控制起点、终点坐标的准确性,而且对每瞬时的位移和速度进行严格的连续控制,使刀具与工件间的相对运动符合工件加工轮廓的表面要求。例如,具有两坐标或两坐标以上联动的数控铣床、数控车床、数控磨床和加工中心等。目前的大多数金属切削机床的数控系统都是轮廓控制系统。

1.3.2 按伺服系统控制方式分类

由数控装置发出脉冲或电压信号，通过伺服系统控制机床各运动部件运动。数控机床按伺服系统控制方式分类有三种形式：开环控制数控机床、闭环控制数控机床和半闭环控制数控机床。

1. 开环控制(open loop control)数控机床

这类机床的伺服进给系统中没有位移检测反馈装置，控制系统采用步进电动机，输入数据经过数控系统运算，输出指令脉冲控制步进电动机工作，然后通过机械传动系统转换成刀架或工作台的位移，如图1－3所示。这种控制系统由于没有检测反馈校正，对执行机构不检测，无反馈控制信号，因此称之为开环控制系统。开环控制系统的设备成本低，位移精度一般不高，工作速度受到步进电动机的限制。但其控制方便，结构简单，价格便宜，在我国广泛用于经济型数控机床或旧设备的数控改造中。

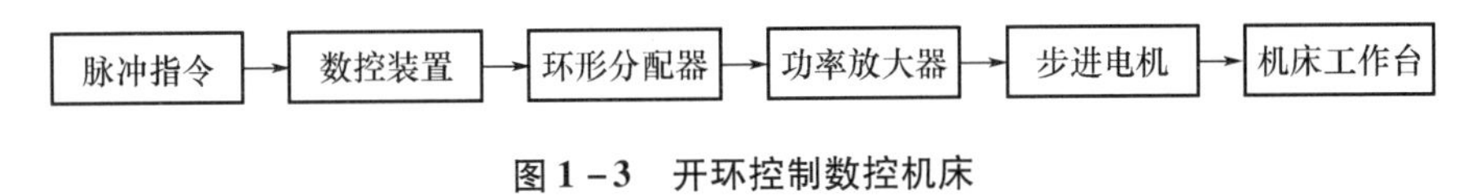

图1－3 开环控制数控机床

2. 闭环控制(closed loop control)数控机床

这类机床又称全闭环控制机床，其检测装置安装在机床刀架或工作台等执行部件上，用以直接检测这些执行部件的实际运行位置(直线位移)，反馈给数控装置，将其与数控装置的指令位置(或位移)相比较，用比较的误差值控制伺服电动机工作，直至到达实际位置，误差值消除，因此称之为闭环控制，如图1－4所示。闭环控制系统绝大多数采用伺服电动机，有位置测量元件和位置比较电路，直接检测校正，位置控制精度很高。但由于它将滚珠丝杠螺母副及机床工作台这些大惯量环节放在闭环之内，系统稳定性受到影响，调试困难，而且设备的结构复杂，成本高。

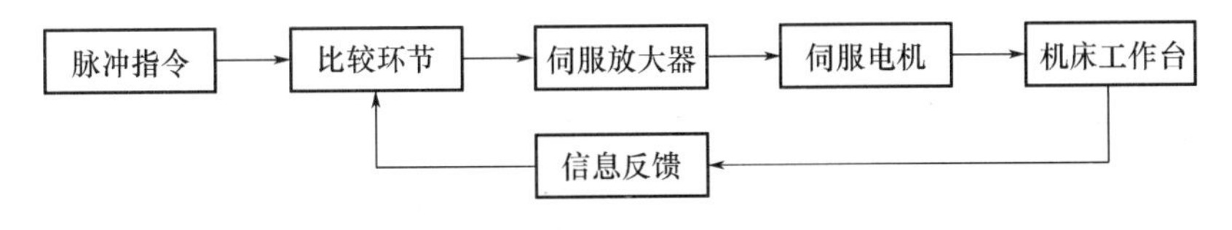

图1－4 闭环控制数控机床

3. 半闭环控制(semi-closed loop control)数控机床

这类机床的位置检测元件安装在伺服电动机上，通过测量伺服电动机的角位移间接计算出机床工作台等执行部件的实际位置(或位移)。反馈至位置比较电路，与指令中的位移值相比较，用比较的误差值控制伺服电动机工作。这种用推算方法间接测量工作台位移，不能补偿数控机床传动链零件的误差，因此称之为半闭环控制系统，如图1－5所示。由于它将丝杠螺母副及机床工作台等大惯量环节排除在闭环控制系统之外，不能补偿它们的运动误差，精度受到影响，但系统稳定性有所提高，调试比较方便。半闭环控制系统的控制精度高于开环控制系统，调试比闭环控制系统容易，设备的成本介于开环与闭环控制系统之间。

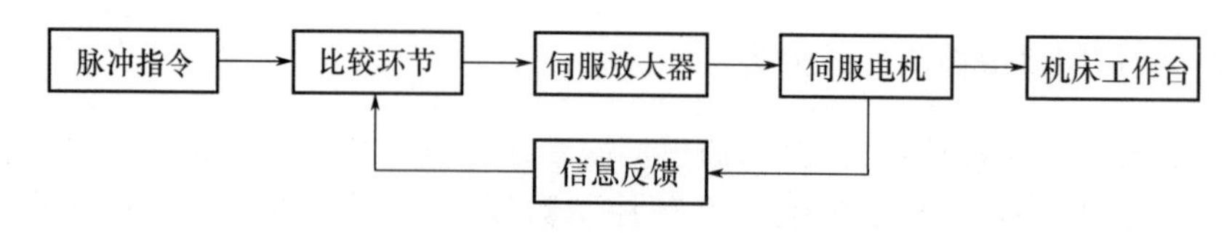

图1-5 半闭环控制数控机床

1.3.3 按加工工艺分类

按加工工艺可把数控机床分为金属切削数控机床、金属成形数控机床和数控特种加工机床。

1. 金属切削数控机床

如数控车床、数控铣床、加工中心、车削中心等各种普通数控机床，其加工原理是用切削刀具对零件进行切削加工。

2. 金属成形数控机床

金属成形数控机床是指使用挤、冲、压、拉等成形工艺的数控机床，如数控压力机、数控折弯机、数控弯管机等。

3. 数控特种加工机床

这类机床包括数控线切割机床、数控电火花加工机床、数控激光切割机床、数控火焰切割机床等。

1.3.4 按数控系统性能分类

按照数控系统的性能，数控机床可以分为经济型(低档或简易型)、普及型(中档型)和高档型三种类型。这种分类方法没有明确的定义和确切的分类界限，不同的国家分类的含义也不同，且数控技术在不断发展，不同时期的含义也在不断发展变化。

1. 经济型数控机床

这类机床的驱动元件一般是由步进电动机实现的开环驱动，控制轴数为3轴或3轴以下，脉冲当量或进给分辨率为10~5 μm，快速进给速度可达10 m/min。数控系统多为8位单板机或单片机，用数码管显示，一般不具备通信功能。这类机床结构一般比较简单，精度中等，能满足加工形状比较简单的直线、斜线、圆弧及螺纹加工，价格比较便宜。

2. 普及型或中档型数控机床

这类机床采用直流或交流伺服电动机实现半闭环驱动，能实现4轴或4轴以下联动控制，进给分辨率为1 μm，快进速度可达15~24 m/min，一般采用16或32位处理器，具有RS-232C通信接口，具有图形显示功能及面向用户宏程序功能。此类数控机床的品种很多，几乎覆盖了各种机床类型，其发展趋势是趋向于简单、实用，不追求过多功能，保持价格适当且不断有所降低。

3. 高档型数控机床

这类机床是指加工复杂形状的多轴联动数控铣床或加工中心，功能强、工序集中、自动化程度高、具有高柔性。一般采用64位以上微处理器，形成多CPU结构。采用数字化交流伺服电动机形成闭环驱动，并使用直线伺服电动机，具有主轴伺服功能，能实现5轴以上联动，最高分辨率可达0.1 μm或更小，最大快进速度可达100 m/min以上；具有三维动画功能,有宜人的图形用户界面,能进行加工仿真检验,同时还具有多功能智能监控系统和面向用户的宏程序功能,有很强的智能诊断和智能工艺数据库,能实现加工条件的自动设定,且实现计算机联网和通信。

1.4　数控机床的特点

与普通机床相比,数控机床具有以下特点。

1. 适用于复杂形状零件的加工

数控机床一般适用于中小批量、几何形状复杂、加工精度需求高的零件加工,可以完成普通机床难以完成或根本不能加工的复杂零件的加工,因此在航天、造船、模具等加工业中得到广泛应用。

2. 具有高度柔性

在数控机床上加工零件,主要取决于加工程序,它与普通机床不同,不必制造、更换许多工具、夹具,不需要经常调整机床。因此,数控机床适用于零件频繁更换的场合。也就是适合单件、小批量生产及新产品的开发,缩短了生产准备周期,节省了大量工艺设备的费用。

3. 加工精度高

数控机床有较高的加工精度,偏差范围一般为 0.005 ~0.1 mm,数控机床的加工精度不受零件复杂程度的影响。数控机床是按数字信号形式控制的,数控装置每输出一个脉冲信号,则机床移动部件移动一个脉冲当量(一般为 0.001 mm),而且机床进给传动链的反向间隙与丝杠螺距平均误差可由数控装置进行补偿。因此,数控机床具有较高的加工精度。

4. 加工质量稳定、可靠

数控加工过程,对于同一批零件,由于使用同一机床和刀具,以及同一加工程序,刀具的运动轨迹完全相同,数控机床自始至终都根据数控程序自动进行加工,可以避免人为误差,这就保证了零件加工的一致性且质量稳定。

5. 生产效率高

数控机床可有效地减少零件的加工时间和辅助时间。数控机床的主轴转速和进给量的范围都比普通机床大,允许机床进行大切削量的强力切削。数控机床目前正进入高速加工时代,其移动部件的快速移动、定位,以及机床高速切削加工,减少了半成品工序间的周转时间,提高了生产效率。其生产效率一般为普通机床的 3 ~5 倍,对某些复杂零件的加工,生产效率可以比普通机床提高十几倍甚至几十倍。

6. 能改善劳动条件

数控机床加工前经调整好后,输入程序并启动,机床就能自动连续地进行加工,直至加工结束。操作者主要从事程序的输入、编辑,零件装卸,刀具准备,加工状态的观测,零件的检验等工作,劳动强度极大降低,机床操作者的劳动趋于智力型工作。另外,机床一般是封闭式加工,既清洁,又安全。

7. 利于生产管理现代化

采用数控机床有利于向计算机控制与管理生产方向发展,为实现生产过程自动化创造条件。数控机床的加工,可预先精确估计加工时间,所使用的刀具、夹具可进行规范化、现代化管理。数控机床使用数字信号与标准代码为控制信息,易于实现加工信息的标准化,目前已与计算机辅助设计与制造(CAD/CAM)有机地结合起来,是现代集成制造技术的基础。

8. 易于建立计算机通信网络

数控机床具有的通信接口,可实现计算机之间的连接,组成工业局域网络(LAN),采用制造自动化协议(MAP)规范,实现生产过程的计算机控制与管理。数控机床使用数字信息作为控制信息,易于与 CAD 系统连接,形成 CAD/CAM 一体化系统,是 FMS、CIMS 等现代制造技术的基础。

9. 对维修技术要求高

数控机床是典型的机电一体化产品,技术含量高,对维修人员的技术要求很高。

1.5 数控技术的发展历史与发展趋势

1.5.1 数控机床的发展历史

数控机床是在机械制造技术和控制技术的基础上发展起来的,其发展过程大致如下。

1948 年,最早提出采用数字控制技术进行机械加工设想的是美国帕森斯公司(Parsons Co.)。当时在研制加工直升机螺旋桨叶片轮廓检验用样板的机床时,由于样板形状复杂多样,精度要求高,一般加工设备难于实现,于是提出采用数字脉冲控制机床的设想。

1949 年,该公司与美国麻省理工学院(MIT)开始共同研究,并于 1952 年试制成功第一台三坐标数控铣床,当时的数控装置采用电子管元件。这就是数控机床的第一代。

1953 年,美国空军与麻省理工学院协作,考虑从事计算机自动编程的研究,这就是创制自动编程系统的开始。1955 年研制成功 APT(automatically programmed tools),这是自动编程系统的开始。

1959 年,计算机行业研制出晶体管元器件,数控装置采用了晶体管元件和印刷电路板,使数控装置进入了第二代。1959 年,美国克耐·杜列克公司(Keaney & Treker Co.)在世界上首先研制成功带有自动换刀装置的数控机床,称为"加工中心"(machining center)。

1965 年,出现了小规模集成电路。由于它体积小、功耗低,使数控系统的可靠性得以进一步提高,数控系统发展到第三代。

以上三代,都是采用专用控制计算机的硬件逻辑数控系统。装有这类数控系统的机床为普通数控机床。

随着计算机技术的发展,小型计算机开始取代专用数控计算机,数控的许多功能由软件程序实现。这样组成的数控系统称为计算机数控系统。1970 年在美国芝加哥国际机床展览会上,首次展出了数控机床采用小型计算机的 CNC 装置。数控系统发展到了第四代。

1974 年,研制成功使用微处理器和半导体存储器的微型计算机数控(MNC)装置,这是第五代数控系统。

20 世纪 80 年代初,随着计算机软、硬件技术的发展,出现了能进行人机对话式自动编制程序的数控装置;数控装置愈趋小型化,可以直接安装在机床上;数控机床的自动化程度进一步提高,具有自动监控刀具破损和自动检测工件等功能。

20 世纪 90 年代后期,出现了 PC + CNC 智能数控系统,即以 PC 机为控制系统的硬件部分,在 PC 机上安装 NC 软件系统,此种方式系统维护方便,易于实现网络化制造。因为基于

PC 的开放式数控技术可以充分利用 PC 机丰富的软、硬件资源和适于 PC 机的各种先进技术，所以它已成为数控技术的发展趋势。

1.5.2　数控系统的发展历史

数控系统从 1952 年开始，经历了第一代的电子管、第二代的晶体管、第三代的小规模集成电路、第四代的 CNC、第五代的软件数控和微处理器及第六代开放式数控系统的发展过程，表 1－2 所示为国内外数控系统的发展过程。

表 1－2　国内外数控系统的发展过程

分类	世代	诞生年代		系统元件及电路构成
		国外	国内	
硬件数控 （NC）	第一代 第二代 第三代	1952 年 1959 年 1965 年	1958 年 1965 年 1972 年	电子管，继电器，模拟电路； 晶体管，数字电路（分立元件）； 集成数字电路
计算机数控 （CNC）	第四代 第五代	1970 年 1974 年 1979 年 1981 年 1987 年	1976 年 1982 年	内装小型计算机，中规模集成电路； 内装微型计算机的 NC 字符显示，故障自诊断； 超大规模集成电路，大容量存储器，可编程接口，遥控接口，人机对话，动态图形显示，实时软件精度补偿，适应机床无人化运转要求； 32 位 CPU，可控制 15 轴，设定单位 0.1 μm，进给速度 24 m/min，带前馈控制的交流数字伺服、智能化系统
	第六代	1991 年 1995 年		利用 RISC 技术 64 位系统； 微机开放式 ONC 系统

现在数控系统发展迅猛、性能愈来愈强大。表 1－3 说明数控系统功能水平可以满足不同层面用户的需要。数控系统的性能决定了数控机床的功能。表 1－4 是国内外主要 CNC 系统的性能情况。

表 1－3　数控系统的功能水平

项目	低档	中档	高档
分辨率	10 μm	1 μm	0.1 μm
进给速度	8 ~ 15 mm/min	15 ~ 24 mm/min	25 ~ 100 mm/min
联动轴数	2 ~ 3 轴	2 ~ 4 轴，或 5 轴以上	
主 CPU	8 位	16 位、32 位甚至采用 RISC 的 64 位	
伺服系统	步进电动机，开环	直流及交流闭环、全数字交流伺服系统	
内装 PLC	无	内装 PLC，功能极强，甚至有轴控制功能	
显示功能	数码管，简单的 CRT 字符显示	有字符图形或三维图形显示	
通信功能	无	RS232C 和 DNC 接口	MAP 通信接口和联网功能

表 1-4　国内外主要 CNC 系统的性能

项目		国内型号			国外型号			
		中华 Ⅰ型	华中 Ⅰ型	航天 CASNUC901	德国西门子(SIEMENS)		日本 FANUC	
					802D	840D	F5-0i	F5-15/150
最多控制轴数		8	9	8	5	10 通道 31	4	8 通道 24
最多联动轴数		8	9	4	3	12	4	24
最小设定位/μm		1	1	1	1/0.1	1/0.1	1/0.1	1/0.1/0.01 /0.001
系统速度 /(m·min^{-1})	快进	24 (1 μm)	16 (1 μm)	60 (1 μm)	99 (1 μm)	999 (1 μm)	240 (1 μm) 100 (0.1 μm)	240 (1 μm) 100 (0.1 μm) 10 (0.01 μm) 1 (0.001 μm)
	切削	15 (1 μm)	6 (1 μm)	24 (1 μm)	99 (1 μm)	999 (1 μm)	240 (1 μm), 100 (0.1 μm)	240 (1 μm) 100 (0.1 μm) 10 (0.01 μm) 1 (0.001 μm)
功能	插补	直线、圆弧、螺旋线	直线、圆弧、螺旋线	直线、圆弧、螺旋线	直线、圆弧、极坐标、螺旋线	直线、圆弧、极坐标、圆柱、螺旋线、渐开线、样条、多边形、NURBS	直线、圆弧、极坐标、圆柱、螺旋线	直线、圆弧、极坐标、圆柱、螺旋线、渐开线、样条、多边形、假想轴、圆锥、平滑、NURBS

表1-4(续)

项目		国内型号			国外型号			
		中华Ⅰ型	华中Ⅰ型	航天CAS NUC901	德国西门子(SIEMENS)		日本FANUC	
					802D	840D	F5-0i	F5-15/150
功能	特点		具有三维曲面直接插补(SDI)		提前预测控制(10blocks) PCMCIA卡接口,存储系统数据。PROFIBUS用以I/O及驱动接口。可连接PC机	提前预测控制。前馈控制。同步控制。各种补偿。PCMCIA卡接口,存储系统数据。PROFIBUS用以I/O及驱动接口。开放	具有提前预测控制(12段)。PCMCIA卡接口,存储系统数据。可连接PC机。可通过I/O LINK控制8个β电动机。HRV控制	有纳米插补及高精度轮廓控制功能。提前预测控制。前馈控制。同步协调控制。各种补偿。PCMCIA卡接口,存储系统数据。开放
	主轴	模拟接口	模拟接口	模拟接口、脉冲控制输入	模拟及数字接口	模拟及数字接口	模拟及数字接口	模拟及数字接口
	EGB	无	无	无	无	有	无	有
	DNC	RS-232C接口	直接执行2GB程序	有	有	有	有	有
	PMC	DI/DO=(HM/56)×4	内置	DI/DO=160/80	DI/DO=144/96, 0.4 μm/步, 6 000步	通过I/O模块可扩展到2048	DI/DO=94/64(另外机床面板48/32), 16 000步, 0.15 μm/步	240 000步 0.085 μm/步。通过I/O LINK可扩展到1024/1024
配置情况		—	—	—	与该公司α系列主轴、伺服放大器和电动机配套	与该公司α系列主轴、伺服放大器和电动机配套	与该公司α系列主轴、伺服放大器和电动机配套	与该公司α系列主轴、伺服放大器和电动机配套

1.5.3 数控技术的发展趋势

1. 数控系统

推动数控技术发展的关键因素之一是数控系统。当今占绝对优势的微处理器数控系统的发展极为迅速,而且势头不减。

(1)新一代数控系统采用开放式体系结构　从20世纪90年代以来,世界上许多数控系统生产厂家利用 PC 机为平台和丰富的软、硬件资源，开发了开放式体系结构的新一代数控系统。近几十年许多国家纷纷研究开发这种系统，如美国科学制造中心（NCMS）与空军共同领导的“下一代工作站/机床控制器体系结构”（NGC），欧共体的“自动化系统中开放式体系结构”（OSACA），日本的 OSEC 计划等。

（2）网络化的数控系统　网络数控就是把数控系统网络化，通过 Internet/Intranet 技术将制造单元和控制部件相连，以实现网络制造和资源共享为目标，支持各种先进制造环境。网络数控系统（network numerical control）是随着网络技术的发展新出现的概念，它是一种以通信和资源共享为手段，以车间乃至企业内的制造设备的有机集成为目标，支持网络互联规范的自主数控系统。

在网络数控系统中，可以有效利用企业局域网乃至广域网进行信息共享，实现企业的经营管理和生产操作的无缝结合。数控系统的网络功能是传统数控功能的延伸，网络化是数控系统开放性内在的要求，它促进了数控系统的发展。

（3）新一代数控系统控制性能大大提高　数控系统在控制性能上向智能化发展。随着人工智能在计算机领域的广泛应用和发展，数控系统引入了自适应控制、模糊系统和神经网络的控制机理，不但具有自动编程、前馈控制、模糊控制、学习控制、自适应控制、工艺参数自动生成、三维刀具补偿、运动参数动态补偿等功能，而且人机界面极为友好，并具有故障诊断专家系统使自诊断和故障监控功能更趋完善。

2. 机床结构

（1）提高机床支承部件及结合部件的刚度　其对提高数控机床的动态特性有重要作用，人们正在对支承件的材料、布局结构形式及结合方式做进一步探索。

（2）机床结构向高速化发展　近些年来，随着汽车、航空、航天等工业的高速发展以及铝合金等新材料的应用，对数控机床加工的高速化要求越来越高。主轴转速，机床采用电主轴（内装式主轴电动机），主轴最高转速达 200 000 r/min；运算速度，微处理器的迅速发展为数控系统向高速、高精度方向发展提供了保障；换刀速度，现在国外优秀加工中心的刀具交流时间普遍在 1 s 左右，高的已达 0.5 s。德国 Chiron 公司将刀库设计成篮子样式，以主轴为轴心，刀具在圆周上布置，其换刀时间仅为 0.9 s。

（3）机床结构向高精度化发展　提高数控机床及加工中心加工精度的方法是提高精度诊断技术、提高圆弧插补补偿精度和定位精度。提高数控系统的分辨率可提高机床的位置精度。对数控机床精度的要求当今已经不局限于静态的几何精度，机床的运动精度、热变形，以及对振动的监测和补偿越来越受到重视。

（4）机床结构不断扩大功能复合化　复合机床的含义是指在一台机床上实现或尽可能实现从毛坯至成品的多种要素加工。根据其构造个性可分为工艺复合型和工序复合型两类。工艺复合型机床，如镗铣钻复合——加工中心、车铣复合——车削中心、铣镗钻车复合——复合加工中心等；工序复合型机床，如多面多轴联动加工的复合机床和双主轴车削中心等。采用复合机床进行加工，减少了工件装卸、更换和调剂刀具的辅助时间，以及中心过程中产生的误差，提高了零件加工精度，缩短了产品制造周期，提高了生产效率和制造商的市场反应能力，相对于传统工序的分散的生产方法具有明显优势。

3. 伺服驱动系统

当代数控机床的伺服系统趋向于采用数字式交流伺服与主驱动（或伺服），把微电子技术和计算机引进电动机控制，使交流伺服电动机的位置、速度及电流调节逐步实现数字化，进一步提高控制精度、速度及柔性,随之进给速度提高到 60 ~ 200 m/min。采用直线伺服电动机驱动,实现所谓的"零传动"的直线伺服进给方式,主轴驱动采用高速大功率电主轴,即将电动机转子直接套装在机床主轴上。在数字控制基础上,能采用软件控制,可以实现复杂的控制算法,且有前馈控制功能和学习控制功能及各种软件补偿功能。

采用高分辨率位置检测装置,如高分辨率脉冲编码器,不仅可以提高位移检测分辨率,而且还可以通过微分形成速度信号,同时实现速度检测功能。

4. 数控装置向高速、高效、高精度、高可靠性发展

要提高加工效率,首先必须提高切削和进给速度,同时,还要缩短加工时间;要确保加工质量,必须提高机床部件运动轨迹的精度,而可靠性则是上述目标的基本保证。为此,必须有高性能的数控装置做保障。

机床向高速化方向发展,充分发挥现代刀具材料的性能,不但可大幅度提高加工效率、降低加工成本,而且还可提高零件的表面加工质量和精度。

5. 智能化、开放式、网络化

21 世纪的数控装备将是具有一定智能化的系统,智能化的内容包括在数控技术系统中的各个方面:为追求加工效率和加工质量方面的智能化,如加工过程的自适应控制,工艺参数自动生成;为提高驱动性能及使用连接方便的智能化,如前馈控制、电动机参数的自适应运算、自动识别负载、自动选定模型、自整定等;简化编程、简化操作方面的智能化,如智能化的自动编程、智能化的人机界面等;还有智能诊断、智能监控方面的内容,方便系统地诊断及维修等。

为解决传统的数控系统封闭性和数控应用软件的产业化生产存在的问题,数控系统开放化已经成为数控系统发展的未来之路。开放式数控系统的体系结构规范、通信规范、配置规范,运行平台、数控系统功能库,以及数控系统功能软件开发工具等是当前研究的核心。

数控装备的网络化将极大地满足生产线、制造系统、制造企业对信息集成的需求,也是实现新的制造模式,如敏捷制造、虚拟企业、全球制造的基础单元。

6. 重视新技术标准、规范的建立

数控标准是制造业信息化发展的一种趋势。数控技术诞生后的 50 多年间的信息交换都是基于 ISO 6983 标准,即采用 G、M 代码描述如何加工,其本质特征是面向加工过程,显然已经越来越不能满足现代数控技术高速发展的需要。为此,国际上正在研究和制定一种新的 CNC 系统标准 ISO 14649(STEP - NC),其目的是提供一种不依赖于具体系统的中性机制,能够描述产品整个生命周期内的统一数据模型,从而实现整个制造过程,乃至各个工业领域产品信息的标准化。STEP - NC 的出现可能是数控技术领域的一次革命,对于数控技术的发展乃至整个制造业,将产生深远的影响。首先,STEP - NC 提出一种崭新的制造理念,在传统的制造理念中,NC 加工程序都集中在单个计算机上;而在新标准下,NC 程序可以分散在互联网上,这正是数控技术开放式、网络化发展的方向。其次,STEP - NC 数控系统还可大大减少:加工图纸(约 75%)、加工程序编制时间(约 35%)和加工时间(约 50%)。

7. 模块化、柔性化和集成化

为了适应数控机床多品种、小批量的特点,机床结构要模块化,数控功能要专门化,机床性能价格比要显著提高并加快优化。

数控机床向柔性自动化系统发展的趋势是:从点(数控单机、加工中心和数控复合加工

机床)、线(FMC、FMS、FML)向面(工段车间独立制造岛、FA)、体(CIMS、分布式网络集成制造系统)的方向发展;另一方面,向注重应用性和经济性方向发展。数控机床及其柔性制造系统能方便地与 CAD、CAM、CAPP、MIS 联结,向信息集成方向发展;网络系统向开放、集成和智能化方向发展。

8. 机床的操作与编程

新一代数控机床要有用户控制界面,使机床操作与编程更为方便;应实现人机交互式宏程序设计、三维图形仿真实验,而且进一步实现"前台加工,后台程序编制"的所谓前后台功能,进一步提高数控机床的利用率;此外,应实物示教编程,采用高效的 CAD/CAPP/CAM 集成化自动编程;还应引进图像识别、声控识别等模式识别技术,使系统能自己辨认图像,按照自然语言进行加工等。

(1)简化编程,提高柔性和精度　这是当前数控软件的开发重点课题之一。有些数控系统具备控制和编程功能,系统内包含大量固定循环、子程序和工艺数据,并能自动计算交点、切点等数据,使程序编制和校验很方便。有的还有宏程序的设计功能,会话式自动编程、蓝图编程等功能,从语言编程发展到图形编程。

(2)向集成化、智能化发展　为适应 CIMS 及 CAD/CAM 一体化技术的发展需要,数控编程系统出现了向集成化(数控编程在 CAD/CAM 系统中的集成)和智能化(将人的知识加入集成化的 CAD/CAM 系统中,并将人的判断及决策交给机器完成)发展的趋势。可以认为集成化与智能化是当前数控编程的发展方向。目前,在集成化方面已有许多研究成果,在智能化方面尚需开拓与努力。

9. 通信功能

现代数控机床都应具备强大的通信功能,可以与其他 CNC 系统、上位机、编程机及各种外设进行通信,满足 DNC(群控)、柔性制造单元(FMC)、柔性制造系统(FMS),以及进一步联网组成计算机集成制造系统(CIMS)的要求。数控系统除了具备 RS-232C 或 RS-422 等高速远距离通信接口外,还应具备 DNC 接口,采用符合 ISO 互联参考模型(OSI)的有关协议,如 MAP/MMS,即制造自动化协议/制造报文规范和现场总线等。

今后,随着计算技术、测试技术、微电子技术、计算机技术、材料和机械结构等方面研究的深入和知识的进步,数控技术也必将面临新课题的挑战。

本 章 小 结

本章主要讲述了数控技术、数控系统、数控机床的概念,数控机床的工作原理与组成,数控机床的分类及特点,数控技术的发展历史与发展趋势。

数控技术是用数字化信号对机床运行及其加工过程进行控制的一种方法,简称数控。

数控系统,根据国际标准化组织的定义:"数控系统是一种控制系统,它自动阅读输入载体上事先给定的数字,并将其译码,从而使机床移动和加工零件。"

数控机床是一种装有程序控制系统的机床,该系统能够逻辑地处理具有使用代码或其他符号编码指令规定的程序。

数控机床的工作原理是:首先按照零件加工的技术和工艺要求编写零件加工程序,然后将加工程序输入到数控装置,最后通过数控装置控制主轴的转动、进给运动、更换刀具、工件的夹紧与松开、冷却润滑泵的开与关,使刀具、工件和其他辅助装置按加工程序规定的次序、轨迹和参数进行工作，从而加工出符合图纸要求的零件。

数控机床一般由程序载体、输入装置、CNC 装置、伺服驱动系统、强电控制装置、位置检测装置、机床(主运动机构、进给运动机构、辅助动作机构)组成。

数控机床的品种规格很多，可以从不同的角度进行分类，常用的分类方法有：按运动方式分类、按伺服系统控制方式分类、按加工工艺分类和按数控系统的性能分类。

与普通机床相比，数控机床具有以下特点：适合于复杂形状零件的加工；具有高度柔性；加工精度高；加工质量稳定、可靠；生产率高；能改善劳动条件；利于生产管理现代化；易于建立计算机通信网络；维修困难。

本章还简要说明了数控机床的发展历史和数控技术的发展趋势。

复　习　题

1－1　什么是数控技术，什么是数控系统，什么是数控机床？

1－2　说明数控机床的工作原理与组成是什么？

1－3　简述数控机床的分类。

1－4　简述数控机床的主要特点。

1－5　数控技术的发展趋势是什么？

第2章　计算机数控(CNC)装置

2.1　CNC 装置概述

2.1.1　引言

数控装置是数控系统的核心,数控系统又是数控机床的核心。核心技术是买不来的,是要受控于人的。2018 年 5 月,中兴通讯公告称,受美国拒绝令影响,公司主要经营活动已无法进行。核心零部件和原材料需要从国外进口,很多核心技术都受制于人,所以一旦被捏住要害就只能屈服和求饶。"中兴事件"对中国企业是个镜鉴,中国企业必须进一步提高创新,尽快把核心技术掌握在自己手中。

2019 年 5 月 15 日,美国商务部宣布把华为技术有限公司(以下简称华为)及其子公司列入出口管制的"实体名单",而受实体清单影响,包括美光、英特尔、高通等在内的多家美企相继表示停止向华为供货。由于美方蛮横打压,华为遭遇了关键元件的"断供"风波。正是因为华为持续不断进行研发,牢牢掌握了核心技术,"断供"风波才没有在尖端领域对其造成影响。

机械制造领域,在高档数控系统、数字化工具系统及量仪、高档分布式控制系统(DCS)、现场总线控制系统(FCS)和可编程逻辑控制器(PLC)等方面,我国与美国的技术有 20 年的巨大差距。数控技术已经是衡量一个国家制造工业水平的重要标志,甚至有一些发达国家已把数控技术作为它们工业发展的战略核心。哪个公司的数控技术创新能力最强,哪个公司就能在残酷的市场竞争中百战百胜;哪个国家的数控技术创新能力最强,哪个国家就能在无形的国力较量中笑傲群雄。

2.1.2　CNC 系统的组成

传统的数控系统是由各种逻辑元件、记忆元件组成的随机逻辑电路,是采用固定接线的硬件结构。它由硬件来实现数控功能,这类数控系统称为硬件数控。CNC 系统是 20 世纪 70 年代初发展起来的新的机床数控系统,它用一台计算机代替先前硬件(逻辑电路)数控所完成的功能,是一种采用存储程序的专用计算机,它由软件来实现部分或全部功能。

CNC 系统是由输入/输出设备、CNC 装置、PLC、电气回路、辅助控制装置、伺服单元、驱动装置和测量反馈装置等组成,如图 2 - 1 所示。

2.1.3　CNC 装置的组成与工作原理

CNC 装置由硬件和软件两大部分组成。硬件装置由 CPU、存储器、总线、输入 / 输出接口、MDI/CRT 接口、位置控制、通信接口、纸带阅读机接口等组成。软件则主要指系统软件,包括管理软件和控制软件两大类。在系统软件的控制下,CNC 装置对输入的加工程序自动进行处理并发出相应的控制指令及进给控制信号。软件在硬件的支持下运行,离开软件,

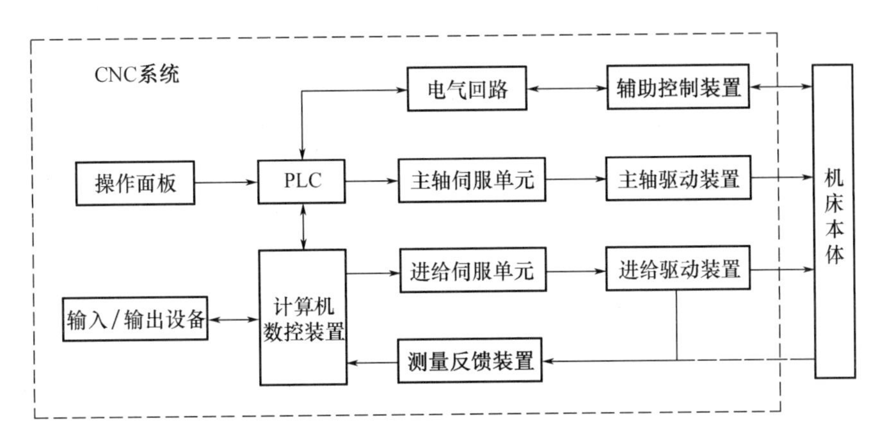

图2－1 CNC系统框图

硬件便无法工作，两者缺一不可。

CNC装置的工作是在硬件支持下执行软件的全过程。下面从输入、译码、刀具补偿、进给速度处理、插补、位置控制、I/O处理、显示和诊断方面来说明CNC装置的工作原理。

1. 输入

输入CNC装置的有零件程序、控制参数和补偿数据。输入形式有光电阅读机纸带输入、键盘输入、磁盘输入、通信接口输入，以及连接上级计算机的DNC（直接数控）接口输入。从CNC装置工作方式看，有存储器工作方式和NC工作方式输入。所谓存储工作方式，是将要加工的零件程序一次性地全部输入CNC装置内部存储器中，加工时再从存储器把一个个程序段调出；所谓NC工作方式是指CNC装置一边输入一边加工，即在前一个程序段正在加工时，输入后一个程序段内容。通常在输入过程中CNC装置还要完成无效码删除、代码校验和代码转换等工作。

2. 译码

译码处理，不论系统工作在NC方式还是存储器方式，都是将零件程序以一个程序段为单位进行处理，把其中的各种零件轮廓信息（如起点、终点、直线或圆弧等）、加工速度信息（F代码）和其他辅助信息（M、S、T代码等）按照一定的语法规则解释成计算机能够识别的数据形式，并以一定的数据格式放在指定的内存专用区间。在译码过程中，还要完成对程序段的语法检查，若发现语法错误便立即报警。

3. 刀具补偿

刀具补偿包括刀具长度补偿和刀具半径补偿。CNC装置的零件程序是以零件轮廓轨迹来编程，刀具补偿的作用是把零件轮廓轨迹的数据转换成刀具中心轨迹的数据。

4. 进给速度处理

编程所给的刀具移动速度是在各坐标的合成方向上的速度。速度处理首先要做的工作是根据合成速度来计算各运动坐标方向的分速度。另外，对于机床允许的最低速度和最高速度的限制也是在这里处理。在某些CNC装置中，软件的自动加减速也是在这里处理。

5. 插补

插补的任务是在一条已知起点和终点的曲线上进行“数据点的密化”。插补程序是在每个插补周期运行一次，根据指令进给速度计算出一个微小的直线数据段。通常经过若干次插补周期后,插补完一个程序段的加工,即完成从程序段起点到终点"数据点密化"工作。

6. 位置控制

位置控制是处在伺服回路的位置环上,这部分工作可以由软件来完成,也可以由硬件来完成。它的主要任务是在每个采样周期内,将插补计算出的理论位置与实际反馈位置相比较,用其差值去控制进给电动机。在位置控制中,通常还要完成位置回路的增益调整、各坐标方向的螺距误差补偿和反向间隙补偿,以提高机床的定位精度。

7. 输入/输出(I/O)处理

输入/输出处理主要是处理 CNC 装置和机床之间的来往信号的输入、输出控制。

8. 显示

CNC 装置显示主要是为操作者提供方便,通常应有:零件程序的显示、参数显示、刀具位置显示、机床状态显示、报警显示等。高档 CNC 装置中还有刀具加工轨迹静态和动态图形显示,以及在线编程时的图形显示等。

9. 诊断

现代 CNC 装置都具有联机和脱机诊断的功能。所谓联机诊断,是指 CNC 装置中的自诊断程序,这种自诊断程序融合在各个部分,随时检查不正常的事件。所谓脱机诊断,是指系统运转条件下的诊断。脱机诊断还可以采用远程通信方式进行,即所谓的远程诊断,把用户 CNC 通过电话线与远程通信诊断中心的计算机连接,由诊断中心计算机对 CNC 装置进行诊断、故障定位和修复。

2.1.4 CNC 装置的主要功能

由于 CNC 装置中采用大量软件来实现数控功能,CNC 装置的功能较普通数控装置丰富得多,更适于数控机床的各种复杂的控制要求。但无论何种数控装置,它们的功能通常包括基本功能和选择功能两大类。基本功能是指数控装置必备的功能;而选择功能是可根据具体机床的要求,供用户选择的功能。一般来说,每台数控装置功能有几十项甚至上百项之多,但大致可分以下几个方面。

1. 控制轴数功能

这类功能包括能控制轴数和同时能控制轴数。在控制轴中有移动轴和回转轴,有基本轴和附加轴。控制轴数越多,特别是同时控制轴数越多,CNC 装置的功能就越强,同时 CNC 装置就越复杂,编制程序也就越困难。

2. 插补功能

NC 装置是用数字电路(硬件)来实现刀具轨迹插补。CNC 装置是通过软件进行插补计算,连续控制时由于实时性很强,计算速度很难满足数控机床对进给速度和分辨率的要求。因此,实际的 CNC 装置插补功能分为粗插补和精插补,软件每插补一个线段称为粗插补;接口根据粗插补的结果,将小线段分成单个脉冲输出,称为精插补。

由于零件轮廓形状大部分是由直线和圆弧构成,或是更复杂的曲线构成,因此,有直线插补、圆弧插补、抛物线插补、极坐标插补、正弦插补、样条插补等。

3. 准备功能

准备功能也称 G 功能,用来指令机床动作方式的功能,包括基本移动、程序暂停、平面选择、坐标设定、刀具补偿、基准点返回、固定循环等指令。G 代码的使用有一次性非模态代码(限于在指令的程序段内有效)和模态代码(指令的 G 代码,直到出现同一组的其他 G 代码时,保持有效)两种。

4. 辅助功能

辅助功能也称 M 功能,用来规定主轴的启/停、转向冷却泵的接通和断开、刀库的启/停等。

5. 进给功能

进给功能是 CNC 装置对进给速度的控制功能。用 F 代码直接指令各轴的进给速度。

(1)切削进给速度(每分钟进给量) 以每分钟进给距离形式指定刀具切削进给速度,用字母 F 和它后续的数值指定。

(2)同步进给速度(每转进给量) 它是主轴每转进给量规定的进给速度。

(3)进给倍率 数字控制器规定了进给倍率开关,倍率可在 0~200% 之间变化,每挡间隔 10%。使用倍率开关不用修改程序中的 F 代码,就可改变机床的进给速度,对每分钟进给量和每转进给量都有效。

6. 主轴功能

CNC 装置对主轴工作的速度、位置的控制功能,具体包括主轴转速及转速倍率控制、恒线速度控制、主轴定向控制、C 轴控制。主轴转速的功能,用字母 S 和它后续的数值表示,有 S 后跟 2 位数和 S 后跟 4 位数两种表示方法,多用 S 后跟 4 位数表示,S 的单位为 r/min。机床操作面板设有主轴倍率开关,用它可以不修改程序而改变主轴转速。

7. 补偿功能

补偿功能包括刀具长度和半径补偿、反向间隙补偿和螺距补偿、智能补偿等功能。数字控制器采用补偿功能,可以把刀具长度或半径的相应补偿量,反向间隙误差和丝杠的螺距补偿误差的补偿量存入 CNC 装置的存储器,它就按补偿量重新计算刀具的运动轨迹和坐标尺寸,从而加工出符合要求的零件。

8. 刀具功能

刀具功能用来标示刀库中的刀具和自动选择加工刀具,用字母 T 和它后跟的 2 位或 4 位数值表示。

9. 用户界面功能

CNC 装置与用户的界面,通过软件可实现字符和图形显示,可以显示程序、参数、各种补偿量、坐标位置、故障信息、人机对话编程菜单、零件图形、动态刀具轨迹等,以便用户操作和使用。

10. 监测和诊断功能

CNC 装置中设置了各种监测和诊断程序,可以保证加工过程的正确进行,避免机床、工件和刀具的损坏,可以防止故障的发生或扩大。在故障发生后可迅速查明故障类型及部位,减少故障停机时间。

11. 固定循环功能

用数控机床加工零件时,一些典型的加工工序,如钻孔、攻螺纹、镗孔、深孔切削、车螺纹等,所需完成动作循环十分典型,将这些典型动作预先编好程序并存在存储器中,用 G 代码进行指令。固定循环中的 G 代码所指令的程序,要比一般 G 代码所指令的动作要多得多,因此使用固定循环功能,可大大简化程序编制。

12. 图形加工仿真功能

在不启动机床的情况下,在显示器上进行各种加工过程的图形模拟,特别是对难以观察的内部加工及被切削液等挡住的部分的观察。

13. 通信功能

CNC 装置与外界进行信息和数据交换的功能。通常具有 RS－232C 接口,有的还备有 RS－422 或 RS－485 接口,它设有缓冲存储器,可以按数控格式输入,还可以按二进制格式输入,进行高速传输。有的 CNC 装置还可以与制造自动化协议(MAP)相连,接入工厂的通信网络,适应 FMS、IMS 的要求。

14. 人机对话编程功能

CNC 装置提供了各种编程工具。复杂零件的 NC 程序是要通过计算机或自动编程机编制,有的 CNC 可以根据引导图和说明的显示进行对话式编程,并具有自动工序选择(对于数控铣床或加工中心)等智能功能。有的 CNC 装置具有用户宏程序及订货时确定的用户宏程序。这些对于未受过 CNC 编程专门训练的机械工人,都能很快进行编程。

总之,CNC 装置的功能多种多样,而且随着数控技术的发展,功能越来越丰富。其中的控制轴数功能、插补功能、准备功能、辅助功能、进给功能、主轴功能、补偿功能、刀具功能、用户界面功能、监测和诊断功能等属于基本功能;而固定循环功能、图形加工仿真功能、通信功能、人机对话编程功能则属于选择功能。

2.1.5　CNC 装置的主要特点

CNC 装置是在传统的 NC 装置基础上发展起来的,与 NC 装置相比,CNC 装置具有下述主要特点。

1. 灵活性大

这是 CNC 装置最突出的特点。采用模块化结构方式(无论是硬件还是软件功能,都为模块结构),只要改变相应的硬件模块,改变相应的控制软件就可改变、缩小或扩展其功能,从而满足用户使用上的不同要求。

2. 可靠性高

在现代 CNC 装置中,内存容量较大,零件加工程序通常是在加工前一次送入 CNC 装置的存储器,加工时再被调用。由于许多功能均由软件实现,因此,硬件系统所需元器件数目大大减少,整个 CNC 装置的可靠性就大为改善。特别是随着大规模集成电路、超大规模集成电路,以及精简指令集运算芯片 RISC 技术的应用,装置的可靠性得到了更大的提高。

3. 通用性强

在 CNC 装置中,硬件系统采用模块化结构,易于扩展;依靠软件结构形式的改变来满足各种机床的不同要求。这样,只要用一种 CNC 装置的硬件就有可能满足多种数控机床的要求。当用户需要某种特殊功能时,只需改变软件即可。这不但有利于降低 CNC 装置的生产成本,而且有利于用户对 CNC 装置的维护保养和操作人员的培训。

4. 丰富、复杂的数控功能

CNC 装置利用计算机强大的计算能力来实现一些复杂的数控功能。例如高次曲线插补、坐标系偏移、刀具补偿、图形显示、固定循环等,都可用适当的软件程序来实现。大量的辅助功能可以被编程,子程序和宏程序概念的引入更大大地简化了程序的编制。

5. 使用维修方便

CNC 装置有监测和诊断程序,当数控系统出现故障时,能显示出故障信息,使操作和维修人员能了解故障部位,减少维修的停机时间。CNC 装置有零件程序编辑功能,程序编辑很方便。有的 CNC 装置还有人机对话编程功能,使程序编制简便,不需要很高水平的专业编程人员。零件程序编好后,可显示程序,甚至通过空运行将刀具的轨迹显示出来,检验程序是否正确。

6. 易于实现机电一体化

由于采用了大规模集成电路和 RISC 技术,电子元器件、印刷线路大大减少,使 CNC 硬件装置结构非常紧凑,体积也大为减小,并有可能与机床紧密结合在一起,组成数控加工自动线,如 FMC、FMS、DNC 和 CIMS 等。

2.2 CNC 装置的硬件结构

早期的 CNC 装置系统多采用小型计算机来实现,随着微电子技术的发展,性能好、可靠性高、体积小、成本低的微机已成为 CNC 装置系统的主要组成部分。

2.2.1 CNC 装置的硬件组成

CNC 装置的硬件组成有计算机、接口、电源等。计算机是数控装置的核心,主要包括微处理器、存储器、总线、外围逻辑电路等。

2.2.2 CNC 装置硬件结构的类型

CNC 装置的硬件结构根据不同标准有不同分类:按电路板的结构特点,可分为大板式结构和模块式结构;按内部 CPU 的数量,可分为单微处理器结构和多微处理器结构;按所用的计算机类型,可分为专用计算机的数控装置和基于通用个人计算机的数控装置(简称 PC 数控)。

1. 单微处理器结构

单处理器数控装置以一个微处理器(CPU)为核心,通过总线与存储器,以及各种端口相连接,采取集中控制、分时处理的方式,完成数控加工中的各种任务。有的 CNC 装置虽然有两个以上的微处理器(如有数值运算的协处理器、输入/输出协处理器等),但其中只有一个微处理器管理总线,其他的 CPU 只是辅助的专用智能部件,不能控制总线,不能访问主存储器。它的优点是投资小,结构简单,易于实现。另一方面,CNC 装置的功能将受微处理器字长、数据宽度、寻址能力和运算速度等因素的影响与限制。

单微处理器结构中包括了微型计算机系统的基本结构:微处理器、总线存储器、I/O 接口、串行接口和 MDI/CRT 接口等,还包括了数控技术中的控制单元部件和接口电路,如位置控制单元、可编程控制器 PLC、主轴控制单元、手动输入接口,以及其他选件接口,如图 2-2 所示。

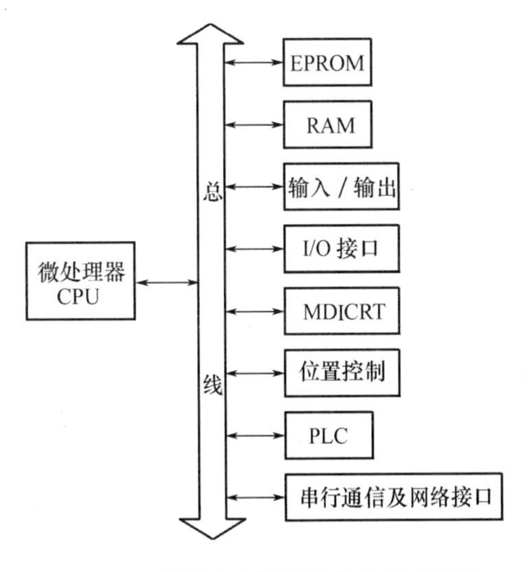

图 2-2 单微处理器数控装置组成框图

2. 多微处理器结构

在多微处理器结构 CNC 装置中具有两个或两个以上的微处理器,它们分别实现部分的数控功能,并通过某种方式实行数据交换。其特点是分散控制、并行处理。根据微处理器之间的关系又划分成分布式结构、主从式结构和多主式结构三种不同的结构。

(1)分布式结构　该装置有两个或两个以上的微处理器,各个微处理器都是一个完整而独立的系统,即都具有属于自己的存储器、输入/输出接口等部件。它们之间均通过外部的通信链路连接在一起,数据交换和资源共享都是通过网络技术来实现的。

(2)主从式结构　在该装置中只有一个微处理器处于主导地位,称为主控微处理器,对整个装置的资源(装置内的存储器、总线)有控制权和使用权,而其他微处理器处于从属地位,称为从控微处理器,它无权控制和使用装置资源,只能接受主控微处理器的控制命令或数据,或向主控微处理器发出请求信息以获得所需的数据。它们之间的通信可以通过内部输入/输出接口进行应答,也可以采用双口 RAM 技术实现,即通信的双方都可通过自己的总线访问共用存储器,实现数据交换。

(3)多主式结构　在该装置中有两个或两个以上的微处理器,都对装置资源有控制权和使用权。有一条主总线连接着多个微处理器系统,它们可以直接访问所有系统资源,同时也可以自由独立地使用各自的所有资源。微处理器之间采用紧耦合(即均挂靠在装置总线上,集中在一个机箱内),有集中的操作系统,通过总线仲裁器(软件和硬件)来解决争用总线的问题,通过公共存储器来交换装置内的信息。

目前,CNC 装置趋向于采用多微处理器结构形式。这样就可满足高运算速度、高进给速度、高精度、高效率、高可靠性和多轴控制等数控技术发展的要求。

3. 多微处理器 CNC 装置的基本功能模块

多微处理器 CNC 装置以系统总线为中心,其结构采用了模块化的技术,设计和制造了许多功能组件电路或功能模块。模块化结构的多微处理机数控装置中的基本功能模块一般有以下 6 种。

(1)CNC 管理模块　这是实现管理和组织整个 CNC 系统工作过程所需要的功能,如系统的初始化,中断管理,总线裁决,系统出错识别和处理,系统软、硬件诊断等。

(2)CNC 插补模块　零件程序在这个模块中进行译码、刀具半径补偿、坐标位移量计算和进给速度处理等插补前的预处理。然后进行插补运算,按规定的插补类型通过插补计算,为各个坐标提供位置给定值。

(3)PLC 模块　零件程序中的开关功能和来自机床的信号在这个模块中作逻辑处理,实现各功能和操作方式之间的连锁、机床电气设备的启和停、刀具交换、转台分度、工件数量和运转时间的计数等。

(4)位置控制模块　插补后的坐标位置给定值与位置检测器测得的位置实际值进行比较,进行自动加减速、回基准点、伺服系统滞后量的监视和漂移补偿,最后得到速度控制的模拟电压,去驱动进给电动机。

(5)操作控制数据输入/输出和显示模块　零件程序、参数和数据,各种操作命令的输入(如通过纸带阅读机、键盘或上级计算机等)、输出(如通过穿孔机、打印机)、显示(如通过 CRT 等)所需要的各种接口电路。

(6)存储器模块　这是程序和数据的主存储器,或是功能模块间数据传送用的共享存储器。

4. 多微处理器 CNC 装置的典型结构

CNC 装置的多 CPU 结构方案多种多样,它随着计算机系统结构的发展而变化。多微处理器的互联方式有总线互联、环行互联、交叉开关互联、多级开关互联和混合交换等。多微处理器的 CNC 装置一般采用总线互联方式,典型的结构有共享总线型、共享存储器和它们的混合型结构等。

(1)共享总线结构　在多微处理器中,有一个作为主处理器(管理模块)负责管理和协调系统中所有处理器的工作。每个处理器有各自的存储器及控制程序,当需要占用系统总线及其他资源(如存储器、I/O 设备)时,需申请占用总线,由主处理器按各个处理器优先级决定由谁来占用总线。

如图 2-3 所示,在共享总线结构中,是将带 CPU 或 DMA 的模块,即主模块直接挂在共享总线上。在系统中只有主模块有权使用系统总线。由于某一时刻只能由一个主模块占有总线,设计由总线仲裁器来解决多个主要模块的同时请求使用总线造成的竞争矛盾,每个主模块按其担任任务的重要程度,已预先排好优先级别的顺序。这种结构配置灵活,结构简单,无源总线造价低,因此经常被采用。缺点是会引起竞争,使信息传输率降低,总线一旦出现故障,会影响全局。

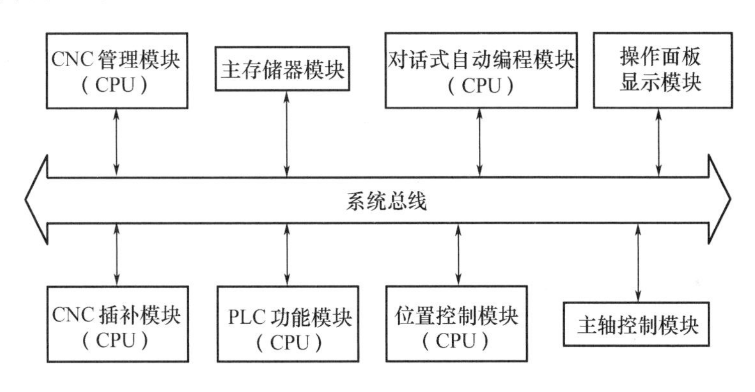

图 2-3　多微处理器 CNC 装置的共享总线结构图

(2)共享存储器结构　共享存储器结构通常采用多端口存储器来实现多微处理器之间的连接与信息交换。如图 2-4 所示,每个端口都配备有一套数据线、地址线和控制线,以供端口访问,由专门的多端口控制逻辑电路解决访问的冲突问题。当微处理器数量增多时,往往会由于争用共享而造成信息传输的阻塞,降低系统效率,因此这种结构功能扩展比较困难。

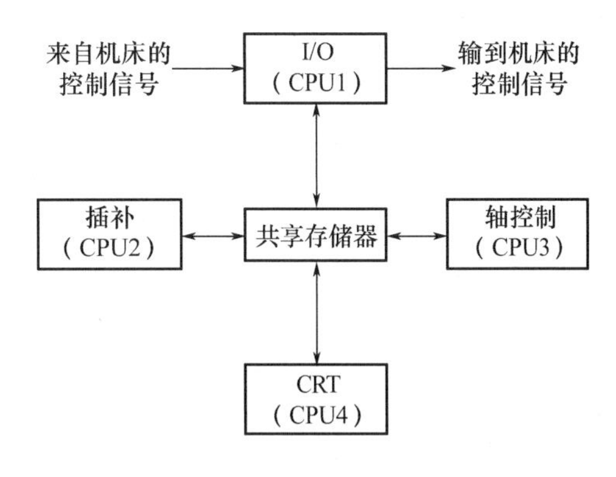

图 2-4　多微处理器 CNC 装置的共享存储器结构图

在图 2-4 中,CPU1 为中央处理器,其任务是数控程序的编程、译码、刀具和机床的参数的输入;CPU2 为插补处理器,插补控制程序,完成的工作是插补运算、位置控制、机床输入/输出接口和RS-232C接口控制;CPU3 为轴控制;CPU4 为 CRT 显示处理器,它的任务是根据 CPU1 的指令和显示数据,在显示缓冲区中组成一副画面数据,通过 CRT 控制器、字符发生器和移位寄存器,将显示的数据送到视频电路进行显示;数控装置中的共享存储器,是通过 CPU1 分别向 CPU2 和 CPU4 发送总线请求时保持信号 HOLD,才被占用的。

5. 多微处理器数控装置的特点

(1)计算处理速度高　多微处理器结构中每一个处理器完成系统中指定的一部分功能,独立执行程序,并行运行,比单微处理器提高了计算处理速度。它适应多轴控制、高进给速度、高精度、高效率的数控要求。由于系统共享资源,性价比较高。

(2)可靠性高　由于系统中每个微处理器分管各自的任务,形成若干模块,插件模块更换方便,可使故障对系统影响减到最小。共享资源省去了重复机构,不但降低了造价,也提高了可靠性。

(3)有良好的适应性和扩展性　多微处理器的 CNC 装置大都采用模块化结构。可将微处理器、存储器、输入/输出控制组成独立的微计算机级的硬件模块,相应的软件也是模块结构,固化在硬件模块中。硬软件模块形成一个特定的功能单元,称为功能模块。功能模块间有明确定义的接口,接口是固定的,成为工厂标准或工业标准,彼此可以进行信息交换。于是可以积木式组成 CNC 装置,使设计简单,有良好的适应性和扩展性。

(4)硬件易于组织规模生产　一般硬件是通用的,容易配置,只要开发新的软件就可构成不同的 CNC 装置,便于组织规模生产,保证质量,形成批量。

2.3　CNC 装置的软件结构

2.3.1　CNC 装置的软件组成

CNC 装置的软件是为完成 CNC 系统的各项功能而设计和编制的专用软件,也称为系统软件。不同的系统软件可使硬件相同的 CNC 装置具有不同的功能。CNC 装置的系统软件包括两大部分:管理软件和控制软件。管理软件包括:程序输入、I/O 处理、显示、诊断和通信管理等软件。控制软件包括:译码、刀具补偿、速度处理、插补和位置控制等软件。如图 2 -5 所示为 CNC 装置的软件组成。

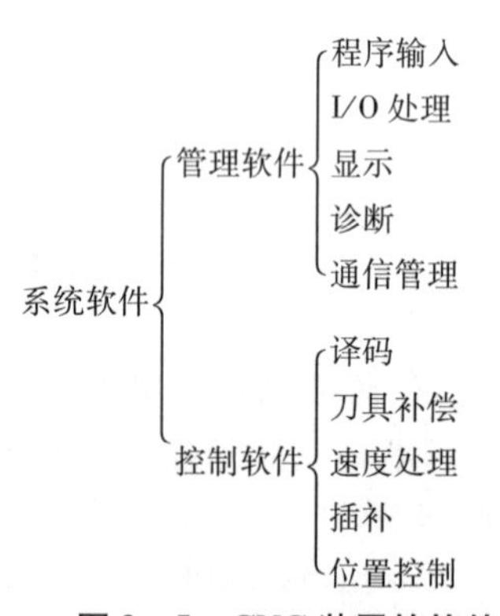

图 2 -5　CNC 装置的软件组成

2.3.2　CNC 装置软件的特点

CNC 系统是一个专用的实时多任务计算机系统,在它的控制软件中融合了当今许多先进技术,其中突出的是具有多任务并行处理和多重实时中断两个特点。下面分别加以介绍。

1. 多任务并行处理

1)CNC 装置的多任务性

在数控加工的过程中,CNC 装置要完成许多任务,而在多数情况下,管理和控制的某些工作又必须同时进行。例如:为使操作人员能及时了解 CNC 装置的工作状态,管理软件中的显示模块必须与控制软件同时运行;在插补加工运行时,管理软件中的零件程序输入模块必须与控制软件同时运行;当控制软件运行时,自身中的一些处理模块也必须同时运行。如图 2-5 所示的 CNC 装置软件的组成图,反映了 CNC 装置的多任务性。

2)并行处理

所谓并行处理是指计算机在同一时刻或同一时间间隔内完成两种或两种以上性质相同或不同的工作。并行处理的最大优点是提高了运算速度。如图 2-6 所示表明软件任务的并行处理关系,其中双向箭头表示两个模块之间有并行处理关系。

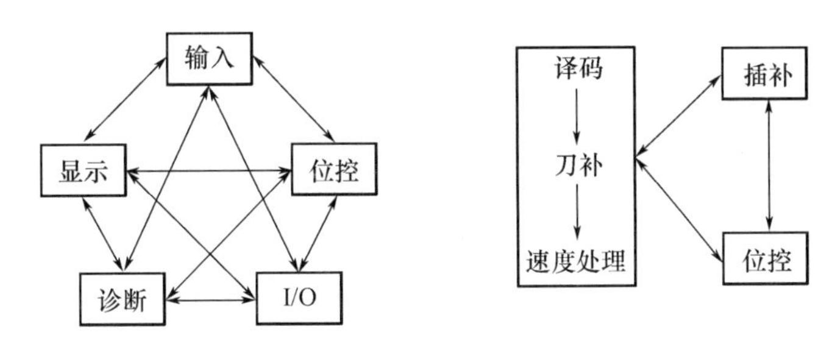

图 2-6　软件任务的并行处理

在 CNC 装置的软件结构中,主要采用两种并行处理方法:资源分时共享和资源重叠的流水处理。资源分时共享是使多个用户按时间顺序使用同一套设备;资源重叠的流水处理是使多个处理过程在时间上互相错开,轮流使用同一套设备的几个部分。下面具体介绍这两种并行处理方法。

(1)资源分时共享并行处理　在单微处理器 CNC 装置中,其资源分时共享主要采用 CPU 分时共享的原则来实现多任务的并行处理。CNC 装置的各任务何时占用 CPU 及占用 CPU 时间的长短,是首先要解决的时间分配问题。

在 CNC 装置中,各任务何时占用 CPU 是通过循环轮流和中断优先相结合的办法来解决的。图 2-7 所示的是一个典型的 CNC 装置各任务 CPU 分时共享和中断优先级图。

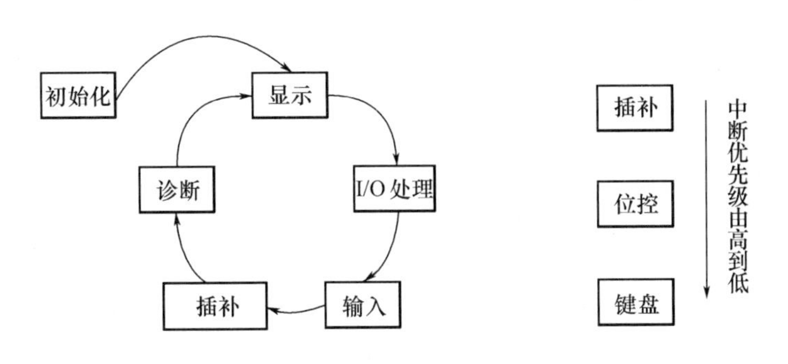

图 2-7　CNC 装置 CPU 分时共享和中断优先级

系统在完成初始化任务后自动地进入时间分配循环中,在环中依次轮流处理各任务,而对于系统中某些实时性强的任务则按优先级排队,分别处在不同中断优先级上作为环外任务,环外任务可以随时中断环内各任务的执行。

(2)资源重叠流水并行处理　CNC 装置软件结构中采用资源重叠流水并行处理。例如，当 CNC 装置处在 NC 工作方式时，其数据的转换过程将由四个子过程组成：零件程序输入、插补准备、插补和位置控制。设每个子过程的处理时间分别为 Δt_1、Δt_2、Δt_3、Δt_4，则一个零件程序段的数据转换时间将是 $t=\Delta t_1+\Delta t_2+\Delta t_3+\Delta t_4$，以顺序方式来处理每个零件程序段，即第一个零件程序段处理完以后再处理第二个零件程序段，依此类推。这种顺序处理的时间、空间关系如图 2－8(a)所示，两个程序段的输出之间将有一个时间间隔 Δt，这种时间间隔反映在电动机上就是电动机的时转时停，反映在刀具上就是刀具的时走时停，这在工艺上是不允许的。消除这种间隔的有效方法就是用流水处理技术，采用流水处理后的时间、空间关系如图 2－8(b)所示。

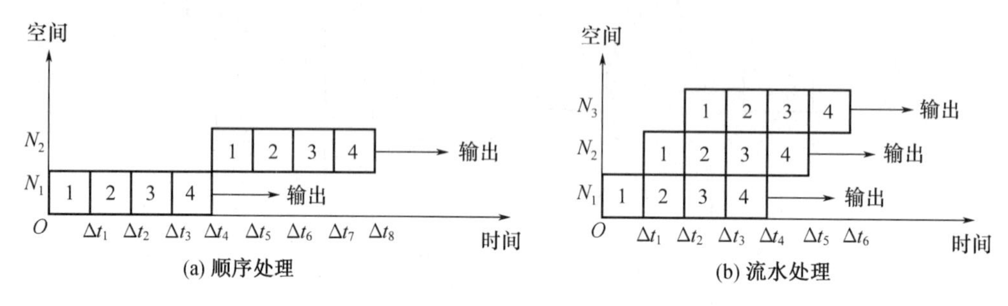

图 2－8　资源重叠流水并行处理

流水处理的关键是时间重叠，即在一段时间间隔内不是处理一个子程序，而是处理两个或更多个子程序。由图 2－8(b)可知，经流水处理后，从时间 Δt_4 开始，每个程序段的输出之间不再有间隔，从而保证了电动机运转和刀具移动的连续性。此外，流水处理要求处理每个子过程所用时间应该相等，但实际 CNC 装置中每个子过程的处理时间各不相等，解决的办法是取最长的子过程处理时间作为流水处理时间间隔。这样在处理时间较短的子过程时，处理完成后就进入等待状态。

2. 实时中断处理

CNC 装置软件结构的另一特点是实时中断处理。CNC 装置的多任务性和实时性决定了中断成为整个 CNC 系统不可缺少的重要组成部分。下面简要介绍 CNC 系统的中断类型和中断结构模式。

1) CNC 系统的中断类型

CNC 系统的中断类型共有四种：外部中断、内部定时中断、硬件故障中断和程序性中断。

(1) 外部中断　外部中断主要有三种：纸带光电阅读机中断、外部监控中断（如紧急停、量仪到位等）和键盘操作面板输入中断。前两种中断的实时性要求较高，可以将它们设置在较高的中断优先级上。第三种中断的实时性要求较低，因此可将它放在较低的中断优先级上，也可以用查询的方式来处理它。

(2) 内部定时中断　内部定时中断主要有两种：插补周期定时中断和位置采样定时中断，也可以将这两种中断合二为一，但在处理时，总是先处理位置控制，再处理插补运算。

(3) 硬件故障中断　硬件故障中断是各硬件故障检测装置发出的中断。硬件故障有存储器出错、定时器出错、插补运算超时等。

(4) 程序性中断　程序性中断是程序中出现异常情况的报警中断。异常情况有各种溢出、除零等。

2)CNC 系统的中断结构模式

一般而言,软件结构设计按照硬件结构进行。但软件结构具有一定的灵活性,同样的硬件体系上可采用不同的软件方式。对 CNC 系统来说,其控制功能是由各功能子程序实现的,不同的软件结构对这些子程序的管理、安排方式不同。

CNC 系统的中断结构模式有两种:一种是前后台软件结构中的中断模式,另一种是中断型软件结构中的中断模式。

(1)前后台软件结构中的中断模式　在前后台结构中,把非实时的或实时性要求不高的子程序(如输入、译码、显示及管理功能)作为后台程序(背景程序)顺序安排在一个循环执行的程序环内,每循环一次把环内的子程序依次执行一次;实时性任务(如插补、位置控制、PLC 等)作为前台程序放在实时中断程序中。后台程序按一定的协议向前台程序发送数据,同时前台程序向后台程序提供显示数据及系统运行状态。在后台程序运行过程中,实时中断程序不断插入,共同完成控制任务。前后台结构的后台背景程序与实时中断程序的关系如图 2-9 所示。

前后台软件结构的特点是前台程序是一个中断服务程序,用以完成全部的实时功能,后台程序是一个循环运行程序,管理软件和插补准备在这里完成。后台程序运行时,实时中断程序不断插入,前后台程序相配合,共同完成零件的加工任务。

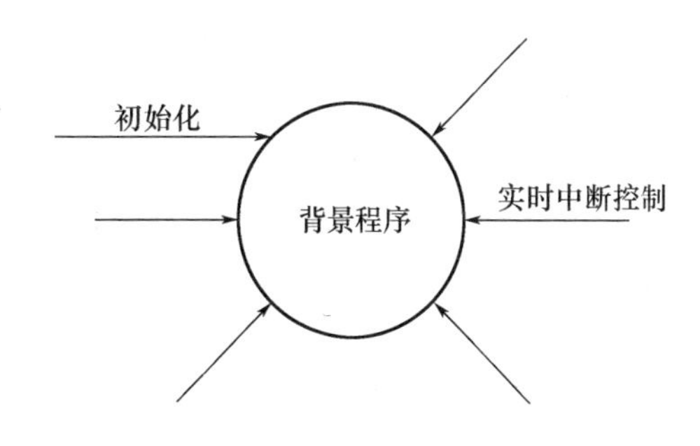

图 2-9　背景程序和实时中断程序

前后台结构的缺点是程序模块间依赖关系复杂,功能扩展困难,程序运行时资源不能合理协调。例如当插补运算没有数据时,而后台程序正在运行图形显示,使插补处于等待状态,只有当图形显示处理完后,CPU 才有时间进行插补准备,向插补缓冲区写数据时会产生停滞。

(2)中断型软件结构中的中断模式　中断型软件结构的特点是,整个系统软件除初始化程序外,各任务模块分别安排在不同级别的中断服务程序中,即整个软件就是一个庞大的中断系统,其管理功能主要是通过各级中断服务程序之间的相互通信来完成的。

在多 CPU 的数控系统中,各 CPU 分别承担一定的任务,因而具有很高的并行处理能力,它们之间的通信依靠共享总线或共享存储器进行协调。其中的单个 CPU 仍然采用前后台型或中断型软件结构,如果单个 CPU 承担的任务比较单一,该 CPU 的软件也许只是循环往复式的结构,顺序执行程序。

2.3.3　CNC 装置软件的工作过程

数控系统的零件程序的执行是在程序输入数控系统后,经过译码、刀具补偿、速度处理、插补和位置控制计算,输出控制指令由伺服系统执行,驱动机床完成加工,其工作过程如图 2-10 所示。

1. 程序输入

CNC 装置的程序输入主要指零件程序的输入,现代 CNC 装置也可通过 DMA 和通信接口由上级中心计算机或其他设备输入。

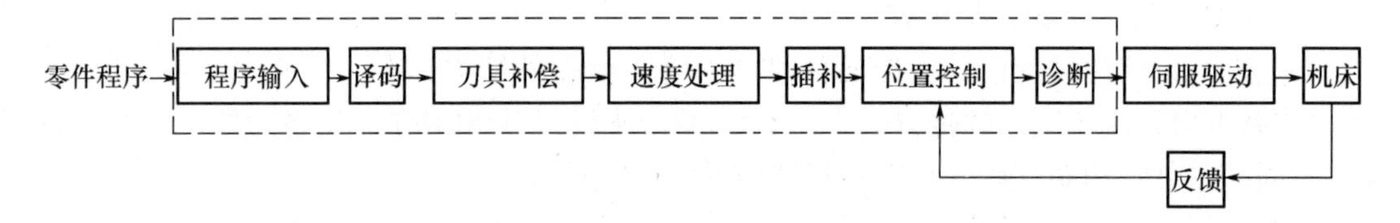

图 2-10　CNC 中零件程序的处理流程

数控系统的工作方式有存储器工作方式和 NC 工作方式。在存储器工作方式时,是将要加工的零件程序一次性地全部输入到数控系统的内部零件存储器中,加工时再从存储器中把一个个程序段调出进行处理,这也是数控系统最常用的工作方式。NC 工作方式一般是由于曲面加工零件程序过大时,数控系统不能一次装入,此时将数控系统与外部计算机以通信方式连接,进行边输入和边加工。

2. 译码

CNC 装置的译码程序是以程序段为单位进行信息处理,将其中的机床各种运动和功能控制信息及其他辅助信息等按照一定的语法规则翻译成计算机能识别的数据形式,并以一定的格式存放在指定的内存专用区间。译码有解释和编译两种方法。由于数控代码比较简单,零件程序又不复杂,因此,CNC 控制软件中多采用解释方法译码。译码工作的内容又包括对程序的整理和存放,CNC 装置中常采用不按字符格式和保留字符格式两种整理与存放方法。

3. 刀具补偿

刀具补偿包括刀具长度补偿和刀具半径补偿。为了简化零件程序的编制,希望零件程序中直接以零件轮廓本身来描述加工运动过程。由于机床运动是以刀具中心轨迹进行控制,刀具补偿的作用也就是将零件程序中的轮廓轨迹转换为刀具中心轨迹,同时还要对其相邻程序段间的过渡转接和加工干涉的判别进行处理。

4. 进给速度处理

机床的进给速度是根据零件程序指令速度、操作面板的倍率开关、机床当前的运动状态(加速、减速过程)及机床各轴的允许范围等来确定当前的加工进给速度。其中,加减速处理是其主要内容。

5. 插补

零件程序中的运动轨迹或经过刀补处理后的运动轨迹只给出了轨迹类型和起、终点信息,轨迹插补按照给定的运动规律和运动速度,实时计算机床各坐标轴的运动量,控制各运动轴协调地按照给定轨迹及速度运动。

插补是 CNC 系统的主要实时控制软件,插补的实时性很强,即计算速度要能够满足机床坐标轴进给速度和分辨率的双重要求。目前大部分 CNC 系统采用粗、精插补相结合的方法。粗插补采用数据采样插补,采用软件插补方法;精插补采用基准脉冲直线插补,可采用软件插补方法,也可采用硬件插补方法。

6. 位置控制

位置控制的任务是根据插补所得的运动数据控制机床伺服驱动系统,实现所需的运动。对于不同的伺服驱动系统,其控制方法有所不同。此外,位置控制中还要进行机械间隙和螺距等误差的补偿,以提高机床的运动精度。

7. 故障诊断

CNC 装置的故障诊断是利用软件来实现的。CNC 装置的诊断功能很强。

(1)运行中诊断　这种诊断的诊断程序常包含在主控程序、中断处理程序等各部分中。

(2)停机诊断　停机诊断的诊断程序一般是与系统程序分开的,在系统发生故障或开始运行以前,再将其输入到 CNC 装置中进行诊断。在某些 CNC 装置中还配有自诊断程序,诊断时,将自诊断程序装入运行,CNC 系统无故障时,其诊断程序连续执行,不停机。当发现故障时,则停机,从停机地址就可找出故障部位。

(3)通信诊断　通信诊断的诊断程序是由诊断中心发出,通过电话线路与用户 CNC 系统进行通信,指示 CNC 进行某种运行,通过收集的数据分析系统的状态来确定系统工作状态是否正常。如不正常,则找出故障或对故障趋势进行分析预测。

刀具补偿、加减速处理、插补和位置控制是数控系统软件中的重要部分,其原理将在后面做进一步介绍。

2.4 刀具补偿

2.4.1 概述

刀具补偿分为长度补偿和半径补偿两种,刀具长度补偿计算比较简单。这里主要介绍刀具半径补偿计算。

零件加工程序通常是按照零件的轮廓编制的,而数控机床在加工过程中的控制点是刀具中心轨迹。在加工零件前必须将零件轮廓转换成刀具中心轨迹。只有将零件轮廓数据转换成刀具中心轨迹数据,才能用于插补。

刀具中心轨迹必须使刀具沿工件轮廓方向偏移一个刀具半径,这就是数控装置刀具半径补偿功能。具有这种刀具半径补偿功能的数控装置,能够按照工件轮廓编制的加工程序和输入系统的刀具半径值进行刀具补偿计算,自动地加工出符合要求的工件轮廓。

在切削加工过程中,刀具半径补偿的执行过程一般分为以下三个步骤:

(1)刀补建立　刀具从原点接近工件,刀具中心轨迹由 G41 或 G42 决定在原来的程序轨迹基础上伸长或缩短一个刀具半径值。

(2)刀补进行　刀具中心轨迹始终偏离编程轨迹一个刀具半径值的距离。

(3)刀补撤销　在加工结束时,刀具撤离工件,回到原点。

刀具半径补偿方式可分为两种:B 功能刀具半径补偿(简称 B 功能刀补)和 C 功能刀具半径补偿(简称 C 功能刀补)。下面就对这两种刀具半径补偿进行简要介绍。

2.4.2 B 功能刀补

B 功能刀补主要实现基本的刀具半径补偿。在确定刀具中心轨迹时,多采用“读一段,算一段,再走一段”的 B 功能刀补控制方法,它仅根据本程序段的编程轮廓尺寸进行刀具半径补偿控制。

在一般情况下,CNC 装置所实现的轮廓控制就是直线和圆弧两种。对于直线而言,刀具补偿后的中心轨迹仍然是与原直线相平行的直线,因此,刀具半径补偿计算只要计算出刀具中心轨迹的起点坐标和终点坐标。对于圆弧而言,刀具补偿后的刀具中心轨迹仍然是一个与原圆弧同心的一段圆弧,因此,对圆弧的刀具半径补偿计算只要计算出刀具半径补偿后圆弧的起点坐标、终点坐标和刀具半径补偿后的圆弧半径值。

1. 直线的刀具补偿计算

直线的刀具补偿计算方法如图 2-11 所示。被加工直线段 OA 的起点 O 在坐标系的原点上,终点 A 的坐标为(x,y)。设上一程序加工结束时刀具中心在 O'点且其坐标值已知,刀具半径为 r,现要计算刀补后直线 $O'A'$的终点坐标(x',y')。另设刀具补偿量 AA'在 x、y 坐标轴方向的投影为 Δx、Δy,则

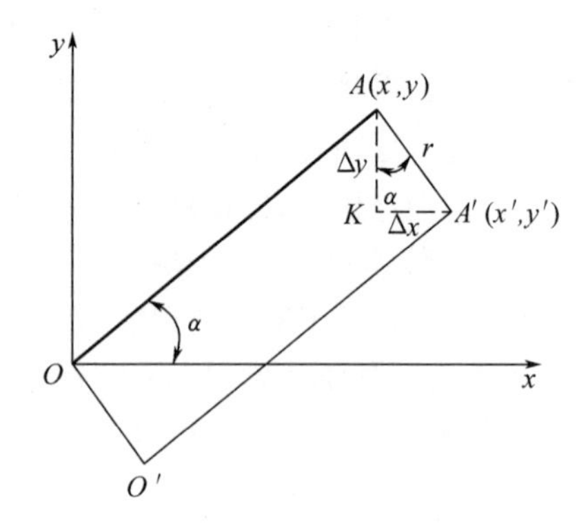

图 2-11　直线刀具补偿

$$\begin{cases} x' = x + \Delta x \\ y' = y + \Delta y \end{cases} \tag{2-1}$$

设
$$\angle xOA = \angle A'AK = \alpha$$
则

$$\begin{cases} \Delta x = r\sin\alpha = r\dfrac{y}{\sqrt{x^2+y^2}} \\ \Delta y = -r\cos\alpha = -r\dfrac{x}{\sqrt{x^2+y^2}} \end{cases} \tag{2-2}$$

把式(2-2)代入式(2-1),得直线刀补计算公式为

$$\begin{cases} x' = x + r\dfrac{y}{\sqrt{x^2+y^2}} \\ y' = y - r\dfrac{y}{\sqrt{x^2+y^2}} \end{cases} \tag{2-3}$$

2. 圆弧刀具半径补偿

圆弧刀具半径补偿计算方法如图 2-12 所示。被加工圆弧的圆心在坐标原点,圆弧半径为 R,起点坐标为 $A(x_0,y_0)$,终点坐标为 $B(x_e,y_e)$,刀具半径为 r。假设上一程序段加工结束时,刀具中心点在 A'且其坐标(x_0',y_0')已知,现要计算同心圆弧$\widehat{A'B'}$的终点 B'的坐标(x_e',y_e')。

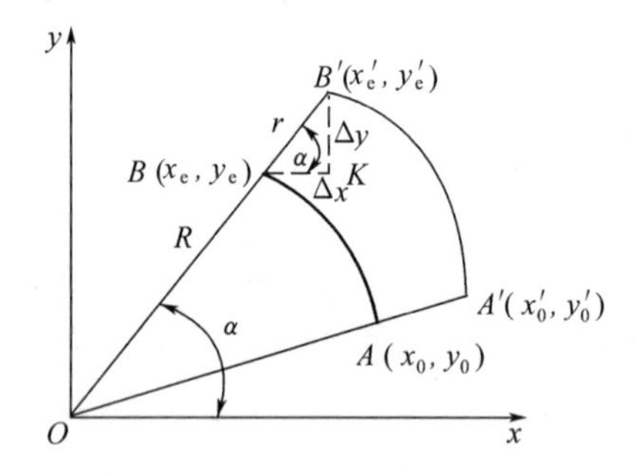

图 2-12　圆弧刀具半径补偿

设 BB' 在两个坐标轴上的投影为 Δx、Δy,则

$$\begin{cases} x_e' = x_e + \Delta x \\ y_e' = y_e + \Delta y \end{cases} \tag{2-4}$$

$$\begin{cases} \Delta x = r\cos\alpha = r\dfrac{x_e}{R} \\ \Delta y = r\sin\alpha = r\dfrac{y_e}{R} \end{cases} \tag{2-5}$$

将式(2-5)代入式(2-4)得圆弧刀补计算公式为

$$\begin{cases} x'_e = x_e + \dfrac{rx_e}{R} \\ y'_e = y_e + \dfrac{ry_e}{R} \end{cases} \tag{2-6}$$

2.4.3 C 功能刀补

C 功能刀补能处理两个程序段间尖角过渡的各种情况。B 功能刀补不能处理尖角过渡问题,如图 2-13 所示。当遇到间断点时,必须在两程序段之间增加一个半径为刀具半径 r 的过渡圆弧$\overset{\frown}{A'B'}$。当遇到交叉点时,必须在两程序段之间增加一个过渡圆弧$\overset{\frown}{AB}$,其半径必须大于刀具半径 r,显然 B 功能刀补不能处理尖角过渡的 CNC 系统编程。所谓 C 功能刀补,就是 CNC 装置根据与实际轮廓完全一样的编程轨迹,直接算出刀具中心轨迹的转接交点 C' 和 C'',然后再对原来的刀具中心轨迹作伸长或缩短的修正。

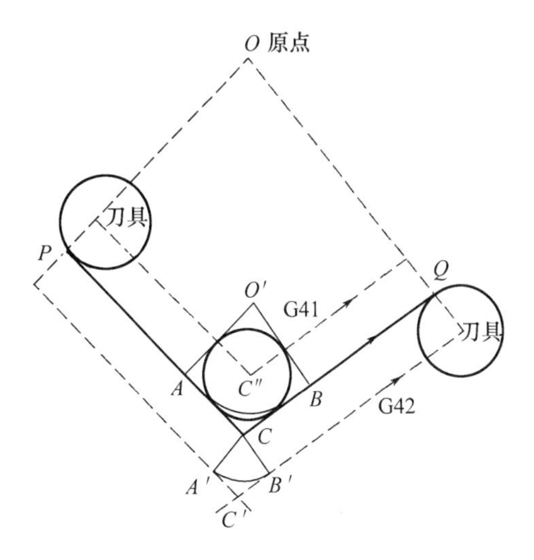

图 2-13　B 功能刀补的交叉点和间断点

B 功能刀补不能处理尖角过渡是因为其控制方法采用“读一段,算一段,再走一段”,这就无法预计到由于刀具半径所造成的下一段加工轨迹对本段加工轨迹的影响。C 功能刀补则采用计算完本段轨迹后,提前读入下一程序段,然后根据这两程序段之间转接的具体情况,对本程序段轨迹作适当修正,再进行本程序段的走刀加工,就可得到正确的本段加工轨迹。

如图 2-14 所示为 CNC 系统采用 C 功能刀补工作方式的原理框图。

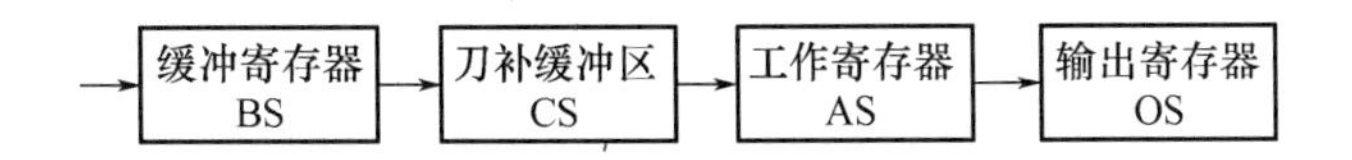

图 2-14　数控系统的 C 功能刀补工作方式

当系统启动后,第一个程序段先被读入 BS,经刀补运算后再被送入 CS 暂存,又将第二个程序段读入 BS,经刀补计算后对 CS 中的第一程序段刀具中心轨迹进行修正,修正之后的第一程序段送入 AS 中,BS 中的第二程序段刀具中心轨迹送入 CS 中。随后,由 CPU 将 AS 中的内容送入 OS 进行插补运算,运算结果送入伺服系统予以执行,此时 CPU 又将第三个程序段读入 BS 中,根据 BS、CS 中第三、第二段轨迹的连接情况,对 CS 中第二程序段的刀具中心轨迹进行修正,插补一段,刀补计算一段,读入一段,依此进行下去。可见 CNC 系统的 C 功能刀补方式,其内部总是同时存有三个程序段的信息。

根据 ISO 标准,当刀具中心轨迹在编程轨迹前进方向的左边时,称为左刀补,用 G41 表示;当刀具中心轨迹在编程轨迹前进方向的右边时,称为右刀补,用 G42 表示;当不需要进行刀具补偿时用 G40 表示。

工件侧转接处两个运动方向的夹角 α 称为转接角,其变化范围为 $0° \leq \alpha \leq 360°$, α 角的约定如图 2-15 所示。图 2-15 为两段全是直线的情况,如果为圆弧可用交点处的切线作为角度定义的直线。

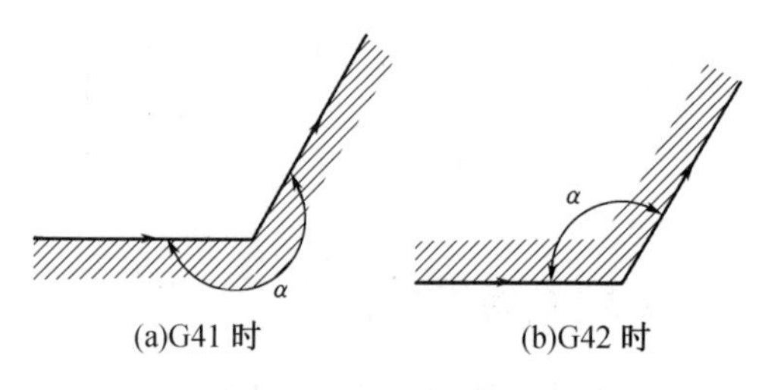

图 2-15 转接角示意图

一般说来,CNC 系统中能控制加工的轨迹仅限于直线和圆弧,因而根据它们的相互连接关系前后两段程序间共有四种连接形式,即:直线与直线连接;直线与圆弧连接;圆弧与直线连接;圆弧与圆弧连接。根据两段程序轨迹交角处在工件侧的夹角 α 的不同,刀具半径补偿可分为以下三类转接过渡形式:

(1)当 $180° \leq \alpha < 360°$ 时,缩短型;

(2)当 $90° \leq \alpha < 180°$ 时,伸长型;

(3)当 $0° \leq \alpha < 90°$ 时,插入型。

由于工件轮廓是各种各样的,根据线型、转接形式、转接角大小、顺/逆圆、左/右刀补等不同,可以组合出很多种刀补形式。

1. 直线接直线情况

假设第一段直线 L_1 的起点为 $A(x_0, y_0)$,终点为 $B(x_1, y_1)$,第二段直线 L_2 的起点为 $B(x_1, y_1)$,终点为 $C(x_2, y_2)$。

(1)缩短型 刀补进行,直线接直线的缩短型刀补进行情况,如图 2-16 所示。

(2)伸长型 刀补进行,直线接直线的伸长型刀补进行情况,如图 2-17 所示。

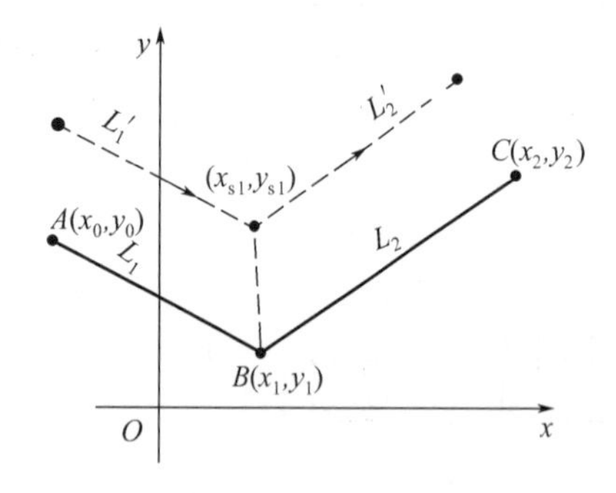

图 2-16 直线接直线缩短型刀补运行

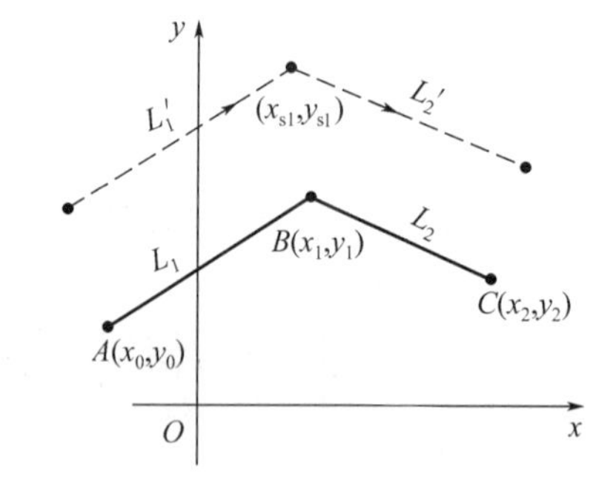

图 2-17 直线接直线伸长型刀补运行

(3)插入型 刀补进行,直线接直线的插入型刀补进行情况,如图 2-18 所示。

2. 直线接圆弧情况

设直线 L 的起点为 $A(x_0, y_0)$,终点为 $B(x_1, y_1)$,圆弧的起点为 $B(x_1, y_1)$,终点为 $C(x_2, y_2)$,圆心相对于圆弧起点的坐标为 (I, J)。

(1)缩短型 刀补进行,直线接圆弧的缩短型刀补进行情况,如图 2-19 所示。

(2)伸长型 刀补进行,直线接圆弧的伸长型刀补进行情况,如图 2-20 所示。

(3)插入型 刀补进行,直线接圆弧的插入型刀补进行情况,如图 2-21 所示。

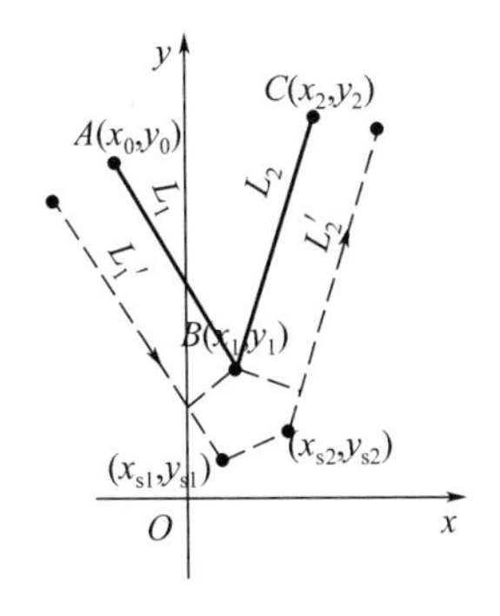

图 2-18　直线接直线插入型刀补运行

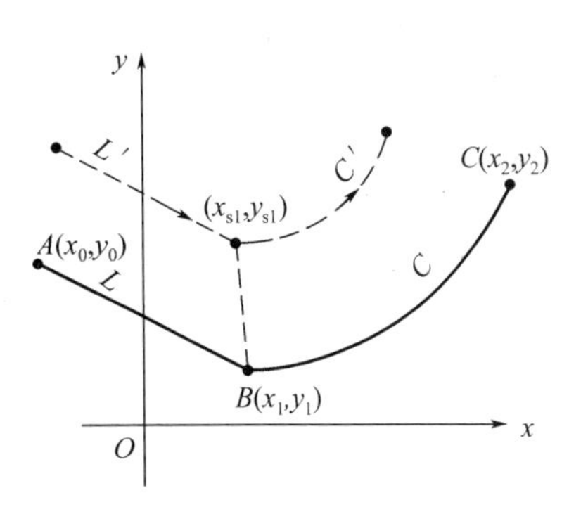

图 2-19　直线接圆弧缩短型刀补运行

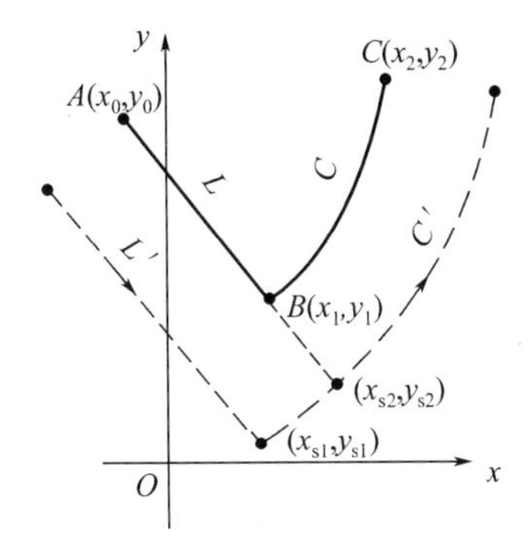

图 2-20　直线接圆弧伸长型刀补运行

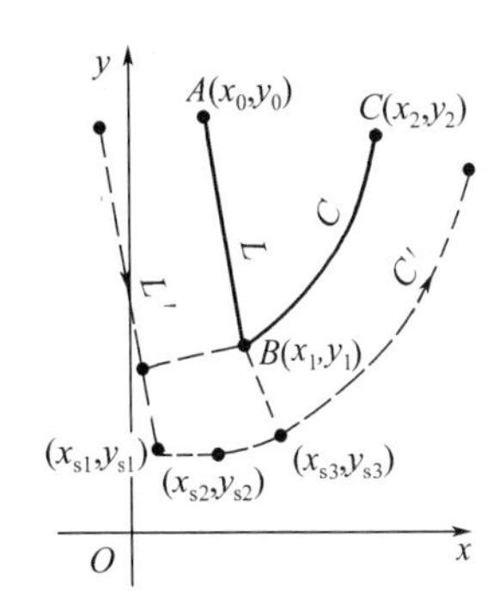

图 2-21　直线接圆弧插入型刀补运行

3. 圆弧接直线情况

设圆弧的起点为 $A(x_0,y_0)$,终点为 $B(x_1,y_1)$,圆弧半径为 R。圆心相对于圆弧起点的坐标为(I,J)。直线 L 的起点为 $B(x_1,y_1)$,终点为 $C(x_2,y_2)$。圆弧接直线的各种假设跟直线接圆弧的完全相同。

(1)缩短型　刀补进行,圆弧接直线的缩短型刀补进行情况,如图 2-22 所示。

(2)伸长型　刀补进行,圆弧接直线的伸长型刀补进行情况,如图 2-23 所示。

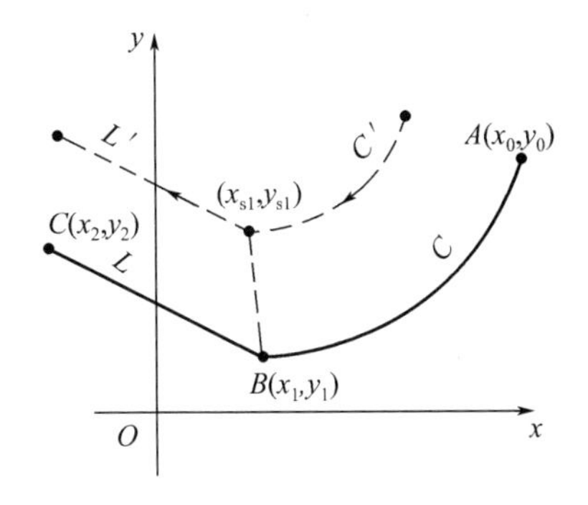

图 2-22　圆弧接直线缩短型刀补运行

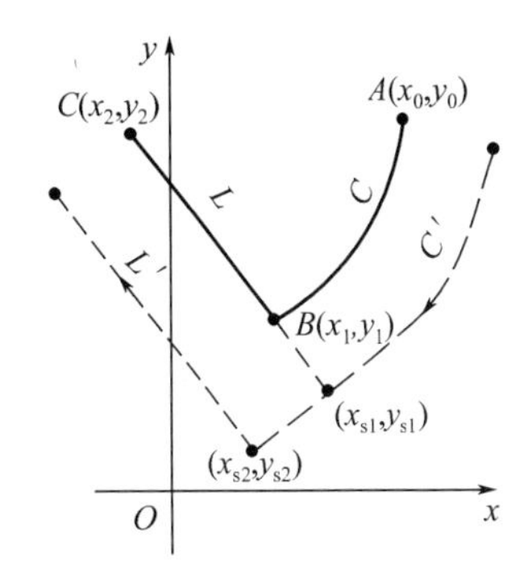

图 2-23　圆弧接直线伸长型刀补运行

(3)插入型　刀补进行,圆弧接直线的插入型刀补进行情况,如图 2-24 所示。

4. 圆弧接圆弧情况

圆弧接圆弧情况只有刀补运行一种情况，不能进行刀补建立和撤销。设第一段圆弧的参数为起点 $A(x_0,y_0)$，终点 $B(x_1,y_1)$ 和圆心相对于起点的坐标 (I_1,J_1)；第二段圆弧的参数为起点 $B(x_1,y_1)$，终点 $C(x_2,y_2)$ 和圆心相对于起点的坐标 (I_2,J_2)。

（1）缩短型　圆弧接圆弧的缩短型刀补进行情况，如图 2－25 所示。

（2）伸长型　圆弧接圆弧伸长型刀补进行情况，如图 2－26 所示。

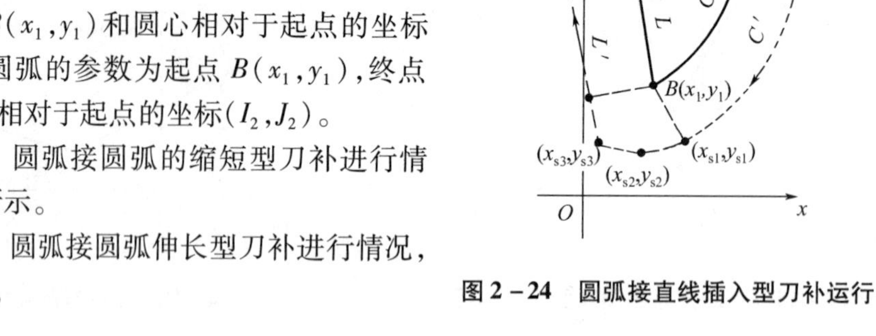

图 2－24　圆弧接直线插入型刀补运行

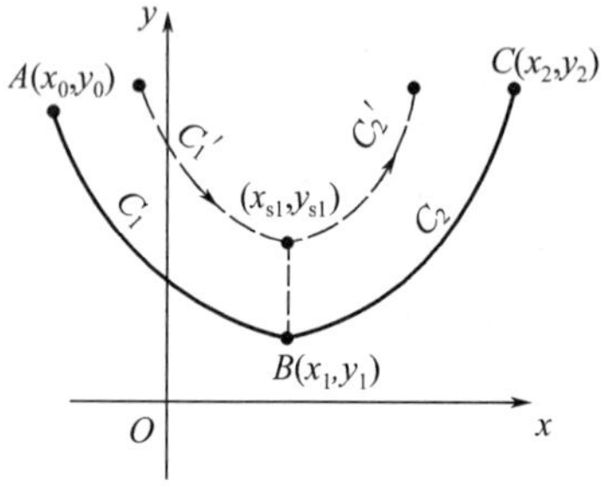

图 2－25　圆弧接圆弧缩短型刀补运行

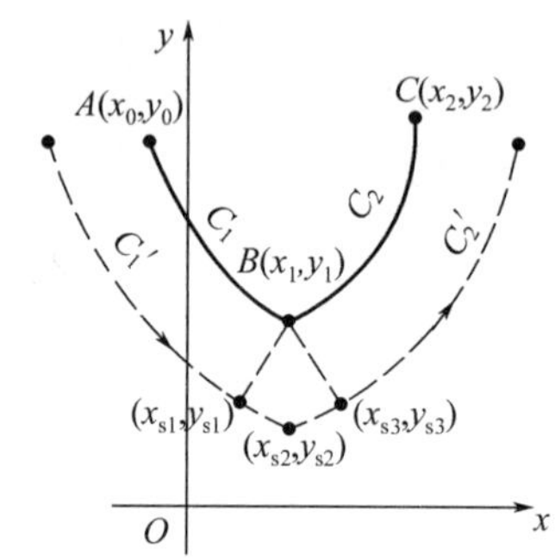

图 2－26　圆弧接圆弧伸长型刀补运行

（3）插入型　圆弧接圆弧插入型刀补进行情况，如图 2－27 所示。

5. C 功能刀补的实例

图 2－28 为 C 功能刀补的实例。

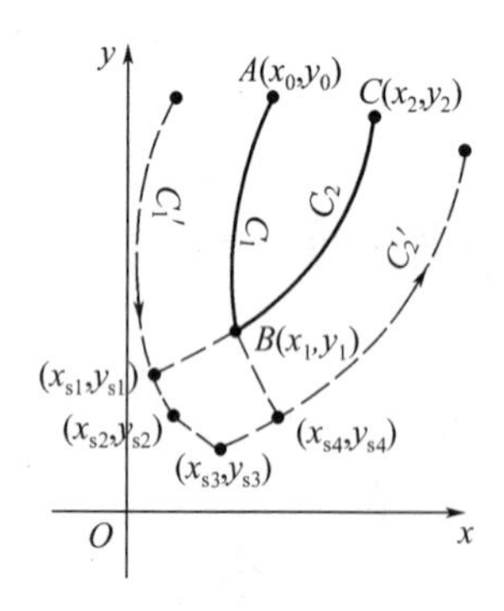

图 2－27　圆弧接圆弧插入型刀补运行

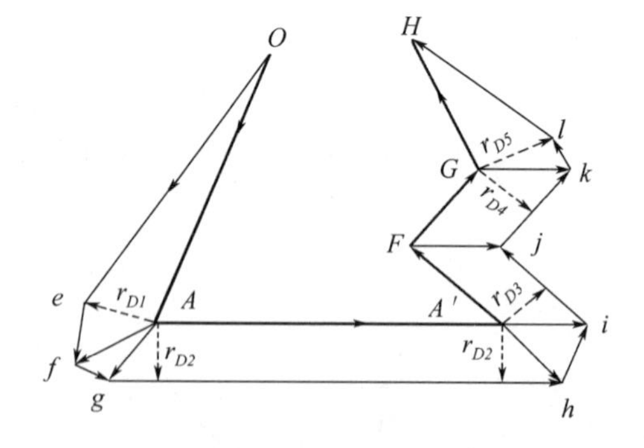

图 2－28　C 功能刀补实例

数控系统完成从 O 点到 H 点的编程轨迹的加工过程如下：

（1）读入 OA 程序段，计算出矢量 $\boldsymbol{OA}$。因为是刀补建立段，所以继续读下一段。

（2）读入 AA'段。经过判断是插入型转接，计算出矢量 $\boldsymbol{r}_{D2}$、$\boldsymbol{Ag}$、$\boldsymbol{Af}$、$\boldsymbol{r}_{D1}$、$\boldsymbol{AA'}$。因为上一段是刀补建立段，所以上段应走 $\boldsymbol{Oe}=\boldsymbol{OA}+\boldsymbol{r}_{D1}$。

（3）读入 $A'F$ 段。由于也是插入型转接，因此，计算出矢量 $\boldsymbol{r}_{D3}$、$\boldsymbol{A'i}$、$\boldsymbol{A'h}$、

$A'F$。走 ef,$ef = Af - r_{D1}$。

(4)继续走 fg,$fg = Ag - Af$。

(5)走 gh,$gh = AA' - Ag + A'h$。

(6)读入 FG 段,经过转接类型判别为缩短型,所以仅计算 r_{D4},Fj,FG。继续走 hi,$hi = A'i - A'h$。

(7)走 ij,$ij = A'F - A'i + Fj$。

(8)读入 GH 段(假定有刀补撤销指令 G40)。经过判断为伸长型转接,所以尽管要撤销刀补,仍需计算 r_{D5},GH,GK。继续走 jk,$jk = FG - Fj + GK$。

(9)因为上段是刀补撤销,所以要进行特殊处理,直接命令走 kl,$kl = r_{D5} - Gk$。

(10)最后走 lH,$lH = GH - r_{D5}$。

加工结束。

2.5 进给速度处理和加减速控制

数控机床的进给速度与加工精度、表面粗糙度和生产率有着密切的关系。数控机床的进给速度要求速度稳定,具有一定的调速范围,启动快而不失步,停止的位置准确而不超程。故此,CNC 系统必须具有加减速控制功能。

在 CNC 系统中,可以用软件或软件与接口硬件配合实现进给速度控制,这样就可以达到节省硬件、改善控制性能的目的。

2.5.1 进给速度处理

基准脉冲插补和数据采样插补由于其计算方法不同,其速度处理方法也有不同。

1. 基准脉冲插补进给速度处理

基准脉冲插补多用于以步进电动机作为执行元件的开环数控系统中,各坐标的进给速度是通过控制向步进电动机发出脉冲的频率来实现的,所以进给速度处理是根据编程的进给速度值来确定脉冲源频率的过程。

脉冲当量 δ、进给速度 F 与脉冲频率 f 的关系:

$$F = \delta \times f \times 60$$

$$f = F/(\delta \times 60)$$

式中 δ——脉冲当量,mm/脉冲;

f——脉冲频率,Hz;

F——进给速度,mm/min。

根据进给速度 F 确定脉冲频率 f,可以使坐标轴按要求的速度进给。

常用的进给速度控制方法有两种:程序计时法和时钟中断法。

1)程序计时法

采用程序计时法控制进给速度,也就是要用程序来控制进给脉冲的间隔时间。进给脉冲的间隔时间长,则进给速度慢;进给脉冲的间隔时间短,则进给速度快。通过要求的进给速度就可换算出进给脉冲的间隔时间,这一间隔时间通常由插补运算时间和程序计时时间两部分组成。

程序计时法多用于点位/直线控制系统。因这种系统中相当于插补运算的是位置计算,程序量小,所以在两次脉冲进给之间能有一定的等待时间,这一点也是使用程序计时法控制进给速度的先决条件。

点位/直线控制系统的运动速度可以分为四种:升速段、恒速段、降速段和低速段。每次进给过程的速度一般都要经历这四个阶段。速度控制过程可用如图2-29所示的框图来描述。

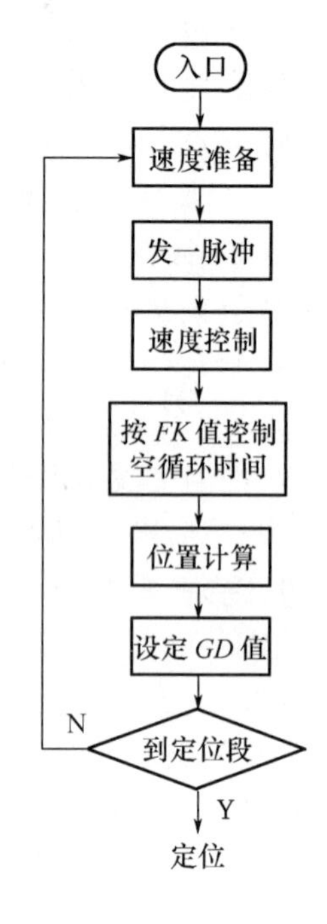

图2-29　速度控制过程

速度准备的功能一方面是按照指定的速度预先算出降速距离,并置于相应单元;另一方面还要置入速度控制字和速度标志 FK(当前速度控制值)、FK_0(存恒速值)、FK_1(存低速值)。

位置计算的功能是算出移动过程中的当前位置,以便确定位移是否到达降速点或低速点,并给出相应标志 GD:$GD=10$ 时是到达降速点;$GD=01$ 时是到达低速点。

速度控制子程序的主要功能是给出"当前速度值",以实现升速、恒速、降速、低速控制。在升速阶段,控制速度逐步上升,并判断是否到达预定恒速,如到达则设置恒速标志,下一次转入恒速处理。在恒速阶段,保持速度为给定的恒速值。在降速阶段,控制速度逐步下降,直到降到低速,设置低速标志,下一次转入低速控制,低速段也是恒速。升速过程和降速过程可以通过改变速度控制单元(CFR)的内容来实现,该控制字可以控制空循环次数,控制字变化一个单位,对应空循环次数改变一定数目。到达一定的降速距离($GD=10$)时,应根据 FK 的内容做相应的处理。到达低速点($GD=01$)时,也应根据 FK 的内容做相应的处理。

2)时钟中断法

时钟中断方法,只要求一种时钟频率,用软件控制每个时钟周期内的插补次数,以达到进给速度控制的目的,其速度要求是以 mm/min 为单位直接给定的。该方法适用于基准脉冲插补原理。

(1)时钟频率选择　设 F 是以 mm/min 为单位的给定速度。为了换算出每个时钟周期应插补的次数,首先要选定一个适当的时钟频率。根据最高插补进给的要求,并考虑到计算机中换算的方便,取一个特殊的 F 值(如 $F=256$ mm/min),希望对此给定速度在计算机每个时钟周期进行一次插补。当以0.01 mm为脉冲当量时,有

$$F=256\ \text{mm/min}=256\times100/60=426.66(0.01\ \text{mm})/\text{s}$$

故取时钟频率为427 Hz。这样对 $F=256$ mm/min 的进给速度恰好每次中断作一次插补运算。

(2)给定速度的换算　因为 $256=2\times2\times2\times2\times2\times2\times2\times2$,用二进制表示为100000000,所以将16位的字长分为左右两个半字,并分别称为 $F_{整}$ 和 $F_{余}$。对速度 $F=256$ mm/min 有 $F_{整}=1$,$F_{余}=0$。这对二进制来说并不需要做除法运算,只要对给定的数值进行十翻二运算即可。结果前8位为 $F_{整}$,后8位为 $F_{余}$。例如 $F=300$ mm/min,经十翻二运算后,在计算机中得到下列结果,如图2-30所示。

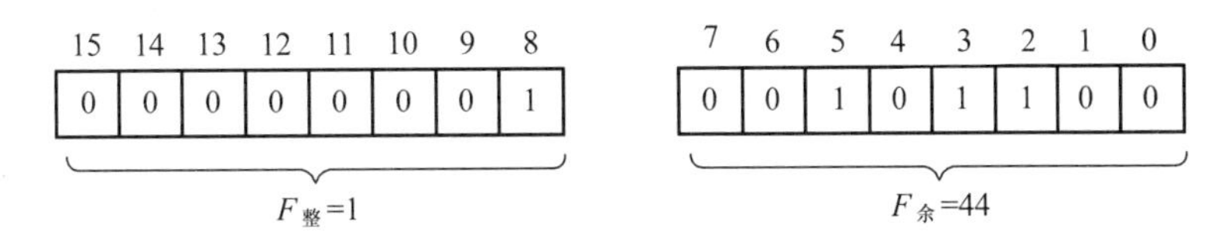

图 2－30 $F=300$ mm/min 经十翻二运算的形式

(3)插补次数和 $F_{余}$ 的处理 根据给定速度换算的结果 $F_{整}$ 和 $F_{余}$ 即可进行进给速度的控制。第一个时钟中断来到时，$F_{整}$ 是本次时钟周期中应插补的次数，但 $F_{余}$ 不能去掉，否则将使实际插补进给速度小于要求的速度。$F_{余}$ 应保留，并在下次时钟中断到来时，做累加运算，若有溢出时，应多做一次插补运算，并保留累加运算的余数。$F_{余}$ 的累加运算框图如图 2－31 所示。

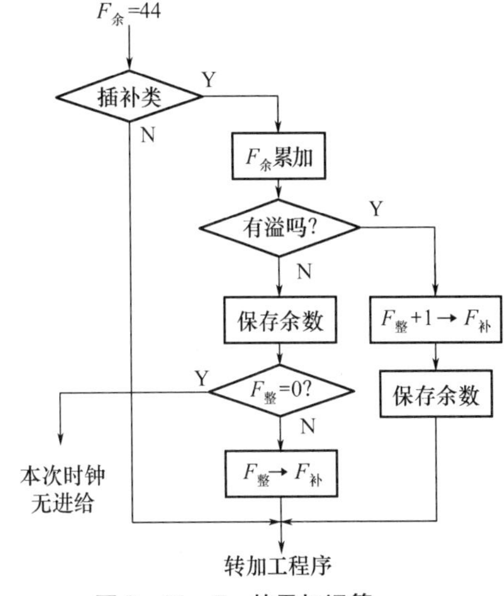

图 2－31 $F_{余}$ 的累加运算

图 2－31 中的 $F_{整}$ 和 $F_{余}$ 已不再是半字形式，它们各占一个单元。$F_{整}$ 已截取至低 8 位中，而 $F_{余}$ 为了累加运算的方便，已截取到高 8 位中。$F_{插}$ 为每次时钟中断实际应进行的插补次数，在各次时钟中断周期中，它有时与 $F_{整}$ 相等，有时比 $F_{整}$ 多 1。

2. 数据采样插补进给速度处理

数据采样插补根据编程进给速度计算一个插补周期内合成速度方向上的进给量：

$$f_s = \frac{KFT}{60 \times 1\ 000}$$

式中 f_s——系统在稳定进给状态下的插补进给量，称为稳定速度，mm/min；

F——速度指令或由参数设定的快速速率，mm/min；

T——插补周期，ms；

K——速度系数，包括切削进给倍率、快速进给倍率等。

为了调速方便，设置了速度系数 K 来反映速度倍率的调节范围。通常 K 取 0～200%，当中断服务程序扫描到面板上倍率开关状态时，给 K 设置相应参数，从而对数控装置面板手动速度调节做出正确响应。

2.5.2 加减速控制

在 CNC 装置中，为了保证机床在启动或停止时不产生冲击、失步、超程或振荡，必须对进给电动机进行加减速控制。加减速控制多数采用软件来实现，这样给系统带来很大的灵活性。可以把加减速控制放在插补前进行，称为前加减速控制，如图 2－32(a)所示；也可以把加减速控制放在插补后进行，称为后加减速控制，如图 2－32(b)所示。

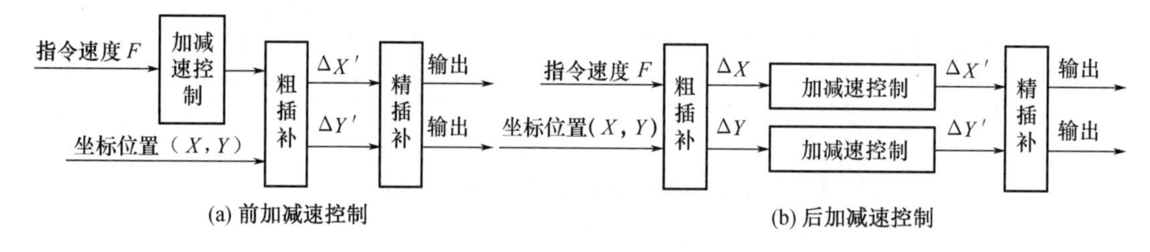

图 2－32　加减速控制

前加减速控制是对编程指令 F(合成速度)进行控制。其优点是不会影响实际插补输出的位置精度。但需根据实际刀具位置和程序段终点之间的距离来确定减速点,计算工作量比较大。后加减速控制是对各运动轴分别进行加减速控制。由于是对各运动轴分别进行控制,所以在加减速控制中实际的各运动轴合成位置可能不准确。但这种影响只存在于加速或减速过程中,这种加减速控制不需要专门预先确定减速点,而是在插补输出为零时开始减速,通过一定的时间延时逐渐靠近程序终点。

数据采样插补方式多用于以直流电动机或交流电动机,即一个插补周期 T 内的位移量。当机床启动、停止或加工过程中改变进给速度时,系统应自动进行加减速处理。加减速控制多数采用软件来实现。

进行加减速控制,首先要计算出稳定速度和瞬时速度。所谓稳定速度,就是系统处于稳进给状态时,每插补一次(一个插补周期)的进给量。

1. 前加减速控制

1)稳定速度和瞬时速度

稳定速度是系统处于稳定进给状态下,每插补一次(一个插补周期)的进给量。为了操作方便,CNC 系统往往设置有切削进给倍率开关、快速进给倍率开关、进给减小开关及进给率控制指令(M36 为进给范围Ⅰ,M37 为进给范围Ⅱ)等。在计算系统稳定速度时必须将这些因素考虑在内。瞬时速度是系统在每个插补周期的进给量,用 f_i 表示。稳定速度用 f_s 表示。当系统处于稳定进给状态时,$f_i = f_s$;当系统处于加速状态时,$f_i < f_s$;当系统处于减速状态时,$f_i > f_s$。

2)线性加减速处理

当机床启动、停止或在切削加工过程中改变进给速度时,系统自动进行线性加减速处理。加减速速率分快速进给和切削进给两种,均作为机床参数预先设置好。

设进给速度为 F(mm/min),加速到 F 所需要的时间为 t(ms),则加(减)速度为

$$a = 1.67 \times 10^{-2} \frac{F}{t} \left(\frac{\mu\text{m}}{\text{ms}^2}\right)$$

(1)加速处理　系统每插补一次都要计算稳定速度和瞬时速度,并进行加减速处理。当计算出的稳定速度 f_s' 大于原来的稳定速度 f_s 时,则进行加速处理。每加速一次的瞬时速度为

$$f_{i+1} = f_i + aT$$

系统采用新的瞬时速度 f_{i+1} 进行插补计算,对各坐标轴进行分配。就这样,一直加速到新的稳定速度为止。加速处理的原理框图如图 2－33 所示。

(2)减速处理　每进行一次插补计算,都要进行终点判别,计算刀具实际位置离终点的

瞬时距离 S_i,并且根据要减速标志,检查是否到达减速区 S。若已到达,则进行减速处理。减速区可按下式计算:

$$S = \frac{f_s^2}{2a}$$

若本程序段要减速(要减速标志已设置),且 $S_i \leqslant S$,则设置减速标志,进行减速处理,每减速一次的瞬时速度为

$$f_{i+1} = f_i - aT$$

系统按新的瞬时速度进行插补计算,对各坐标轴进行分配。这样一直减速到新的稳定速度或减速到"0"。

如果需要提前一段距离减速,可以以参数的形式设置一提前量 ΔS、减速区由下式求得:

$$S = \frac{f_s^2}{2a} + \Delta S$$

减速处理的原理框图如图 2-34 所示。

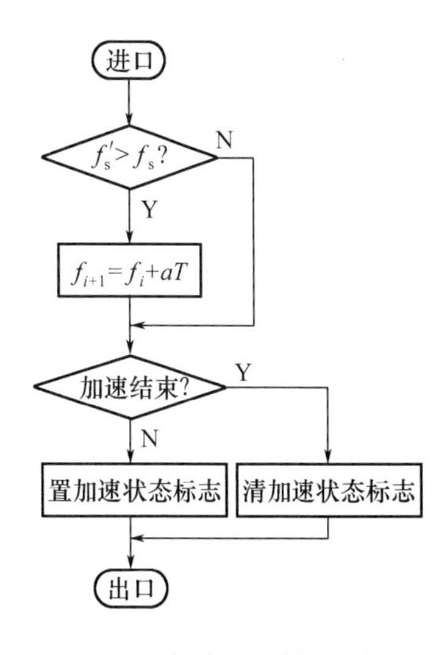

图 2-33 加速处理的原理框图

3)终点判别处理

采用前加减速处理的 CNC 系统,每次插补运算结束,都要根据计算出的各坐标轴的插补进给量,求刀具中心到本程序段终点的距离 S_i。如果本程序段要减速,并已经到达减速区,则开始减速。在即将到达终点时,还要设置相应的标志。

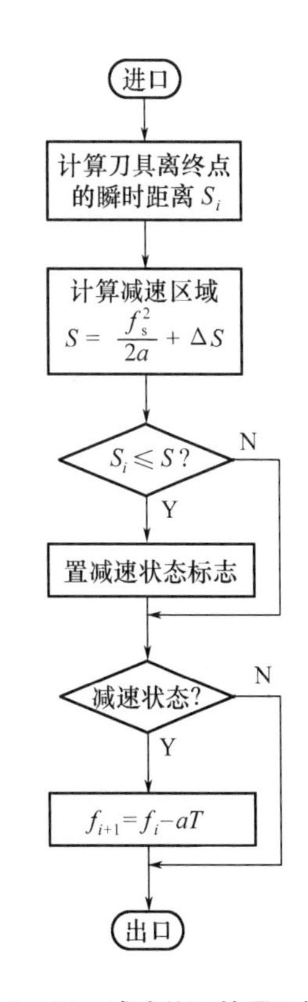

图 2-34 减速处理的原理框图

2. 后加减速控制

后加减速控制可以按直线加减速控制算法进行,也可以按指数加减速控制算法进行。

1)直线加减速控制算法

采用直线加减速控制,机床启动时速度沿一定斜率的直线上升;停止时速度沿一定斜率的直线下降。如图 2-35 所示,速度沿 $OABC$ 曲线变化。

进行直线加减速控制,需设定一速度阶跃因子,以 KL 表示。可将加减速控制分为五个过程:

(1)加速过程　当输入速度 V_C 与输出速度 V_{i-1} 之差大于 KL 时,即 $V_C - V_{i-1} > KL$,将使输出速度增加 KL 值,即

$$V_i = V_{i-1} + KL$$

在加速过程中,速度上升的斜率为

$$K' = \frac{KL}{\Delta t}$$

式中,Δt 为采样周期。

(2)加速过渡过程　当输入速度 V_C 大于输出速度 V_{i-1},但其差值小于 KL 时,即

$$0 < V_C - V_{i-1} < KL$$

改变输出速度,使其增大到与输入速度相等,即

$$V_i = V_C$$

(3)匀速过程　在匀速过程中,输出速度保持不变,即

$$V_i = V_{i-1}$$

但此时的输出速度 V_i 并不一定等于输入速度 V_C。

(4)减速过渡过程　当输入速度 V_C 小于输出速度 V_{i-1},但其差值小于 KL 时,即

$$0 < V_{i-1} - V_C < KL$$

改变输出速度,使其减小到与输入速度相等,即

$$V_i = V_C$$

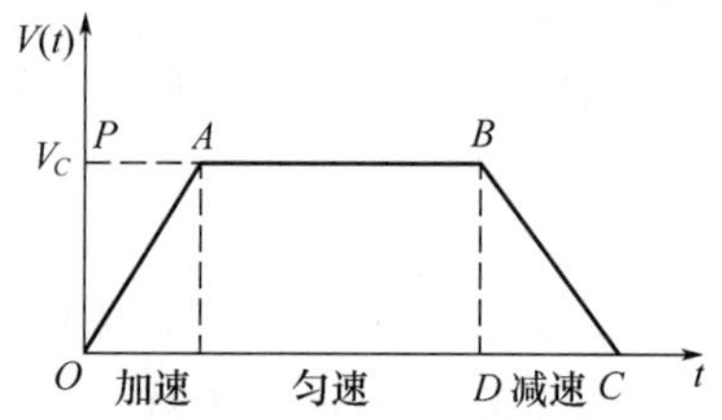

图 2-35　直线加减速控制

(5)减速过程　当输入速度 V_C 小于输出速度 V_{i-1},且其差值大于 KL 时,即

$$V_{i-1} - V_C > KL$$

将使输出速度减小一个 KL 值,即

$$V_i = V_{i-1} - KL$$

在减速过程中,速度下降的斜率为

$$K' = -\frac{KL}{\Delta t}$$

2)指数加减速控制算法

指数加减速控制是将启动或停止时的速度突变成为随时间按指数规律上升或下降,如图 2-36 所示。指数加减速控制算法的原理图,如图 2-37 所示。图中,T 为时间常数,Δt 表示采样周期,由 Δt 控制加减速运算,每个采样周期进行一次。通过误差寄存器 E 对每个采样周期的输入速度 V_C 与输出速度 V 的差值($V_C - V$)进行累加,累加结果一方面保存在误差寄存器中,另一方面与 $1/T$ 相乘,乘积作为当前采样周期加减速控制的输出 V。同时又将输出速度 V 反馈到输入端,以便在下一个采样周期重复以上过程。

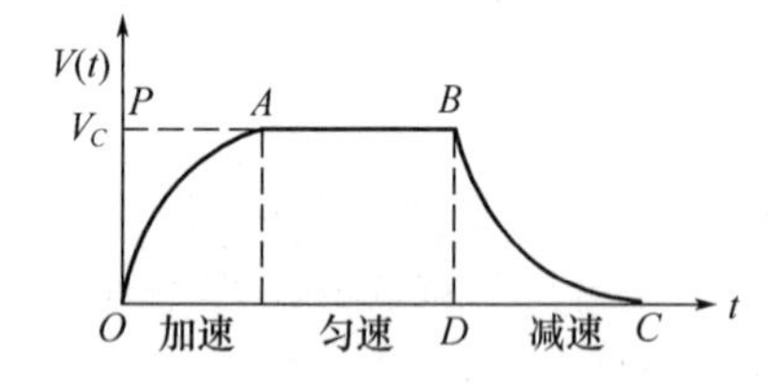

图 2-36　指数加减速控制图

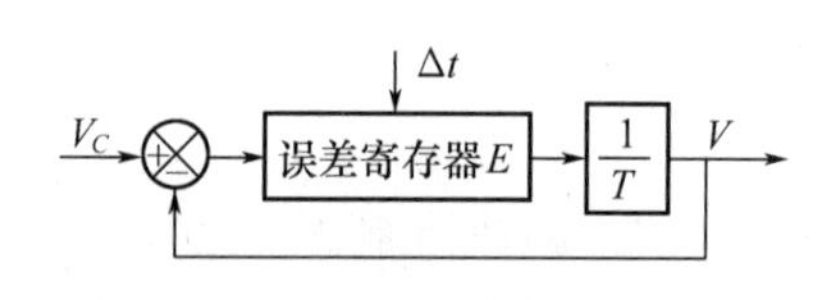

图 2-37　指数加减速控制原理图

上述过程可以用下面的迭代公式来实现:

$$E_i = \sum_{k=0}^{i-1} (V_C - V_k)\Delta t \tag{2-7}$$

$$V_i = E_i \frac{1}{T} \tag{2-8}$$

式中　E_i——第 i 个采样周期误差寄存器 E 中的值,迭代初值为零;

　　V_i——第 i 个采样周期的输出速度值,迭代初值为零。

当 Δt 足够小时,式(2-7)和式(2-8)可以写为

$$E(t) = \int_0^t [V_C - V(t)]\,\mathrm{d}t \tag{2-9}$$

$$V(t)=\frac{1}{T}E(t) \tag{2-10}$$

对式(2－9)和式(2－10)两端求导,得

$$\frac{dE(t)}{dt}=V_C-V(t) \tag{2-11}$$

$$\frac{dV(t)}{dt}=\frac{1}{T}\frac{dE(t)}{dt} \tag{2-12}$$

将式(2－11)与式(2－12)合并,整理后得

$$\frac{dV(t)}{V_C-V(t)}=\frac{dt}{T}$$

两端积分后,得

$$\frac{V_C-V(t)}{V_C-V(0)}=e^{-\frac{t}{T}}$$

加速时,$V(0)=0$,故

$$V(t)=V_C(1-e^{-\frac{t}{T}}) \tag{2-13}$$

减速时,输入为零,即 $V_C=0$,由式(2－11)得

$$\frac{dE(t)}{dt}=-V(t)$$

代入式(2－12),得

$$\frac{dV(t)}{V(t)}=-\frac{dt}{T}$$

两端积分后,得

$$V(t)=V_0e^{-\frac{t}{T}}=V_Ce^{-\frac{t}{T}} \tag{2-14}$$

匀速时,$t\to\infty$,可由式(2－14)得

$$V(t)=V_C \tag{2-15}$$

式(2－13)、式(2－14)和式(2－15)即为指数加减速控制速度与时间的关系。

令

$$\Delta S_i=V_i\Delta t \tag{2-16}$$

$$\Delta S_C=V_C\Delta t \tag{2-17}$$

其中,ΔS_i 为第 i 个插补周期加减速输出的位置增量值;ΔS_C 则为每个插补周期加减速的输入位置增量值,亦即每个插补周期粗插补运算输出的坐标位置数字增量。将式(2－16)、式(2－17)代入式(2－7)、式(2－8),得

$$E_i=\sum_{k=0}^{i-1}(\Delta S_C-\Delta S_i)=E_{i-1}+(\Delta S_C-\Delta S_{i-1})$$

$$\Delta S_i=E_i\frac{1}{T}\quad(\text{取 }\Delta t=1)$$

以上两式就是实用的数字增量式指数加减速迭代公式。

对于后加减速控制,不论采用哪一种算法,其关键是系统在整个加速和减速过程中,必须保证输入到加减速控制器的总位移量与加减速控制器的实际输出位移量之和相等。只有这样才能保证系统不产生失步和超程。为此,必须使图2－35和图2－36中的区域 OPA 面积等于区域 DBC 的面积。为了保证这两个区域的面积相等,在加减速算法中采用了位置

误差累加器。在加速过程中,用位置误差累加器记住由于加速延迟失去的位置增量之和;在减速过程中,再将位置误差累加器中的位置值按一定规律(直线或指数)逐渐放出。这样就可以保证在加减速过程全部结束时,机床到达指定的位置。

2.6 插补计算

2.6.1 概述

机床数字控制的核心问题就是如何控制刀具或工件的运动。数控机床加工的零件轮廓一般由直线、圆弧组成,也有一些非圆曲线轮廓等,但都可以用直线或圆弧等去逼近,控制刀具和零件做精确的相对运动,最后加工出符合要求的零件。

1. 插补的基本概念

插补(Interpolation)是根据有限的信息完成"数据密化"的工作,即数控装置依据编程时的有限数据,按照一定方法产生基本线型(直线、圆弧等),并以此为基础完成所需要轮廓轨迹的拟合工作。插补计算就是数控系统根据输入的基本数据,如直线起点、终点坐标值,圆弧起点、圆心、终点坐标值,进给速度等,通过计算,将工件轮廓的形状描述出来,边计算边根据计算结果向各坐标发出进给指令。

插补是数控系统的主要功能,它直接影响数控机床加工的质量和效率。能完成插补功能的模块或装置称为插补器。

2. 插补方法的分类

插补器的形式很多。根据数学模型来分,插补器可分为一次(直线)插补器、二次(圆、抛物线等)插补器及高次曲线插补器等。根据结构来分,插补器可分为硬件插补器和软件插补器。硬件插补器由分立元件或集成电路组成,它的特点是运算速度快,但灵活性差,不易升级,柔性较差;软件插补器利用微处理器通过编程就可完成各种插补功能,这种插补器的特点是灵活易变,速度虽然没有硬件插补快,但容易升级,成本也较低廉。现代数控系统大多采用软件插补或软、硬件插补相结合的方法。根据插补所采用的原理和计算方法的不同,插补器一般可分为基准脉冲插补和数据采样插补。

1)基准脉冲插补

基准脉冲插补的特点是数控装置在每次插补结束后,向相应的运动坐标输出基准脉冲序列,每个脉冲代表了最小位移,脉冲序列的频率代表了坐标运动速度,脉冲的数量代表运动位移。

在数控系统中,一个脉冲所产生的坐标轴移动量叫作脉冲当量,通常用 δ 表示。脉冲当量 δ 是脉冲分配的基本单位,按机床设计的加工精度选定。

2)数据采样插补

数据采样插补的特点是数控装置产生的不是单个脉冲而是二进制字,适用于闭环,半闭环交、直流伺服电动机驱动的控制系统。它可以分两步进行。

(1)粗插补　采用时间分割的思想,根据编程的进给速度,用微小直线段来逼近给定轮廓,每一微小直线段的长度 ΔL 相等,且与给定进给速度有关,常用软件实现。

粗插补在每个插补运算周期中计算一次,因此每一微小直线段的长度 ΔL 与进给速度指令 F 和插补周期 T 有关,即 $\Delta L = FT$。

(2)精插补　在上述微小的直线段上进行“数据点的密化”,这一阶段其实就是对直线的基准脉冲插补,计算简单,可以用硬件或软件实现。

2.6.2 基准脉冲插补法

基准脉冲插补适用于以步进电动机为驱动装置的开环数控系统、闭环数控系统中的粗精二级插补的精插补,以及特定的经济型数控系统。在这一小节中,主要介绍比较常用的逐点比较法和数字积分(DDA)法。

1. 逐点比较法

1)逐点比较法插补原理

当刀具按照要求的轨迹移动时,每走一步都要将加工点的瞬时坐标与规定的图形轨迹相比较判断一下偏差,根据比较的结果确定下一步的移动方向,如果加工点走到图形外面去了,那么下一步就要向图形里面走;如果加工点在图形里面,则下一步就要向图形外面走,以缩小偏差。这样就能得出一个非常接近规定图形的轨迹。

逐点比较法可以实现直线插补,也可以实现圆弧插补。这种插补法的特点是运算直观,插补误差小于一个脉冲当量,输出脉冲均匀,速度变化小,调节方便,因此,在两坐标联动的数控机床中应用比较普遍。

在逐点比较法插补算法中,每进给一步需要以下四个节拍:

(1)偏差判别　判别偏差符号,确定加工点是在规定图形的外面还是在图形里面。

(2)坐标进给　根据偏差情况,控制 X 坐标或 Y 坐标进给一步,使加工点向规定的图形靠近,缩小偏差。

(3)偏差计算　进给一步后,计算加工点与规定图形的新偏差,作为下一步偏差判别的依据。

(4)终点判别　根据这一步进给结果,判定终点是否到达。如果未到终点,继续插补;如果已到达终点就停止插补。

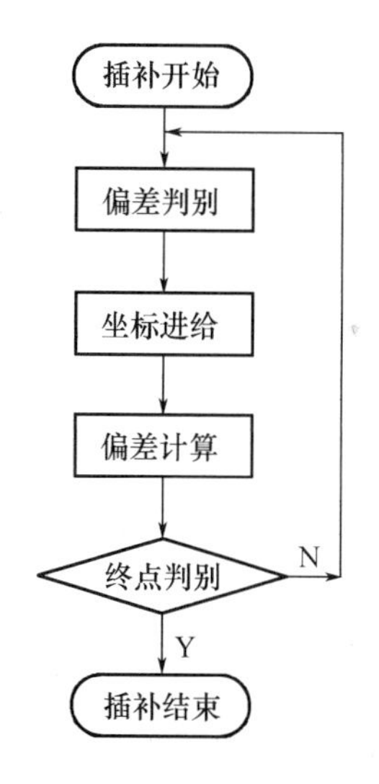

图 2-38　逐点比较法的工作流程图

逐点比较法的工作流程如图 2-38 所示。

2)逐点比较法的直线插补

(1)偏差判别　如图 2-39 所示,在 XY 平面第一象限内,假设待加工零件轮廓的某一段为直线,若该直线加工起点坐标为坐标原点 O,终点 A 的坐标为 (X_e, Y_e)。

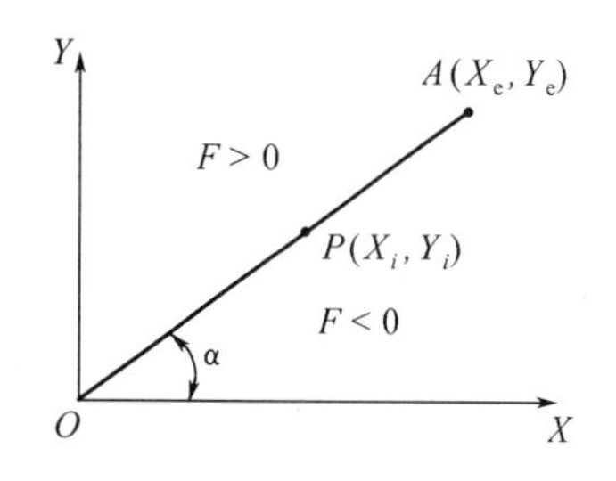

图 2-39　逐点比较法直线插补

设点 $P(X_i, Y_i)$ 为任一加工点,如果加工点 P 正好在直线 OA 上时,那么下式成立:

$$\frac{Y_i}{X_i} = \frac{Y_e}{X_e}$$

即

$$X_e Y_i - X_i Y_e = 0$$

如果加工点 $P(X_i, Y_i)$ 在直线 OA 的上方(严格地说,在直线 OA 与 Y 轴所成夹角区域内),那么下式成立:

$$\frac{Y_i}{X_i} > \frac{Y_e}{X_e}$$

即

$$X_e Y_i - X_i Y_e > 0$$

如果加工点 $P(X_i, Y_i)$ 在直线 OA 的下方(严格地说,在直线 OA 与 X 轴所成夹角区域内),那么下式成立:

$$\frac{Y_i}{X_i} < \frac{Y_e}{X_e}$$

即

$$X_e Y_i - X_i Y_e < 0$$

设偏差函数为 F,则

$$F = X_e Y_i - X_i Y_e$$

综上所述有如下结论:

当 $F=0$ 时,表示加工点 $P(X_i, Y_i)$ 落在直线上;

当 $F>0$ 时,表示加工点 $P(X_i, Y_i)$ 落在直线的上方;

当 $F<0$ 时,表示加工点 $P(X_i, Y_i)$ 落在直线的下方。

F 式称为“直线加工偏差判别式”,也称“偏差判别函数”,F 的数值称为“偏差”,根据偏差就可以判别点与直线的相对位置。

(2)坐标进给　从图 2-40 可以看出,对于起点在原点 O,终点为 $A(6,4)$ 的第一象限直线 OA 来说,当加工点 P 在直线上方(即 $F>0$)时,应该向 $+X$ 方向发一脉冲,使机床刀具向 $+X$ 方向前进一步,以接近该直线;当加工点 P 在直线下方(即 $F<0$)时,应该向 $+Y$ 方向发一脉冲,使刀具向 $+Y$ 方向前进一步,接近该直线。当加工点 P 正好在直线上(即 $F=0$)时,既可以向 $+X$ 方向,又可以向 $+Y$ 方向发一脉冲,但是通常将 $F>0$ 和 $F=0$归于一类,即 $F \geqslant 0$ 时向 $+X$ 方向发一脉冲。这样从坐标原点开始,走一步,算一算,判别 F,逐点接近直线 OA。

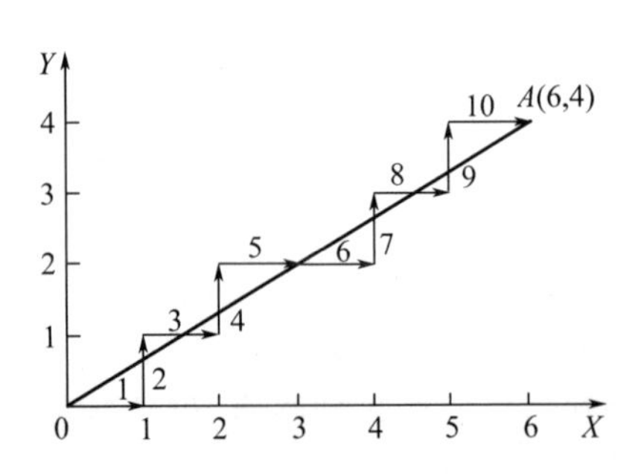

图 2-40　逐点比较法直线插补轨迹

(3)偏差计算　按照上述法则进行 F 的运算时,要做乘法和减法运算,为了简化偏差判别式 F 的计算,通常采用的方法是迭代法,或称递推法。即每走一步后,新加工点的偏差用前一点的偏差递推出来。下面分两种情况推导出递推公式。

①当偏差值 $F \geqslant 0$ 时,规定向 X 轴正方向发出一进给脉冲,刀具从现加工点 (X_i, Y_i) 向 X 轴正方向前进一步,到达新加工点 (X_{i+1}, Y_i),则新加工点的偏差值为

$$F_{i+1} = X_e Y_i - X_{i+1} Y_e = X_e Y_i - (X_i + 1) Y_e = X_e Y_i - X_i Y_e - Y_e$$

则有

$$\begin{cases} X_{i+1} = X_i + 1 \\ F_{i+1} = F_i - Y_e \end{cases} \tag{2-18}$$

②当偏差值 $F<0$ 时,规定向 Y 轴正方向发出一个进给脉冲,刀具从现加工点(X_i, Y_i)向 Y 轴正方向前进一步,到达新加工点(X_i, Y_{i+1}),则新加工点的偏差值为

$$F_{i+1} = X_e Y_{i+1} - X_i Y_e = X_e(Y_i + 1) - X_i Y_e = X_e Y_i - X_i Y_e + X_e$$

则有

$$\begin{cases} Y_{i+1} = Y_i + 1 \\ F_{i+1} = F_i + X_e \end{cases} \tag{2-19}$$

由式(2-18)和式(2-19)可以看出,新加工点的偏差完全可以用前一加工点的偏差和 X_e、Y_e 递推出来。

(4)终点判别　直线插补的终点判别,可采用三种方法:

①每走一步判断最大坐标的终点坐标值(绝对值)与该坐标累计步数坐标值之差是否为零,若等于零,插补结束。

②把每个程序段中的总步数求出来,即 $N = X_e + Y_e$,每走一步,进行 $N-1$,直到 $N=0$ 时为止。

③分别判断各坐标轴的进给步数,是否减为零。

(5)逐点比较法直线插补的举例

例2-1　欲加工一直线 OA 如图2-40所示,直线的起点坐标为坐标原点 $O(0,0)$,终点坐标为 $A(6,4)$。试用逐点比较法对该直线段进行插补,并画出插补轨迹。

解　插补运算过程如表2-1所示,表中 X_e、Y_e 是直线终点坐标,终点判别值 $\sum = X_e + Y_e = 6 + 4 = 10$,$F_i$ 是第 i 个插补循环时的偏差函数值,起始时 $F_0 = 0$。

表2-1　逐点比较法直线插补运算过程

步数	偏差判别	坐标进给	偏差计算	终点判别
0			$F_0 = 0$	$\sum = 10$
1	$F=0$	$+X$	$F_1 = F_0 - Y_e = 0 - 4 = -4$	$\sum = 10 - 1 = 9$
2	$F<0$	$+Y$	$F_2 = F_1 + X_e = -4 + 6 = 2$	$\sum = 9 - 1 = 8$
3	$F>0$	$+X$	$F_3 = F_2 - Y_e = 2 - 4 = -2$	$\sum = 8 - 1 = 7$
4	$F<0$	$+Y$	$F_4 = F_3 + X_e = -2 + 6 = 4$	$\sum = 7 - 1 = 6$
5	$F>0$	$+X$	$F_5 = F_4 - Y_e = 4 - 4 = 0$	$\sum = 6 - 1 = 5$
6	$F=0$	$+X$	$F_6 = F_5 - Y_e = 0 - 4 = -4$	$\sum = 5 - 1 = 4$
7	$F<0$	$+Y$	$F_7 = F_6 + X_e = -4 + 6 = 2$	$\sum = 4 - 1 = 3$
8	$F>0$	$+X$	$F_8 = F_7 - Y_e = 2 - 4 = -2$	$\sum = 3 - 1 = 2$
9	$F<0$	$+Y$	$F_9 = F_8 + X_e = -2 + 6 = 4$	$\sum = 2 - 1 = 1$
10	$F>0$	$+X$	$F_{10} = F_9 - Y_e = 4 - 4 = 0$	$\sum = 1 - 1 = 0$

刀具在整个加工过程中的运动插补轨迹,如图2-40中的折线所示。

3)逐点比较法的圆弧插补

(1)偏差判别　设要加工如图2-41所示第一象限逆时针走向的半径为R的圆弧$\widehat{AB}$,以原点O为圆心,起点A坐标为(X_A,Y_A)。

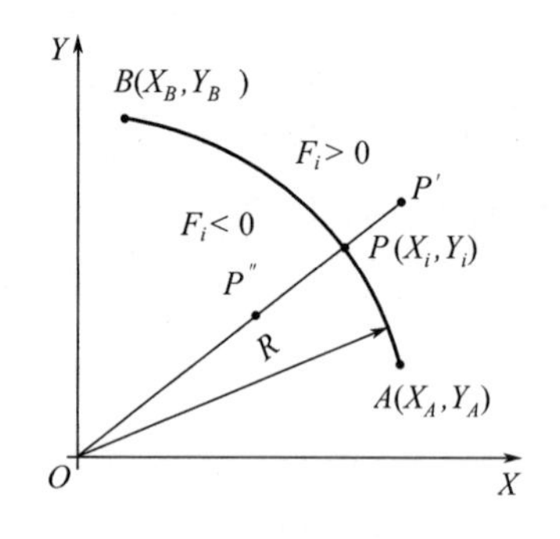

图2-41　逐点比较法圆弧插补

对于任一加工点P的坐标为(X_i,Y_i),其偏差函数F_i可以表示为

$$F_i = X_i^2 + Y_i^2 - R^2 \tag{2-20}$$

如果点$P(X_i,Y_i)$正好落在圆弧上,那么下式成立:

$$F_i = X_i^2 + Y_i^2 - R^2 = 0$$

如果点$P(X_i,Y_i)$在圆弧外侧,那么下式成立:

$$F_i = X_i^2 + Y_i^2 - R^2 > 0$$

如果点$P(X_i,Y_i)$在圆弧内侧,那么下式成立:

$$F_i = X_i^2 + Y_i^2 - R^2 < 0$$

(2)坐标进给　如果点$P(X_i,Y_i)$在圆弧外侧或圆弧上,即满足$F\geqslant 0$的条件时,那么向X轴负方向发出一进给脉冲$(-\Delta X)$,向圆内走一步;如果点$P(X_i,Y_i)$在圆弧内侧,即满足$F<0$的条件时,那么向Y轴正方向发出一进给脉冲$(+\Delta Y)$,向圆弧外走一步。为简化偏差判别式的运算,仍用递推法算出下一步新的加工偏差。

(3)偏差计算　为了简化式(2-20)偏差判别式的计算,要采用递推式或迭代式计算出下一步新的加工偏差。下面以第一象限逆圆弧为例推导出逐点比较法偏差计算公式。

设加工点$P(X_i,Y_i)$在圆弧外侧或圆弧上,则加工偏差$F\geqslant 0$,刀具需向X坐标负方向进给一步,即移到新的加工点$P(X_{i+1},Y_i)$。新加工点的加工偏差为

$$\begin{aligned} F_{i+1} &= (X_i - 1)^2 + Y_i^2 - R^2 \\ &= X_i^2 + Y_i^2 - R^2 - 2X_i + 1 \end{aligned}$$

则有

$$\begin{cases} X_{i+1} = X_i - 1 \\ F_{i+1} = F_i - 2X_i + 1 \end{cases} \tag{2-21}$$

设加工点$P(X_i,Y_i)$在圆弧内侧,则加工偏差$F<0$,刀具需向Y坐标正方向进给一步,即移到新的加工点$P(X_i,Y_{i+1})$。新加工点的加工偏差为

$$\begin{aligned} F_{i+1} &= X_i^2 + (Y_i + 1)^2 - R^2 \\ &= X_i^2 + Y_i^2 - R^2 + 2Y_i + 1 \end{aligned}$$

则有

$$\begin{cases} Y_{i+1} = Y_i + 1 \\ F_{i+1} = F_i + 2Y_i + 1 \end{cases} \tag{2-22}$$

(4)终点判别　和直线插补一样,逐点比较法圆弧插补除偏差计算外,还要进行终点判别,判别方法与直线插补相同。

①判断插补或进给的总步数

$$N = |X_A - X_B| + |Y_A - Y_B|$$

②分别判断插补各坐标轴的进给步数

$$N_x = |X_A - X_B|, N_y = |Y_A - Y_B|$$

(5)逐点比较法圆弧插补的举例

例 2-2 设要加工图 2-42 所示逆圆弧 $\widehat{AB}$,圆弧的起点为 $A(6,0)$,终点为 $B(0,6)$。试对该段圆弧进行插补,并画出插补轨迹。

解 插补运算过程和刀具运动轨迹分别如表 2-2 和图 2-42 中折线所示。

表 2-2 逐点比较法逆圆插补运算过程

步数	偏差判别	坐标进给	偏差计算	坐标计算	终点判别
0			$F_0=0$	$X_0=X_A=6$ $Y_0=Y_A=0$	$\sum=0;N=12$
1	$F_0=0$	$-X$	$F_1=F_0-2X_0+1$ $=0-2\times6+1=-11$	$X_1=X_0-1=5$ $Y_1=Y_0=0$	$\sum=1<N$
2	$F_1=-11<0$	$+Y$	$F_2=F_1+2Y_1+1$ $=-11+2\times0+1=-10$	$X_2=X_1=5$ $Y_2=Y_1+1=1$	$\sum=2<N$
3	$F_2=-10<0$	$+Y$	$F_3=F_2+2Y_2+1$ $=-10+2\times1+1=-7$	$X_3=X_2=5$ $Y_3=Y_2+1=2$	$\sum=3<N$
4	$F_3=-7<0$	$+Y$	$F_4=F_3+2Y_3+1$ $=-7+2\times2+1=-2$	$X_4=X_3=5$ $Y_4=Y_3+1=3$	$\sum=4<N$
5	$F_4=-2<0$	$+Y$	$F_5=F_4+2Y_4+1$ $=-2+2\times3+1=5$	$X_5=X_4=5$ $Y_5=Y_4+1=4$	$\sum=5<N$
6	$F_5=5>0$	$-X$	$F_6=F_5-2X_5+1$ $=5-2\times5+1=-4$	$X_6=X_5=4$ $Y_6=Y_5+1=4$	$\sum=6<N$
7	$F_6=-4<0$	$+Y$	$F_7=F_6+2Y_6+1$ $=-4+2\times4+1=5$	$X_7=X_6-1=4$ $Y_7=Y_6=5$	$\sum=7<N$
8	$F_7=5>0$	$-X$	$F_8=F_7-2X_7+1$ $=5-2\times4+1=-2$	$X_8=X_7=3$ $Y_8=Y_7+1=5$	$\sum=8<N$
9	$F_8=-2<0$	$+Y$	$F_9=F_8+2Y_8+1$ $=-2+2\times5+1=9$	$X_9=X_8-1=3$ $Y_9=Y_8=6$	$\sum=9<N$
10	$F_9=9>0$	$-X$	$F_{10}=F_9-2X_9+1$ $=9-2\times2+1=4$	$X_{10}=X_9=2$ $Y_{10}=Y_9+1=6$	$\sum=10<N$
11	$F_{10}=4>0$	$-X$	$F_{11}=F_{10}-2X_{10}+1$ $=4-2\times1+1=1$	$X_{11}=X_{10}=1$ $Y_{11}=Y_{10}+1=6$	$\sum 11<N$
12	$F_{11}=1>0$	$-X$	$F_{12}=F_{11}-2X_{11}+1$ $=1-2\times0+1=0$	$X_{12}=X_{11}-1=0$ $Y_{12}=Y_{11}=6$	$\sum=12=N$ 到达终点

4)逐点比较法的象限处理

前面讨论的用逐点比较法进行直线和圆弧插补的原理、计算公式,只适用于第一象限直线和第一象限逆时针圆弧。对于不同象限和不同走向的圆弧来说，其插补计算公式和脉冲进给方向都是不同的。为了将各象限直线的插补公式统一于第一象限的公式，将各象限不同走向的圆弧的插补公式统一于第一象限逆圆的计算公式，就需要将坐标和进给方向根据象限等的不同而进行转换，转换以后不管哪个象限的直线和圆弧都按第一象限直线和逆圆进行插补计算，而进给脉冲的方向则按实际象限和线型决定。

(1)逐点比较法直线插补的象限处理　为适用于四个象限的直线插补，在偏差计算时，无论哪个象限直线，都用其坐标的绝对值计算。由此，可得的偏差符号如图2－43所示。当动点位于直线上时偏差 $F=0$，动点不在直线上且偏向 Y 轴一侧时 $F>0$，偏向 X 轴一侧时 $F<0$。由图2－43还可以看到，当 $F\geqslant0$ 时应沿 X 轴走一步，第一、四象限走 $+X$ 方向，第二、三象限走 $-X$ 方向；当 $F<0$ 时应沿 Y 轴走一步，第一、二象限走 $+Y$ 方向，第三、四象限走 $-Y$ 方向。终点判别也应用终点坐标的绝对值作为计数器初值。

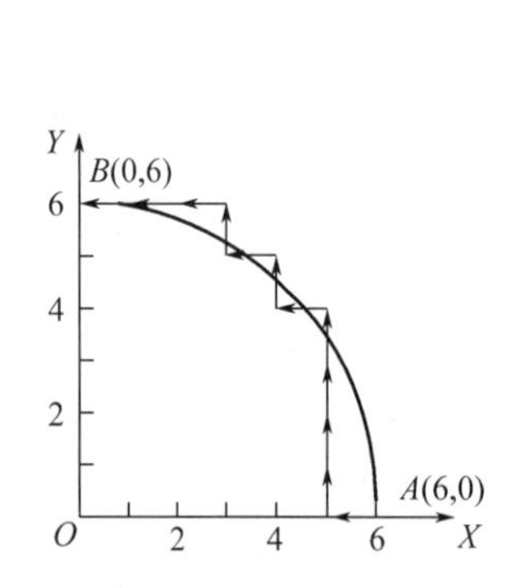

图2－42　逐点比较法圆弧插补轨迹

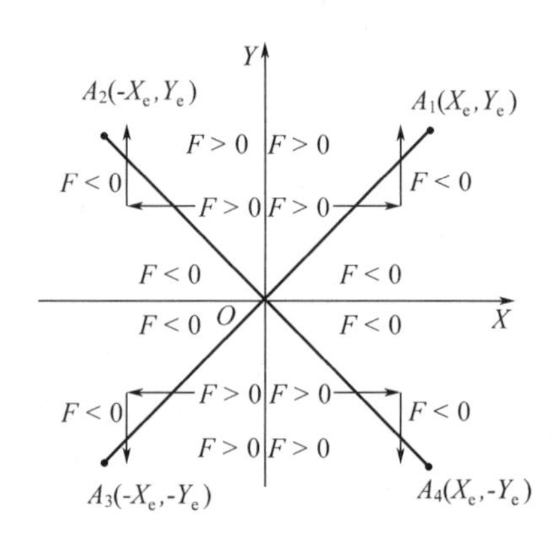

图2－43　不同象限直线的偏差符号和进给方向

例如，第二象限的直线 OA_2，其终点坐标为 $(-X_e,Y_e)$，在第一象限有一条和它对称于 Y 轴的直线 OA_1，其终点坐标为 (X_e,Y_e)。当从 O 点开始出发，按第一象限直线 OA_1 进行插补时，若把沿 X 轴正向进给改为沿 X 轴负向进给，这时实际插补出的就是第二象限的直线 OA_2，而其偏差计算公式与第一象限直线的偏差计算公式相同。同理，插补第三象限终点为 $(-X_e,-Y_e)$ 的直线 OA_3，它与第一象限终点为 (X_e,Y_e) 的直线 OA_1 是对称于原点的，所以依然按第一象限直线 OA_1 插补，只需在进给时将 $+X$ 进给改为 $-X$ 进给，$+Y$ 进给改为 $-Y$ 进给即可。

四个象限直线插补的偏差计算公式与进给方向列于表2－3之中，表中 L_1、L_2、L_3、L_4 分别表示第一、二、三、四象限的直线。

表2－3　直线插补的偏差计算公式与进给方向

$F_i\geqslant0$			$F_i<0$		
直线线型	进给方向	偏差计算	直线线型	进给方向	偏差计算
L_1、L_4	$+X$	$F_{i+1}=F_i-\lvert Y_i\rvert$	L_1、L_2	$+Y$	$F_{i+1}=F_i+\lvert X_e\rvert$
L_2、L_3	$-X$		L_3、L_4	$-Y$	

(2)逐点比较法圆弧插补的象限处理 与直线插补相似,如果插补计算都用坐标的绝对值进行,将进给方向另做处理,那么,四个象限的圆弧插补计算即可统一起来,变得简单多了。用SR1、SR2、SR3、SR4分别表示第一、第二、第三、第四象限的顺圆弧(ISO代码为G02);用NR1、NR2、NR3、NR4分别表示第一、第二、第三、第四象限的逆圆弧(ISO代码为G03)。不同象限圆弧的逐点比较法圆弧插补如图2-44所示。

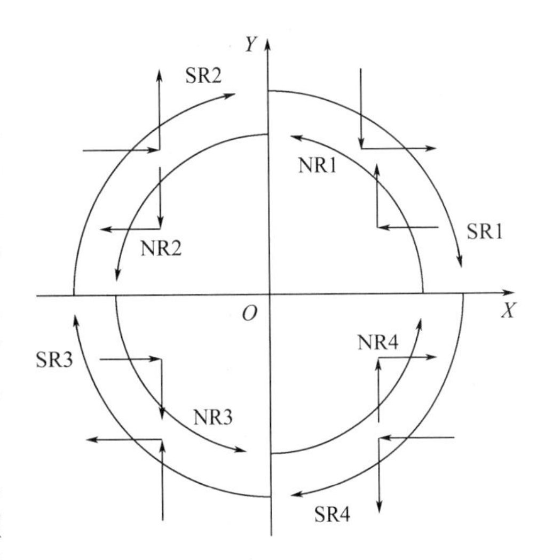

图2-44 不同象限圆弧的逐点比较法圆弧插补

由图2-44可以看出,SR1、NR2、SR3、NR4的插补运动趋势都是使X轴坐标绝对值增加,Y轴坐标绝对值减小,这四种圆弧的插补计算是一致的,以SR1为代表。NR1、SR2、NR3、SR4的插补运动趋势都是使X轴坐标绝对值减小,Y轴坐标绝对值增加,这四种圆弧的插补计算是一致的,以NR1为代表。

表2-4列出了8种圆弧插补的计算公式与进给方向。

表2-4 圆弧插补计算公式与进给方向

$F_i \geq 0$				$F_i < 0$			
圆弧线型	进给方向	偏差计算	坐标计算	圆弧线型	进给方向	偏差计算	坐标计算
SR1、NR2	$-Y$	$F_{i+1}=F_i-2Y_i+1$	$Y_{i+1}=Y_i-1$	SR1、NR4	$+X$	$F_{i+1}=F_i+2X_i+1$	$X_{i+1}=X_i+1$
SR3、NR4	$+Y$	$F_{i+1}=F_i+2Y_i+1$	$Y_{i+1}=Y_i+1$	SR3、NR2	$-X$	$F_{i+1}=F_i-2X_i+1$	$X_{i+1}=X_i-1$
NR1、SR4	$-X$	$F_{i+1}=F_i-2X_i+1$	$X_{i+1}=X_i-1$	NR1、SR2	$+Y$	$F_{i+1}=F_i+2Y_i+1$	$Y_{i+1}=Y_i+1$
NR3、SR2	$+X$	$F_{i+1}=F_i+2X_i+1$	$X_{i+1}=X_i+1$	NR3、SR4	$-Y$	$F_{i+1}=F_i-2Y_i+1$	$Y_{i+1}=Y_i-1$

5)逐点比较法的进给速度

刀具的进给速度是插补方法的重要性能指标,也是选择插补方法的依据。下面讨论逐点比较法直线插补和圆弧插补的进给速度。

(1)直线插补的进给速度 设直线OA(如图2-39所示)与X轴的夹角为α,直线的长度为L,加工该段直线时刀具的运动速度为V,插补时钟所发脉冲的频率为f,插补完直线OA所需的插补循环数为N。刀具从直线起点运动到直线终点所需的时间为L/V,完成N个插补循环所需时间为$\frac{N}{f}$。由于插补与刀具进给同步进行,因此以上两个时间应该相等,即

$$\frac{L}{V}=\frac{N}{f}$$

则刀具的进给速度为

$$V=\frac{L}{N}f \tag{2-23}$$

如前所述，逐点比较法插补时，插补循环数与刀具沿 X、Y 轴所走总步数（总长度）相等，即

$$N = X_e + Y_e = L\cos\alpha + L\sin\alpha \tag{2-24}$$

将式（2－24）代入式（2－23），则可得到刀具的进给速度为

$$V = \frac{f}{\cos\alpha + \sin\alpha} \tag{2-25}$$

式（2－25）说明刀具的进给速度与插补时钟的频率 f 和所加工直线的倾角 α 有关。V 与 f 成正比关系，与 α 的关系如图 2－45 所示。由图可知，如果插补时钟的频率 f 保持不变，则刀具的进给速度 V 会随着被加工直线的倾角变化。加工 0°和 90°倾角的直线时，刀具进给速度最大（为 f），加工 45°倾角的直线时，速度最小（为 $0.707f$）。

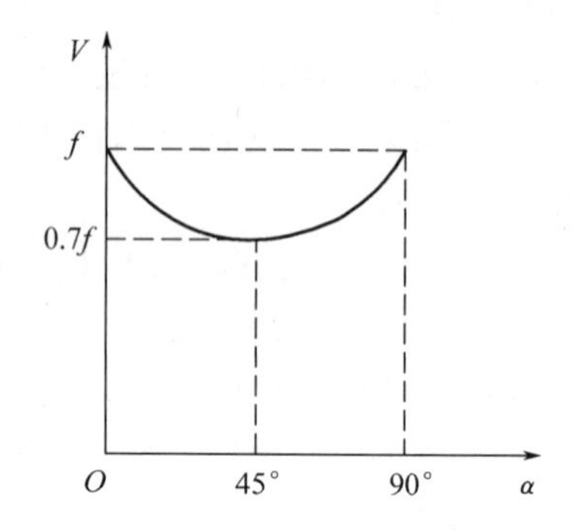

图 2－45　逐点比较法直线插补速度的变化

（2）圆弧插补的进给速度　如图 2－46 所示，P 是圆弧 AB 上任意一点，CD 是圆弧在 P 点的切线，切线与 X 轴的夹角为 α。在 P 点附近很小的范围内，切线 CD 与圆弧非常接近。在这个范围内，对切线的插补和对圆弧的插补，刀具的进给速度基本相同。对切线 CD 进行插补时，刀具的进给速度由式（2－25）计算。由图 2－46 可见，α 也是 P 点到坐标原点的连线与 Y 轴的夹角。

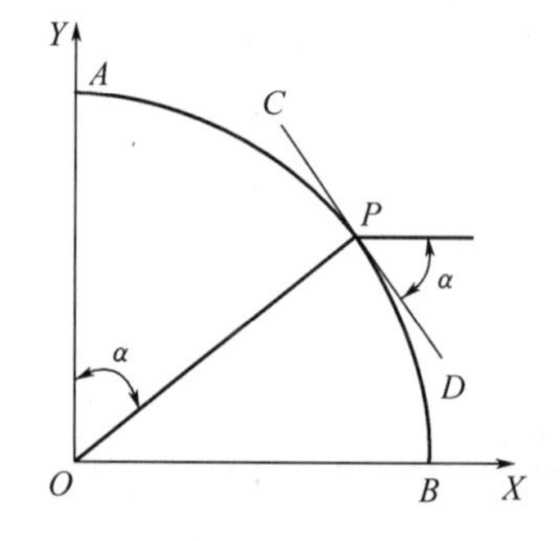

图 2－46　逐点比较法圆弧插补速度分析

由式（2－25）可知，加工圆弧时刀具的进给速度是变化的，除了与插补的频率成正比外，还与切削点的半径同 Y 轴的夹角 α 有关，在 0°和 90°的附近，进给速度最快（为 f），在 45°的附近，进给速度最慢（为 $0.707f$），进给速度在 $(1 \sim 0.707)f$ 间变化，其最大速度与最小速度之比为 1.414，这样的速度变化范围，对一般机床来说可满足要求，所以逐步比较法的进给速度是较平稳的。

2. 数字积分法（DDA 法）

数字积分法是利用数字积分的方法计算刀具沿各坐标轴的位移，使得刀具沿着所加工的曲线进行运动。利用数字积分的原理构成的插补装置叫数字积分器，又称数字微分分析器（Digital Differential Analyzer），简称 DDA。数字积分器具有运算速度快、脉冲分配均匀、易于实现多坐标联动，进行空间直线插补及描绘平面各种函数曲线的特点。其缺点是速度调节不便，插补精度需要采取一定措施才能满足要求。由于计算机有较强的计算功能和灵活性，采用软件插补时，上述缺点容易克服。下面首先介绍数字积分的工作原理，然后介绍数字积分器的直线和圆弧插补原理。

1）数字积分的工作原理

如图 2－47 所示，设有一函数 $y=f(t)$，从时刻 $t=0$ 到 t 求函数 $y=f(t)$ 积分，即求函数

$y=f(t)$ 曲线与横坐标 t 在 $(0,\ t)$ 所包围的面积，可用积分公式计算：

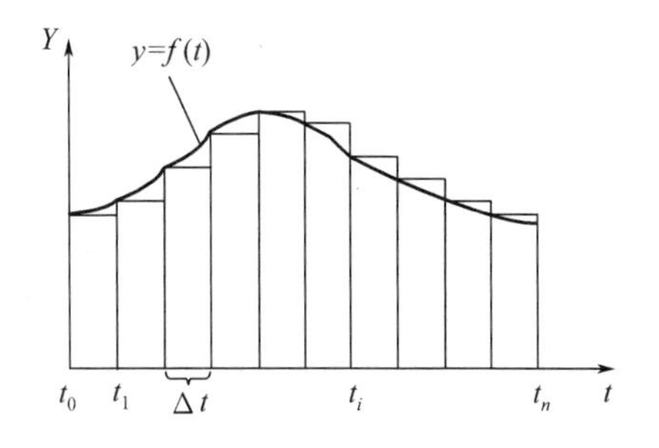

图 2-47 数字积分的工作原理

$$S = \int_0^t y\mathrm{d}t = \sum_{i=1}^{n} y_{i-1}\Delta t \qquad (2-26)$$

式(2-26)中 y_i 为 $t=t_i$ 时的 $f(t)$ 值。此式说明，求积分的过程可以用累加的方式来近似。在几何上就是用一系列的微小矩形面积之和近似表示函数 $f(t)$ 以下的面积。若 Δt 取最小的基本单位时间"1"(相当于一个脉冲的时间)，则式(2-26)可简化为

$$S = \sum_{i=0}^{n} y_i \qquad (2-27)$$

设置一个累加器，而且令累加器的容量为一个单位面积。用此累加器来实现这种累加运算，则累加过程中超过一个单位面积时必然产生溢出，那么，累加过程中所产生的溢出脉冲总数就是要求的面积近似值，或者说是要求的积分近似值。

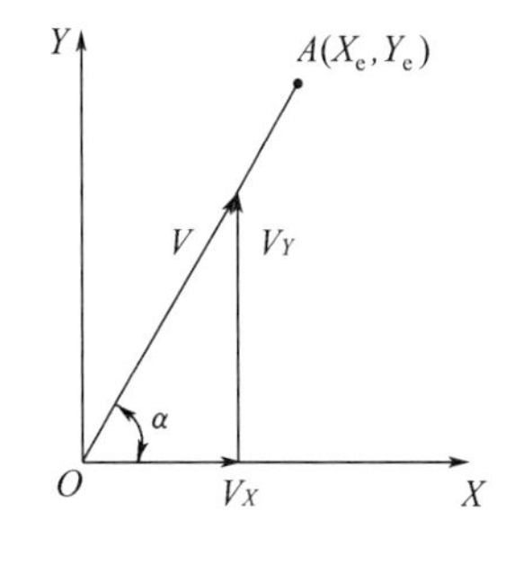

图 2-48 数字积分法的直线插补原理

2)数字积分法的直线插补原理

(1)数字积分法直线插补的表达式 设要加工一条直线 OA，如图 2-48 所示，其起点坐标是坐标原点，终点坐标是 $A(X_e, Y_e)$。

设定 X、Y 方向的速度 V_x、V_y，则刀具在 X、Y 方向上移动距离的微小增量 ΔX、ΔY 分别为

$$\begin{cases}\Delta X = V_X \Delta t \\ \Delta Y = V_Y \Delta t\end{cases} \qquad (2-28)$$

假定进给速度 V 是均匀的(即 V 为常数)，对于直线函数来说，在 X、Y 方向上的速度 V_X、V_Y 也为常数，则下式成立

$$\frac{V}{L} = \frac{V_X}{X_e} = \frac{V_Y}{Y_e} = K \qquad (2-29)$$

式中 K——比例常数；

L——直线长度。

将式(2-29)代入式(2-28)，得到

$$\begin{cases}\Delta X = V_X \Delta t = KX_e \Delta t \\ \Delta Y = V_Y \Delta t = KY_e \Delta t\end{cases}$$

各坐标的位移量为

$$\begin{cases}X = \int_0^t KX_e \mathrm{d}t = K\sum_{i=1}^{n} X_e \Delta t = K\sum_{i=1}^{n} X_e \\ Y = \int_0^t KY_e \mathrm{d}t = K\sum_{i=1}^{n} Y_e \Delta t = K\sum_{i=1}^{n} Y_e\end{cases} \qquad (2-30)$$

(2)数字积分法直线插补的过程 动点从原点出发走向终点的过程，可以看作是各坐

标轴每经过一个单位时间 Δt，分别以增量 KX_e 及 KY_e 两个累加器同时累加的过程。当累加值超过一个坐标单位(脉冲当量)时产生输出，溢出脉冲驱动伺服系统进给一个脉冲当量，从而走出给定直线。

据式(2－30)可以作出 XY 平面数字积分器直线插补框图，如图 2－49 所示。

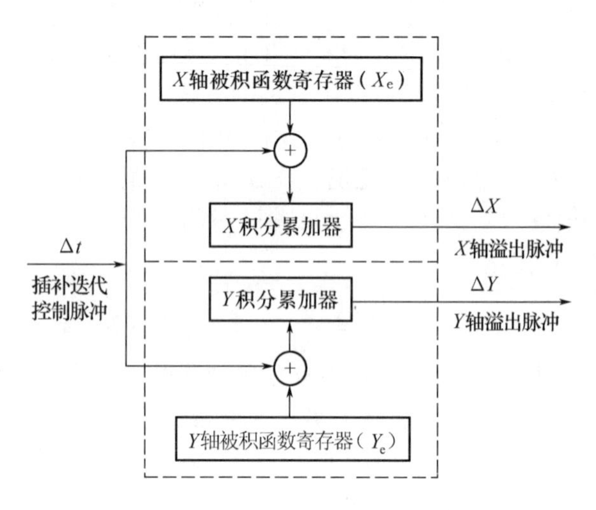

图 2－49 数字积分直线插补框图

由图 2－49 可见，平面直线插补器由两个数字积分器组成(如图2－49中虚线所示)，每个坐标的积分器由累加器和被积函数寄存器所组成。其被积函数寄存器中分别存放坐标终点值 X_e 和 Y_e，Δt 相当于插补控制脉冲源发出的控制信号，每来一个累加信号被积函数寄存器里的内容在相应的累加器中相加一次，相加后的溢出作为驱动相应坐标轴的进给脉冲 ΔX(或 ΔY)，而余数仍寄存在积分累加器中。

设积分累加器为 n 位，则累加器的容量为 2^n，其最大存数为 2^n-1，当计至 2^n 时，必然发生溢出。若将 2^n 规定为单位 1(相当于一个输出脉冲)，那么积分累加器中的存数总小于 2^n，即为小于 1 的数，该数称为积分余数。例如，将 X_e 累加 m 次后的 X 积分值应为

$$X=\sum_{i=1}^{m}\frac{X_e}{2^n}=\frac{mX_e}{2^n}$$

同理将 Y_e 累加 m 次后的 Y 积分值应为

$$Y=\sum_{i=1}^{m}\frac{Y_e}{2^n}=\frac{mY_e}{2^n}$$

式中商的整数部分表示溢出的脉冲数，而余数部分存放在累加器中，这种关系可表示为

积分值 = 溢出脉冲数 + 余数

当两个坐标轴同步插补时，溢出脉冲数必然符合式(2－30)。用它们去控制机床进给，就可走出所需的直线轨迹。

(3)数字积分法直线插补的终点判别　当插补叠加次数 $m=2^n$ 时，则

$$X=X_e, Y=Y_e$$

两个坐标轴将同时达到终点。

由上可知，数字积分法直线插补的终点判别比较简单，每个程序段只需完成 $m=2^n$ 次累加运算，即可达到终点位置。因此，只要设置一个位数亦为 n 位(与被积函数寄存器和累加器的位数相同)的终点计数器 J_E，用来记录累加次数，插补运算前，将终点计数器 J_E 清零，插补运算开始后，每进行一次加法运算，J_E 就加 1，当计数器 J_E 计满 2^n 数时，停止运算；插补完成。

前面的论述表明，比例常数 K 和累加次数 m 是互为倒数的关系，两者不能任意选择。确定了其中的一个，另一个也就随之确定了。而 m 必须是整数，所以 K 必须为小数。

(4)数字积分法直线插补的举例

例2-3 设要插补图2-50所示直线轨迹 OA,起点坐标为 $O(0,0)$,终点坐标为 $A(5,3)$,取被积函数寄存器 J_{Vx}、J_{Vy} 和余数寄存数寄存器 J_{Rx}、J_{Ry},以及终点计数器 J_E,均为三位二进制寄存器,则迭代(累加)次数 $n=2^3=8$ 次时,插补完成,其插补过程如表2-5所示。在插补前 J_E、J_{Rx}、J_{Ry} 均为零,J_{Vx}、J_{Vy} 分别存放 $X_e=5$、$Y_e=3$。在直线插补过程中,J_{Vx}、J_{Vy} 中的数值始终保持不变(始终为 X_e 和 Y_e)。

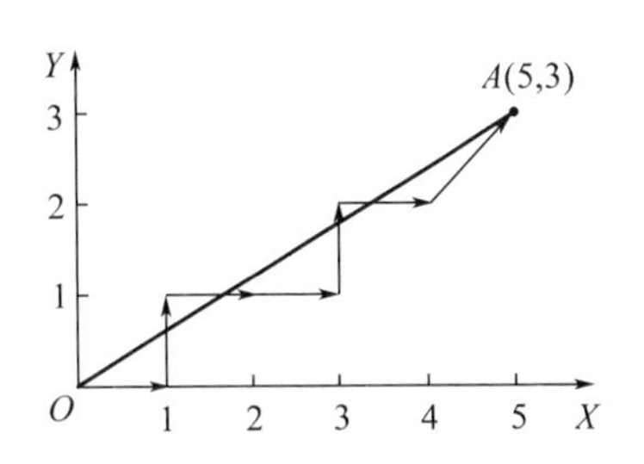

图2-50 数字积分法直线插补的轨迹

表2-5 数字积分法直线插补过程

累加次数(Δt)	X积分器			Y积分器			终点计数器 J_E	备注
	J_{Vx}(X_e)	J_{Rx}	溢出 ΔX	J_{Vy}(Y_e)	J_{Ry}	溢出 ΔY		
0	101	000		011	000		000	初始状态
1	101	101		011	011		001	第一次迭代
2	101	010	1	011	110		010	J_{Vx}有进位,ΔX 溢出脉冲
3	101	111		011	001	1	011	J_{Vy}有进位,ΔY 溢出脉冲
4	101	100	1	011	100		100	ΔX 溢出脉冲
5	101	001	1	011	111		101	ΔX 溢出脉冲
6	101	110		011	010	1	110	ΔY 溢出脉冲
7	101	011	1	011	101		111	ΔX 溢出脉冲
8	101	000	1	011	000	1	000	ΔX、ΔY 同时溢出,插补结束

3)数字积分法的圆弧插补原理

(1)数字积分法圆弧插补的表达式 从上面的讨论可知,数字积分法直线插补的物理意义是使动点沿速度方向前进,这同样适用于圆弧插补。现以第一象限逆圆为例,说明数字积分法圆弧插补原理。

如图2-51所示,设刀具沿圆弧 AB 移动,半径为 R,刀具的切向速度为 V,$P(X,Y)$ 为动点,由图中相似三角形的关系可得下式:

$$\frac{V}{R}=\frac{V_X}{Y}=\frac{V_Y}{X}=K \qquad (2-31)$$

即有

$$V_X=KY, V_Y=KX$$

式中 K——比例常数。

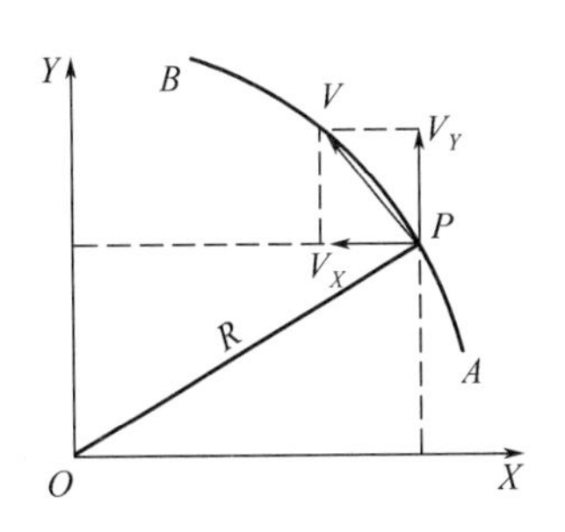

图2-51 数字积分法的圆弧插补原理

在 Δt 时间间隔内,X、Y 坐标轴方向的位移量

分别为 ΔX 和 ΔY,并考虑到在第一象限逆圆情况下,X 坐标轴方向的位移量为负值,Y 轴方向的位移量为正值,因此位移增量的计算式为

$$\Delta X = -KY\Delta t, \Delta Y = KX\Delta t$$

上式是第一象限逆圆弧的情况,若为第一象限顺圆弧时,上式变为

$$\Delta X = KY\Delta t, \Delta Y = -KX\Delta t$$

设前面的式中系数 $K = 1/2^n$,其中 2^n 为 n 位积分累加器的容量,根据式(2-26)可以写出第一象限逆圆弧的数字积分法插补公式为

$$\begin{cases} X = -\dfrac{1}{2^n}\sum\limits_{i=1}^{m} Y_i \Delta t \\ Y = \dfrac{1}{2^n}\sum\limits_{i=1}^{m} X_i \Delta t \end{cases} \tag{2-32}$$

由此构成如图2-52所示的数字积分圆弧插补原理框图。

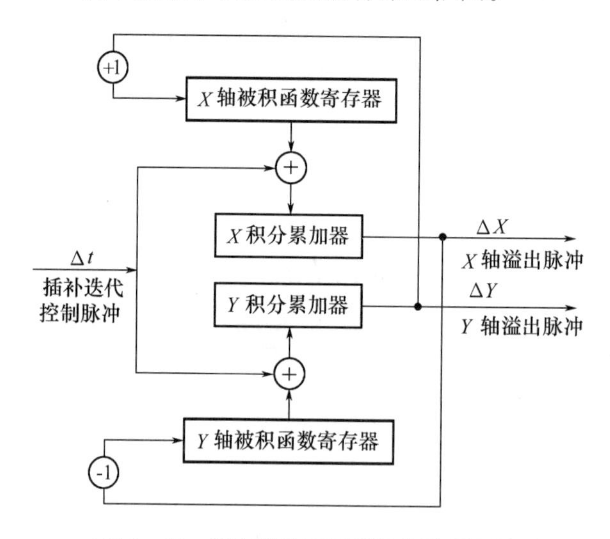

图2-52 数字积分法圆弧插补原理框图

(2)数字积分法圆弧插补的过程 数字积分法圆弧插补运算过程如下:

①运算开始时,X 轴和 Y 轴被积函数寄存器中分别存放 Y、X 的起点坐标值 Y_0、X_0。

②X 轴被积函数寄存器的数与其累加器的数累加得出的溢出脉冲发到 $-X$ 方向,而 Y 轴被积函数寄存器的数与其累加器的数累加得出的溢出脉冲发到 $+Y$ 方向。

③每发出一个进给脉冲后,必须将被积函数寄存器内的坐标值加以修正。即当 X 方向发出进给脉冲时,使 Y 轴被积函数寄存器内容减1;当 Y 方向发出进给脉冲时,使 X 轴被积函数寄存器内容加1。也就是说,数字积分法圆弧插补时被积函数寄存器内随时存放着坐标的瞬时值,而数字积分法直线插补时,被积函数寄存器内存放的是不变的终点坐标值 X_e、Y_e。

(3)数字积分法圆弧插补的终点判别 数字积分法圆弧插补的终点判别,由随时计算出的坐标轴进给步数 $\sum\Delta X$、$\sum\Delta Y$ 值与圆弧的终点和起点坐标之差的绝对值做比较,当某个坐标轴进给的步数与终点和起点坐标之差的绝对值相等时,说明该轴到达终点,不再有脉冲输出。当两坐标都到达终点后,则运算结束,插补完成。

(4)数字积分法圆弧插补的举例

例2－4 设加工在第一象限有一逆圆弧$\widehat{AB}$,其圆心在原点。起点为$A(5,0)$,终点$B(0,5)$,采用逆圆插补,累加器为三位,试用数字积分法插补计算,并绘出插补轨迹。

解 该例中,两坐标的进给步数均为5。在插补中,一旦某坐标进给步数达到了要求,则停止该坐标方向的插补运算。数字积分法圆弧插补计算过程如表2－6所示,数字积分法圆弧插补轨迹如图2－53所示。

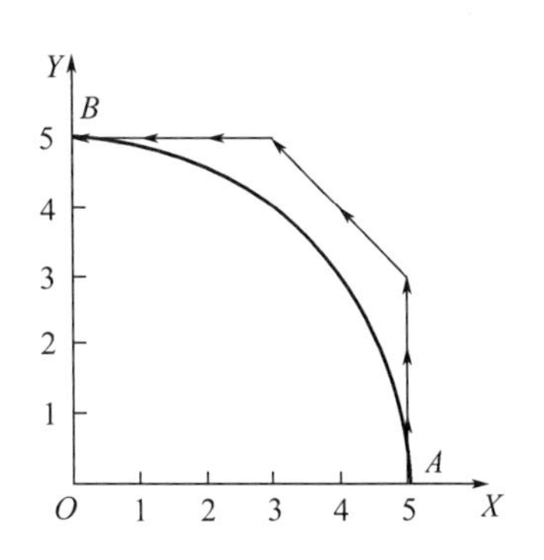

图2－53 数字积分法圆弧插补轨迹

表2－6 数字积分法圆弧插补计算过程

运算次序	X积分器 J_{Vx} (Y_i)	X积分器 J_{Rx} $(\sum \Delta Y)$	X积分器 溢出 ΔX	终点判别 X_e	Y积分器 J_{Vy} (X_i)	Y积分器 J_{Ry} $(\sum \Delta X)$	Y积分器 溢出 ΔY	终点判别 Y_e	备注
0	000	000	0	101	101	000	0	101	初始状态
1	000	000	0	101	101	101	0	101	第一次迭代
2	000 001	000	0	101	101	010	1	100	产生ΔY,修正Y_i
3	001	001	0	101	101	111	0	100	
4	001 010	010	0	101	101	100	1	011	产生ΔY,修正Y_i
5	010 011	100	0	101	101	001	1	010	产生ΔY,修正Y_i
6	011	111	0	101	101	110	0	010	
7	011 100	010	1	100	101 100	011	1	001	产生ΔX、ΔY,修正X_i、Y_i
8	100	110	0	100	100	111	0	001	
9	100 101	010	1	011	100 011	011	1	000	产生ΔX、ΔY, Y到达终点,停止Y迭代
10	101	111	0	011	011				
11	101	100	1	010	011 010				产生ΔX,修正X_i
12	101	001	1	001	010 001				产生ΔX,修正X_i
13	101	110	0	001	001				
14	101	011	1	000	001 000				产生ΔX, X到达终点,停止X迭代

(5)数字积分法圆弧插补的进给方向修正 对于顺圆、逆圆及其他象限的数字积分法插补运算过程和积分器结构基本上与第一象限逆圆是一致的。其不同在于控制各坐标轴

进给脉冲 ΔX、ΔY 的进给方向不同，以及修改被积函数寄存器内容时是加 1。数字积分法圆弧插补进给方向和被积函数的修正关系，如表 2－7 所示。

表 2－7　数字积分法圆弧插补进给方向和被积函数的修正关系

圆弧走向	顺圆				逆圆			
所在象限	Ⅰ	Ⅱ	Ⅲ	Ⅳ	Ⅰ	Ⅱ	Ⅲ	Ⅳ
Y_i 修正	减	加	减	加	加	减	加	减
X_i 修正	加	减	加	减	减	加	减	加
Y 轴进给方向	$-Y$	$+Y$	$+Y$	$-Y$	$+Y$	$-Y$	$-Y$	$+Y$
X 轴进给方向	$+X$	$+X$	$-X$	$-X$	$-X$	$-X$	$+X$	$+X$

4）数字积分法插补质量的提高

（1）进给速度的均匀化　由式（2－29）和式（2－31）可知，直线插补与圆弧插补时的进给速度可分别表示为

$$V = \frac{1}{2^n} L f \delta$$

$$V = \frac{1}{2^n} R f \delta$$

式中　f——插补时钟频率；

δ——坐标轴的脉冲当量。

显然，进给速度受到被加工直线的长度和被加工圆弧的半径的影响。就是说行程长，走刀快；行程短，走刀慢。所以各程序段的进给速度是不一致的，这样影响了加工的表面质量，特别是行程短的程序段生产率低，为了克服这一缺点，使溢出脉冲均匀，进给速度提高，通常采用左移规格化处理的方法。

所谓左移规格化处理，是当被积函数比较小时，被积函数寄存器有 i 个前零时，若直接迭代，那么至少需要 2^i 次迭代，才能输出一个溢出脉冲，使输出脉冲的速率下降。因此，在实际的数字积分器中，需把被积函数寄存器中的前零移去，即对被积函数实现左移规格化处理。经过左移规格化的数就成为规格化数寄存器中的其最高位为“1”的数，即是规格化数。反之，最高位为“0”的数称为非规格化数。显然，规格化的数累加两次必有一次溢出，而非规格化数必须作两次以上或多次累加才有一次溢出。下面分别介绍直线插补与圆弧插补的左移规格化处理。

①直线插补的左移规格化　直线插补时，将被积函数寄存器（即速度寄存器 J_{Vx}、J_{Vy}）中的 X_e、Y_e（非规格化数）同时左移（最低有效位移为零），同时记下左移位数，当其中任意坐标的被积函数寄存器的前零全部移去时，说明该坐标数据已变成规则化数。换句话说，直线插补的左移规格化是使坐标值最大的被积函数寄存器的最高有效位为 1。两坐标同时左移，意味着把 X、Y 两方向的脉冲分配速度扩大同样的倍数，而二者数值之比不变，所以斜率也不变。因为规格化后，每累加运算两次必有一次溢出，溢出速度比较均匀，所以加工的效率和质量都大为提高。

②圆弧插补的左移规格化　圆弧插补的左移规格化处理与直线插补基本相同，唯一的

区别是,圆弧插补的左移规格化是使坐标值最大的被积函数寄存器的次高位为1(即保持一个前零),也就是说,在圆弧插补中将J_{Vx}、J_{Vy}寄存器中次高位为"1"的数称其为规格化数。这是由于在圆弧插补过程中,J_{Vx}、J_{Vy}寄存器中的数X、Y,随着加工过程的进行不断地修改(即做+1修正),数值可能不断增加,若仍取最高位为"1"作为规格化数,则有可能在+1修正后溢出。规格化提前后,就避免了溢出。另外,由于规格化数提前一位而产生,就要求寄存器的容量必须大于被加工圆弧半径的二倍,这一点是明显的。

左移规格化后,又带来一个新的问题,左移Q位,相当于坐标X、Y扩大了2^Q倍,亦即J_{Vx}及J_{Vy}寄存器的数分别为2^QY及2^QX,这样当Y积分器有一溢出ΔY时,则J_{Vx}寄存器中的数应改为

$$2^Q(Y+1) = 2^QY + 2^Q$$

上式说明:若规格化过程中左移Q位,当J_{Ry}寄存器溢出一个脉冲时,J_{Vx}寄存器应该加2^Q(注意:不是1),即J_{Vx}寄存器第$Q+1$位加"1";同理,若J_{Rx}寄存器溢出一个脉冲时,J_{Vy}寄存器应该减小2^Q,即第$Q+1$位减"1"。

由此可见,虽然直线插补和圆弧插补时的规格化数不一致,但是均能提高溢出速度。直线插补时,经规格化后最大坐标的被积函数可能的最大值为111…111,可能的最小值为100…000,最大坐标每次迭代都有溢出,最小坐标每两次迭代也会有溢出,可见其溢出速率仅相差一倍;而在圆弧插补时,经规格化后最大坐标的被积函数可能的最大值为011…111,可能的最小值为010…000,其溢出速率也相差一倍。因此,经过左移规格化后,不仅提高了溢出速度,而且使溢出脉冲变得比较均匀。

(2)数字积分法插补精度的提高　前面谈到,数字积分法直线插补的插补误差小于一个脉冲当量。但是数字积分法圆弧插补的插补误差有可能大于一个脉冲当量,原因是数字积分器溢出脉冲的频率与被积函数寄存器的存数成正比,当在坐标轴附近进行插补时,一个积分器的被积函数值接近于零,而另一个积分器的被积函数值却接近最大值(圆弧半径)。这样,后者可能连续溢出,而前者几乎没有溢出脉冲,两个积分器的溢出脉冲速率相差很大,致使插补轨迹偏离理论曲线,如图2-53所示。

为了减小插补误差,提高插补精度,可以把积分器的位数增多,从而增加迭代次数。这相当于把图2-47矩形积分的小区间Δt取得更小。这么做可以减小插补误差,但是进给速度却降低了,所以不能无限制地增加寄存器位数。在实际的积分器中,常常采用一种简便而行之有效的方法——积分累加器中余数寄存器预置数(也称余数寄存器预置数法)。即在数字积分法插补之前,将余数寄存器预置某一数值(不是零),这一数值可以是最大容量(2^n-1),也可以是小于最大容量的某一个数,如$2^n/2$,常用的则是预置最大容量值和预置0.5。下面以预置0.5为例来说明。

预置0.5称为"半加载",意即在数字积分法迭代前,余数寄存器的补值不是置零,而是置100…000(即0.5),这样只要再叠加0.5,余数寄存器就可以产生第一个溢出脉冲,使积分器提前溢出。这在被积函数较小,迟迟不能产生溢出的情况下,有很重要的实际意义,它改善了溢出脉冲的时间分布,减小了插补误差。

"半加载"可以使直线插补的误差减小到半个脉冲当量以内。若直线OA的起点为坐标原点,终点坐标为$A(15,1)$,没有"半加载"时,X积分器除第一次迭代无溢出外,其余15次均有溢出;而Y积分器只有在第16次迭代才有溢出脉冲。若进行"半加载",则X积分器除第9次迭代无溢出外,其余15次均有溢出;而Y积分器的溢出提前到第8次迭代,这就改善了溢出脉冲的时间分布,提高了插补精度,如图2-54所示。

“半加载”使圆弧插补的精度也能得到明显提高。如果对例 2－4 进行“半加载”，其插补轨迹如图 2－55 所示。

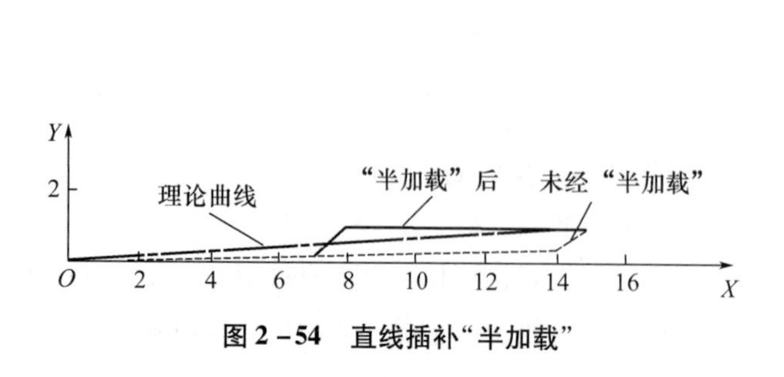

图 2－54 直线插补“半加载”

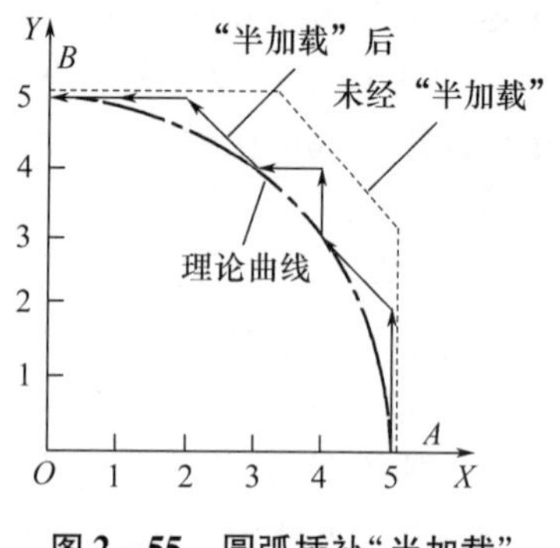

图 2－55 圆弧插补“半加载”

2.6.3 数据采样插补法

1. 概述

在采用基准脉冲插补法的数控系统中，计算机一般不包括在伺服控制环内，计算机插补的结果是输出进给脉冲，伺服系统根据进给脉冲进给。每进给一步（一个脉冲当量），计算机都要进行一次插补，进给速度受计算机插补速度的限制，很难满足现代数控机床高速度的要求。在采用数据采样插补法的系统中，计算机一般包含在伺服控制环内。数据采样插补用小段直线来逼近给定轨迹，插补输出的是下一个插补周期内各轴要运动的距离，不需要每走一步脉冲当量插补一次，从而可达到很高的进给速度。随着直流、交流伺服技术和计算机的发展，数字式闭环伺服系统成为数控伺服系统的主流。采用这类伺服系统的数控系统，一般都用数据采样插补法。

1）数据采样插补的基本原理

数据采样插补分粗插补和精插补两步插补。在粗插补阶段，采用时间分割的思想。它首先根据加工指令中的进给速度 F 和插补周期 T，将轮廓曲线分割为插补采样周期的进给段——进给步长 l，$l=FT$。在每一插补周期，插补程序被调用一次，为下一周期计算出各坐标轴应该行进的增长段（而不是单个脉冲）ΔX 或 ΔY 等，然后再计算出相应插补点（动点）位置的坐标值。与基准脉冲插补法不同，数据采样插补算法得出的不是进给脉冲，而是用二进制表示的进给量，也就是在下一插补周期中，轮廓曲线上的进给段在各坐标轴上的分矢量。计算机定时对坐标的实际位置进行采样，采样数据与指令位置进行比较，得出位置误差，再根据位置误差对伺服系统进行控制，达到消除误差、使实际位置跟随指令位置的目的。采样周期可以等于插补周期，也可以小于插补周期，如插补周期的 1/2。

2）插补周期与采样周期

插补周期 T 虽已不直接影响进给速度，但对插补误差及更高速运行有影响，选择插补周期是一个重要问题。插补周期与插补运算时间有密切关系。一旦选定了插补算法，则完成该算法的时间也就确定了。一般来说，插补周期必须大于插补运算所占用的 CPU 时间。这是因为当系统进行轮廓控制时，CPU 除了要完成插补运算外，还必须实时地完成其他的一些工作，如显示、监控甚至精插补。所以，插补周期 T 必须大于插补运算时间与完成其他实时任务所需时间之和。

插补周期与位置反馈采样周期有一定的关系，插补周期可以等于采样周期，也可以是采样周期的整倍数。

3）插补周期与精度、速度的关系

(1)对于数据采样直线插补，动点在一个周期内运动的直线段与给定直线重合，不会造成轨迹误差。

(2)对于数据采样圆弧插补，动点在一个插补周期内运动的直线段以弦线(或切线、割线)逼近圆弧，这种逼近必然会造成轨迹误差。

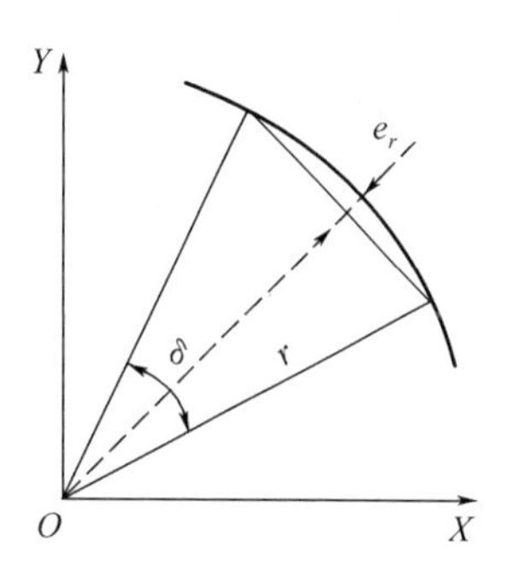

图2－56 用弦线逼近圆弧

圆弧插补常用弦线逼近的方法，如图2－56所示。用弦线逼近圆弧，会产生最大逼近误差 e_r。设 δ 为在一个插补周期内逼近弦所对应的圆心角，r 为圆弧半径，则

$$e_r = r\left(1 - \cos\frac{\delta}{2}\right) \tag{2-33}$$

由式(2－33)得到幂级数的展开式为

$$e_r = r\left(1 - \cos\frac{\delta}{2}\right) = r\left\{1 - \left[1 - \frac{\left(\frac{\delta}{2}\right)^2}{2!} + \frac{\left(\frac{\delta}{2}\right)^4}{4!} - \cdots\right]\right\} \approx r\frac{\delta^2}{8} \tag{2-34}$$

设 T 为插补周期，F 为刀具移动速度(进给速度)，则进给步长为

$$l = FT$$

用进给步长 l 代替弦长，有

$$\delta = \frac{l}{r} = \frac{TF}{r} \tag{2-35}$$

将式(2－35)代入式(2－34)，得

$$e_r = \frac{(TF)^2}{8r}$$

由上式可以看出，圆弧插补时，逼近误差与进给速度、插补周期的平方成正比，与圆弧半径成反比。在给定圆弧半径和弦线误差极限的情况下，插补周期应尽可能小，以便获得尽可能大的加工速度。

数据采样插补的具体算法有多种，这里主要介绍直线函数法及扩展DDA法。

2. 直线函数法插补

1）直线函数法直线插补

设要加工 XY 平面上的直线 OA，如图2－57所示。起点为坐标原点(0,0)，终点 A 的坐标为 (X_e, Y_e)，刀具移动方向与 X 轴夹角为 α。

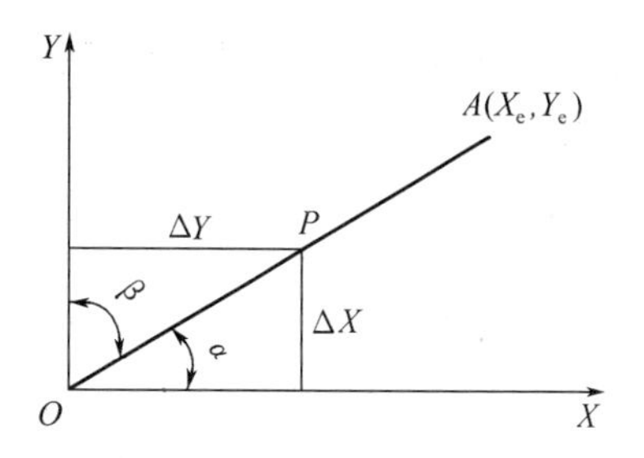

图2－57 直线函数法直线插补原理

刀具沿直线移动的速度指令为 F，设插补周期为 T，则每个插补周期的进给步长为 l。由图2－57所示的直线可以看出，插补计算就是算出下一单位时间间隔(插补周期)内各个坐标轴的进给量。在直线插补过程中，进给步长 l 及其对应的坐标增量 ΔX 和 ΔY 等是固定的，因此直线插补的计算过程可分为插补准备和插补计算

两个步骤。

(1)插补准备　主要是计算进给步长 $l=FT$ 及其相应的坐标增量。

$$l = FT$$

直线段长度

$$L = \sqrt{X_e^2 + Y_e^2}$$

X 轴和 Y 轴的位移增量分别为 ΔX 和 ΔY,由图 2－57 可得到如下关系:

$$\begin{cases} \Delta X_i = \dfrac{l}{L} X_e \\ \Delta Y_i = \Delta X_i \dfrac{Y_e}{X_e} \end{cases}$$

(2)插补计算　实时计算出各插补周期中的插补点(动点)坐标值。插补第 i 点的动点坐标为

$$\begin{cases} X_i = X_{i-1} + \Delta X_i \\ Y_i = Y_{i-1} + \Delta Y_i \end{cases}$$

2)直线函数法圆弧插补

圆弧插补的基本思想是在满足精度要求的前提下,用弦线或割线进给代替圆弧进给,即用直线逼近圆弧。由于圆弧是二次曲线,所以其插补点的计算要比直线复杂得多。

在图 2－58 中,顺圆上 B 点是继 A 点之后的插补瞬时点,坐标分别为 $A(X_i,Y_i)$,$B(X_{i+1},Y_{i+1})$。由点 $A(X_i,Y_i)$ 求出下一点 $B(X_{i+1},Y_{i+1})$,实质就是求在一次插补周期的时间内,X 轴和 Y 轴的进给量 ΔX 和 ΔY。图中 AB 弦长等于圆弧插补时每周期的进给步长 l,AP 是 A 点切线,M 是弦 AB 的中点,$OM \perp AB$,$ME \perp AF$,E 为 AF 的中点。圆心角有如下关系

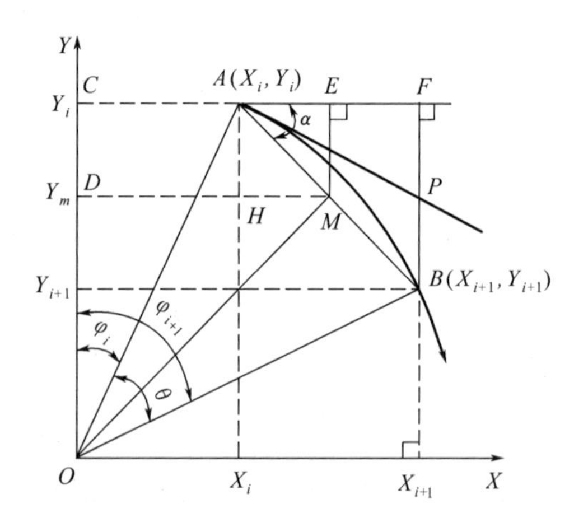

图 2－58　直线函数法圆弧插补

$$\varphi_{i+1} = \varphi_i + \theta$$

式中,θ 为进给步长 l 对应的角增量,称为角步距。

因为

$$OA \perp AP$$

所以

$$\triangle AOC \cong \triangle PAF$$

$$\angle AOC = \angle PAF = \varphi_i$$

由于 AP 为切线,则

$$\angle BAP = \frac{1}{2}\angle AOB = \frac{\theta}{2}$$

$$\alpha = \angle PAF + \angle BAP = \varphi_i + \frac{\theta}{2}$$

在 $\triangle MOD$ 中

$$\tan\left(\varphi_i + \frac{\theta}{2}\right) = \frac{DH + HM}{OC - CD}$$

将 $DH = X_i, OC = Y_i, HM = \frac{1}{2}l\cos\alpha = \frac{1}{2}\Delta X, CD = \frac{1}{2}l\sin\alpha = \frac{1}{2}\Delta Y$,代入上式,则有

$$\tan\alpha = \frac{X_i + \frac{1}{2}l\cos\alpha}{Y_i - \frac{1}{2}l\sin\alpha} = \frac{X_i + \frac{1}{2}\Delta X}{Y_i - \frac{1}{2}\Delta Y} \tag{2-36}$$

又因为 $\tan\alpha = \frac{FB}{FA} = \frac{\Delta Y}{\Delta X}$,由此可以得出 X_i、Y_i 与 ΔX、ΔY 的关系式

$$\frac{\Delta Y}{\Delta X} = \frac{X_i + \frac{1}{2}\Delta X}{Y_i - \frac{1}{2}\Delta Y} = \frac{X_i + \frac{1}{2}l\cos\alpha}{Y_i - \frac{1}{2}l\sin\alpha} \tag{2-37}$$

式(2-37)反映了圆弧上任意相邻两点坐标之间的关系,只要找到计算 ΔX 和 ΔY 的恰当方法,就可以求出新的插补点坐标

$$X_i = X_{i-1} + \Delta X_i, Y_i = Y_{i-1} - \Delta Y_i$$

式(2-36)中,$\cos\alpha$ 和 $\sin\alpha$ 均为未知,要计算 $\tan\alpha$ 仍很困难。为此,采用一种近似算法,即以 $\cos 45°$ 和 $\sin 45°$ 来代替 $\cos\alpha$ 和 $\sin\alpha$。这样,式(2-36)可改为

$$\tan\alpha = \frac{X_i + \frac{1}{2}l\cos 45°}{Y_i - \frac{1}{2}l\sin 45°} \tag{2-38}$$

式(2-38)中由于采用近似算法从而造成了 $\tan\alpha$ 的偏差,使 α 角成为 α',$\cos\alpha'$ 变大,因而影响到 ΔX 值,使之成为 $\Delta X'$,即

$$\Delta X' = l\cos\alpha' = AF'$$

但这种偏差不会使插补点离开圆弧轨迹,这是因为圆弧上任意相邻两点必须满足式(2-37)。反言之,只要平面上任意两点的坐标及增量满足式(2-37),则两点必在同一圆弧上。因此当已知 X_i、Y_i 和 $\Delta X'$ 时,若按

$$\Delta Y' = \frac{\left(X_i + \frac{1}{2}\Delta X'\right)\Delta X'}{Y_i - \frac{1}{2}\Delta Y'}$$

求出 $\Delta Y'$,那么这样确定的 B' 点一定在圆弧上,其坐标为

$$X_i = X_{i-1} + \Delta X_i', Y_i = Y_{i-1} - \Delta Y_i'$$

采用近似算法引起的偏差仅是 $\Delta X \to \Delta X'$,$\Delta Y \to \Delta Y'$,$AB \to AB'$ 和 $l \to l'$。这种算法能够保证圆弧插补每瞬时点位于圆弧上,它仅造成每次插补进给量 l 的微小变化,而这种变化在实际切削加工中是微不足道的,完全可以认为插补的速度仍然是均匀的。

3. 扩展 DDA 法插补

扩展 DDA 算法是在 DDA 积分法的基础上发展起来的,它是将 DDA 法切线逼近圆弧的方法改变为割线逼近,从而大大提高圆弧插补的精度。

1)扩展 DDA 法直线插补原理

如图2-59 所示,设要加工的直线为 OP,其起点为坐标原点 O,终点 P 为(X_e, Y_e),在时间 T 内,动点由起点到达终点,则有

$$\begin{cases} V_X = \dfrac{1}{T}X_e \\ V_Y = \dfrac{1}{T}Y_e \end{cases}$$

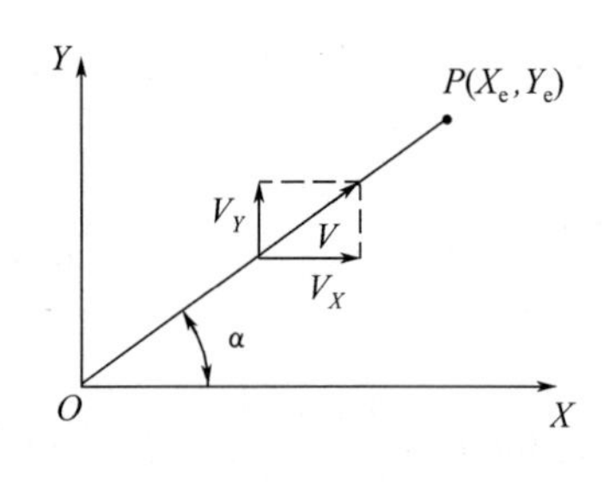

图 2-59　扩展 DDA 法直线插补的算法

式中　V_X——动点沿 X 坐标轴方向的速度；

V_Y——动点沿 Y 坐标轴方向的速度。

由数字积分原理得

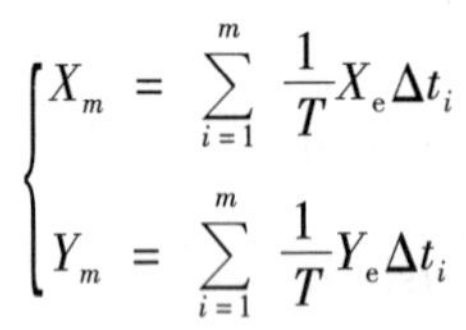

$$\begin{cases} X_m = \sum\limits_{i=1}^{m} \dfrac{1}{T}X_e\Delta t_i \\ Y_m = \sum\limits_{i=1}^{m} \dfrac{1}{T}Y_e\Delta t_i \end{cases}$$

将时间 T 用采样周期 Δt 分割成 n 个子区间（n 取大于等于 $T/\Delta t$ 最接近的整数），则可得到下式

$$\begin{cases} \Delta X = V_X\Delta t = V\Delta t\cos\alpha \\ \Delta Y = V_Y\Delta t = V\Delta t\sin\alpha \end{cases}$$

$$\begin{cases} X_m = \sum\limits_{i=1}^{m} \Delta X_i \\ Y_m = \sum\limits_{i=1}^{m} \Delta Y_i \end{cases}$$

式中　V——指令进给速度，mm/min。

由上式可导出直线插补的迭代公式

$$\begin{cases} X_{i+1} = X_i + \Delta X \\ Y_{i+1} = Y_i + \Delta Y \end{cases}$$

进给步长在坐标轴上的分量 ΔX、ΔY 的大小取决于指令进给速度 V，其表达式为

$$\begin{cases} \Delta X = V\Delta t\cos\alpha = \dfrac{VX_e\Delta t}{\sqrt{X_e^2 + Y_e^2}} = \lambda_i FRNX_e \\ \Delta Y = V\Delta t\sin\alpha = \dfrac{VY_e\Delta t}{\sqrt{X_e^2 + Y_e^2}} = \lambda_i FRNY_e \end{cases} \tag{2-39}$$

式中　Δt——采样周期；

λ_i——经时间换算的采样周期；

FRN——进给速率数，进给速度的一种表示方法。

$$FRN = \frac{V}{\sqrt{X_e^2 + Y_e^2}} = \frac{V}{L}$$

式中　L——所要插补的直线长度。

对于具体的一条直线来说，FRN 和 λ_i 为已知常数，因此，式(2-39)中的 $FRN \cdot \lambda_i$ 可以用常数 λ_d 表示，称为步长系数。故式(2-39)可写为

$$\begin{cases} \Delta X = \lambda_d X_e \\ \Delta Y = \lambda_d Y_e \end{cases}$$

2）扩展 DDA 法圆弧插补原理

如图 2-60 所示，若加工半径为 R 的第一象限顺时针圆弧 $\overset{\frown}{A_{i-1}D}$，圆心为 O 点，设刀具

处在现加工点 $A_{i-1}(X_{i-1}, Y_{i-1})$ 位置,线段 $A_{i-1}A_i$ 是沿被加工圆弧的切线方向的进给步长 l。显然,刀具进给一个步长后,点 A_i 偏离所要求的圆弧轨迹较远,径向误差较大。如果通过线段 $A_{i-1}A_i$ 的中点 B,作以 OB 为半径的圆弧的切线 BC,并在 A_iH 上截取直线段 $A_{i-1}A_i'$,使 $A_{i-1}A_i' = A_{i-1}A_i = l = FT$,此时可以证明点 A_i' 必定在所要求圆弧 AD 之外。如果用直线 $A_{i-1}A_i'$ 进给替代切线 $A_{i-1}A_i$ 的进给,会使径向误差大大减小。这种用割线进给代替切线进给的插补算法称为扩展 DDA 法。

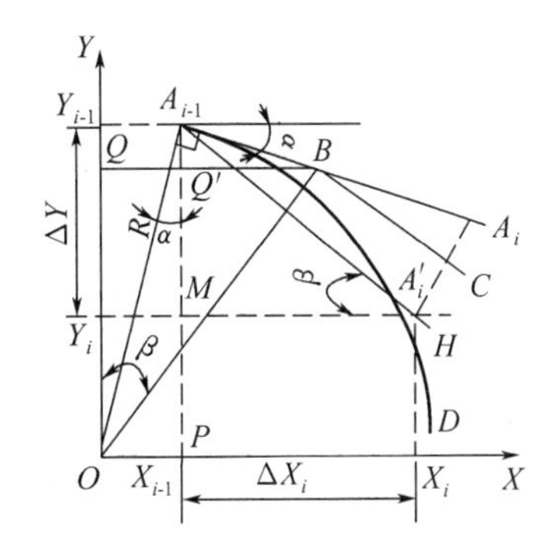

图 2-60 扩展 DDA 法圆弧插补的算法

下面推导在一个插补周期 T 内,进给步长 l 的坐标分量 ΔX_i 和 ΔY_i,因为据此可以很容易求出本次插补后新加工点 A_i' 的坐标位置 (X_i, Y_i)。

由图 2-60 可知,在直角 $\triangle OPA_{i-1}$ 中

$$\sin\alpha = \frac{OP}{OA_{i-1}} = \frac{X_{i-1}}{R}$$

$$\cos\alpha = \frac{A_{i-1}P}{OA_{i-1}} = \frac{Y_{i-1}}{R}$$

过 B 点作 X 轴的平行线 BQ 交 Y 轴于 Q 点,并交 $A_{i-1}P$ 线段于点 Q'。由图 2-60 中可知,直角 $\triangle OQB$ 与直角 $\triangle A_{i-1}MA_i'$ 相似,则有

$$\frac{MA_i'}{A_{i-1}A_i'} = \frac{OQ}{OB} \tag{2-40}$$

由图 2-60 中的 $MA_i' = \Delta X_i$, $A_{i-1}A_i' = l$,在 $\triangle A_{i-1}Q'B$ 中, $A_{i-1}Q' = A_{i-1}B\sin\alpha = \frac{1}{2}l\sin\alpha$,则

$$OQ = A_{i-1}P - A_{i-1}Q' = Y_{i-1} - \frac{1}{2}l\sin\alpha \tag{2-41}$$

在直角 $\triangle OA_{i-1}B$ 中

$$OB = \sqrt{(A_{i-1}B)^2 + (OA_{i-1})^2} = \sqrt{\left(\frac{1}{2}l\right)^2 + R^2} \tag{2-42}$$

将式(2-41)和式(2-42)代入式(2-40)中,得

$$\frac{\Delta X_i}{l} = \frac{Y_{i-1} - \frac{1}{2}l\sin\alpha}{\sqrt{\left(\frac{1}{2}l\right)^2 + R^2}} \tag{2-43}$$

在式(2-43)中,因为 $l \ll R$,故可将 $(\frac{1}{2}l)^2$ 略去,则式(2-43)变为

$$\Delta X_i \approx \frac{l}{R}\left(Y_{i-1} - \frac{1}{2}l\frac{X_{i-1}}{R}\right) = \frac{FT}{R}\left(Y_{i-1} - \frac{1}{2}\frac{FT}{R}X_{i-1}\right) \tag{2-44}$$

在相似直角 $\triangle OQB$ 与直角 $\triangle A_{i-1}MA_i'$ 中,有下述关系

$$\frac{A_iM}{A_{i-1}A_i'} = \frac{QB}{OB} = \frac{QQ' + Q'B}{OB}$$

前面已知 $A_{i-1}A_i' = l = FT$, $OB = \sqrt{\left(\frac{1}{2}l\right)^2 + R^2}$,则在直角 $\triangle A_{i-1}Q'B$ 中

$$Q'B = A_{i-1}B\cos\alpha = \frac{1}{2}l\frac{Y_{i-1}}{R}$$

又有 $QQ' = X_{i-1}$，因此

$$\Delta Y_i = A_{i-1}M = \frac{A_{i-1}A_i'(QQ' + Q'B)}{OB} = \frac{l\left(X_{i-1} + \frac{1}{2}l\frac{Y_{i-1}}{R}\right)}{\sqrt{\left(\frac{1}{2}l\right)^2 + R^2}} \tag{2-45}$$

同理，$l \ll R$，故可将$(\frac{1}{2}l)^2$ 略去，则式(2－45)变为

$$\Delta Y_i = \frac{l}{R}\left(X_{i-1} + \frac{1}{2}\frac{l}{R}Y_{i-1}\right) = \frac{FT}{R}\left(X_{i-1} + \frac{1}{2}\frac{FT}{R}Y_{i-1}\right) \tag{2-46}$$

将 $K = \frac{FT}{R}$ 代入式(2－44)和式(2－46)，则

$$\begin{cases}\Delta X_i = K\left(Y_{i-1} - \frac{1}{2}KX_{i-1}\right)\\ \Delta Y_i = K\left(X_{i-1} + \frac{1}{2}KY_{i-1}\right)\end{cases} \tag{2-47}$$

则 A_i' 点的坐标值为

$$\begin{cases}X_i = X_{i-1} + \Delta X_i\\ Y_i = Y_{i-1} - \Delta Y_i\end{cases} \tag{2-48}$$

式(2－47)和式(2－48)为第一象限顺时针圆弧插补计算公式，依照此原理，可得出其他象限及其走向的扩展 DDA 圆弧插补计算公式。

由上述扩展 DDA 圆弧插补公式可知，采用该方法只需进行加法、减法及有限次的乘法运算，因而计算较方便、速度较高。此外，该法用割线逼近圆弧，其精度较弦线法高。因此扩展 DDA 法是比较适合于 CNC 系统的一种插补算法。

2.7 CNC 装置的接口

2.7.1 概述

数控机床进行加工之前，必须接收由操作人员输入的零件加工程序，然后才能根据零件加工程序进行加工控制，从而加工出符合要求的零件。在加工过程中，操作人员需要向机床数控系统输入操作命令，数控系统为操作人员显示必需的信息，如坐标值、报警信号等。此外，输入的程序并不都是正确的，有时需要编辑、修改和调试。以上这些工作过程，都是机床数控系统和操作人员进行信息交流的过程。要进行信息交流，数控系统中必须具备必要的硬件和软件，将这部分(包括硬件和软件)称之为人机接口。随着计算机网络技术的发展，可以通过通信的方式输入零件加工程序。数控系统要和计算机进行通信，也必须具备相应的硬件和软件，即通信接口。

2.7.2 外设接口

外设接口的主要功能是把零件程序与机床参数通过外设输入 CNC 装置或从 CNC 装置

输出。常用的外设有纸带阅读机、穿孔机、电传机、磁带机、磁盘等,相应的 CNC 装置有纸带阅读机接口、穿孔机接口等。

现代数控系统的 CNC 装置还提供完备的数据通信接口,除了具有 RS - 232C 接口或 20 mA 电流环外设接口外,还有 RS - 422 和 DNC 等多种通信接口及网络接口用于与其他 CNC 系统或上级计算机直接通信。

2.7.3 面板接口和显示接口

这是连接 CNC 装置与操作装置的接口,主要用于控制 MDI 键盘、机床控制面板、数码显示、CRT 显示、手持单元等。操作者的手动数据输入、各种方式的操作、CNC 的结果和信息显示都要通过这部分电路使人和 CNC 装置建立联系,即人机交互。

2.7.4 伺服输出接口和位置反馈接口

这部分接口的功能是实现 CNC 装置与伺服驱动系统和测量装置的连接,完成位置控制。位置控制的性能取决于这部分的硬件。

2.7.5 机床输入/输出接口

数控机床输入/输出接口指数控装置与机床及机床电器设备之间的电气连接部分,一般接收机床操作面板上的开关、按钮信号和机床的各种开关的信号,把某些工作状态显示在操作面板的指示灯上。把控制机床输入/输出的各种信号送到强电柜等工作都要经过 I/O 接口来完成。因此可以说,数控机床接口是 CNC 装置和机床、操作面板之间信号交换的连接电路。

1. 机床输入/输出接口电路的任务

CNC 系统和机床之间的来往信号不能直接连接,而要通过 I/O 接口电路连接,该接口电路的主要任务如下。

(1)进行电平转换和功率放大　由于数控装置内是 TTL 电平,要控制的设备或电路不一定是 TTL 电平,为此要进行电平转换。在负载较大的情况下,要进行必要的信号电平转化和功率放大。

(2)信号的隔离　为防止干扰引起的误动作,使用光电隔离器、脉冲变压器或继电器,将 CNC 系统和机床之间的信号在电器上加以隔离。

(3)信号的转换　采用模拟量传送时,在 CNC 和机床电器设备之间要接入数/模(D/A)和模/数(A/D)转换电路。

(4)信号的整形或复原　信号在传输过程中,由于衰减、噪声和反射等影响,会发生畸变。为此根据信号类别及传输线质量,采取一定措施对信号进行整形或复原,并限制信号的传输距离。

2. 机床输入/输出接口电路的类型

对 CNC 装置而言,由机床(MT)向 CNC 传送的信号称为输入信号,由 CNC 向 MT 传送的信号称为输出信号。这些主要输入、输出信号的类型有:直流数字输入信号;直流数字输出信号;直流模拟输出信号;直流模拟输入信号;交流输入信号;交流输出信号。

直流模拟信号用于进给坐标轴和主轴的伺服控制或其他接收、发送模拟量信号的设备;交流信号用于直接控制功率执行器件。接收或发送直流模拟信号和交流信号需要专门的接口电路。应用最多的是直流数字输入/输出信号。

3. 数控机床电气设备之间的接口规范

根据国际标准《机床数字控制——数控装置和数控机床电气设备之间的接口规范》(ISO 4336—1981(E))的规定,接口分为四类,如图2-61所示。

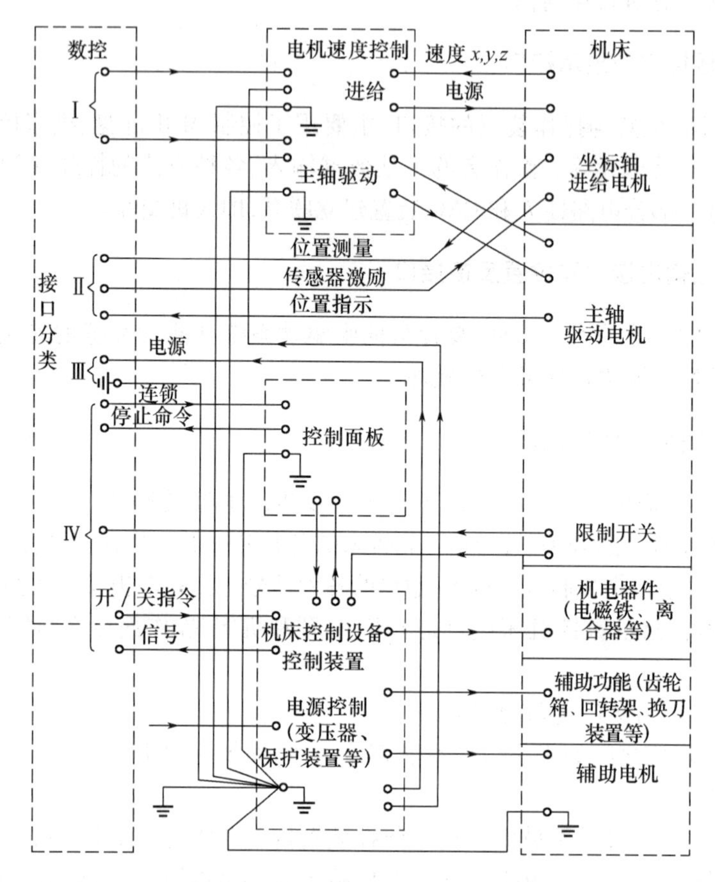

图2-61 数控装置与数控机床电气设备之间的接口分类

第Ⅰ类,与驱动命令有关的连接电路;

第Ⅱ类,数控装置与检测系统和测量传感器间的连接电路;

第Ⅲ类,电源及保护电路;

第Ⅳ类,通/断信号和代码信号连接电路。

第Ⅰ类和第Ⅱ类接口传送的信息是数控装置与伺服单元、伺服电动机、位置检测和速度检测之间的控制信息及反馈信息,它们都属于数字控制及伺服控制。

第Ⅲ类电源及保护电路由数控机床强电线路中的电源控制电路构成。强电线路由电源变压器、控制变压器、各种断电路、保护开关、接触器、功率继电器及熔断器等连接而成,为辅助交流电动机、电磁铁、离合器、电磁阀等功率执行元件供电。强电线路不能与低压下工作的控制电路或弱电线路直接连接,只能通过断路器、热动开关、中间继电器等器件转换成在直流低压下工作的触电的开、合动作,才能成为继电器逻辑电路和PLC可接受的电信号;反之亦然。

第Ⅳ类通/断信号和代码信号是数控装置与外部传送的输入、输出控制信号。当数控机床不带 PLC 时,这些信号直接在数控装置和机床间传送。当数控装置带有 PLC 时,这些信号除极少数的高速信号外,均通过 PLC 传送。

2.7.6 串行通信及接口

数据在设备之间传送可以采用并行方式或串行方式。传送距离较远时采用串行方式。串行接口需要有一定的控制逻辑,发送端将机内的并行数据转换成串行信号后发送出去,接收端将串行信号转换成并行数据,再送至机内处理。常用的串行通信功能芯片有 8251A、MC6850、6852 等,可以实现这些功能。

为了保证数据传送的正确和一致,接收和发送双方对数据的传送应有一致且互相遵守的约定,它包括定时、控制、格式化和数据表示方法等。这些约定称为通信规则(Procedure)或通信协议(Protocol)。串行传送分为异步协议和同步协议两种。异步传送比较简单,但速度不快;同步协议传送速率高,但接口结构复杂,传送大量数据时使用。异步串行传送在数控机床上应用比较广泛,现在主要的接口标准有 RS-232C 电流环和 RS-422/RS-449。

1. RS-232C 接口标准

在串行通信中,广泛应用的标准是 RS-232C 标准。它是应用于串行二进制交换的数据通信设备和数据终端设备之间的标准接口。

RS-232C 规定了数据终端设备(DTE)和数据通信设备(DCE)之间的信号联系关系,故要区分互相通信的设备是 DTE 还是 DCE。计算机或终端设备为 DTE,自动呼叫设备、调制解调器、中间设备等为 DCE。

RS-232C 标准规定使用 25 根插针的标准连接器,并对连接器的尺寸及各插针的排列位置等都做了明确的规定。

RS-232C 连接器任何插针信号都对应着一种状态,该状态为下面任何一对可能状态中的一种:

SPACE/MARK(空号/传号)

ON/OFF

逻辑 0/逻辑 1

信号电平与信号状态之间的关系如图 2-62 所示。ON 状态对应逻辑"0",OFF 状态对应逻辑"1",可见 RS-232C 采用的是负逻辑。由图可见,驱动器或信源要发送逻辑"0",必须提供 +5 V 到 +15 V 电压;发送逻辑"1"必须提供 -5 V 到 -15 V 电压。而接收器端逻辑"0"的电压范围为 +3 V 到 +15 V,逻辑"1"的电压范围为 -3 V 到 -15 V。可见,信号在从信号源到终点的传递过程中允许有 2 V 的电压降(即 2 V 噪声容限)。

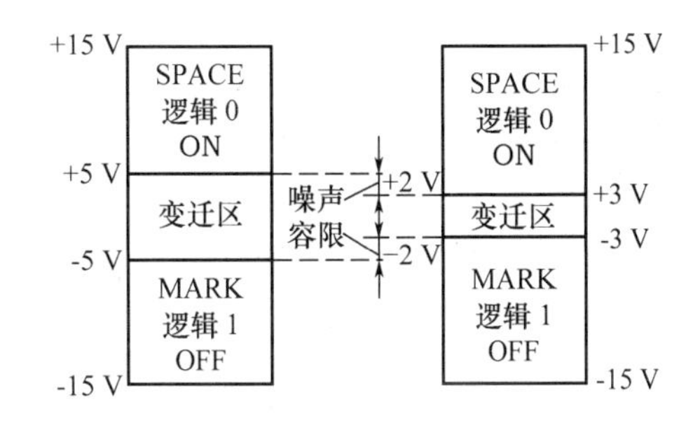

图 2-62 RC-232C 接口的电气特性

显然,RS-232C 电平与 TTL 逻辑电路所产生的电平不同,它们之间必须采用电平换转电路,常用的芯片有 MC1488 或 74188(用作驱动器),MC1489(用作接收器),如图 2-63 所示。RS-232C 接口为不平衡接口,每个电路采用单线,两个方向的传输共用一个信号地线，会产生较大的串线干扰。尽管使用了比较高的传送电平，它所能连接的最大距离一般不超过 15 m，通信速率不超 20 kb/s。

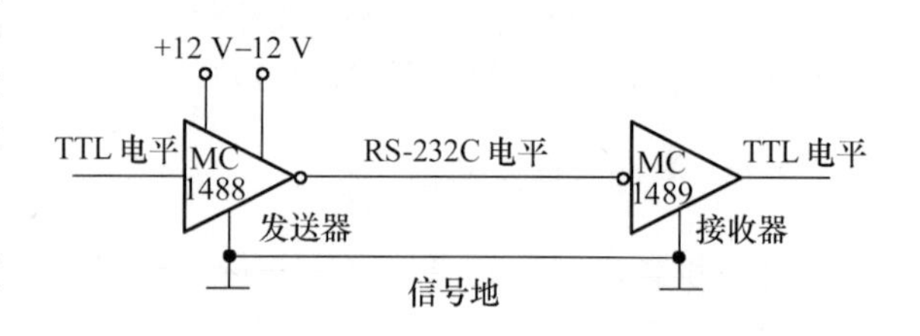

图 2－63　RC－232C 电气接口电路

RS－232C 接口包括两条信道：主信道和辅助信道。辅助信道的速率比主信道低得多，用于在连接的两设备之间传送一些辅助的控制信息，一般很少使用。

RS－232C 标准在构成电缆连接器方面有比较大的自由度。首先，RS－232C 对连接器本身就没有什么规定；其次，在标准中定义的 21 根信号线中，可以根据系统要求进行选择。适合于微机系统的标准电缆有：只发送、具有 RTS 的只发送、只接收、半双工、全双工、具有 RTS 的全双工、特殊应用等。

2. RS－449 以及 RS－423，RS－422 标准

为了适应技术快速发展的需求，EIA 于 1977 年 11 月颁发了直接涉及机械特性和功能特性的 RS－449 标准，并于 1978 年 9 月和 1978 年 12 月分别推出有关电气特性的 RS－423A 和RS－422A 标准。这些标准对 RS－232C 标准做了比较大的修改。

关于机械特性，由于 RS－449 包括的信号多于 25 种，所以选用了新连接器，使用串行二进制数据交换的数据终端设备和数据电路终端设备的通用 37 针和 9 针连接器相接。

RS－449 的线路功能特性与 RS－232C 比较，RS－449 规定了 10 个新信号。RS－449 标准规定，当传送速率低于 20 kb/s 时，类别 I 信号可以通过非平衡 RS－423A 或平衡 RS－422A 电气特性实现。当传送速率高于 20 kb/s 时，类别 I 信号必须使用平衡 RS－422A 电气特性，而类别Ⅱ信号总是使用 RS－423A 电气特性。

由于 RS－449 的一部分线路采用了非平衡的电气特性，因而保持了 RS－232C 的兼容性。RS－423A、RS－422A 的电气接口如图 2－64 和图 2－65 所示。

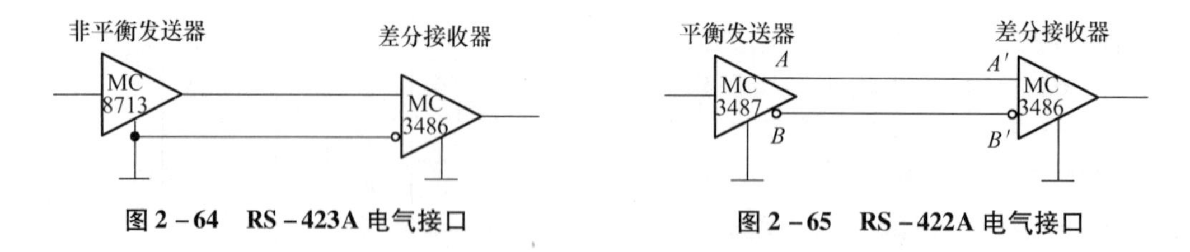

图 2－64　RS－423A 电气接口　　　图 2－65　RS－422A 电气接口

由于 RS－423A 采用了非平衡发送器和差分接收器，每个信号一根导线，每个方向都有一根独立的信号回线，因而减少了串扰，可传输的信号速率达 30 kb/s。由于 RS－422A 采用的是平衡发送器和差分接收器，每个信号两根导线，因而进一步减小了串扰，可传输的信号速率高达 100 kb/s。RS－423A 和 RS－422A 的电压与逻辑状态之间的关系示于图 2－66 和图 2－67 中，两个标准都使用了比 RS－232C(－15 ~ 15 V)窄的电压范围(－6 ~ 6 V)。由于 RS－423A 采用的是非平衡发送电路，因此用了比较大的噪声余量(3.8 V)，而 RS－422A 的噪声余量只有 1.8 V。

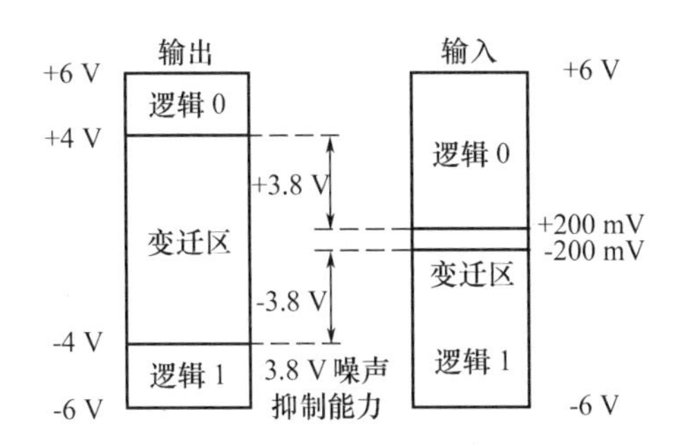

图 2-66 RS-423A 接口电气特性

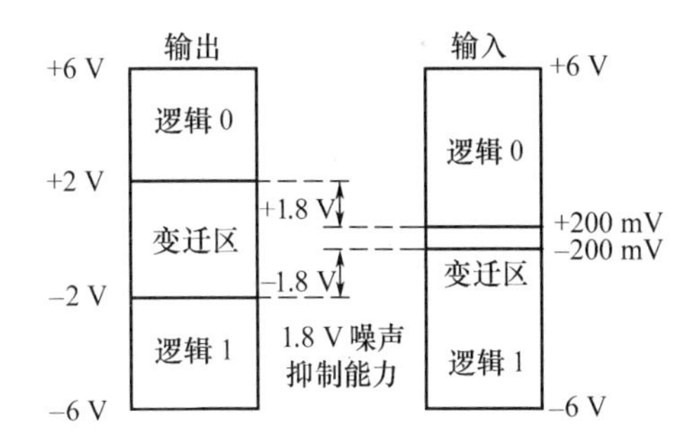

图 2-67 RS-422A 接口电气特性

2.7.7 数控系统通信的 DNC 通信接口

随着数控机床的广泛应用及 CAD/CAPP/CAM、FMS 和 CIMS 技术的不断发展,作为连接数控设备与上层控制计算机基本方法的 DNC 技术已成为实现 CAD/CAPP/CAM 一体化的纽带和 FMS、CIMS 实现设计集成和信息集成的基本手段,在车间自动化和工厂自动化中具有越来越重要的作用。

1. DNC 通信接口功能分类

DNC 由直接数字控制发展到分布式数字控制(Distributed Numerical Control,DNC),其内涵和功能也有了扩展。前者主要目的是解决早期数控系统因使用纸带而引起的一系列问题,主要功能是下传 NC 程序;后者除传送 NC 程序外,还具有系统状态采集和远程控制等功能。20 世纪 90 年代后,DNC 的内涵和功能不断扩大,除与数控系统通信外,DNC 主机还可以与工厂级的计算机通过网络等方式进行通信,此外,DNC 主机还可以集通信、控制、计划、管理、设计等功能于一体。

目前,在现有的 DNC 主机与数控系统通信接口功能的基础上,从 DNC 通信接口功能的角度将 DNC 分为基本 DNC、狭义 DNC 和广义 DNC 三种。表 2-8 是这三种 DNC 通信接口功能的比较。

表 2-8 三种 DNC 通信接口功能的比较

DNC	基本 DNC	狭义 DNC	广义 DNC
功能	下传 NC 程序	下传 NC 程序、上传 NC 程序	下传 NC 程序、上传 NC 程序、系统状态采集、远程控制
复杂程度	简单	中等	复杂
价格	低	一般	高

2. DNC 通信接口

DNC 通信接口是指 DNC 主机与数控系统的接口。常见的 DNC 通信接口形式有:

(1)接口配置为穿孔机输入接口　这种 DNC 结构将计算机的并行打印口直接与穿孔机的输入接口相连并穿出所需纸带。该方法不需改动任何硬件电路,只需编制一个专门供穿孔机用的驱动程序。由于该方法不能消除因使用纸带阅读机而引起的一系列问题,目前已很少采用。

(2)接口配置为纸带阅读机输入接口　这种 DNC 结构利用数控系统的纸带阅读机输入接口并通过设计一外接通信卡来实现。该通信卡模拟纸带阅读机的功能,一方面与 DNC 工作站的 RS－232C 串行通信接口进行串行通信,另一方面将 NC 程序以并行方式通过纸带阅读机输入接口送入数控系统。该方法消除了因使用纸带阅读机而引起的可靠性等问题,但只能下传 NC 程序。这种结构又叫读带机旁路式(BTR),在没有配置 RS－232C 串行通信接口的数控系统中使用较多。

(3)接口配置为 RS－232C 接口　20 世纪 80～90 年代的数控系统大多具有 RS－232C 串行通信接口,这种 DNC 结构直接把数控系统的 RS－232C 串行通信口和 DNC 工作站的 RS－232C 串行通信口相连,从而实现 NC 程序的下传和上传。这种结构在不需要远程控制和状态采集的场合应用较多。

(4)接口配置为 DNC 接口　现在进口的高档数控系统有些具有 DNC 通信接口,这种 DNC 结构通过直接在 DNC 工作站和数控系统中插上相应的 DNC 接口卡并运行相应的软件来实现数控系统所带的各种 DNC 功能。

(5)接口配置为网络接口　少数进口的高档数控系统具有接口,这种 DNC 结构通过直接在 DNC 工作站和数控系统中插上相应的 MAP 3.0 等网络通信接口卡并运行相应的软件就可实现数控系统的局域网连接方式和数控系统所带的各种 DNC 功能。

(6)接口配置为直接数控的计算机　现在有些数控系统采用计算机直接数控方式,直接用一台通用计算机来控制数控机床。这种数控系统的 DNC 结构则为通用计算机 RS－232C串行通信接口的互联。

3. 典型数控系统的 DNC 通信接口

DNC 通信接口可将其分为经济型数控系统、无 RS－232C 串行通信接口的数控系统、有 RS－232C 串行通信接口的数控系统和有 DNC 通信接口的数控系统四类。这些数控系统(或经改造后)可实现不同的 DNC 通信功能。我国工厂对 DNC 功能需求差异较大,有的只需要基本 DNC 功能即可,有的则需要广义 DNC 功能。

(1)经济型数控系统　我国早期的经济型数控系统大多由单板机改装而成,无 RS－232C 串行通信接口,但大多数配有纸带阅读和磁带录音机接口。这类数控系统只能实现基本 DNC 功能,且需外接一 DNC 接口板,如图 2－68 所示。先由微机将数据传送给 DNC 接口板,并存入其数据缓存器,再由接口板将数据以纸带信息方式输出给数控系统。

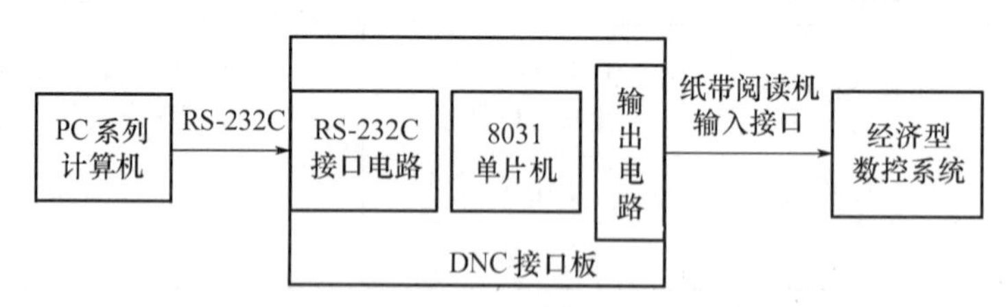

图 2－68　经济型数控系统的基本 DNC 通信接口

(2)无 RS－232C 串行通信接口的数控系统　早期的 FANUC 7M 等数控系统,由于生产年代早,未配 RS－232C 串行通信接口,其纸带阅读机和穿孔机的输入、输出口是并行的,对这类系统实施 DNC,可以外加 DNC 接口板。由于 FANUC 7M 系统有纸带阅读机、纸带穿孔机和 PLC 接口,因此可视需要实现基本 DNC、狭义 DNC 和广义 DNC 三种通信接口方式,如图2 - 69 所示。

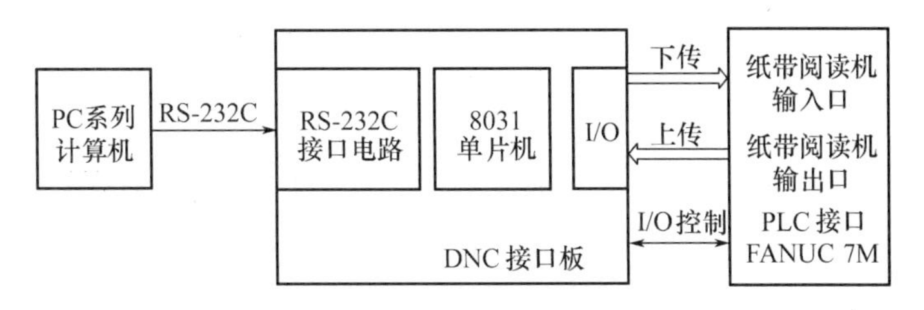

图 2 - 69　FANUC 7M 系统的三种 DNC 通信接口

(3)有 RS - 232C 串行通信接口的数控系统　目前使用的数控系统大多带有 RS - 232C 串行通信接口,如 FANUC 6M、CincinnatiA2100E 等。利用该 RS - 232C 接口可直接实现狭义 DNC 和数控程序上下传功能。要实现广义 DNC 的系统状态采集和远程控制功能,同样必须外接 DNC 通信接口板以增加 I/O 控制功能。以 FANUC 6M 为例,如图 2 - 70 所示。

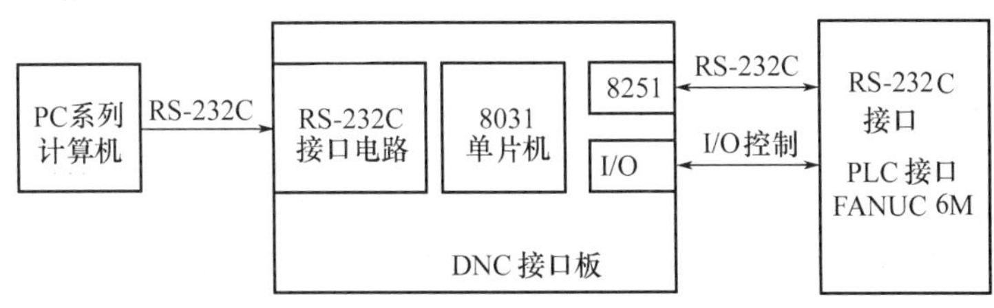

图 2 - 70　FANUC 6M 系统的广义 DNC 通信接口

(4)有 DNC 通信接口的数控系统　20 世纪 90 年代国外各大数控公司生产的数控系统大多带有 DNC 通信接口,如 FANUC 0、FANUC 15 系统等,有的甚至可配置 MAP3.0 等网络接口。这些数控系统只要配置了相应的 DNC 接口,就可实现广义 DNC 功能(图 2 - 70)。这种 DNC 通信接口的物理层有 RS - 232C、RS - 422 和 RS - 485 等多种形式,有时需外加一接口转换板。目前,我国工厂在进口这类数控系统时,由于资金、技术等原因,往往未配置这些接口,因而只能利用预备的 RS - 232C 串行通信口实现狭义 DNC 功能。若要实现广义 DNC,则只能采用图 2 - 71 所示的方法。

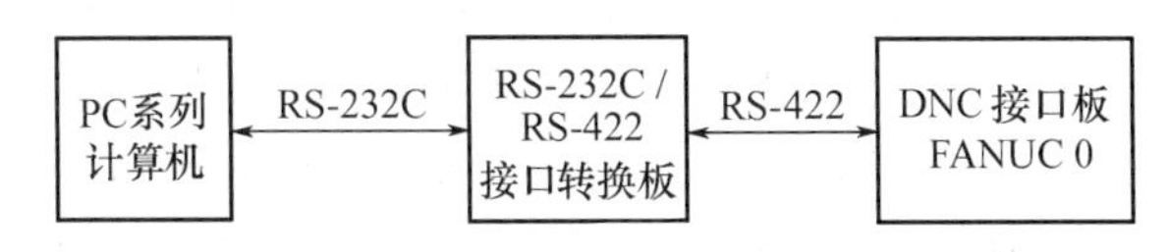

图 2 - 71　FANUC 0 系统的广义 DNC 通信接口

4. 异构数控系统的 DNC 集成方法

目前,中国机械加工车间往往同时拥有多种类型的数控系统,异构数控系统的集成是实施 DNC 通信接口必须解决的问题。通过对典型数控系统 DNC 通信接口的研究发现,这些系统的 DNC 接口板都是由 8031 单片机及外围电路构成,只要在硬件设计时稍作处理,就可做成一个功能通用的 DNC 接口板,配上不同的软件即可适用于不同的数控系统。图 2 - 72 所示是异构数控系统 DNC 集成方法示意图。

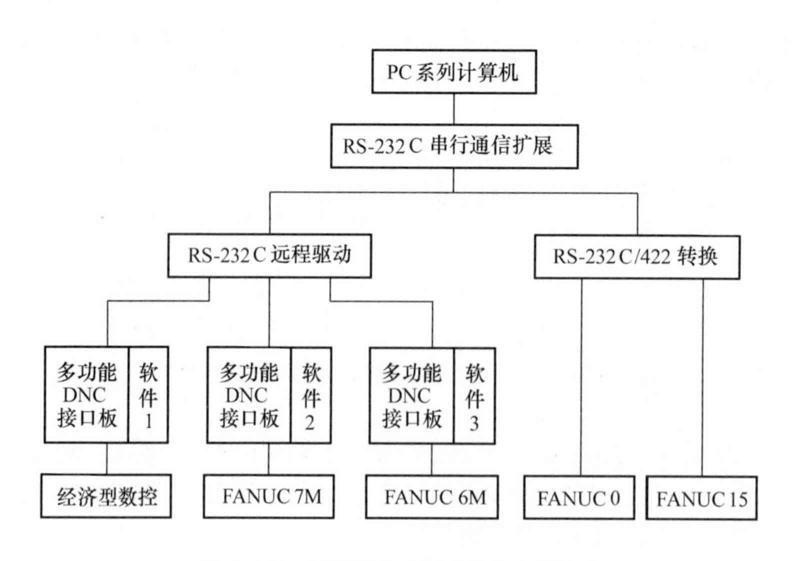

图 2－72　异构数控系统 DNC 集成方法

2.7.8　网络通信接口

近年来，通信接口技术发展很快，现代数控系统都具有完备的数据传送的通信接口。如 RS－232C 接口的最大传输距离为 30 m，20 mA 电流环接口传输距离可达 1 000 m。

随着工厂自动化（FA）和计算机集成制造系统（CIMS）的发展，计算机数控（CNC）系统作为 FA 或 CIMS 结构中的一个基础层次，用作设备层或工作站的控制器时，可以是分布式数控系统（DNC）、柔性制造系统（FMS）的有机组成部分，一般通过工业局域网络相连。

现代 CNC 系统一般具有与上级计算机或 DNC 计算机直接通信，或者联入工厂局域网进行网络通信的功能。以 CNC 为基础的自动化制造系统，信息传送量很大，远远多于 CNC 单机运行的信息量。A－B 公司 8600 CNC 系统为满足 CIMC 的通信要求，配置了三种通信接口：小型 DNC 接口；远距离输入输出接口；数据高速通道，相当于工业局域网络通信接口。此外为满足 CIMS 的需要，FANUC 15 CNC 系统还可配置 MAP 3.0 接口板，以便联入工业局域网络。西门子公司的 SINUMERIK 850/880 CNC 系统除配置标准的 RS－232C 接口外，还配有 SINEC H1 网络接口和 MAP 网络接口，通过网络接口可以将 CNC 联至西门子公司的 SINEC H1 网络或 MAP 工业局域网络中。西门子 SINEC H1 网络遵守 CSMA/CD（载波侦听多路存取/冲突检测）控制方式的 IEEE 802.3 标准，MAP 工业局域网络遵守 MAP3.0 协议。

ISO 的开放式互联系统参考模型（OSI/RM）是国际标准组织提出的分层结构的计算机通信协议的模型。这一模型是为了使世界各国不同厂家生产的设备能够互联，它是网络的基础。

近年来 MAP（Manufacturing Automation Protocol）制造自动化协议已成为应用于工厂自动化的标准工业局部网络的协议。FANUC、SIEMENS、A－B 等公司表示支持 MAP，在他们生产的 CNC 装置中可以配置 MAP2.1 或 MAP3.0 的网络通信接口。它的特点是：

（1）网络为总线结构，采用适合于工业环境的令牌通行网络访问方式。

（2）采用了适应工业环境的技术措施，提高了可靠性。如在物理层采用宽带技术及同轴电缆以抗电磁干扰，传输层采用高可靠的传输服务。

(3)具有较完善的、明确的、针对性强的高层协议,以支持工业应用。

(4)具有较完善的体系和互联技术,使网络易于配置和扩展。底层应用可配置最小MAP(只要数据连路层、物理层和应用层),高层次应用可配置完整的MAP(包括7层协议)。

(5)是针对CIMS需要开发的通信标准,因此适用于集成制造系统的通信。

现在CNC装置已有MAP2.1、MAP3.0接口板及其配套产品,可用于CNC系统的网络通信。

2.8 数控机床中的可编程控制器(PLC)

2.8.1 概述

数控系统的任务可概括地分为轨迹运动控制和开关量的辅助机械动作控制。这种机械动作控制通常称为强电控制,它以主轴转速S、刀具选择T和辅助功能M为代码信息送入数控系统,经系统的识别、处理,转换成与辅助机械动作对应的控制信号,使执行环节做相应的开关动作。

以前,机床强电控制采用传统的继电器逻辑,体积庞大,可靠性差。1970年以后,世界各国相继采用可编程控制器(PLC)来代替继电器逻辑。从原理上讲,PLC是计算机的一种,因此,它也是由中央处理器、中央存储器和接口三部分组成。但与计算机不同的是PLC可直接将结果从输出单元驱动执行机构,而计算机却不能,需要增加各种接口才行。PLC与计算机相比,虽然其数值计算能力差,但逻辑运算功能是可处理大量的开关量且能直接输出到每个具体的执行部件。现代全功能型数控机床均采用内装型PLC或者独立型PLC。

2.8.2 数控机床中PLC实现的功能

在数控机床中,利用PLC的逻辑运算功能可实现各种开关量的控制,对于专门用于数控机床的PLC又称为PMC,现代数控机床通常采用PLC完成如下功能。

1. M、S、T功能

M、S、T功能可以由数控加工程序来指定,也可以在机床的操作面板上进行控制。PLC根据不同的M功能,可控制主轴的正转、反转和停止,冷却液的开、关,卡盘的夹紧、松开及换刀机械手的取刀、归刀等动作。S功能在PLC中可以容易地用四位代码直接指定转速。CNC送出S代码值到PLC,PLC将十进制数转换为二进制数后送到D/A转换器,转换成相对应的输出电压,作为转速指令来控制主轴的转速。数控机床通过PLC可管理刀库,进行刀具的自动交换。处理的信息包括刀库选刀方式、刀具累计使用次数、刀具剩余寿命和刀具刃磨次数等。

2. 机床外部开关量信号控制功能

机床的开关量有各类控制开关、行程开关、接近开关、压力开关和温控开关等,将各开关量信号送入PLC,经逻辑运算后,输出给控制对象。

3. 输出信号控制功能

PLC输出的信号经强电柜中的继电器、接触器,通过机床侧的液压或气动电磁阀,对刀库、机械手和回转工作台等装置进行控制,另外还对冷却泵电动机、润滑泵电动机及电磁制动器等进行控制。

4. 伺服控制功能

通过驱动装置,驱动主轴电动机、伺服进给电动机和刀库电动机等。

5. 报警处理功能

PLC 收集强电柜、机床侧和伺服驱动装置的故障信号,将报警标志区中的相应报警标志位置位,数控系统便发出报警信号或显示报警文本以方便故障诊断。

6. 其他介质输入装置互联控制

有些数控机床用计算机软盘读入数控加工程序,通过控制软盘驱动装置,实现与数控系统进行零件程序、机床参数和刀具补偿等数据的传输。

2.8.3 PLC 与 CNC 机床的关系

1. 内装型(built-in type)PLC

内装型 PLC 是指 PLC 内含在 CNC 中,它从属于 CNC,与 CNC 装于一体,成为集成化不可分割的一部分。PLC 与 CNC 间的信号传送在 CNC 装置内部实现。PLC 与数控机床之间的信号传送则通过 CNC 输入/输出接口电路实现。内装型 PLC 与 CNC 机床的关系如图 2－73 所示。

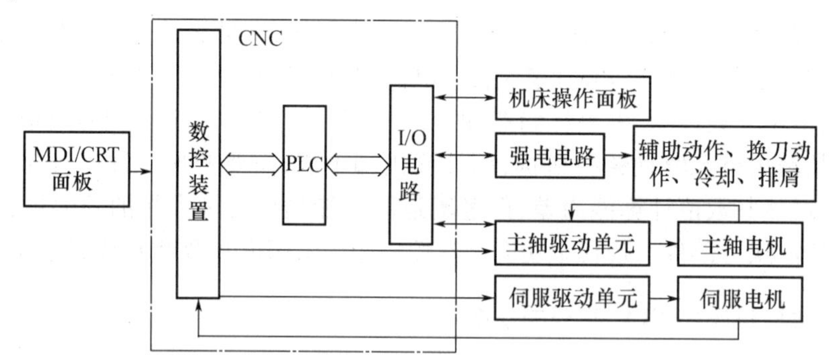

图 2－73 内装型 PLC 与 CNC 机床的关系

内装型 PLC 与一般的工业控制 PLC 相比有其特殊之处,因此在数控集成的研究开发和生产中,又作为有关独立的分支。其有如下特点:

(1)内装型 PLC 与 CNC 其他电路同装在机箱内,共用电源和地线,有时采用一块单独的附加印制电路板,有时 PLC 与 CNC 同时制作在一块大印制电路板上。

(2)内装型 PLC 对外没有单独配置的输入/输出电路,而使用 CNC 系统本身的输入/输出电路。

(3)内装型 PLC 的性能指标依赖于所从属的 CNC 系统的性能、规格,它的硬件和软件要与 CNC 系统的其他功能统一考虑、统一设计,要求结构紧凑,对所适配的数控机床适用性强,提高可靠性和可操作性。

(4)采用内装型 PLC 扩大了 CNC 内部直接处理的窗口通信功能,可以使用梯形图编辑和传送等高级控制功能,且造价便宜,提高了 CNC 的性价比。

由于具有以上特点,世界各国许多企业都采用内装型 PLC 的数控系统。如 FANUC 公司的 0 系统采用 PMC-L/M 内装型 PLC,6 系统采用 PC-A/B 内装型 PLC,15/16/18 系统采用 PMC-N;西门子公司的 SINUMERIK 820 采用 S5－135 W 内装型 PLC;A－B 公司 8200、8400 采用与 NC 共用 8086CPU 的内装型 PLC。

2. 独立型(stand-alone type)PLC

机床用独立型 PLC 一般采用模块化结构,装在插板式笼箱内,它的 CPU、系统程序、用户程序、输入/输出电路、通信模块等均设计成独立的模块。在数控机床中,采用 D/A 模块,可以实现对外部伺服装置直接进行控制,从而形成两个以上的附加轴控制,可以扩大 CNC 的控制功能。独立型 PLC 主要用于 FMS 或 FMC、CIMS 中,具有较强的数据处理、通信和诊断功能,成为 CNC 与上级计算机联网的重要设备。独立型 PLC 与 CNC 机床的关系如图 2-74 所示。

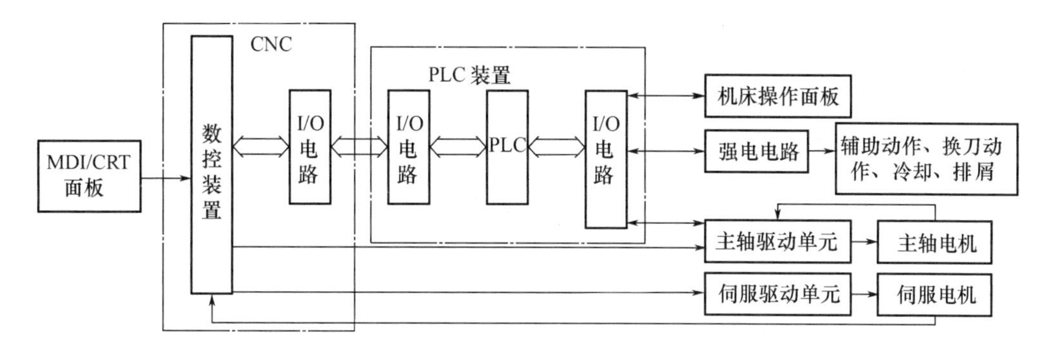

图 2-74 独立型 PLC 与 CNC 机床的关系

独立型 PLC 的特点如下:

(1)根据数控机床对控制功能的要求,可以灵活地选购或自行开发通用型 PLC。

(2)要进行 PLC 与 CNC 装置的 I/O 连接,PLC 与机床侧的 I/O 连接。CNC 和 PLC 装置均有自己的 I/O 接口电路,需将对应的 I/O 信号的接口电路连接起来。

(3)可以扩大 CNC 的控制功能。在闭环(或半闭环)数控机床中,采用 D/A 和 A/D 模块,由 CNC 控制的坐标运动称为插补坐标,而由 PLC 控制的坐标运动称为辅助坐标,从而扩大了 CNC 的控制功能。

(4)在性价比上不如内装型 PLC。

总的来看,单微处理器的 CNC 系统采用内装型 PLC 为多,而独立型 PLC 主要用在多微处理器 CNC 系统、FMC 或 FMS、FA、CIMS 中,具有较强的数据处理、通信和诊断功能,成为 CNC 与上级计算机联网的重要设备。单机 CNC 系统中的内装型 PLC 和独立型 PLC 的作用是一样的,主要是协助 CNC 装置实现刀具轨迹和机床顺序控制。

2.8.4 M、S、T 功能的实现

PLC 处于 CNC 装置和机床之间,用 PLC 程序代替以往的继电器线路实现 M、S、T 功能的控制和译码。即按照预先规定的逻辑顺序控制主轴的启停、转向、转数,刀具的更换,工件的夹紧、松开,液压、气动、冷却、润滑系统的运行等进行控制。

1. M 功能的实现

M 功能也称辅助功能,其代码用字母“M”后跟随 2 位数字表示。PLC 根据不同的 M 功能,可控制主轴的正转、反转和停止,冷却液的开、关,卡盘的夹紧、松开,以及换刀机械手的取刀、归刀等动作。某数控系统设计的基本辅助功能如表 2-9 所示。

表 2－9　基本辅助功能动作类型

辅助功能代码	功　能	类型	辅助功能代码	功　能	类型
M00	程序停	A	M07	液态冷却	I
M01	选择停	A	M08	雾态冷却	I
M02	程序结束	A	M09	关冷却液	A
M03	主轴顺时针旋转	I	M10	夹紧	H
M04	主轴逆时针旋转	I	M11	松开	H
M05	主轴停	A	M30	程序结束	A
M06	换刀准备	C			

表 2－9 中辅助功能的执行条件是不完全相同的。有的辅助功能在经过译码处理传送到工作寄存器后就立即起作用，称为段前辅助功能，并记为 I 类，例如 M03、M04 等。有些辅助功能要等到它们所在程序段中的坐标轴运动完成之后才起作用，称为段后辅助功能，并记为 A 类，例如 M05、M09 等。有些辅助功能只在本程序段内起作用，当后续程序段到来时便失效，记为 C 类，例如 M06 等。还有一些辅助功能一旦被编入执行后便一直有效，直至被注销或取代为止，并记为 H 类，例如 M10、M11 等。根据这些辅助功能动作类型的不同，在译码后的处理方法也有所差异。

例如，在数控加工程序被译码处理后，CNC 系统控制软件就将辅助功能的有关编码信息通过 PLC 输入接口传送到 PLC 相应寄存器中，然后供 PLC 的逻辑处理软件扫描采样，并输出处理结果，用来控制有关的执行元件。

2. S 功能的实现

S 功能主要完成主轴转速的控制。CNC 送出 S 代码值到 PLC，PLC 将十进制数转换为二进制数后送到 D/A 转换器，转换成相对应的输出电压，作为转速指令来控制主轴的转速。S 代码值常用 S2 位代码形式和 S4 位代码形式来进行编程。所谓 S2 位代码编程是指 S 代码后跟随 2 位十进制数字来指定主轴转速，共有 100 级（S00 ~ S99）分度，并且按等比级数递增，其公比为 $\sqrt[12]{10} = 1.12$。即相邻分度的后一级速度比前一级速度增加约 12%。这样根据主轴转速的上下限和上述等比关系就可以获得一个 S2 位代码与主轴转速（BCD 码）的对应表格，它用于 S2 位代码的译码。如图 2－75 所示为 S2 位代码在 PLC 中的处理框图，图中译 S 代码和数据转换实际上就是针对 S2 位代码查出主轴转速的大小，然后将其转换成二进制数，并经上下限幅处理后，将得到的数字量进行 D/A 转换，输出一个 0 ~ 10 V 或 0 ~ 5 V 或 －10 ~ 10 V 的直流控制电压给主轴伺服系统或主轴变频器，从而保证了主轴按要求的速度旋转。

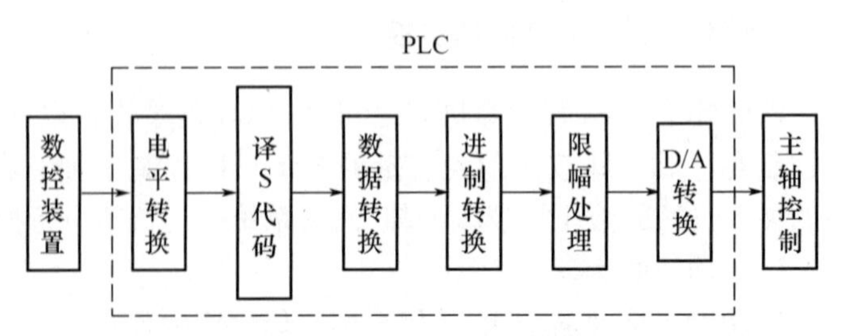

图 2－75　S 功能处理框图

所谓S4位代码编程是指S代码后跟随4位十进制数字,用来直接指定主轴转速,例如,S1500就直接表示主轴转速为1 500 r/min,可见S4位代码表示的转速范围为0~9 999 r/min。显然,它的处理过程相对于S2代码形式要简单一些,也就是它不需要图中"译S代码"和"数据转换"两个环节。另外,图2-75中限幅处理的目的实质上是保证主轴转速处于一个安全范围内,如将其限制在20~3 000 r/min范围内。这样一旦超过上下边界时,则取相应边界值作为输出即可。

在有的数控系统中为了提高主轴转速的稳定性,保证低速时的切削力,还增设了一级齿轮箱变速,并且可以通过辅助功能代码来进行换挡选择。例如,使用M38可将主轴转速变换成20~600 r/min范围,用M39代码可将主轴转速变换成600~3 000 r/min范围。

在这里还要指出的是,D/A转换接口电路既可安排在PLC单元内,也可安排在CNC单元内;既可以由CNC或PLC单独完成控制任务,也可以由两者配合完成。

3. T功能的实现

T功能即为刀具功能,T代码后跟随2~5位数字表示要求的刀具号和刀具补偿号。数控机床根据T代码通过PLC可以管理刀库,自动更换刀具,也就是说根据刀具和刀具座的编号,可以简便、可靠地进行选刀和换刀控制。

根据取刀/归刀位置是否固定,可将换刀功能分为随机存取换刀控制和固定存取换刀控制。在随机存取换刀控制中,取刀和归刀与刀具座编号无关,归刀位置是随机变动的。

在执行换刀的过程中,当取出所需的刀具后,刀库不需转动,而是在原地立即存入换下来的刀具。这时,取刀、换刀、存刀一次完成,缩短了换刀时间,提高了生产效率,但刀具控制和管理要复杂一些。在固定存取换刀控制中,被取刀具和被换刀具的位置都是固定的,也就是说换下的刀具必须放回预先安排好的固定位置。显然,后者增加了换刀时间,但其控制要简单些。

如图2-76所示为采用固定存取换刀控制方式的T功能处理框图,另外,数控加工程序中有关T代码的指令经译码处理后,由CNC系统控制软件将有关信息传送给PLC,在PLC中进一步经过译码并在刀具数据表内检索,找到T代码指定刀号对应的刀具编号(即地址),然后与目前使用的刀号相比较。如果相同则说明T代码所指定的刀具就是目前正在使用的刀具,当然不必再进行换刀操作,而返回原入口处。若不相同则要求进行更换刀具操作,即首先将主轴上的现行刀具归还到它自己的固定刀座号上,然后回转刀库,直至新的刀具位置为止,最后取出所需刀具装在刀架上。至此才完成了整个换刀过程。

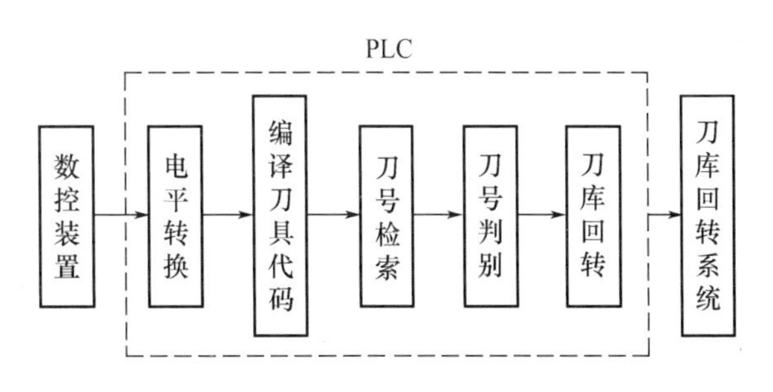

图2-76 T功能处理框图

2.9 开放式数控体系结构

2.9.1 概述

传统数控系统,如FANUC、SIEMENS等数控系统供应商生产的数控系统,体系结构一般是封闭的。数控机床生产商及机床用户无法根据自身需要开发相关的应用,当需要扩展或改变系统功能时,必须求助于控制系统供应商才可实现。

数控系统由封闭式体系结构向开放式模块化体系结构转变和发展,是当前数控技术发展的必然趋势。一方面,传统数控系统的封闭式结构已经不能满足未来生产"面向任务和订单"生产模式的要求,生产模式的转变要求降低机床制造商对数控系统生产商的依赖性,要求数控系统满足"可重构制造系统"的需求;另一方面,生产过程中不断出现的新加工需求,要求数控系统具有迅速、高效、经济地面向用户定制的能力。

自20世纪80年代以来,封闭型数控系统存在种种弊端,而社会需求向着多样化、个性化发展,产品生产周期缩短,更新速度加快,品种增加,批量减少,这都要求数控系统能够敏捷地响应市场需求变化。无论是控制系统开发商、机床生产商,还是数控机床用户均会受益于采用具有开放体系结构的机床控制系统。具有开放体系结构的数控系统成为数控领域的热点研究问题,数控系统的开放技术成为新一代数控的关键技术。

2.9.2 开放式数控系统的定义及其基本特征

1. 开放式数控系统的定义

什么是开放式数控系统?目前对于开放式数控系统的具体定义还存在争论,尚未形成统一的定义。"OSACA""OMAC""OSEC"对于开放式数控系统都做出了自己的定义。国际电气电子工程师协会(IEEE)关于开放式数控系统的定义是:能够在不同厂商的多种平台上运行,可以和其他系统的应用程序互操作,并且能够给用户提供一致性的人机交互方式。也可以通俗地理解开放式数控系统的实质,就是数控系统的开发可以在统一的运行平台上,面向机床厂家和最终用户,通过改变、增加或剪裁结构对象(数控功能),形成系列化,并方便地将用户的特殊应用和技术诀窍集成到控制系统中,快速实现不同品种、不同档次的开放式数控系统,形成具有鲜明个性的名牌产品。

2. 开放式数控系统的基本特征

针对开放式数控系统的应用需求,一般认为,开放式数控系统具有以下五个基本特征,同时,这也是衡量数控系统开放程度的准则。

(1)模块化　开放式数控系统首先应当具有高度模块化的特征,具体包括数控功能模块化和系统体系结构模块化,前者是指用户可以根据自己的要求选装所需的数控功能,后者是指数控系统内部实现各功能的算法是可分离的、可替换的。系统采用模块化结构,并且其组成模块具有开放的标准化接口。来自不同厂商的功能模块具有互换性,可根据需求方便地更换系统的功能模块。在构成系统时,根据各模块的性能、价格等因素选择不同厂商的产品,控制系统不再依赖于唯一的系统供应商。

(2)可移植性　控制系统独立于计算平台,所定义的数据结构、用户接口以及所采用的命名习惯等都应有利于在不同的系统平台上实现,源代码要最大限度地兼容多种计算平台。软件的移植性体现在软件运行与平台无关,也就是说数控软件的运行不依赖于特定的硬件平台和操作系统平台。

(3)可裁剪性　不同的用户需求可以对应不同的控制系统软硬件集成。对于现有控制系统,当用户需求发生改变时,通过增加或减少系统功能模块形成适应需求的新的控制系统。同时,对于特定的功能模块,可以通过标准化接口对其功能进行二次开发。

(4)互操作性　包括系统内部标准部件之间的互操作性、系统与外部应用之间的互操作性、不同系统之间的互操作性。系统的各个部件通过标准化的API(应用程序接口)运行在系统平台上,具有平等的相互操作能力,各部件协调工作。信息流的格式及操作遵循统一的方式,模块间的通信仅限于对可操作部分信息的交换。

(5)可扩展性　根据特定的生产需要及集成加工经验的要求,通过提供标准化的应用程序接口和编程规范,由用户或系统商扩展系统部件的功能,使系统具有增强的性能表现。

总之,所谓开放式数控系统应是一个模块化、可移植性、可裁剪性、互操作性、可扩展性的系统。

2.9.3　开放式数控系统的模式

开放式数控系统经历了人机接口开放、部分内核开放、体系结构完全开放三个发展阶段。作为机床控制系统核心的运动控制器,其实现方式从最初的 PC + NC 逐渐发展为 PC + CNC 扩展卡,现在成为全软件型运动控制器形式。全软件型运动控制器是机床运动控制器的一种全新的实现方式,运动控制器的核心功能全部由软件化的功能模块实现。当前,针对开放式 CNC 系统研究总结出以下几种形式。

1. PC 嵌入 NC 中

一些传统 CNC 系统的制造商,由于面临控制系统"开放化"浪潮和 PC 技术迅猛发展的形势,把专用结构的 CNC 部分和 PC 机结合在一起,将非实时控制部分改为由 PC 机来承担,实时控制部分仍使用多年积累的专用技术。从而改善了数控系统的人机界面、图形显示、切削仿真、网络通信、生产管理、编程和诊断等功能,并使系统具有较好的开放性。

FANUC 150/160/180/210 系列就是一种典型的 PC 嵌入 NC 模式的 CNC 系统。在 FANUC CNC 专用32 位总线插槽中,插入一块名为 MMC - IV 的 PC 模板,通过专用接口,使 CNC 与 MMC - IV 紧密结合。显然,这种开放式数控系统仅在 MMC 部分开放,其核心实时控制部分仍是不开放的。

SIEMENS 840D 数控系统具有模块化结构和较好的开放性。该系统也包含集成有 PC 的 MMC 模块,通过多点接口(MPI)与 NCU(含 CNC 和 PLC 部分)模块相连。它的开放性主要表现在两个方面:可以使用 SIEMENS 公司的 MMC OEM 软件包,借助 VB 和 C ++ 语言来修改 MMC 部分;实时控制的 NC 核心部分也具有一定的开放性。可以使用特殊的开发工具,对用户指定的系统循环和宏功能进行调整。

2. NC 嵌入 PC 中(运动控制卡加 PC)

一些以 PC 机为基础的 CNC 制造商,主要生产、销售各种高性能运动控制卡和运动控制软件。由于这些产品的开放性很好,用户可以自行开发,把它用来构成自己的数控产品或使用在生产线上。其中有的制造商自己再进行应用开发,把运动控制卡和 PC 机加上机床数控软件,构成数控系统产品。

如美国 DELTA TAU 公司的 PMAC 是一种高性能运动控制卡,它以 Motorola 56000 系列

DSP 为 CPU，板上有存储器、I/O 接口和伺服接口。此卡本身就是一个 NC 系统，具有优秀的伺服控制、插补计算和实时控制能力，可以单独使用，也可以插入 PC 机中，构成开放式控制系统。该公司的 PMAC-NC，就是将 PC 机强大的 Windows 图形用户界面、多任务处理能力及良好的软硬件兼容能力与 PMAC 相结合，形成既有高的性能、又有高度灵活性的开放式数控系统。对高级用户，可以在动态链接库的支持下，使用 VC++、VB、Delphi 等高级语言开发自身的应用程序；还能用 DSP 本身的汇编语言编写 PMAC 用户伺服算法。另外，该公司还提供 PMAC-NC 和 C++ 源代码许可证，允许整个系统全部用户化。

3. 全软件化 NC

计算机 CPU 速度的提高和基于 Windows NT/Linux 等的实时操作系统为高性能开放式全软件化数控系统的发展创造了条件。这种形式的数控系统以 PC 机为基础，以实时操作系统（Windows NT 的实时扩展 Ventur Com RTX、RT-Linux、Windows CE 等）为数控系统的实时内核，在计算机操作系统（Windows NT，Linux 等）环境下运行具有开放结构的控制软件。软件化 NC 所用的 I/O 接口和伺服接口卡通常不带 CPU，它可以是数字、模拟或现场总线接口。由于它实现了控制器的 PC 化和控制方案的软件化，具有结构简单、成本较低、开放性好、可靠性高等优点，因而是当今开放式数控系统的发展趋势。

由于开放体系结构数控系统本身具有很强的控制功能，再加上很好的开放性，因此可以构成各类控制系统，少则一两根轴，多则几十根轴。用户可以按标准随意加入自己的技术和特定的功能，制作友好的人机界面。因此，它具有广阔的应用面，可用于数控机床、机器人、包装、印刷机械、纺织机械、轻工机械、电子产品加工设备、自动生产线等领域。

2.9.4 开放式数控系统的结构

国际上一些工业发达国家已经展开了对开放式数控系统标准体系的研究工作，其核心是要建立一种规范，该规范可以充分体现开放式数控系统的特征，以便于最大限度地发挥开放式数控系统的优势。这些研究主要包括以下几个。

1. 美国的 NGC 和 OMAC

NGC（Next Generation Workstation/Machine Controller）是美国于 1987 年提出的新一代控制器计划，企图通过实现基于相互操作和分级式软件模块的“开放式系统体系结构标准规范”（Specification for an Open System Architecture Standard，SOSAS），找到解决传统数控系统存在的“专用、封闭”的问题。其核心就是展开对开放式数控体系结构的研究，该计划最终产生了一个开放式体系结构的规范 SOSA。在 NGC 的指导下，由福特、通用、克莱斯勒三家公司联合提出了名为“开放式模块化结构控制器”的计划，简称 OMAC。该计划的目的是使系统制造商、机床厂家和最终用户可以缩短产品开发周期，降低开发费用，方便进行二次开发和系统集成，简化系统的使用和维护。

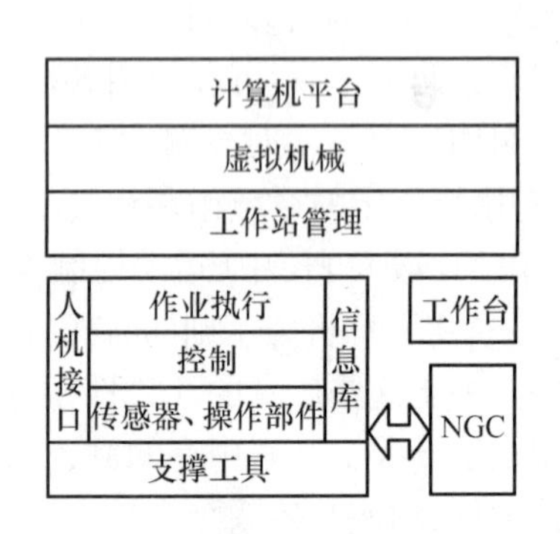

图 2-77 NGC 的系统体系结构

NGC 的系统体系结构是在虚拟机械的基础上建立起来的，通过虚拟机械把子系统的模块连接到计算机平台上，如图 2-77 所示。

2. 日本的 OSEC 计划

日本的东芝机械、山崎、三菱电动机等 6 家公司联合成立了 OSE(开放系统环境)研究会,并开始实施 OSEC(Open System Environment for Controller)研究计划。OSE 的研究目的是制定开放式数控系统的体系结构及安装规定,并且进行实验验证与标准化活动。OSEC 的最终目标是要建立一个工厂自动化控制设备标准。OSEC 把数控系统看作分布式制造网络上的一个服务器,它用来接收上层控制单元的任务请求,并执行该请求。

OSEC－Ⅰ设计的开放式控制器的体系结构及各层次之间的连接方法参照模型,如图 2－78 所示。

7	CAD/CAM 层	工件设计 工程设计 NC 程序准备	应用环境功能层
6	操作计划层	生产日程 管理控制 监控、品质管理	
5	通信层	操作控制盘的输入输出 生产日程执行 过程状态与警报表示	NC 环境功能层
4	形状控制层	加工轨迹的生成 切削条件的修正 装置控制层	
3	装置控制层	插补处理、加减速处理 分散的 I/O 输出 伺服和 DI、DO 的同步处理	
2	电气层	指令的执行 电动机驱动控制 梯形图的执行	驱动部分
1	机械层	工程机械 附加装置单元	

图 2－78 OSEC－Ⅰ体系结构参照模型

3. 欧洲的 OSACA 计划

OSACA(Open System Architecture for Control within Automation)是由欧洲国家的 22 家控制器开发商及科研机构联合发起的关于开放式数控系统体系结构的研究计划。OSACA 在 IEEE 对开放系统定义的基础上建立了具有开放性结构的数控系统平台。

OSACA 中,数控系统的体系结构被划分成两个部分:应用软件和系统平台。应用软件即系统控制对象的各功能模块,被称为 AO(Architecture Object)。系统平台提供的服务是通过标准应用程序接口 API 来实现,API 是 AO 连接系统平台的唯一途径,它提供了各功能模块在平台上的统一接口。在 OSACA 体系下,用户可以在不用考虑具体供应商的情况下选择功能模块来构建特定的控制系统,并对系统的功能进行自由的配置。

OSACA 对开放式的定义为:开放式系统应包括一组逻辑上可分的部件,部件间的接口及部件与执行平台间的接口要定义完备,并可实现不同开发商开发的部件可协调工作并组成一个完整的控制器。该控制器可运行于不同的平台,并实现对用户和其他自动化系统一致的接口。图 2 – 79 所示是 OSACA 的体系结构示意图。

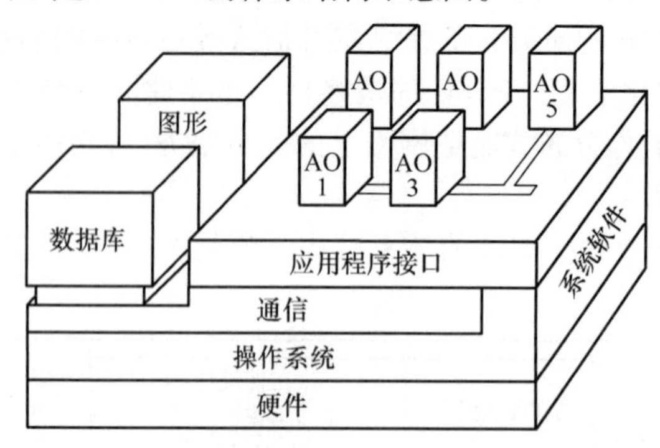

图 2 – 79　OSACA 体系结构示意图(AO:结构对象)

4. 欧共体的 STEP – NC 项目

STEP – NC 是为现代计算机数控系统制订的一种与 STEP 兼容的数据接口,其基本思想是将基于 STEP 的 CAD 模型和工艺数据直接用于数控机床的编程,取代传统的 G 代码编程。欧共体(包括瑞士)于 1999 年启动 STEP – NC 项目。

STEP – NC 本身虽然并未涉及数控系统的结构,但其数据模型的中性机制却为开放式数控的发展提供了良好的条件。STEP – NC 数控程序采用了 STEP 中性描述,不依赖于具体的 CAM 系统或数控系统。这显然会极大地提高数控程序的可移植性并在一定程度上解决制造系统间的兼容性问题。同时,基于高级语言的 STEP – NC 程序也决定了数控系统向基于 PC 的软件化开放式数控系统方向发展的必然趋势。

主要的开放式数控体系结构如表 2 – 10 所示。

表 2 – 10　主要的开放式数控体系结构

国家	计划	特点
美国	OMAC	构造了比较完整的体系结构,通过定义各种 API 接口模块建立不同类型的控制器,各模块之间的接口由微软的 IDL 接口定义语言规定
日本	OSEC	按照数控系统中各模块控制目标、处理内容和实时性等要求将控制系统划分为不同的机能块,处于同一水平的机能块组成一个机能群
欧洲	OSACA	系统平台软件部分由操作系统、通信系统和配置系统组成,开放式数控系统由一系列逻辑上相互独立的控制模块构成,各模块之间、与系统平台之间具有友好的接口协议
欧共体	STEP – NC	充分利用信息技术,实现 CAD、CAM 与 CNC 之间的无缝连接,为 CNC 系统提供完整的产品数据,实现从“如何制造”到“制造什么”的转变

5.“华中 8 型”数控系统

2000 年,我国开始了关于新型开放式数控的研究,并随后完成了在欧洲 OSACA 体系基础上编制的关于开放式数控系统的技术规范,初步建立了开放式数控系统软、硬件平台。另外,开放式数控系统的国家标准也已经部分制定完成。

目前,我国大多数的开放式数控系统都是以PC机为平台组建的,这种数控系统的最大优势是其硬件系统和软件系统都是开放的,其在功能扩展、软硬件升级、兼容性等方面都更易实现。应当相信,随着开放式数控系统技术的不断完善,必会推动我国开发出世界领先的且拥有自主知识产权的开放式数控系统。

20世纪90年代初,华中数控股份有限公司开始开放式数控系统研究,多年来不断地完善开放式数控系统软件体系结构,开发出了开放式数控软件平台。以“华中8型”为代表的国产高级数控体系,经用户运用验证和第三方测试,其功用、性能和可靠性到达国外同类系统水平,可代替进口产品。全部技能水平全面到达国际先进水平,已在航空航天、汽车、发电配备制作等领域批量运用。

华中数控股份有限公司自主研发了“华中8型”数控系统,包括系统控制系统软件、伺服驱动、伺服电动机、相关通信协议等,供给以太网接口,支持标准TCP/IP协议,经过简单参数配置即可完成外部系统与数控系统的通信,同时可以直接获取到数控系统所有数据信息:设备状况数据、机床参数数据、一切内部寄存器/变量数据信息、运行G代码/机器人程序信息、电动机位置/电流/跟随误差等数据、系统报警/IO、加工产品信息、刀具运用寿命等实时数据信息。为智能制作“大数据”分析、处理提供强有力的支持与保障。华中数控系统除了功能强、可靠性强、敞开性高等优点外,其在机床上安装接线也比国外数控简单、整洁。“华中8型”数控系统,属于具有网络化、信息化特征的“云数控系统”,为用户搭建数字化服务平台。

2.9.5 开放式数控系统的发展趋势

开放式数控系统的未来发展趋势,主要体现在以下几个方面。

1. 智能化的发展方向

目前神经网络技术能够模拟人类大脑的思维方式,更好地进行学习和自适应。所以,开放式数控系统在未来与神经网络的结合更加紧密,从而能够真正地实现智能化的控制。

2. 网络化的发展方向

开放式数控系统能够向着网络化的方向发展,网络数控就是通过网络将制造单元和控制部件相连,或将制造过程所需资源(如加工程序、机床、工具、检测监控仪器等)共享。开放式数控系统将和不断发展的人工智能技术相结合,使得自适应控制技术能够应用于数控系统,它能够根据检测到的加工过程中的一些重要信息,自动调整系统的运行状态,改进运行中的相关参数。网络化使得数控系统能够通过网络实现远程加工程序传输、远程设备控制、无人化操作、远程诊断维修、远程随时监视生产现场状况等功能,从而大大提高生产效率。

3. 多样化的发展

不同的企业或者用户对数控系统的需求不同,开放式数控系统向着多样化的方向发展,主要体现在以下几个方面。第一,功能软件化的特点,在一些生产过程中,可能不需要那么多的功能,所以可以使得控制逻辑像软件一样,需要时直接下载和安装即可,不需要时可以轻松地卸载,能够给予用户更大的方便性。第二,操作的简单性和复杂性的特点,开放式数控系统的操作会变得两极分化:一方面,对于普通的生产过程来讲,操作会变得更加简单,从而能够使得普通员工经过简单的培训就能够上手,降低开放式数控系统使用的门槛,有利于开放式数控系统的进一步普及和应用;另一方面,开放式数控系统的操作会变得更加复杂，从而能够符合时间限制比较短的需求，能够在短时间内完成大量复杂的操作，为生产更好地节约时间。

4. 标准化、通用化和模块化

通过选择不同的标准化模块可组成各种数控机床的控制系统，能方便地移植计算机行业或自动化领域的成果，也便于现有的数控系统进一步扩展及升级。开放式数控系统涉及的关键技术有以下五个方面：

(1)控制技术方面　控制器由 CPU、I/O 和存储器等三个部分构成。开放式数控系统要进一步提高控制的智能化，实现诸如用户自由选择电动机和放大器、PLC 的输入点数和处理速度可任意选择、自由曲线和曲面形成的插补函数成组化等功能。

(2)接口技术方面　要实现数控系统的网络化，要求接口技术应相当完善。接口技术具体包括运动接口、人机接口和网络接口。

(3)感测技术方面　开放系统要求智能化、无人化、集成化，则其必须具备完善的感测系统，并具有高灵敏度。

(4)执行技术方面　要求研制和开发出高精度、快速的执行器。

(5)软件技术方面　要求应用高级的语言，使曲面等的描述更简单方便，通用性更强。

开放式数控系统未来的发展趋势是：开发高性能、智能化、开放式、网络化和新的标准化的数控系统，采用更高级的控制技术、接口技术、感测技术、执行技术和软件技术，实现从设计到生产加工的进一步简单化，并进一步适应高精度、高效率、高自动化的要求，实现系统的网络化，使自动化生产达到更高的智能化和集成化。

本章小结

本章主要讲述了 CNC 装置的组成与工作原理，CNC 装置的主要功能、主要特点，CNC 装置的硬件结构和软件结构，刀具补偿、进给速度处理和加减速控制、插补计算，CNC 装置的接口，数控机床中的可编程控制器(PLC)，开放式数控体系结构。

CNC 装置由硬件和软件两大部分组成。硬件装置由 CPU、存储器、总线、输入输出接口、MDI/CRT 接口、位置控制、通信接口、纸带阅读机接口等组成。软件则主要指系统软件。在系统软件的控制下，CNC 装置对输入的加工程序自动进行处理并发出相应的控制指令及进给控制信号。软件在硬件的支持下运行，离开软件，硬件便无法工作，两者缺一不可。

CNC 装置硬件结构可分单微处理器结构和多微处理器结构。多微处理器结构特点是分散控制，并行处理。根据微处理器之间的关系又划分成分布式结构、主从式结构和多主式结构三种不同的结构。

CNC 装置的软件是为完成 CNC 系统的各项功能而设计和编制的专用软件，也称为系统软件。不同的系统软件可使硬件相同的 CNC 装置具有不同的功能。CNC 装置的系统软件包括两大部分：管理软件和控制软件。管理软件包括程序输入、I/O 处理、显示、诊断和通信管理等软件。控制软件包括译码、刀具补偿、速度处理、插补和位置控制等软件。CNC 装置软件具有多任务并行处理和多重实时中断处理两个特点。CNC 装置软件的工作过程：数控系统的零件程序的执行是在输入数控系统后，经过译码、数据处理、插补和位置控制计算，输出控制指令由伺服系统执行，驱动机床完成加工。

刀具补偿分为长度补偿和半径补偿两种。在切削加工过程中，刀具半径补偿的执行过程一般分为三个步骤:刀补建立、刀补进行、刀补撤销。刀具半径补偿计算可分为两种:B 功能刀补计算和 C 功能刀补计算。

数控机床的进给速度与加工精度、表面粗糙度和生产率有着密切的关系。CNC 系统采用的插补算法不同,进给速度及加减速度的控制方法也不同。在 CNC 系统中,可以用软件或软件与接口硬件配合实现进给速度控制,这样就可以达到节省硬件、改善控制性能的目的。

机床数字控制的核心问题,就是如何控制刀具或工件的运动。插补是根据有限的信息完成"数据密化"的工作,即数控装置依据编程时的有限数据,按照一定方法产生基本线型(直线、圆弧等),并以此为基础完成所需要轮廓轨迹的拟合工作。

插补器根据结构可分为硬件插补器和软件插补器;根据插补所采用的原理和计算方法的不同,一般可分为基准脉冲插补和数据采样插补。本章主要阐述了基准脉冲插补和数据采样插补的原理及应用。

在 CNC 装置的接口电路中介绍了外设接口、面板接口和显示接口、伺服输出接口和位置反馈接口、机床输入/输出、串行通信及接口、数控系统通信的 DNC 通信接口和网络通信接口的原理。

在数控机床中的可编程控制器(PLC)中介绍了现代数控机床通常采用 PLC 完成如下功能:M、S、T 功能;机床外部开关量信号控制功能;输出信号控制功能;伺服控制功能;报警处理功能;其他介质输入装置互联控制。

PLC 与 CNC 机床的关系有:①内装型 PLC,是指 PLC 内含在 CNC 中,它从属于 CNC,与 CNC 装于一体,成为集成化不可分割的一部分。②机床用独立型 PLC,一般采用模块化结构,装在插板式笼箱内,它的 CPU、系统程序、用户程序、输入/输出电路、通信模块等均设计成独立的模块。

在开放式数控体系结构章节中说明了开放式数控系统的定义及其基本特征、开放式数控系统的模式、开放式数控系统的结构和开放式数控系统的发展趋势。

复　习　题

2-1　CNC 装置由哪几部分组成,各部分有什么作用?

2-2　数控系统中,软、硬件有何关系?

2-3　CNC 装置的功能有哪些?

2-4　CNC 装置的硬件结构的类型有哪几种?单微处理器的硬件结构与多微处理器的硬件结构有何区别?多微处理器结构有哪些功能模块?

2-5　CNC 装置的软件包括哪些内容,其特点是什么?

2-6　刀具补偿的作用是什么?何为刀具半径补偿?何为刀具长度补偿?

2-7　刀具半径补偿计算可分为哪两种,其功能是什么?

2-8　何谓插补?数控加工为什么要使用插补?

2-9　根据插补所采用的原理和计算方法来分,有哪两类插补算法?它们各有什么特点?

2-10　试述逐点比较法基本原理和实现的方法。

2-11　逐点比较法插补计算,每输出一个脉冲需要哪四个节拍,它的合成速度 V 与脉

冲源频率 f 有何关系?

2－12　逐点比较法直线插补和圆弧插补的偏差判别函数各是什么?

2－13　用逐点比较法插补直线 OA,起点为 $O(0,0)$,终点为 $A(10,6)$,试写出插补过程并绘制插补轨迹。

2－14　用逐点比较法插补圆弧 $\widehat{AB}$,起点为 $A(5,0)$,终点为 $B(0,5)$,试写出插补过程并绘制插补轨迹。

2－15　试述数字积分(DDA)法插补原理。

2－16　数字积分法直线插补的被积函数是什么? 如何判断直线插补的终点?

2－17　用数字积分法插补直线 OC,起点为 $O(0,0)$,终点为 $C(6,7)$,试写出插补过程并绘制插补轨迹。

2－18　用数字积分法插补圆弧 $\widehat{AB}$,起点为 $A(7,0)$,终点为 $B(0,7)$,试写出插补过程并绘制插补轨迹。

2－19　何谓"左移规格化",它有什么作用?

2－20　数据采样插补是如何实现的?

2－21　数据采样插补是如何选择插补周期的?

2－22　数据采样直线插补、圆弧插补有否误差? 数据采样插补误差与什么有关系?

2－23　CNC 装置中的接口有哪些,作用是什么?

2－24　CNC 装置中 PLC 的作用是什么?

2－25　简述开放式数控系统的定义及其基本特征。

2－26　简要说明开放式数控系统的模式。

第3章 进给伺服系统

3.1 进给伺服系统概述

伺服系统(Servo System)是连接数控系统和数控机床(主机)的重要组成部分,它接受来自数控系统的指令,经过放大和转换,驱动数控机床上的执行件(工作台或刀架)实现预期的运动,并将运动结果反馈回去与输入指令相比较,直至与输入指令之差为零,机床精确地运动到所要求的位置。数控机床进给伺服系统的性能在很大程度上决定了数控机床的性能。

按ISO标准,进给伺服系统是一种自动控制系统,其中包含功率放大和反馈,从而使得输出变量的值紧密地响应输入量的值。它与一般机床进给系统有着本质的区别:进给系统的作用在于保证切削过程能够继续进行,不能控制执行件的位移和轨迹;进给伺服系统将指令信息加以转换和放大,不仅能控制执行件的速度、方向,而且能精确控制其位置,以及几个执行元件按一定的运动规律合成的轨迹。

进给伺服系统一般由驱动控制单元、驱动元件、机械传动部件、执行件和检测反馈环节等组成。驱动控制单元和驱动元件组成伺服驱动系统;机械传动部件和执行件组成机械传动系统。

在数控机床上,驱动元件主要是各种电动机,在小型和经济型数控机床上还使用步进电动机;中高档数控机床几乎都采用直流伺服电动机、交流伺服电动机或直线电动机。全数字交流伺服驱动系统已得到广泛应用。

3.1.1 数控机床伺服系统的发展情况

伺服系统的技术进步在很大程度上取决于伺服驱动元件的发展水平。随着数控技术的演变和发展,进给伺服系统的驱动元件大致经历了三个发展阶段。

第一阶段:20世纪60年代以前,这是以步进电动机驱动的液压伺服马达或以功率步进电动机直接驱动为主的时代。伺服系统的位置控制为开环系统。

第二阶段:20世纪60~70年代,是直流伺服电动机的诞生和逐渐占据主导地位的时代。由于直流电动机具有优良的调速性能,很多高性能驱动装置采用了直流电动机,伺服系统的位置控制也由开环系统发展成为闭环系统。在数控机床的应用领域,永磁式直流电动机占主导地位,其控制电路简单,无励磁损耗,低速性能好。直流伺服系统的缺点是结构复杂,价格昂贵,电刷对防油、防尘要求严格,易磨损,需要定期维护。

第三阶段:20世纪80年代以后,由于交流(AC)伺服电动机的材料、结构、控制理论及方法都有了突破性的进展,使交流伺服系统得到快速发展,并有逐渐取代直流伺服系统之势。交流伺服系统最大的优点是电动机结构简单,不需要维护,适合在较恶劣的环境中使用。

交流伺服系统主要有模拟式、混合式和全数字式三大类。模拟交流伺服系统用途单一,功能扩展性不好,但价格便宜。混合式交流伺服系统功能强,各种监控参数均以数字方式设定,全部伺服的控制模型和动态补偿均由通用高速微处理器及其控制软件进行处理,采样周期只有零点几毫秒,有的系统还可自带三环(电流—速度—位置),使用方便,价格适中,是当前实际应用最多的系统。

全数字式交流伺服系统是随开放式数控系统一起发展起来的一种新型伺服系统,它的特点是通过增强软件功能,将专用硬件改为通用硬件,各种控制方式(如速度、力矩、位置、前馈、速度—电流—位置、直接进给、牵引控制)和不同规格、功率的伺服电动机的监控程序(数据),分别赋以软件代码全部存入机内,厂商或用户只需设定其软件代码和相关数据即可使用,通用性好,自检能力强,控制与调试极为方便。同时由于通用硬件的采用,易于降低系统的生产成本。

当今,交流伺服系统已实现了全数字化,即在伺服系统中,除了驱动级外,电流环、速度环和位置环全部数字化。全部伺服的控制模型、数控功能、静动态补偿、前馈控制、最优控制、自学习功能等均由微处理器及其控制软件高速实时地实现。其性能更加优越,已达到甚至超过直流伺服系统。

3.1.2 数控机床伺服系统的基本组成

数控机床的伺服系统按有无位置检测反馈单元分为开环和闭环两种类型,这两种类型的伺服系统的基本组成不完全相同。数控机床伺服系统的基本组成如图 3-1 所示,图中虚线表示闭环或半闭环的情况。驱动控制单元的作用是将进给指令转换为驱动元件所需的信号形式,驱动元件则将信号转化为相应的机械位移,控制对象多是机床的工作台或刀具。

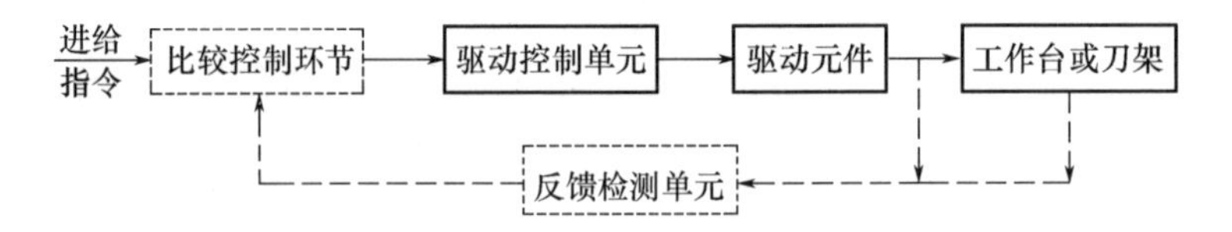

图 3-1 数控机床伺服系统的基本组成

开环伺服系统由驱动控制单元、驱动元件和机床组成。通常,驱动元件选用步进电动机,它对系统的特性具有重要的影响。

闭环伺服系统由驱动控制单元、驱动元件、机床及反馈检测单元、比较控制环节等组成。反馈检测单元将工作台的实际位置检测后反馈给比较控制环节,比较控制环节将指令信号和反馈信号进行比较,以两者的差值作为伺服系统的跟随误差经驱动控制单元,驱动和控制驱动元件带动工作台运动。

3.1.3 数控机床对伺服系统的基本要求

数控机床对伺服系统的基本要求如下:

1. 精度高

对数控加工来说,对定位精度和轮廓加工精度要求都比较高。定位精度是指输出量能复现输入量的精确程度。定位精度一般为 0.01 ~ 0.001 mm,甚至 0.1 μm。轮廓加工精度与速度控制和联动坐标的协调一致控制有关。在速度控制中,要求高的调整精度,比较强的抗负载扰动能力。即对静态、动态精度要求都比较高。

2. 快速响应,无超调

快速响应是伺服系统动态品质的一项重要指标,它反映了系统的跟踪精度。在加工过程中,为了保证轮廓切削形状精度和低的加工表面粗糙度,要求伺服系统跟踪指令信号的响应要快,一方面要求过渡过程时间要短,一般在 200 ms 以内,甚至小于几十毫秒;另一方面要求超调要小。这两方面的要求指标往往是矛盾的,实际应用中要采取一定措施,按工艺加工要求做出一定的选择。

3. 稳定性好

伺服系统的稳定性是指系统在给定输入或外界干扰作用下,能在短暂的调节过程后达到新的或者恢复到原来的平衡状态的能力。对伺服系统要求有较强的抗干扰能力,保证进给速度均匀、平稳。稳定性直接影响数控加工的精度和表面粗糙度。

4. 调速范围宽

调速范围是指数控机床要求电动机能够提供的最高转速和最低转速之比。此最高速度和最低速度一般是指额定负载时的转速,对于少数负载很轻的数控机床,也可以是实际负载时的转速。

在各种数控机床中,由于加工用刀具、被加工材料及零件加工要求的不同,为保证在任何条件下都能得到最佳切削状态,要求进给驱动必须具有足够宽的调速范围。一般至少达到 1∶1 000,有些高性能系统已能达到 1∶100 000,而且通常是无级调速。

5. 低速大扭矩

根据数控机床的加工特点,大都是在低速时进行重切削。因此,要求伺服系统在低速时要有大的转矩输出。进给坐标的伺服控制属于恒转矩控制,在整个速度范围内多要保持这个转矩;而主轴坐标的伺服控制在低速时为恒转矩控制,能提供较大转矩。在高速时为恒功率控制,具有足够大的输出功率。

6. 可靠性高

对环境(如温度、湿度、粉尘、油污、振动、电磁干扰等)的适应性强,性能稳定,使用寿命长,平均故障间隔时间长。

3.1.4　数控机床伺服系统的分类

1. 按控制原理和有无位置检测反馈单元分类

根据控制原理和有无位置检测反馈单元,伺服系统通常可以分为开环伺服系统、闭环伺服系统和半闭环伺服系统。

1)开环伺服系统

开环伺服系统是无位置反馈的系统,主要由驱动控制环节、驱动元件和机床工作台三大部分组成,如图 3－2 所示。驱动控制环节的作用是将插补器产生的脉冲信号转换成驱动元件所需的电信号,并使其满足驱动元件的工作要求。开环系统的驱动控制环节由环形电路和放大电路两部分组成。环形电路将指令脉冲信号转换成驱动元件所需的电脉冲序列,放大电路将其功率放大,使其满足驱动元件的工作特性要求。驱动元件的作用是将驱动控

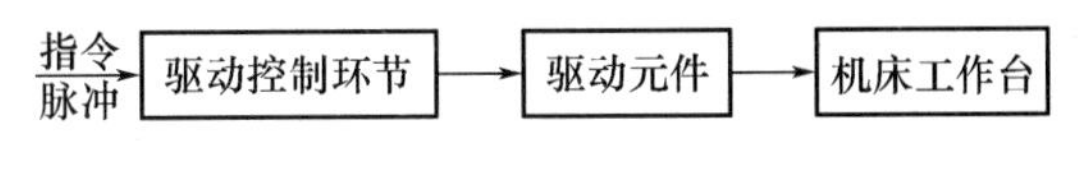

图 3－2　开环伺服系统框图

制环节输出的脉冲序列转换成机床工作台的直线位移。数控机床开环伺服控制系统常用的驱动元件是步进电动机。

开环系统的结构简单，易于控制，但精度差、低速不平稳、高速扭矩小，主要用于轻载、负载变化不大或经济型数控机床上。

2）闭环伺服系统

闭环控制系统是误差随动系统，由位置控制单元、速度控制单元、驱动元件、机床工作台、速度检测单元和位置检测单元组成，如图3－3所示。这是一个双闭环控制系统，内环为速度环，外环为位置环。速度环由速度控制单元和速度检测单元组成，速度控制单元由误差比较器和速度调节器组成；速度检测单元常用的检测元件有测速发电机或光电编码盘。位置环由位置控制单元、位置检测单元组成，位置环的作用是对机床坐标轴进行控制。

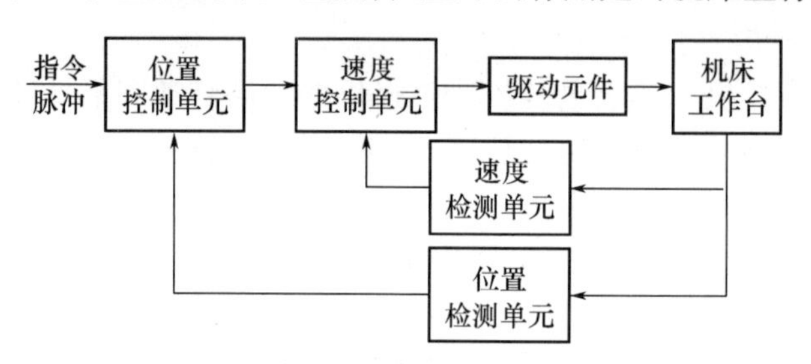

图3－3　闭环伺服系统框图

由于闭环伺服系统具有位置反馈和速度反馈，反馈检测装置的精度又很高，所以机床传动链的误差、环内各运动元件的误差和运动过程中造成的误差都可以得到补偿，大大提高了跟踪精度和定位精度。

3）半闭环伺服系统

在半闭环伺服系统中，位置检测装置不直接安装在进给坐标的最终传动部件上，而是安装在驱动元件或中间传动部件的传动轴上，称为间接检测。在半闭环伺服系统中，有一部分传动链在位置环以外，这部分传动链误差得不到控制系统的补偿。因此，半闭环伺服系统的精度低于闭环伺服系统的精度。但是，半闭环控制系统调试却比全闭环方便，因此获得广泛使用。

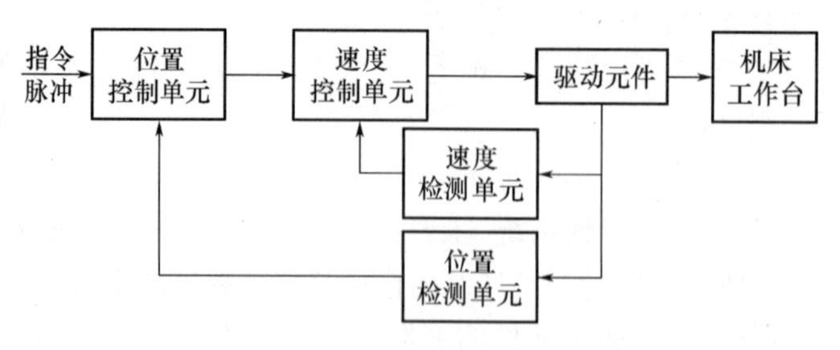

图3－4　半闭环伺服系统框图

2. 按使用的驱动元件分类

1）电液伺服系统

电液伺服系统的驱动元件为液压元件，其前一级为电气元件。驱动元件为液动机和液压缸，常用的有电液脉冲马达和电液伺服马达。电液伺服系统具有在低速下可以得到很高的输出力矩，以及刚性好、时间常数小、反应快和速度平稳等优点。然而，液压系统需要油箱、油管等供油系统，体积大；此外，还有噪声、漏油等问题。数控机床发展的初期，多数采用电液伺服系统。从 20 世纪 70 年代起，电液伺服系统就被电气伺服系统代替，仅在具有特殊要求时，才采用电液伺服系统。

2）电气伺服系统

电气伺服系统的驱动元件为伺服电动机（步进电动机、直流电动机和交流电动机），驱动单元为电力电子器件，操作维护方便，可靠性高。现代数控机床均采用电气伺服系统。电气伺服系统分为步进式伺服系统、直流伺服系统和交流伺服系统。

3. 按进给驱动和主轴驱动分类

1）进给伺服系统

进给伺服系统是指一般概念的位置伺服系统，它包括速度控制环和位置控制环。进给伺服系统控制机床各进给坐标轴的进给运动，具有定位和轮廓跟踪功能，是数控机床中要求最高的伺服控制。

2）主轴伺服系统

一般的主轴伺服系统只是一个速度控制系统，控制主轴的旋转运动，提供切削过程中的转矩和功率，完成在转速范围内的无级变速和转速调节。当主轴伺服系统要求有位置控制功能时（如数控车床类机床），称为 C 轴控制功能。这时，主轴与进给伺服系统一样，为一般概念的位置伺服控制系统。

此外，刀库的位置控制是为了在刀库的不同位置选择刀具，与进给坐标轴的位置控制相比，性能要低得多，故称为简易位置伺服系统。

4. 按反馈比较控制方式分类

1）相位比较伺服系统

在该伺服系统中，位置检测装置采用相位工作方式。指令信号与反馈信号都变成了某个载波的相位，通过两者相位的比较，获得实际位置与指令位置的偏差，实现闭环控制。相位比较伺服系统适用于感应式检测元件（如旋转变压器、感应同步器）的工作状态，可以得到满意的精度。

2）幅值比较伺服系统

幅值比较伺服系统以位置检测信号的幅值大小来反映机械位移的数值，并以此信号作为位置反馈信号，一般还要进行幅值信号和数字信号的转换，进而获得位置偏差构成闭环控制系统。

3）数字比较伺服系统

该系统是闭环伺服系统中的一种控制方式。它是将数控装置发出的数字（或脉冲）指令信号与检测装置测得的以数字（或脉冲）形式表示的反馈信号直接进行比较，以产生位置误差，达到闭环控制。数字比较伺服系统结构简单，容易实现，整机工作稳定，应用十分普遍。

在以上三种伺服系统中，相位比较和幅值比较系统从结构上和安装维护上都比数字比较系统复杂和要求高，所以一般情况下，数字比较伺服系统应用广泛。

4）全数字伺服系统

随着微电子技术、计算机技术和伺服控制技术的发展，数控机床的伺服系统已采用高速、高精度的全数字伺服系统。即由位置、速度和电流构成的三环反馈控制全部数字化，使伺服控制技术从模拟方式、混合方式走向全数字化方式。该类伺服系统具有使用灵活，柔性好的特点。数字伺服系统采用了许多新的控制技术和改进伺服性能的措施，使控制精度和品质大大提高。

3.1.5 数控机床伺服系统的发展趋势

在数控机床技术中，数控伺服系统已经是相当成熟的技术。尽管如此，数控技术仍然处于日新月异的发展中。从国际市场上提供的最新产品可以看出，伺服系统的发展趋势主要有如下几个方面：

1. 交流化

伺服技术将由直流伺服系统转向交流伺服系统。在某些微型电动机领域之外，交流伺服电动机将完全取代直流伺服电动机。

2. 直线伺服系统

直线伺服系统采用的是一种直接驱动方式，与传统的旋转传动方式相比，最大特点是取消了电动机到工作台间的一切机械传动环节，即把机床进给传动链的长度缩短为零。这种“零传动”方式，带来了旋转驱动方式无法达到的性能指标，如加速度可达 3*g* 以上，为传统驱动装置的 10 ~ 20 倍，进给速度是传统的 4 ~ 5 倍。

3. 全数字化

采用新型高速微处理器和专用数字信号处理机的伺服控制单元将全面代替以模拟电子器件为主的伺服控制单元，从而实现完全数字化的伺服系统。全数字化的实现，将原有的硬件伺服控制变成了软件伺服控制，从而使在伺服系统中应用现代控制理论的先进算法成为可能。

4. 采用新型电力电子半导体器件

目前，伺服控制系统的输出器件越来越多地采用开关频率很高的新型功率半导体器件，主要有大功能晶体管、功率场效应晶体管和绝缘门极晶体管等。最新型的伺服控制系统已经开始使用一种把控制电路功能和大功率电子开关器件集成在一起的新型模块，称为智能功率模块。其输入逻辑电平与 TTL 信号完全兼容，与微处理器的输出可以直接接口。它的应用显著简化了伺服单元的设计，并实现了伺服系统的小型化和微型化。

5. 高度集成化

代表 20 世纪 90 年代最新水平的伺服系统产品改变了以往的将伺服系统划分为速度伺服单元与位置伺服单元两个模块的做法，代之以单一的、高度集成化的、多功能的控制单元。伺服单元的内部通常还预制了多种加/减速控制模式，无论在位置伺服控制还是在速度伺服控制中，都可以让电动机按给定的加/减速控制模式和一定的加速斜率运行，这就简化了 CNC 系统的控制任务。高度的集成化还显著地缩小了整个控制系统的体积，使得伺服系统的安装与调试工作都得到了简化。

6. 智能化

最新数字化的伺服控制单元通常都设计为智能型的产品，它们的智能化特点表现在以下几个方面。首先它们都具有参数记忆功能。其次它们都具有故障诊断与分析功能。除以上特点之外，有的伺服系统还具有参数整定功能。

7. 模块化与网络化

在国外，以工业局域网技术为基础的工厂自动化工程技术在最近十年来得到了长足发展。为了适应这一发展趋势，最新的伺服系统都配置了标准的串行通信接口和专用的局域网接口。通过这些接口的设置，可以将数台，甚至数十台伺服单元与作为 CNC 用的上位计算机连成为整个数控系统，通过高速的串行通信实现各坐标轴的联动。也可以通过串行接口与可编程控制器（PLC）的数控模块相连，从而构成简单的经济性数控装置，拓宽了数控伺服电动机的应用范围。

3.2 检测装置

3.2.1 概述

1. 检测装置的作用

检测装置是数控机床闭环和半闭环控制系统的重要组成部分之一。它的作用是检测工作台的位移和速度，发送反馈信号给数控装置，构成闭环、半闭环控制系统，使工作台按规定的路径精确地移动。数控机床工作台位移值是否和指令值一样，误差有多大，与机床驱动机构的精度和位置检测元件的精度均有关，但位置检测元件精度将起主要作用或决定性作用。

2. 检测装置的性能指标

检测装置的性能指标应包括静态特性和动态特性，精度、分辨率、灵敏度、迟滞、测量范围和量程、零漂和温漂等属于静态特性，动态特性主要指检测装置的输出量对随时间变化的输入量的响应特性。

检测元件的精度主要包括系统精度和分辨率。精度是符合输出量与输入量之间特定函数关系的准确程度。数控用传感器要满足高精度和高速实时测量的要求。

1）系统精度

系统精度是指在一定长度或转角范围内测量积累误差的最大值，目前一般长度位置检测精度均已达到 $\pm(0.002 \sim 0.02)$ mm/m 以内，回转角测量精度达到 $\pm(10''/360°)$。不同类型数控机床对检测装置的精度和适应速度要求是不同的。对于大型机床以满足速度要求为主，对于中小型机床和高精度机床以满足精度要求为主。

2）系统分辨率

系统分辨率（resolution）是测量元件所能正确检测的最小位移量，目前长度位移的分辨率多数为 1 μm，高精度系统分辨率可达 0.1 μm，回转分辨率为 2″。分辨率应适应机床精度和伺服系统的要求。分辨率的提高，对提高系统性能指标、提高运行平稳性都很重要。高分辨率传感器已能满足亚微米和角秒级精度设备的要求。系统分辨率的提高，对加工精度有一定的影响，但也不宜过小，分辨率的选取通常和脉冲当量的选取方法一样，数值也相同，均按机床加工精度的 1/3 ~ 1/10 选取。

3）灵敏度

实时测量装置不但要灵敏度高，而且输出、输入关系中各点的灵敏度应该是一致的。

4）迟滞

对某一输入量，传感器的正行程的输出量与反行程的输出量的不一致，称为迟滞。数控伺服系统的传感器要求迟滞小。

5)测量范围和量程

传感器的测量范围要满足系统的要求,并留有余地。

6)零漂和温漂

传感器的漂移量是其重要性能标志,它反映了随时间和温度的变化,传感器测量精度的微小变化。

3. 检测装置的要求

数控机床对检测装置的主要要求有:

(1)工作可靠,抗干扰能力强;

(2)使用维护方便,适应机床的工作环境;

(3)满足精度和速度的要求;

(4)易于实现高速的动态测量和处理,易于实现自动化;

(5)成本低。

4. 检测装置的分类

数控系统中的检测装置分为位移、速度和电流三种类型。根据安装的位置及耦合方式分为直接测量和间接测量两种;按测量方法分为增量式和绝对式两种;按检测信号的类型分为模拟式和数字式两大类;根据运动形式分为回转型和直线型检测装置;按信号转换的原理可分为光电效应、光栅效应、电磁感应原理、压电效应、压阻效应和磁阻效应等类检测装置。数控机床常用的检测装置分类见表 3-1。

表 3-1 数控机床检测装置分类

分类	增量式		绝对式
位移传感器	回转型	脉冲编码器、自整角机、旋转变压器、圆感应同步器、光栅角度传感器、圆光栅、圆磁栅	多极旋转变压器、绝对脉冲编码器、绝对值式光栅、三速圆感应同步器、磁阻式多极旋转变压器
	直线型	直线感应同步器、光栅尺、磁栅尺、激光干涉仪、霍耳位置传感器	三速感应同步器、绝对值磁尺、光电编码尺、磁性编码器
速度传感器	交、直流测速发电机,数字脉冲编码式速度传感器,霍耳速度传感器		速度-角度传感器(Tachsyn)、数字电磁、磁敏式速度传感器
电流传感器	霍耳电流传感器		

3.2.2 旋转变压器

旋转变压器(resolver)是一种常用的转角检测元件,由于结构简单、动作灵敏、工作可靠、对环境要求低、信号输出幅度大、抗干扰能力强等特点,因此,被广泛应用在半闭环控制的数控机床上。

1. 旋转变压器的工作原理

旋转变压器一般采用一种叫作正弦绕组的特殊绕组形式。这种结构保证其定子和转子之间气隙内磁通分布符合正弦规律。因此,当激磁电压加到定子绕组上时,通过电磁耦合，转子绕组产生感应电动势，其工作原理如图 3－5 所示。

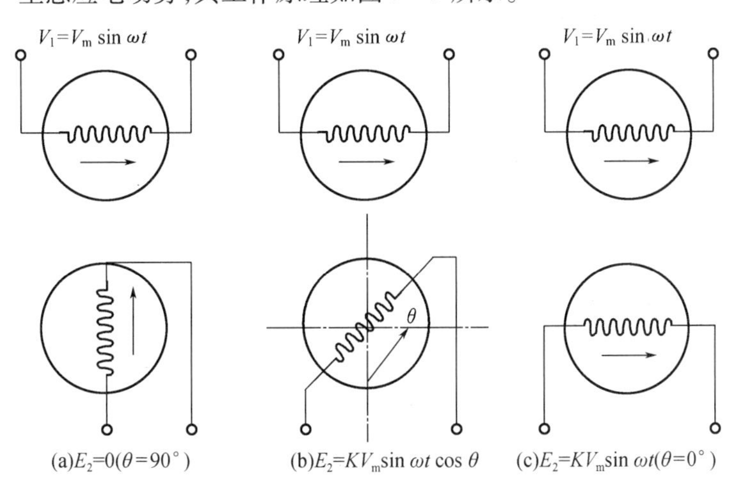

图 3－5 旋转变压器的工作原理

设加到定子绕组的激磁电压为 $V_1=V_m\sin\omega t$，通过电磁耦合，转子绕组将产生感应电动势 E_2。当转子绕组的磁轴与定子绕组的磁轴相互垂直时，定子绕组磁通不穿过转子绕组，所以转子绕组的感应电动势 $E_2=0$，如图 3－5(a)所示；当转子绕组的磁轴自垂直位置转过 90°时，由于两磁轴平行，此时转子绕组的感应电动势为最大，即 $E_2=KV_m\sin\omega t$，如图 3－5(c) 所示；当转子绕组的磁轴自水平位置转过 θ 角时，如图 3－5(b)所示，定子磁通在转子绕组平面的投影为 $\Phi_m\cos\theta$，则转子绕组因定子磁通变化而产生的感应电动势为

$$E_2 = KV_1\cos\theta = KV_m\sin\omega t\cos\theta$$

式中 E_2——转子绕组感应电势；

V_1——定子绕组励磁电压，$V_1=KV_m\sin\omega t$；

V_m——电压信号幅值；

θ——定、转子绕组轴线间夹角；

K——变压比(即绕组匝数比)。

显然，当 θ 一定时，E_2 为一等幅余弦波，测得余正弦波的峰值，即可求出转角 θ 的大小。

2. 旋转变压器的应用

旋转变压器可以组成用作角度数据测量传输和读出的控制方式、随动控制方式和位置控制方式。对于正余弦旋转变压器，如果在定子的两个正交绕组中通以满足不同条件的电压，则可以得到两种典型的工作方式：鉴相方式和鉴幅方式。

1)鉴相方式

鉴相方式的原理如图 3－6 所示。在鉴相方式状态下，旋转变压器定子的两相正交绕组(正弦绕组 S、余弦绕组 C)分别通以幅值相等、频率相同，而相位相差 90°的正弦交变电压，即

$$V_S = V_m\sin\omega t$$

$$V_C = V_m\cos\omega t$$

则通过电磁感应，在转子绕组中产生感应电势。转子中的一相绕组作为工作绕组，另一相绕组用来补偿电枢反应。根据线性叠加原理，在转子工作绕组中产生的感应电势为这两相磁通所产生的感应电动势之和，即

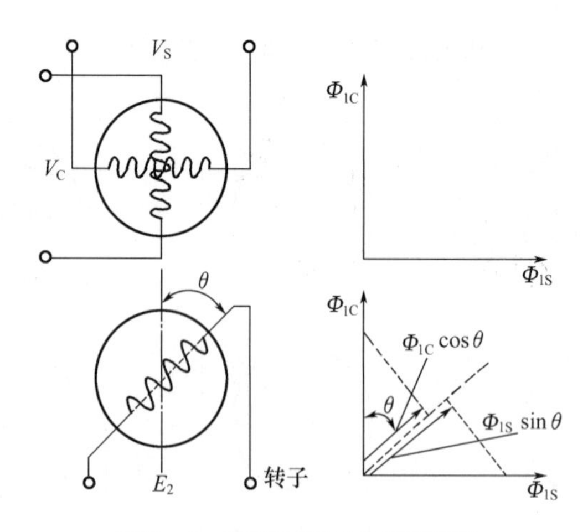

图3－6　定子两相正交绕组激磁

$$
\begin{aligned}
E_2 &= KV_S\sin\theta + KV_C\cos\theta \\
&= KV_m\sin\omega t\sin\theta + KV_m\cos\omega t\cos\theta \\
&= KV_m\cos(\omega t - \theta)
\end{aligned}
$$

式中　θ——定、转子绕组轴线间夹角；

ω——激磁角频率。

当转子反转时，同时可得到：

$$E_2 = KV_m\cos(\omega t + \theta)$$

由此可见，转子绕组输出电压信号与定子输入电压信号的相位差与转子的偏角相等。通过检测这个相位差值，就可以测量出与转子轴相连的机械轴的转角。

2）鉴幅方式

在鉴幅方式中，对于图3－6，如果定子的两相正交绕组分别通以频率和相位都相等，而幅值分别按正弦和余弦变化的激磁交流电压，即

$$V_S = V_m\sin\alpha\sin\omega t$$

$$V_C = V_m\cos\alpha\sin\omega t$$

则就构成了幅值工作状态，用于幅值伺服系统中。此时，转子绕组产生感应电动势为

$$
\begin{aligned}
E_2 &= KV_S\sin\theta + KV_C\cos\theta \\
&= KV_m\sin\omega t\sin\alpha\sin\theta + KV_m\sin\omega t\cos\alpha\cos\theta \\
&= KV_m\cos(\alpha - \theta)\sin\omega t
\end{aligned}
$$

式中　θ——机械角，定、转子绕组轴线间夹角；

α——电气角，激磁交流电压信号的相位角；

$V_m\sin\alpha$、$V_m\cos\alpha$——分别为定子两个绕组的幅值。

上式表明转子绕组输出电压的幅值与$\cos(\alpha - \theta)$成正比。

从物理意义上理解，当$\theta = \alpha$时，转子绕组中感应电势最大。当$(\theta - \alpha) = \pm 90°$时，感应电势为零。在实际应用中，不断修正激磁信号$\alpha$（即激磁幅值），使其跟踪$\theta$的变化。

可见，感应电势E_2是以ω为角频率的交变信号，其幅值为$V_m\cos(\alpha - \theta)$。若α已知，那么只要测出E_2的幅值，即可间接地求θ值，也可知被测角位移的大小。一种特殊情况即当幅值为零时，说明α的大小就是被测角位移的大小。鉴幅工作方式中不断调整α，让幅值

等于零，这样用 α 代替了对 θ 的测量，α 通过具体电子线路测得。

当转子反转时，同时可得到：

$$E_2 = KV_m \cos(\alpha + \theta)\sin \omega t$$

对于旋转变压器的应用，要注意两个问题：

①在转子每转一周时，转子输出电压将随旋转变压器的极数不同，不止一次地通过零点，容易引起混淆。必须在线路中加相敏检波器来辨别转换点，或限制旋转变压器转子在小于半周期内工作。

②由于普通旋转变压器属增量式测量，如果转子直接接丝杠，转子转动一周，仅相当于工作台一个丝杠导程的直线位移，不能反映全行程。因此，在数控机床中，要检测工作台的绝对位置，需要增加一个绝对位置计数器，与旋转变压器配合使用。

3.2.3 感应同步器

1. 感应同步器的种类

感应同步器（inductosyn）是一种电磁感应式多极的高精度位移检测装置，实质上，它是多极旋转变压器的展开形式。它的极对数可以做得很多，一般取 360、720 对极，最多的达 2 000 对极。由于多极结构在电与磁两方面对误差都起到补偿作用，因此具有很高的精度。

感应同步器分为直线式和旋转式（圆形感应同步器）两种，测量直线位移的称为直线式感应同步器，测量角位移的称为旋转式感应同步器。在结构上，两者都包括固定和运动两大部分：对直线式分别称为定尺和滑尺；对旋转式分别称为定子和转子，两者工作原理相同。

2. 感应同步器的特点

感应同步器作为检测元件，有如下特点：

（1）检测精度高　感应同步器有许多对极，其输出电压是许多对极感应电压的平均值。由于这种均化误差起作用，使所得到的测量精度比元件本身的制造精度高得多，其直线精度一般为 ±（0.002 mm/250 mm），转角精度为 ±（0.5″/300 mm）。

（2）工作可靠，抗干扰能力强　它是利用电磁感应原理产生信号，所以不怕油污和灰污染，测量信号与绝对位置一一对应，不易受干扰。

（3）维修简单，使用寿命长。

（4）测量距离长　感应同步器每根定尺长 250 mm，测量长度大于 175 mm，可用多根定尺接长来满足测量范围的要求。

（5）工艺性好，成本低　定尺和滑尺绕组便于复制和成批生产。

但与旋转变压器相比，感应同步器的输出信号比较弱，需要一个放大倍数很高的前置放大器。

3. 直线式感应同步器的工作原理

如图 3－7 所示，当滑尺两个绕组中的任一绕组通以激磁交变电压时，由于电磁感应，在定尺绕组中会产生感应电势。该感应电势的大小取决于定尺、滑尺的相对位置。感应电势的频率与激励信号的频率相同，幅值由激励信号的幅值和感应同步器的物理结构决定。

当滑尺绕组与定尺绕组完全重合时，定尺绕组感应电势为正向最大，如图 3－7（a）中所示的位置；如果滑尺相对定尺从重合处逐渐向右（或左）平行移动，感应电势就随之逐渐减小，在两绕组刚好处于相差 1/4 节距的位置时，感应电势为零；滑尺向右移动到 1/2 节距位

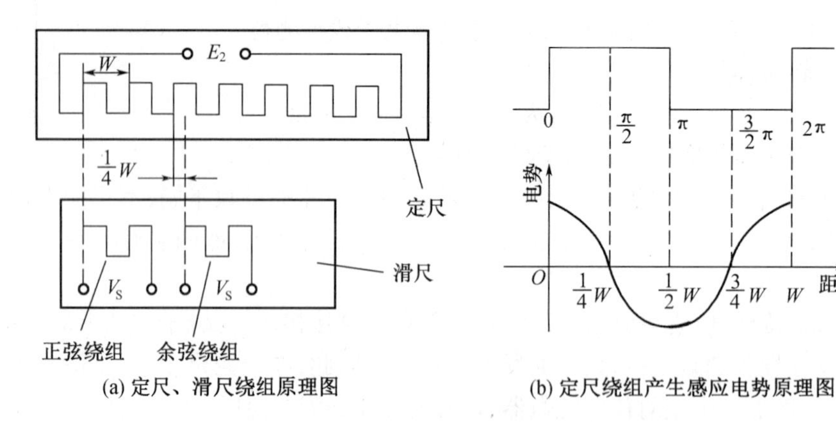

(a) 定尺、滑尺绕组原理图　　(b) 定尺绕组产生感应电势原理图

图 3－7　直线式感应同步器的工作原理图

置时，感应电势为负向最大；当到达 3/4 节距位置时，又变为零；当到达整节距位置时，感应电势又为正向最大。这时，滑尺移动了一个节距（$W = 2\tau$），感应电势变化了一个周期（2π），呈余弦函数，如图 3－7(b)所示。当设滑尺移动距离为 x，则感应电势将以余弦函数变化相位角 θ。有比例关系：

$$\frac{\theta}{2\pi} = \frac{x}{2\tau}$$

可得

$$\theta = \frac{x\pi}{\tau} \tag{3-1}$$

令 V_S 表示滑尺上一相绕组的激磁电压

$$V_S = V_m \sin \omega t$$

式中　V_m——V_S 的幅值。

则定尺绕组感应电势 E_2 为

$$E_2 = KV_S \cos\theta = KV_m \cos\theta \sin\omega t$$

式中　K——耦合系数。

4. 感应同步器的应用

根据滑尺上两相绕组通入的激磁信号不同，感应同步器也有鉴相方式和鉴幅方式两种工作方式。采用不同的激磁方式，可对感应输出信号采取不同的处理方式。

1）鉴相方式

在鉴相方式下，给滑尺的正弦绕组和余弦绕组分别通以幅值相等、频率相同、相位相差 90°的交流电压，即

$$V_S = V_m \sin \omega t$$

$$V_C = V_m \cos \omega t$$

根据电磁感应及叠加原理，激磁信号产生移动磁场，该激磁切割定尺导片感应出电压 E_2 为

$$\begin{aligned} E_2 &= KV_m \cos\omega t \cos\theta + KV_m \sin\omega t \sin\theta \\ &= KV_m \cos(\omega t - \theta) \end{aligned}$$

由此可见，通过鉴别定尺输出感应电压的相位 θ，再由式(3－1)即可测得滑尺相对于定尺位移 x。

2)鉴幅方式

在鉴幅方式下,给滑尺的正弦绕组和余弦绕组分别通以相位相等、频率相同,但幅值不同的交流电压,即

$$V_S = V_m \sin\alpha \cos\omega t$$
$$V_C = V_m \cos\alpha \cos\omega t$$

式中 α——激磁电压的给定相位角。

同理,在定尺绕组中感应出电压 E_2 为

$$\begin{aligned} E_2 &= KV_m \sin\alpha \cos\omega t \cos\theta - KV_m \cos\alpha \cos\omega t \sin\theta \\ &= KV_m \cos\omega t(\sin\alpha \cos\theta - \cos\alpha \sin\theta) \\ &= KV_m \sin(\alpha - \theta) \cos\omega t \\ &= KV_m \sin\left(\alpha - \frac{\pi}{\tau}x\right) \cos\omega t \end{aligned}$$

由此可见,在 α 已知时,只要测量出 E_2 的幅值 $KV_m\sin(\alpha-\theta)$,便可以得到 θ,进而求得线位移。

具体实现原理是:若原始状态 $\alpha=\theta$,则 $E_2=0$。然后滑尺相对定尺有一位移 Δx,使 θ 变为 $\theta+\Delta\theta$,则感应电压增加量为

$$\Delta E_2 \approx KV_m \sin\left(\frac{\pi}{\tau}\right)\Delta x \cos\omega t$$

上式表明,在 Δx 很小的情况下,ΔE_2 与 Δx 成正比,也就是鉴别 ΔE_2 的幅值,即可测 Δx 的大小。当 Δx 较大时,通过改变 α,使 $\alpha=\theta$,使 $E_2=0$,根据 α 可以确定 θ 从而确定 Δx。

3.2.4 计量光栅

光栅是利用光的反射、透射和干涉现象制成的一种光电检测装置,有物理光栅和计量光栅。物理光栅刻线细而密,栅距(两刻线间的距离)在 0.002 ~ 0.005 mm 之间,通常用于光谱分析和光波波长的测定。计量光栅,相对来说刻线较粗,栅距在 0.004 ~ 0.25 mm 之间,通常用于数字检测系统,用来检测高精度直线位移和角位移,是数控机床上应用较多的一种检测装置,特别是在闭环伺服系统中。下面介绍计量光栅。

1. 计量光栅的种类

按照不同的分类方法,计量光栅可分为直线光栅和圆形光栅;透射光栅和反射光栅;增量式光栅和绝对式光栅等。直线光栅用于直线位移测量,圆形光栅用于角位移测量,两者工作原理基本相似,实际中直线光栅应用较多。

1)直线光栅

直线光栅有两种:玻璃透射光栅、金属光栅。

(1)玻璃透射光栅 在玻璃表面上制成透明和不透明的间隔相等的线纹,称为透射光栅。透射光栅的特点:光源可以采用垂直入射,光电接受元件可以直接接收信号,因此信号幅值比较大,信噪比高,光电转换元件结构简单。刻线密度较大,常用 100 条线/mm,其栅距为 0.01 mm,再经过电路细分,可做到微米级的分辨率。

(2)金属光栅 在钢尺或不锈钢镜面用照相腐蚀工艺制作线纹,或用钻石刀刻制条纹,称作反射光栅。常用的反射光栅每毫米的线纹数为 4,10,25,40,50。金属光栅的特点:标尺光栅的线膨胀系数很容易做到与机床材料一致;标尺光栅的安装和调整比较方便;易于

接长或制成整根的钢带长光栅；不易碰碎；分辨率比透射光栅低。因此，大位移检测主要用这种类型的光栅。

2）圆光栅

圆光栅是用来测量角位移。圆光栅是在玻璃圆盘的外环端面上，做成黑白间隔条纹，条纹呈辐射状，相互间的夹角相等。根据不同的使用要求，其圆周内线纹数也不相同。一般有三种形式：60 进制，如 10800，21600，32400，64800 等；10 进制，如 1000，2500，5000 等；2 进制，如 512，1024，2048 等。

2. 计量光栅的工作原理

计量光栅实质上是一种增量式编码器，它是通过形成莫尔条纹、光电转换、辨向和细化等环节实现数字计量的。

（1）光栅位置检测装置组成　光栅位置检测装置由光源 Q、长光栅（标尺光栅）G_1、短光栅（指示光栅）G_2、光电元件等组成，如图 3－8 所示。

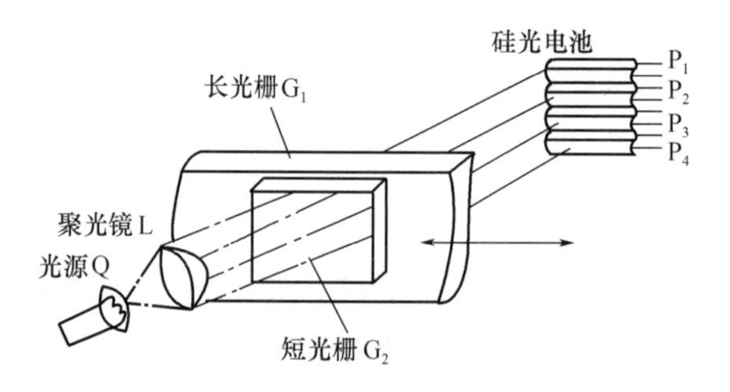

图 3－8　光栅位置测量装置组成

（2）莫尔条纹的形成　长光栅 G_1 若固定在机床不动件上，长度为工作台移动的全行程，短光栅 G_2 则固定在机床移动部件上。长、短光栅保持一定间隙，重叠在一起，并在自身的平面内转一个很小角度 θ，如图 3－9 所示。

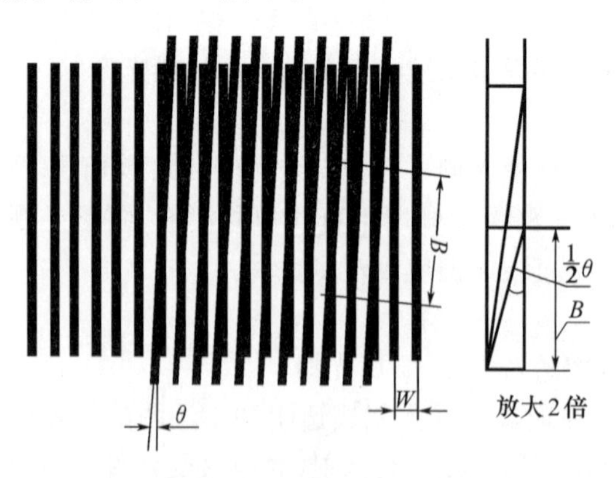

图 3－9　莫尔条纹的形成

下面主要看一下莫尔条纹的形成。

两块栅距 W 相等、黑白宽度相同的光栅，在沿线纹方向上保持一个很小的夹角 θ，当它们彼此平行相互接近时，由于遮光效应或光的衍射作用，便在暗纹相交处形成多条亮带。

形成亮带的间距 B 与线纹夹角 θ 的关系为

$$B = \frac{W}{2\sin\frac{\theta}{2}} \approx \frac{W}{\theta}$$

莫尔条纹垂直于两块光栅线纹夹角 θ 的平分线，由于 θ 角很小，所以莫尔条纹近似垂直于光栅的线纹，故称为横向莫尔条纹。当两块光栅沿着垂直于线纹的方向相对移动时，莫尔条纹沿着垂直于条纹的方向移动。移动的方向取决于两块光栅的夹角 θ 的方向和相对移动的方向。

莫尔条纹的移动有如下的规律：

①若长光栅不动，将短光栅按逆时针方向转过一个很小角度 $(+\theta)$，然后使它向左移动，则莫尔条纹向下移动；反之，当短光栅向右移动，莫尔条纹向上移动。

②若将短光栅按顺时针方向转过一个小角度 $(-\theta)$ 时，则情况与 $(+\theta)$ 的情况相反。

栅距移动与莫尔条纹移动的对应关系，便于用光电元件（如硅光电池）将光信号转换成电信号。

直线位移反映在光栅的栅距上，通过莫尔条纹和光电元件已变成检测的电信号。

3. 计量光栅的特点

(1) 精度高。测直线位移时精度可达 0.5 ~ 3 μm（300 mm 范围内），分辨率可达 0.1 μm；测角位移时精度可达 0.15″，分辨率可达 0.1″，甚至更高。

(2) 可用于大量程测量。

(3) 可实现动态测量，易于实现测量及数据处理的自动化。

(4) 具有较强的抗干扰能力。

(5) 怕振动和怕油污。

(6) 高精度光栅制作成本高。

3.2.5 编码器

编码器是一种旋转式的检测角位移的传感器，通常装在被检测的轴上，随被检测的轴一起旋转，可将被检测轴的角位移转换成增量式脉冲或绝对式代码的形式，又称脉冲编码器，也常用它作为速度检测元件。

脉冲编码器按码盘的读取方式可分为光电式、接触式和电磁感应式。就精度与可靠性来讲，光电式脉冲编码器优于其他两种，数控机床上使用光电式脉冲编码器。光电式脉冲编码器按它每转发出脉冲数的多少来分，又有多种型号。编码器根据输出信号的不同，可分为增量式和绝对式脉冲编码器。

1. 增量式光电脉冲编码器

增量式光电脉冲编码器亦称光电编码盘、光电脉冲发生器等，是一种旋转式脉冲发生器，将被测轴的角位移转换成脉冲数字。光电式编码器具有结构简单、价格低、精度易于保证等优点，在数控机床上既可用作角位移检测，也可用作角速度检测，所以目前采用得越来越多。

光电编码盘是一种增量式检测装置，它的型号是由每转发出的脉冲数来区分。数控机床上常用的光电编码盘有 2 000 脉冲/转、2 500 脉冲/转和 3 000 脉冲/转等。在高速、高精度数字伺服系统中，应用高分辨率的光电编码盘，如 20 000 脉冲/转、25 000 脉冲/转和

30 000 脉冲/转等;在内部使用微处理器的编码盘,可达 100 000 脉冲/转以上。作为速度检测器时,必须使用高分辨率的编码盘。

1)增量式光电脉冲编码器的结构

如图 3－10 所示是增量式光电脉冲编码器的原理示意图。它由光源、聚光镜、光电编码盘、光栏板、光敏元件和光电转换电路组成。工作时,光电与轴连接在一起,随轴一起转动。光电编码盘一般由玻璃材料制成,表面涂有一层不透明的金属铬,然后在上面制成向心透光的狭缝。透光狭缝将光电编码盘圆周等分,等分数量从几百到几千不等。除此之外,增量式光电编码盘也可以用钢板或铝板制成,然后在圆周上切出均匀分布的若干条槽子,做透光的狭缝,其余部分均不透光。光源最常用白炽灯,与聚光镜组合使用,将发散光变为平行光,以便提高分辨率。光栏板上有两条透光狭缝,当一条狭缝与光电编码盘上的一条狭缝对齐时,另一条狭缝与光电编码盘上的一条狭缝错开 1/4 光电编码盘狭缝节距,每条狭缝后面安装一个光敏元件。

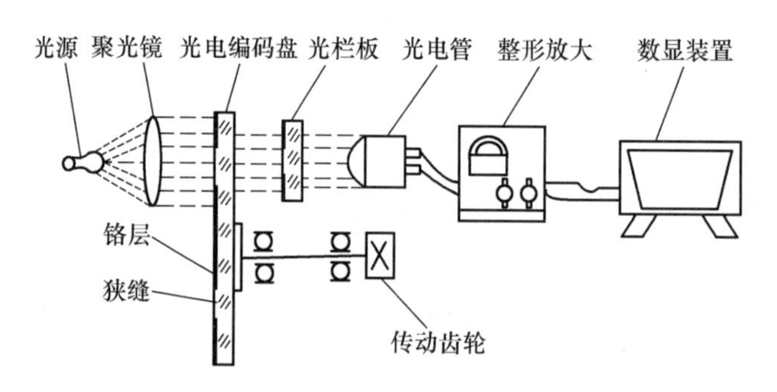

图 3－10　增量式光电脉冲编码器的原理图

2)增量式光电脉冲编码器的工作原理

当光电编码盘随轴一起转动时,在光源的照射下,透过光栏板的狭缝形成明暗交错的光信号(近似于正弦信号),光敏元件把此光信号转换成电信号,通过信号处理电路进行整形、放大后变成脉冲信号,通过计量脉冲的数量,即可测出转轴的转角,通过计量脉冲的频率,即可测出转轴的转速。

如果光栏板上两条狭缝中的信号分别为 A 和 B,相位相差 90°,通过整形,成为两相方波信号,光电编码盘的输出波形如图 3－11(b)所示。根据 A 和 B 的先后顺序,即可判断光电编码盘的正反转。若 A 相超前于 B 相,对应转轴正转,若 B 相超前于 A 相就对应于轴反转。若以该方波前沿或后沿产生计数脉冲,可以形成代表正向位移或反向位移的脉冲序列。除此之外,光电编码盘每转一转还输出一个零位脉冲的信号,这个信号可用作加工螺纹时的同步信号。

在应用时,从光电编码盘输出 A 和 B,以及经反相后的 $\overline{A}$ 和 $\overline{B}$ 四个方波被引入位置控制电路,经辨向和乘以倍率后,形成代表位移的测量脉冲;经频率－电压变换器变成正比于频率的电压,作为速度反馈信号,供给速度控制单元,进行速度调节。

为了提高光电编码盘的分辨率,其方法有:提高光电编码盘圆周的等分狭缝的密度;增加光电编码盘的发信通道。第一种方法,实际上是使光电编码盘的狭缝变成了圆光栅线纹。第二种方法,使盘上不仅有一圈透光狭缝,而且有若干大小不等的同心圆环狭缝(亦称码道)，光电编码盘回转一周，使发出的脉冲信号增多，分辨率提高。

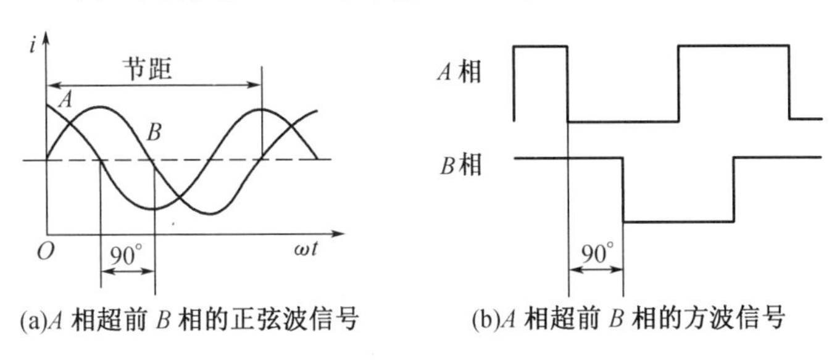

(a)A 相超前 B 相的正弦波信号　　(b)A 相超前 B 相的方波信号

图3-11　增量式光电脉冲编码器的输出波形图

3)增量式光电脉冲编码器的特点

没有接触磨损，使用寿命长，允许转速高，检测精度高。缺点是结构复杂，价格高，光源的寿命有限。而就码盘的材料而言，薄钢板或铝板所制成的光电码盘比玻璃码盘的抗震性能好，耐不洁环境，且造价低。但由于受到加工槽数的限制，检测精度低。

2. 绝对式脉冲编码器

1)绝对式脉冲编码器的种类

绝对式脉冲编码器是一种直接编码、绝对测量的检测装置，就是在码盘的每一转角位置刻有表示该位置的唯一代码。与增量式脉冲编码器不同，它是通过读取绝对编码盘、编码尺(通称为码盘)的代码(图案)信号指示绝对位置。电源切除后，位置信息不丢失，也没有积累差。

从编码器使用的计数制来分类，有二进制编码、二进制循环码(葛莱码)、余三码和二-十进制码等编码器。从结构原理来分类，有接触式、光电式和电磁式等绝对式脉冲编码器。

接触式绝对式脉冲编码器优点是简单、体积小、输出信号强。缺点是电刷磨损造成寿命降低，转速不能太高(每分钟几十转)，精度受外圈(最低位)码道宽度限制。因此使用范围有限。

光电式绝对式脉冲编码器是目前用得较多的一种。码盘由透明与不透明区域构成。转动时，由光电元件接收相应的编码信号。光电式码盘的优点是没有接触磨损，码盘寿命长，允许转速高，而且最外圈每片宽度可做得很小，因而精度高。缺点是结构复杂，价格高，光源寿命短。

电磁式绝对式脉冲编码器也是一种无接触式码盘，具有寿命长、转速高等优点，是一种有发展前途的直接编码检测元件。

2)绝对式脉冲编码器的工作原理

如图3-12所示是光电式绝对式脉冲编码器的工作原理图。由光源1发出光线经柱面镜2变成一束平行光照射在玻璃码盘3上，玻璃码盘3上刻有许多同心码道，具有一定规律的亮区和暗区。通过亮区的光线经狭缝4形成一束很窄的光束照射在光电元件5上，光电元件的排列与码道一一对应，对亮区输出为“1”，暗区输出为“0”，再经信息处理电路(图中没画出)，主要有放大、整形、锁存与译码，输出自然二进制代码，就代表了码盘轴的转角大小，从而实现了角度的绝对值测量。

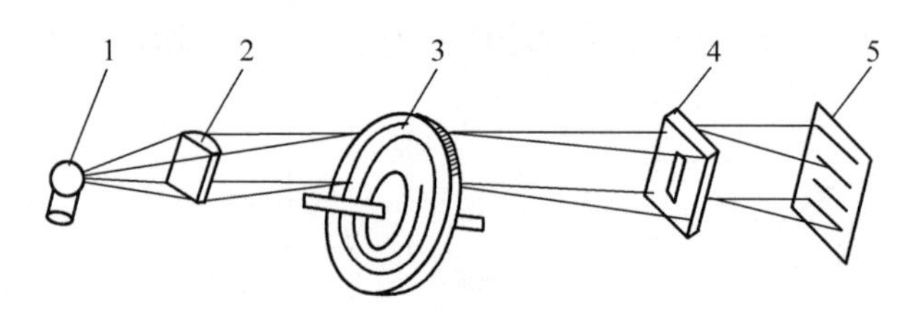

1—光源;2—柱面镜;3—玻璃码盘;4—狭缝;5—光电元件。

图3-12　绝对式脉冲编码器的工作原理图

3)绝对式脉冲编码器的特点

(1)可以直接读出角度坐标的绝对值,这一点可使数控机床开机后不必回零,如若发生故障,故障处理后可回到故障断点等。

(2)没有累积误差。

(3)电源切除后位置信号不会丢失。

(4)允许的最高旋转速度较高。

(5)为提高精度和分辨率,必须增加码道数,使构造变得复杂,价格也较贵。

由于绝对式脉冲编码器有这么多优点,所以在数控设备中得到了广泛应用。

3.3　步进式伺服系统

步进式伺服系统主要用于开环控制系统。此系统中驱动元件是步进电动机,它将进给脉冲转换为一个具有一定方向、大小和速度的机械角位移,带动工作台移动。由于该系统没有反馈检测环节,因此它的精度主要由步进电动机来决定,速度也受到步进电动机性能的限制。但开环伺服系统结构和控制简单,容易调整,而且控制为全数字化,在速度和精度要求不太高的场合,仍具有一定的使用价值。

步进电动机按工作原理一般分为反应式(磁阻式)、电磁式、永磁式和混合式(永磁感应子式)四种。按工作相数的不同,步进电动机可分为三相、四相、五相等;按其传动设计方式,步进电动机又有旋转型步进、直线型步进等之分。

3.3.1　反应式步进电动机的结构及工作原理

1.反应式步进电动机的结构

各种步进电动机都是由定子和转子组成,但因类型不同,结构也不完全一样。现以反应式步进电动机为例说明其结构。把对一相绕组一次通电的操作称为一拍,则对三相绕组 A、B、C 轮流通电共包括三拍,才使转子转过一个齿,转一齿所需的拍数为工作拍数,对 A、B、C 三相轮流通电一次称为一个通电周期。所以一个通电周期,步进电动机转动一个齿距。对于三相步进电动机,如果三拍转过一个齿,称为三相三拍工作方式。由于按 $A \to B \to C \to A$ 相序顺序轮流通电,则磁场逆时针旋转,转子也逆时针旋转;反之,顺时针转动。

设步进电动机的转子齿数为 N,则它的齿距角为

$$\theta = \frac{2\pi}{N}$$

步进电动机的步距角 β 是反映步进电动机定子绕组的通电状态每改变一次，转子转过的角度。它是决定步进伺服系统脉冲当量的重要参数。数控机床中常见的反应式步进电动机的步距角一般为 $0.75^\circ \sim 3^\circ$。一般，步距角越小，加工精度越高。步距角 β 可按下式计算：

$$\beta = \frac{360^\circ}{mNk}$$

式中　m——定子相数；

N——转子齿数；

k——控制方式确定的拍数与相数的比例系数。例如三相三拍时，$k=1$，三相六拍时，$k=2$。

2. 步进电动机的工作原理

步进电动机的工作方式分为单拍工作、双拍工作和多拍工作。

以反应式步进电动机为例，其工作原理是按电磁吸引的原理工作的。要抓住两点：磁力线力图走磁阻最小的路径，从而产生反应力矩；各相定子齿之间彼此错开 $1/m$ 齿距，m 为相数。图 3－13 所示的反应式三相步进电动机，当某一相定子绕组加上电脉冲，即通电时，该相磁极产生磁场，并对转子产生电磁转矩，将靠近定子通电绕组磁极的转子上一对齿吸引过来，当转子一对齿的中心线与定子磁极中心线对齐时，磁阻最小，转矩为零，停止转动。如果定子绕组按顺序轮流通电，A、B、C 三相的三对磁极就依次产生磁场，使转子一步步按一定方向转动起来。

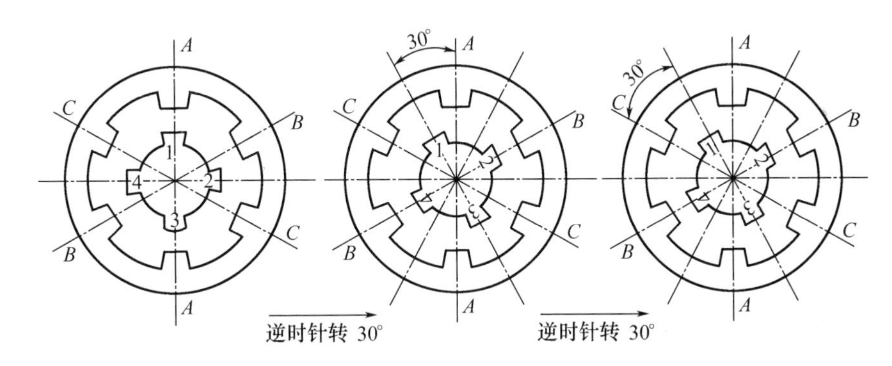

图 3－13　步进电动机工作原理

具体为，假设每个定子磁极有一个齿，转子有四个齿，首先 A 相通电，B、C 二相断电，转子 1，3 齿按磁阻最小路径被磁极产生的电磁转矩吸引过去，当 1，3 齿与 A 相对齐时，转动停止；此时，B 相通电，A、C 二相断电，磁极 B 又把距它最近的一对齿 2，4 吸引过来，使转子按逆时针方向转过 30°。接着 C 相通电，A、B 二相断电，转子又逆时针旋转 30°，依此类推，定子按 $A \to B \to C \to A \cdots$ 顺序通电，转子就一步步地按逆时针方向转动，每步 30°。若改变通电顺序，按 $A \to C \to B \to A \cdots$ 使定子绕组通电，步进电动机就按顺时针方向转动，同样每步转 30°。这种控制方式叫单三拍方式。由于每次只有一相绕组通电，在切换瞬间失去自锁转矩，容易失步。此外，只有一相绕组通电吸引转子，易在平衡位置附近产生振荡，因此，实际上不采用单三拍工作方式，而采用双三拍控制方式。

双三拍通电顺序按 $AB \to BC \to CA \to AB \to \cdots$（逆时针方向）或按 $AC \to CB \to BA \to AC \to \cdots$

(顺时针方向)进行。由于双三拍控制每次有二相绕组通电,而且切换时总保持一相绕组通电,所以工作较稳定。如果按 $A \to AB \to B \to BC \to C \to CA \to A \to \cdots$ 顺序通电,就是三相六拍工作方式,每切换一次,步进电动机每步按逆时针方向转过 15°。同样,若按 $A \to AC \to C \to CB \to B \to BA \to A \to \cdots$ 顺序通电,则步进电动机每步按顺时针方向转过 15°。对应一个指令电脉冲,转子转动一个步距角。实际上,转子有 40 个齿,三相单三拍工作方式,步距角为 3°。三相六拍控制方式比三相三拍控制方式步距角小一半,为 1.5°。控制步进电动机的转动是由加到绕组的电脉冲决定的,即由指令脉冲决定的。指令脉冲数决定它的转动步数,即角位移的大小;指令脉冲频率决定它的转动速度。只要改变指令脉冲频率,就可以使步进电动机的旋转速度在很宽的范围内连续调节;改变绕组的通电顺序,可以改变它的旋转方向。可见,对步进电动机控制十分方便,一转中没有累积误差,动态响应快,自启动能力强,角位移变化范围宽。步进电动机的缺点是效率低,带惯性负载能力差,低频振荡、失步,高频失步,自身噪声和振动较大。一般用在轻载或负载变动不大的场合。

3.3.2 步进电动机的选择

选择步进电动机时,应根据总体设计方案的要求,在满足主要技术性能的前提下,综合考虑步进电动机的参数。

1. 步距角选择

步距角 β 用下式计算:

$$\beta \leqslant \frac{360° i\delta}{S}$$

式中 S——丝杠导程,mm;

δ——脉冲当量;

i——丝杠、电动机间的齿轮传动减速比,i 是大于 1 的数。

依总体设计方案确定脉冲当量 δ,并确定机械传动系统的一些参数,如滚珠丝杠的尺寸及螺距 P 和丝数($S = P \times$ 丝数)等,然后根据负载转矩、最高进给速度等条件,确定步进电动机的型号。若步进电动机的步距角 β 和 S 不能满足脉冲当量 δ 的要求,则需在丝杠与步进电动机之间加入齿轮传动,用减速比 i 加以调节。

2. 最大静态转矩 T_{max} 的选择

选择步进电动机时,必须保证步进电动机的转矩大于机械系统的负载转矩,如此才能保证步进电动机可靠地运行。

步进电动机的负载由切削力 F 和工作台运动时的摩擦力组成,负载转矩 T_F(N·m)的计算公式为

$$T_F = \frac{(F + \mu W) S \times 10^{-3}}{2\pi \eta i}$$

式中 F——运动方向上的切削抗力,N;

μ——导轨摩擦系数;

W——工件及工作台质量,kg;

η——齿轮和丝杠的总效率;

i——减速比。

计算出的负载转矩 T_F 应满足

$$T_F \leqslant (0.2 \sim 0.4)T_{max}$$

对于相数较多、突跳频率要求不高时取系数大值,反之取小值,从而确定了 T_{max}。

3. 启动频率 f_q 的选择

步进电动机在带负载启动时,其启动频率会降低。参照步进电动机的启动矩频特性,并留有一定裕度来选择 f_q,具体步骤如下:

先计算电动机轴上的等效负载转动惯量

$$J_F = J_1 + \frac{J_2 + J_3}{i^2} + \frac{W}{981}\left(\frac{180\delta}{\pi\theta}\right)^2$$

式中　J_1、J_2——齿轮的转动惯量,N·m·s²;

J_3——丝杠的转动惯量,N·m·s²;

δ——脉冲当量,mm/脉冲。

然后进行负载启动频率 f_{qF} 的估算:

$$f_{qF} = f_q\sqrt{\frac{1 - T_F/T}{1 + J_F/J}}$$

式中　f_q——空载启动频率,Hz;

T——启动频率下,由矩频特性决定的力矩,N·m;

J——电动机转子转动惯量,N·m·s²。

若负载参数无法确定,则可按 $f_{qF} = 0.5f_q$ 估算。总之,依据机床要求的启动频率 f_{qF},即可以选择空载启动频率 f_q。

4. 连续运行频率 f_{max} 的选择

步进电动机的连续运行频率 f_{max} 应能满足机床工作台最高运行速度的要求。

3.3.3　步进式伺服系统的工作原理

步进式伺服系统主要由步进电动机的驱动控制线路和步进电动机两部分组成,如图3-14所示。驱动控制线路接收数控装置发出的进给脉冲信号,并把此信号转换为控制步进电动机各定子绕组依次通、断电的信号,使步进电动机运转。步进电动机的转子与机床丝杠连在一起(也可通过齿轮传动接到丝杠上),转子带动丝杠转动,从而使工作台运动。

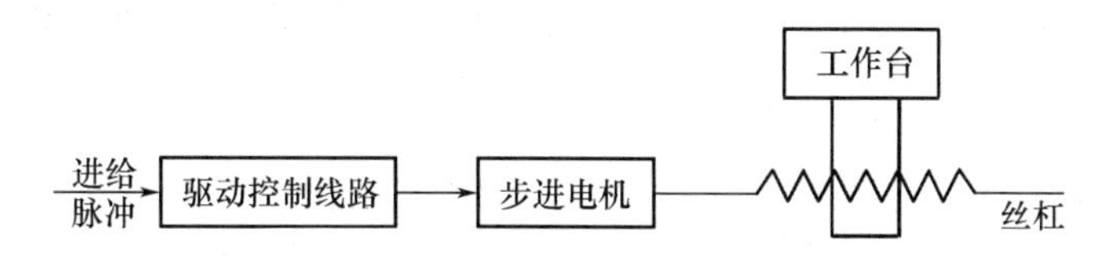

图3-14　步进伺服系统原理框图

1. 工作台位移量的控制

数控装置发出 N 个脉冲,使步进电动机定子绕组的通电状态变化 N 次,则步进电动机转过的角位移量 $\Phi = N\beta$(β 为步距角)。该角位移经丝杠、螺母之后转置为工作台的位移量 L,即进给脉冲数决定了工作台走的直线位移量。

2. 工作台进给速度的控制

假定数控装置发出的进给脉冲的频率为 f,经驱动控制线路后,表现为控制步进电动机定子绕组的通电、断电的电平信号变化频率,定子绕组通电状态的变化频率决定步进电动机转子的转速。该转速经过丝杠、螺母之后，体现为工作台的进给速度，即进给脉冲的频率决定了工作台的进给速度。

3. 工作台运动方向的控制

当数控装置发出的进给脉冲是正向时，经驱动控制线路之后，步进电动机的定子绕组按一定顺序依次通电、断电。当进给脉冲是反向时，定子各绕组则按相反的顺序通电、断电。因此，改变进给脉冲的方向，可改变定子绕组的通电顺序，使步进电动机正转或反转，从而改变工作台的进给方向。

3.4 直流伺服电动机及其速度控制

直流伺服电动机具有良好的启动、制动和调制特性，可很方便地在宽范围内实现平滑无级调速，故此多运用在对伺服电动机的调速性能要求较高的生产设备中。

3.4.1 直流电动机的工作原理

直流电动机的工作原理是建立在电磁力定律（即左手法则）基础上的。图 3－15 所示为直流电动机的工作原理图。位于磁场中的线圈 $abcd$ 的 a 端和 d 端分别连接于各自的换向片上，换向片又分别通过静止的电刷 A 和 B 与直流电源的两极相连。当电流通过线圈时，产生电磁力和电磁转矩，使线圈旋转。线圈转动的同时，$abcd$ 的两个相连的换向片的位置产生变化，从而改变了所接触的电源极性，维持线圈沿固定方向连续旋转。

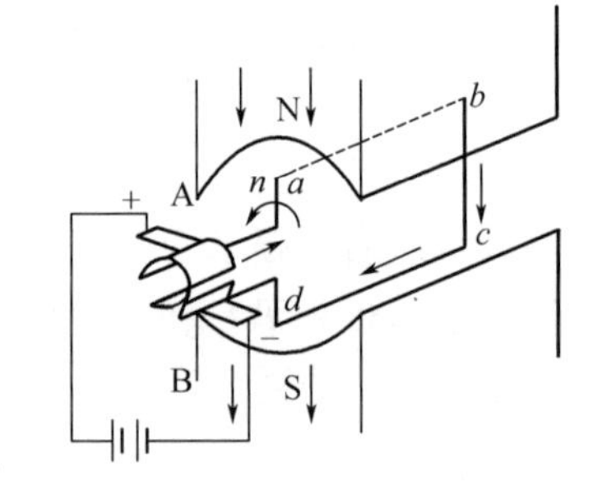

图 3－15 直流电动机的工作原理图

另一方面，就原理而言，一台普通的直流电动机也可认为就是一台直流伺服电动机。因为，当一台直流电动机加以恒定励磁，若电枢（多相线圈）不加电压，电动机不会旋转；当外加某一电枢电压时，电动机将以某一转速旋转，改变电枢两端的电压，即可改变电动机转速，这种控制叫电枢控制。当电枢加以恒定电流，改变励磁电压时，同样可达到上述的控制目的，这种方法叫磁场控制。如图 3－16 所示，直流伺服电动机一般都采用电枢控制。

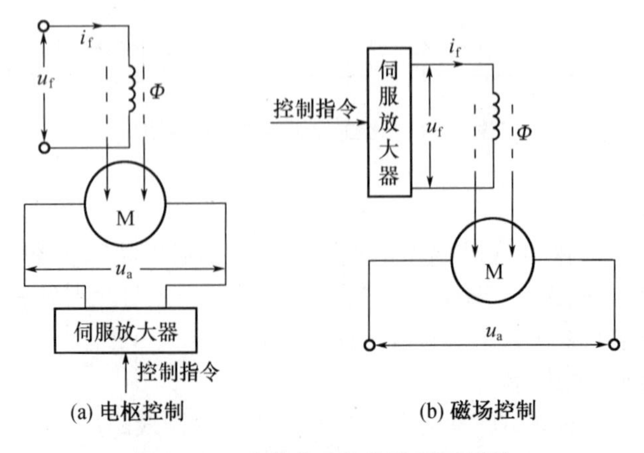

图 3－16 直流电动机的控制原理图

直流电动机的种类很多,但它们的工作原理都是一样的。

3.4.2　直流伺服电动机的机械特性

前面已经提到过,直流伺服电动机的励磁方法有电磁(他励)式和永磁式两种,(他励)电磁式励磁电流是由另外的独立直流电源供电的,永磁式由磁性材料做成永久磁极产生主磁场,这样可以省去励磁电源。直流电动机的机械特性是由电动机的转速 n 与电磁转矩 T 之间的关系,即 $n = f(T)$,它反映电动机本身的静、动态特性。以下推导 n 与 T 之间的函数关系。他励直流电动机的原理如图 3－17 所示。

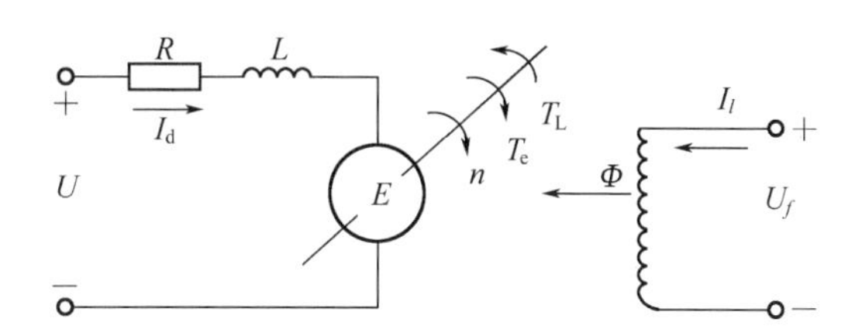

图 3－17　他励直流电动机的原理图

根据电动机的有关理论,电枢在磁场上切割磁感线,直流电动机电刷间的电动势可用下式表示:

$$E = K_e \Phi n \tag{3-2}$$

式中　E——电动势,V;

Φ——对磁极的磁通,Wb;

N——电枢转速,r/min;

K_e——与电动机结构有关的常数。

直流电动机的电枢绕组中的电流与磁通 Φ 相互作用,产生电磁力和电磁转矩。直流电动机的电磁转矩常用下式表示:

$$T = K_t \Phi I_d \tag{3-3}$$

式中　T——电磁转矩,N · m;

Φ——对磁极的磁通,Wb;

I_d——电枢电流,A;

K_t——与电动机结构有关的常数,$K_t = 9.55K_e$。

由图 3－17 可知:

$$U = E + I_d R \tag{3-4}$$

将式(3－2)式和式(3－3)代入式(3－4),得

$$U = K_e \Phi n + \left(\frac{T}{K_t \Phi}\right) R$$

整理得

$$n = \frac{U}{K_e \Phi} - \frac{R}{K_e K_t \Phi^2} T \tag{3-5}$$

这就是他励电动机机械特性方程式。$n = f(T)$ 可以表示为图 3－18,称其为直流伺服电动机的机械特性曲线。

现在分析直流伺服电动机的机械特性 $n=f(T)$。

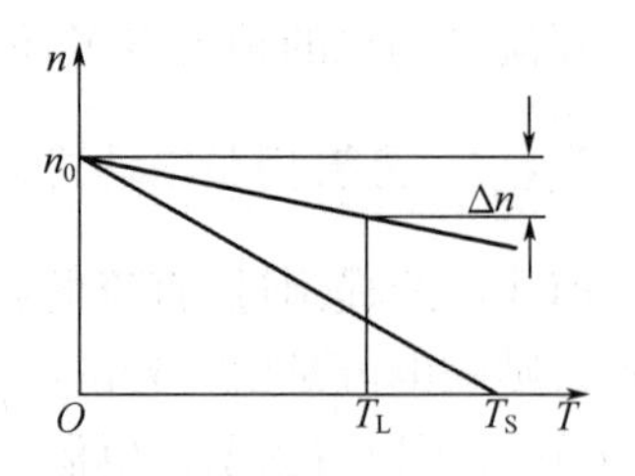

图 3－18 直流伺服电动机的机械特性曲线

(1)当 $T=0$ 时，$n=n_0=\dfrac{U}{K_e\Phi}$ 为常数，n_0 称为理想空载转速。令 $\beta=\dfrac{R}{K_eK_t\Phi^2}$，显然，此时 β 是一个常数，称为机械特性的斜率，其定义式为

$$\beta=\frac{dn}{dT}$$

式(3－5)可写为

$$n=n_0-\beta T \tag{3-6}$$

(2)当转速 $n=0$，即电动机刚通电时的启动转矩 T_s 可由式(3－5)得

$$T_s=\frac{U}{R}K_t\Phi$$

T_s 又称堵转转矩。式中 U/R 为启动时的电流，一般直流电动机的该值很小，因此启动力矩不能满足要求。

(3)当电动机带动某一负载 T_L 时，电动机转速与理想空载转速 n_0 之间会有一个差值 Δn，它反映了电动机机械特性的硬度，Δn 越小，机械特性越硬。由式(3－5)可得

$$\Delta n=\frac{R}{K_eK_t\Phi^2}T_L$$

Δn 的大小与电动机的调速范围有密切关系，Δn 值大，不可能实现宽带范围的调速。进给系统要求很宽的调速范围，为此应该采用永磁直流伺服电动机。

3.4.3 直流伺服电动机的调速原理与方法

根据直流电动机的机械特性方程式(3－5)和式(3－6)，可得调速公式如下：

$$n=\frac{U}{K_e\Phi}-\frac{R}{K_eK_t\Phi^2}T=n_0-\beta T$$

因此，直流电动机的基本调速方式有三种，即调节电阻 R、调节电枢电压 U 和调节磁通 Φ 的值。

1. 改变电枢回路电阻的调速

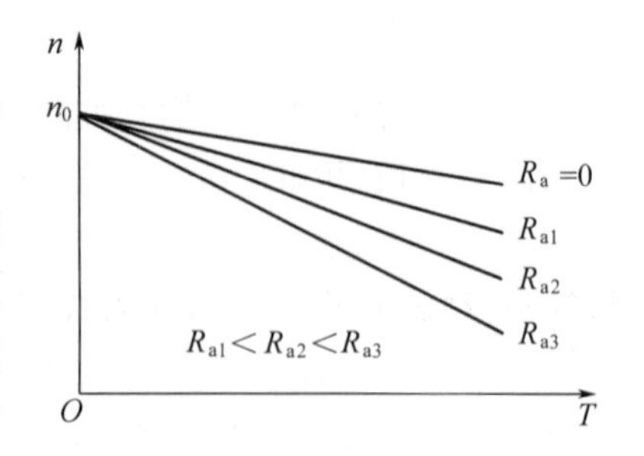

图 3－19 改变电枢电路电阻的调速

在电枢电路中的电阻 R 串联一个变电阻 R_a 时，机械特性(R 越大，β 越大，n_0 不变)如图 3－19 所示。可见，直流电动机的机械特性为一向下倾斜的直线，即随着外负载的增加，其转速线性地下降：当增大电枢电阻时，直流电动机的空载理想转速不变，但电动机的机械特性变软，即当电动机外负载增加时，电动机转速相对理想转速的下降值增加，稳定转速下降，输出的机械功率下降。这是由于负载增加，电动机的电流增加，电阻所消耗的功率增加所致。因此，调节电枢电阻调速的方法是不经济的。在实际伺服系统中应用少。

2. 改变电枢电压的调速

改变电枢电压 U 时的机械特性（U 越大，n_0 越大，β 不变）如图3－20所示，此时应注意，由于电动机绝缘耐压强度的限制，电枢电压只允许在其额定值以下调节。

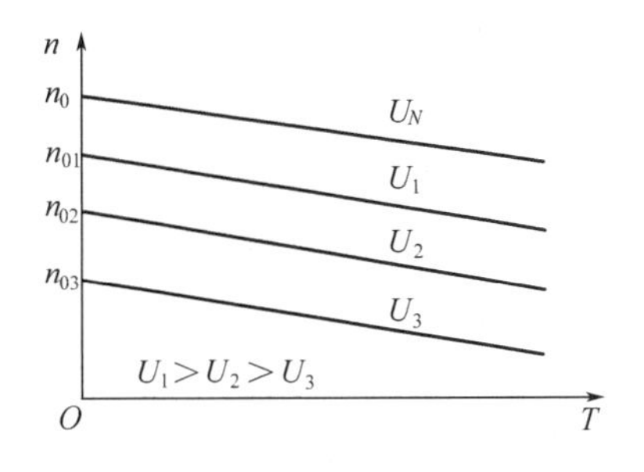

图3－20 改变电枢电压的调速

调节电枢的电压调速时，直流电动机的机械特性为一组平行线，即机械特性曲线的斜率不变，而只改变电动机的理想转速，保持了原有较硬的机械特性。这种调速方法有以下特点：

（1）当电源电压连续变化时，转速可以平滑无级调节，但一般只能在额定转速以下调节；

（2）机械特性硬度不变（β 不变），调速的稳定度较高，调速范围较大；

（3）电枢电压调速属恒转矩调速，适合于对恒转矩型负载进行调速。

电枢电压调速是数控机床伺服系统中用得最多的调速方法，后面将讲到的晶闸管供电的速度控制和晶体管直流脉宽（PWM）调速系统都是电枢电压调速原理的具体应用。

3. 改变励磁磁通 Φ 调速

改变磁通 Φ 时的机械特性（Φ 越大，n_0 越小，β 越小）如图3－21所示，此时应注意，由于励磁线圈发热和电动机磁饱和限制，电动机的励磁电流和它对应的磁通只能在低于其额定值的范围内调节。

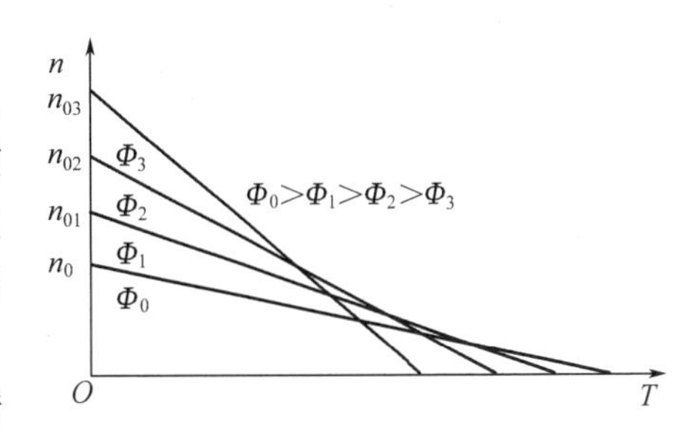

图3－21 改变磁通时的调速

对于调磁调速，不但改变了电动机的理想转速，而且也使机械特性变软，使电动机抗负载变化的能力降低。因此，直流电动机广泛使用调节电枢电压的调速方式。

另外，削弱磁通时，必须注意，当磁通过分削弱后，如果负载转矩不变，电动机电流将大大增加而严重过载。当 $\Phi=0$ 时，从理论上说，电动机转速 $n_0\to\infty$，此时，会出现“飞车”，这是不允许的。因而，在直流他励电动机的使用当中，一般都设有“失磁”保护。

这种调速方法的特点是：

（1）可以平滑无级调速，即在额定转速以上调节；

（2）调速特性较软，且受电动机换向条件的限制，所以调速范围不大；

（3）调速时维持电枢电压 U 和电枢电流 I_d 不变，即功率 $P=UI_d$ 不变，属恒功率调速，所以这种调速方法适合于对恒功率型负载进行调速。

弱磁调速范围不大，因此它往往是和调压调速配合使用，即在额定转速以下用降压调速，而在额定转速以上，则用弱磁调速。

以上是以他励式电磁电流电动机为对象对调速原理进行分析的，若主磁场 Φ 由永久磁铁产生，则 Φ 定值不能调节，故永久磁铁型直流电动机主要是用改变电枢电压的方法进行调速的。

3.4.4 直流伺服电动机速度控制单元的调速控制方式

数控机床驱动装置中,直流伺服电动机速度控制单元多采用晶闸管(可控硅,semiconductor control rectifier,SCR)调速系统和晶体管脉宽调制(plse width modulation,PWM)调速系统。

1. 晶闸管调速控制系统

只通过改变晶闸管触发角 α,以达到对电动机进行调速的范围较小,为满足数控机床的调速范围要求,可采用带有速度反馈的闭环系统。为增加调速特性的硬度,充分利用电动机过载能力,加快启动过程,需要加一个电流反馈环节,实现双闭环调速。图 3-22 为一典型的双环调速系统。

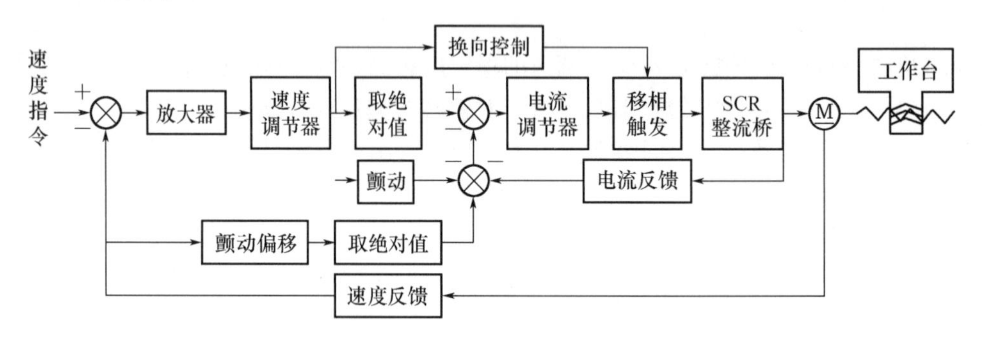

图 3-22 双闭环调速系统

当给定的速度指令信号增大时,速度调节器输入端会有较大的偏差信号,放大器的输出信号随之加大,触发脉冲前移,整流器输出电压提高,电动机转速相应地上升;同时,测速发电机输出电压增加,反馈到输入端使偏差信号减小,电动机转速上升减慢,直到速度反馈值等于或接近给定值时系统达到新的平衡。

当负载增加时,转速会下降,测速发电机输出电压下降,使速度调节器输入偏差信号增大,放大器输出电压增加,触发脉冲前移,晶闸管整流器输出电压升高,从而使电动机转速上升,直到恢复原干扰前的转速;电流调节器可对速度调节器电流反馈信号进行补偿,使 SCR 整流器输出电压恢复到原值,抑制了主回路电流的变化。

当速度给定信号为阶跃函数时,电流调节器输入值很大,输出值整定在最大的饱和值,电枢电流值最大。因而,电动机在加速的过程中可始终保持在最大转矩和最大加速度状态,使启动、制动过程最短。

双环调速系统具有良好的静态、动态指标,可最大限度地利用电动机过载能力,实现过渡过程最短。上述晶闸管调速的缺点在于低速轻载时,电枢电流出现断续,机械特性变软,总放大倍数下降,动态品质变坏。可采用电枢电流自适应调节器或者增加一个电压调节内环,组成三环来解决。

2. 晶体管脉宽调制(PWM)调速系统

由于功率晶体管比晶闸管具有更优良的特性,目前功率晶体管的功率、耐压等都已大大提高,所以在中、小功率直流伺服驱动系统中,晶体管脉冲宽度调制(PWM)方式驱动系统得到了广泛应用。

晶体管直流脉宽调制(PWM)调速系统简称脉宽调速系统,是利用脉宽调制器对大功率晶体管开关时间进行控制，将直流电压转变成一系列某一频率的单极性或双极性方波电压，加到直流电动机电枢的两端，通过对方波脉冲宽度的控制，改变电枢的平均值，从而达到调整电动机转速的目的。PWM 方式的速度控制系统主要由脉冲宽度调制器和脉冲功率放大器两部分组成。

1)PWM 调速系统的特点

与晶闸管调速控制相比，晶体管脉宽调速控制有如下特点：

(1)电动机损耗和噪声小　晶体管开关频率很高，远比转子所跟随的频率高，也即避开了机械的共振。由于开关频率高，使得电枢电流仅靠电枢电感或附加较小的电抗器便可连续，所以电动机耗损和发热小。

(2)晶体管的开关性能好，控制简单　功率晶体管工作在开关状态，其耗损小，且控制方便。只需在基极加以信号就可以控制其开关。

(3)系统动态特性好，响应频带宽　晶体管的电容小，截止频率高于可控硅，允许系统有较高的工作频率、较宽的工作频带，可获得好的系统动态性能，动态响应迅速，也可避免机床的共振区，使机床加工平稳，从而可提高加工质量。

(4)电流脉动小，波形系数小　电动机负载呈感性，电路的电感值与频率成正比关系，因此电流脉动的幅度随频率的升高而下降。PWM 的高工作频率使电流的脉动幅度大大削弱，电流的波形系数接近于1，使得电动机内部发热少，输出转矩平稳，对低速加工有利。

(5)电源的功率因数高　PWM 系统的直流电源为不控整流输出，相当于可控硅导通角为最大时的工作状态，功率因数与输出电压无关，整个工作范围内的功率因数可达90%，从而大大改善了电源的利用率。

(6)功率晶体管承受高峰值电流的能力差。

2)PWM 系统的工作原理

PWM 调速系统可分为控制部分、晶体管开关式放大器和功率整流器三部分。控制部分包括速度调节器、电流调节器、固定频率振荡器及三角波发生器、脉冲宽度调制器以及基极的驱动电路。脉宽调制(PWM)系统的工作原理如图3-23所示。

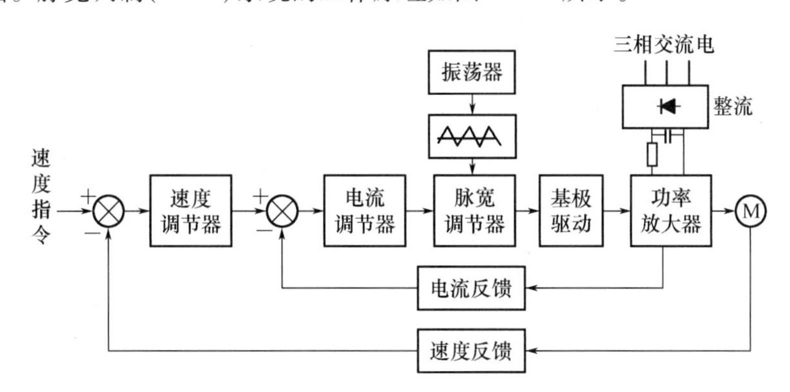

图3-23　脉宽调制(PWM)系统的工作原理图

速度调节器和电流调节器与可控硅驱动系统一样，可以采用双环控制，其中差别为脉宽调制以及功率放大器部分。脉宽调制是使功率放大器中的晶体管开关工作，开关频率保持恒定，用调整每周期内的导通时间的方法来改变功率晶体管的输出，从而使电动机电枢两端获得宽度随时变化的确定频率的电压脉冲。脉宽的连续变化，使得电枢电压的平均值也连续变化，因而使电动机的转速连续调整。脉宽调制器也是使电流调节器输出的直流电压电平（随时间缓慢变化）与振荡器产生的确定频率的三角波叠加，然后利用线性组件产生宽度可变的矩形脉冲，经驱动回路放大后加到晶体管的基极，控制其开关周期及导通的持续时间。

与晶闸管调速系统不同的部分：一是主回路，即脉宽调制式的开关放大器；二是脉宽调制器。这两部分正是 PWM 系统的核心。

3.5 交流伺服电动机及其速度控制

随着微电子技术、大规模集成电路制造工艺、计算机技术和现代控制理论的发展，交流电动机的控制技术、调速性能得到了不断提高，机床进给伺服系统在经历了开环的步进电动机系统、直流伺服系统两个分阶段之后，已进入了交流伺服系统阶段。交流伺服系统取得了主导地位。

3.5.1 交流伺服电动机的分类

交流伺服电动机分为交流永磁式伺服电动机和交流感应式伺服电动机。

永磁式交流伺服电动机相当于交流同步电动机，常用于进给伺服系统；感应式交流伺服电动机相当于交流感应异步电动机，常用于主轴伺服系统。两种伺服电动机的工作原理都是由定子绕组产生旋转磁场，使转子跟随定子旋转磁场一起运行。不同点是交流永磁式伺服电动机的转速与外加交流电源的频率存在着严格的同步关系，即电动机的转速等于同步转速；而感应式伺服电动机由于需要转速差才能产生电磁转矩，所以电动机的转速低于同步转速，转速差随外负载的增大而增大。同步转速的大小等于交流电源的频率除以电动机极对数。因而交流伺服电动机可以通过改变供电电源频率的方法来调节其转速。

3.5.2 永磁式交流伺服电动机的工作原理

如图 3－24 所示，一个二极永磁转子（也可以是多极的），当定子三相绕组通上交流电源后，就产生一个旋转磁场，图中用另一对旋转磁极表示，该旋转磁场将以同步转速 n_s 旋转。由于磁极同性相斥，异性相吸，定子旋转磁极与转子的永磁磁极互相吸引，并带着转子一起旋转，因此，转子也将以同步转速 n_s 与旋转磁场一起旋转。

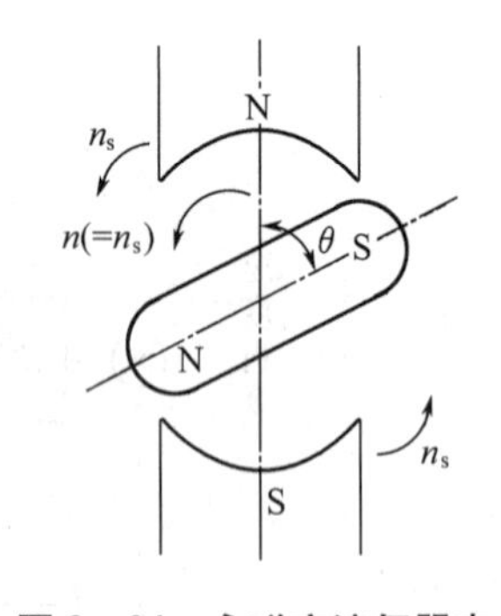

图 3－24 永磁交流伺服电动机的工作原理

当转子加上负载转矩之后，转子磁极轴线将落后定子磁场轴线一个 θ 角，随着负载增加，θ 角也随之增大，负载减小时，θ 角也减小，只要不超过一定限度，转子始终跟着定子的旋转磁场以恒定的同步转速 n_s 旋转。

转子速度 $n_r = n_s = 60\ f/p$，即由电源频率 f 和磁极对数 p 所决定。

当负载超过一定极限后，转子不再按同步转速旋转，甚至可能不转，这就是同步电动机的失步现象，此负载的极限称为最大同步转矩。

永磁同步电动机启动困难，不能自启动的原因有两点：一是由于本身存在惯量。虽然当三相电源供给定子绕组时已产生旋转磁场，但转子仍处于静止状态。由于惯性作用跟不上旋转磁场的转动,在定子和转子两对磁极间存在相对运动时转子受到的平均转矩为零。二是定子、转子磁场之间转速相差过大。为此,在转子上装有启动绕组,且为笼式的启动绕组,使永磁同步电动机先像感应异步电动机那样产生启动转矩。当转子速度上升到接近同步转速时,定子磁场与转子永久磁极相吸引,将其拉入同步转速,使转子以同步速旋转,即所谓的异步启动,同步运行。而永磁交流同步电动机中多无启动绕组,而是采用设计时减小转子惯量或采用多极,使定子旋转磁场的同步转速不很大。另外,也可在速度控制单元中采取措施,让电动机先在低速下启动,然后再提高到所要求的速度。

3.5.3　永磁同步伺服电动机的性能

(1)交流伺服电动机的性能如同直流伺服电动机一样,可用特性曲线和数据表来反映。当然,最为重要的是电动机的工作曲线,即转矩－速度特性曲线,如图3－25所示。

在连续工作区中,速度和转矩的任何组合都可连续工作。但连续工作区的划分受到一定条件的限制。一般说来,有两个主要条件:一是供给电动机的电流是理想的正弦波;二是电动机工作是在某一特定温度下得到这条连续工作权限线的。如温度变化则为另一条曲线,这是由于所用的磁性材料的负的温度系数所致。至于断续工作区的极限,一般受到电动机的供电电压的限制。

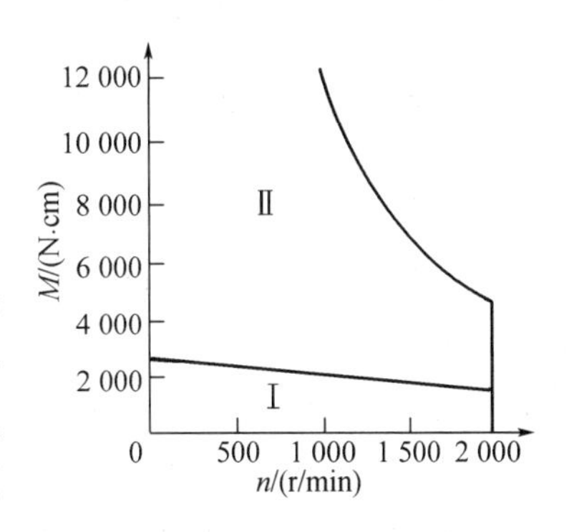

Ⅰ—连续工作区;Ⅱ—断续工作区。

图3－25　永磁同步电动机工作曲线

交流伺服电动机的机械特性比直流伺服电动机的机械特性要硬,其直线更为接近水平线。另外,断续工作区范围更大,尤其是在高速区,这有利于提高电动机的加、减速能力。

(2)高可靠性。用电子逆变器取代了直流电动机换向器和电刷,工作寿命由轴承决定。因无换向器及电刷,也省去了此项目的保养和维护。

(3)主要损耗在定子绕组与铁芯上,故散热容易,便于安装热保护;而直流电动机损耗主要在转子上,散热困难。

(4)转子惯量小,其结构允许高速工作。

(5)体积小、质量小。

3.5.4　交流伺服电动机的调速原理

由电机学基本原理可知,交流电动机的同步转速为

$$n = \frac{60f}{p}(\mathrm{r/min})$$

异步电动机的转速为

$$n = \frac{60f}{p}(1 - S) \tag{3-7}$$

式中　f——定子电源频率,Hz;

p——电动机定子绕组磁极对数;

S——转差率。

由式(3－7)表明,要改变电动机转速可以采用以下几种方法。

(1)改变磁极对数　改变磁极对数是一种有级的调速方法。它是通过对定子绕组接线的切换以改变磁极对数调速的。

(2)改变转差率调速　改变转差率调速实际上是对异步电动机转差率的处理而获得的调速方法。常用的是降低定子电压调速、电磁转差离合器调速、线绕式异步电动机转子串电阻调速或串级调速等。

(3)变频调速　变频调速是平滑改变定子电源、电压频率,而使转速平滑变化的调速方法。这是交流电动机的一种理想调速方法。电动机从高速到低速其转差率都很小,因而变频调速的效率和功率因数都很高。

3.5.5　交流伺服电动机的速度控制单元

永磁同步伺服电动机的调速与异步伺服电动机的调速有不同之处(异步型的 $n=(\frac{60f}{p})(1-S)$),即不能用调节转差率 S 的方法来调速,也不能用改变磁极对数 p 来调速,而只能用变频(f)方法调速才能满足数控机床的要求,实现无级调速。

永磁交流伺服系统按其工作原理、驱动电流波形和控制方式的不同,又可分为:矩形波电流驱动的永磁交流伺服系统和正弦波电流驱动的永磁交流伺服系统。前者的永磁交流伺服电动机也称为无刷直流伺服电动机,后者的也称为无刷交流伺服电动机。从发展趋势看,正弦波驱动将成为主流。

永磁交流伺服电动机变频调速控制单元中的关键部件之一是变频器。变频器又分为交－直－交型和交－交型变频器,前者广泛应用在数控机床的伺服系统中。通常交－直－交型变频器中的交－直变换是将交流电变为直流电,而直－交变换是将直流电变为调频、调压的交流电,采用脉冲宽度调制逆变器来完成。逆变器有晶闸管和晶体管逆变器之分,而数控机床上的交流伺服系统几乎全部采用晶体管逆变器。

1. SPWM 变频器

SPWM 变频器,即正弦波 PWM 变频器,属于交－直－交静止变频装置。它先将 50 Hz 的工频电源经整流变压器变到所需的电压后,经二极管整流和电容滤波,形成恒定直流电压,再送入由大功率晶体管构成的逆变器主电路,输出三相频率和电压均可调整的等效于正弦波的脉宽调制波(SPWM 波),去驱动交流伺服电动机运转。由于 PWM 型变频器采用脉宽调制原理,克服或改善了相控原理中的一些缺点,具有输入功率因数高和输出波形好的优点,因而在调速系统中得到了广泛应用。SPWM 调制的基本特点是等距、等幅,而不等宽。它是中间脉冲宽而两边脉冲窄,其各个脉冲面积和与正弦波下面积成比例。脉宽基本上按正弦分布,是一种最基本也是应用最广泛的调制方法。

(1)SPWM 波形与等效正弦波　SPWM 逆变器是用来产生正弦脉宽调制波,即 SPWM 波形。工作原理是把一个正弦半波分成 N 等份,然后把每一等份的正弦曲线与横坐标所包围的面积都用一个与此面积相等的矩形脉冲来代替,这样可得到 N 个等高而不等宽的脉冲。这 N 个脉冲对应着一个正弦波的半周。对正弦波的负半周也采取同样处理,得到相应的 $2N$ 个脉冲,这就是与正弦波等效的正弦脉宽调制波,即 SPWM 波。其波形如图 3－26 所示。

(2)产生 SPWM 波形的原理　SPWM 波形可用计算机技术产生,对给定的正弦波用计

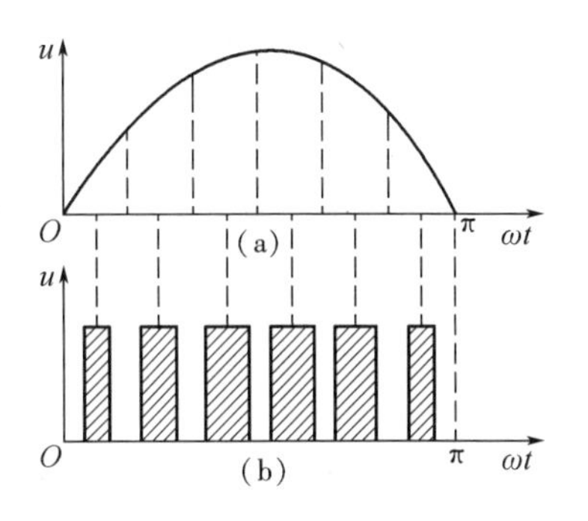

图3－26　与正弦波等效的矩形脉冲波形

算机算出相应脉冲宽度，通过控制电路输出相应波形，或用专门集成电路芯片产生；也可采用模拟电路“调制”理论为依据产生。其方法是以正弦波为调制波对等腰三角波为载波的信号进行“调制”。调制电路仍可采用电压比较放大器，调制原理与直流脉宽调速系统中的调制相似，所不同的是这里需要三相 SPWM 波形。其原理图如图 3－27 所示。要获得三相 SPWM 脉宽调制波形，则需要三个互成 120°的控制电压 U_a、U_b、U_c 分别与同一三角波比较，获得三路互成 120°的 SPWM 脉宽调制波 U_{0a}、U_{0b}、U_{0c}。而三相控制电压 U_a、U_b、U_c 的幅值和频率都是可调的。三角波频率为正弦频率 3 倍的整数倍，所以保证了三路脉冲调制波形 U_{0a}、U_{0b}、U_{0c}和时间轴所组成的面积随时间的变化互成 120°相位角。

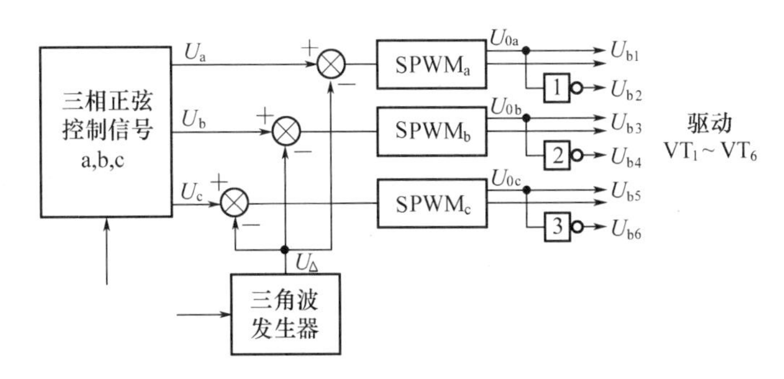

图3－27　三相 SPWM 控制电路原理

2. SPWM 变频调速系统

图 3－28 所示为 SPWM 变频调速系统框图。速度（频率）给定器给定信号，用以控制频率、电压及正反转；平稳启动回路使启动加、减速时间可随机械负载情况设定达到软启动目的；函数发生器是为了在输出低频信号时，保持电动机气隙磁通一定，补偿定子电压降的影响而设。电压频率变换器将电压转换为频率，经分频器、环形计数器产生方波，和经三角波发生器产生的三角波一并送入调制回路；电压调节器和电压检测器构成闭环控制，电压调节器产生频率与幅度可调的控制正弦波，送入调制回路；在调制回路中进行 PWM 变换产生三相的脉冲宽度调制信号；在基极回路中输出信号至功率晶体管基极，即对 SPWM 的主回路进行控制，实现对永磁交流伺服电动机的变频调速；电流检测器进行过载保护。

为了加快运算速度，减少硬件，一般采用多 CPU 控制方式。例如：用两个 CPU 分别控制 PWM 信号的产生和电动机－变频器系统的工作，称为微机控制 PWM 技术。目前国内外 PWM 变频器的产品大多采用微机控制 PWM 技术。

3.5.6　交流伺服电动机的矢量控制调速

交流伺服电动机的矢量控制（vector control），是既适用于异步型电动机，也可用于同步型电动机的一种调速控制方法。它是在 PWM 变频异步电动机调速的基础上发展起来的。因为数控机床的主轴在工作时，为保证加工质量，对恒转矩有更高的要求，所以主轴交流电动机更广泛地采用矢量控制调速方式。

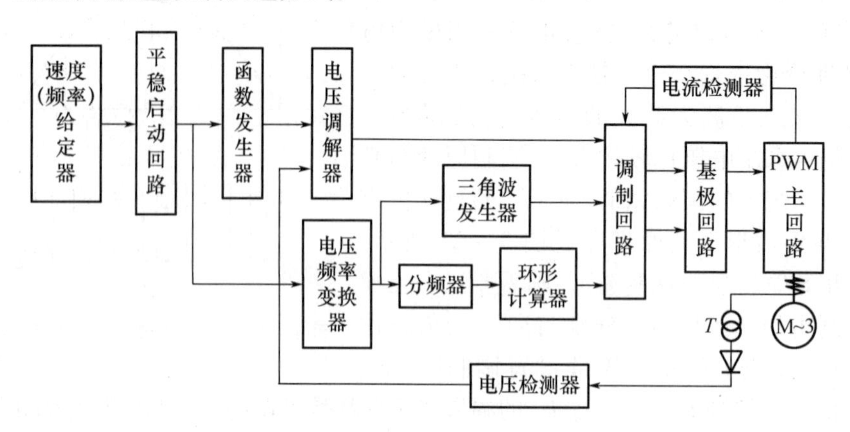

图 3-28　SPWM 变频调速系统框图

1. 交流感应异步电动机的矢量控制

1)矢量控制原理

直流伺服电动机之所以能获得优良的动态与静态性能,其根本原因是被控量只有电动机磁场 Φ 和电枢电流 I_R,且这两个量是相互独立的。此外,电磁转矩 $T=K_t\Phi I_R$,T 与 Φ、I_R 成比例关系,因此控制简单,性能优良。如果能够模拟直流电动机,求出异步电动机与之对应的磁场与电枢电流,分别而独立地加以控制,就会使异步电动机具有与直流电动机近似的优良性能。为此,必须将三相交变量(矢量)转换为与之等效的直流量(标量)。建立起异步电动机的等效数学模型,然后按照直流电动机的控制方式对其进行控制。所以,这种控制方法叫异步电动机的矢量控制。

根据交流电动机理论中异步电动机电磁转矩关系 $T=K_t\Phi I_2\cos\varphi_2$ 可知,电磁转矩与气隙磁通 Φ 和转子电流 I_2 成正比。在这里 Φ 是矢量,它是由定子电流 I_1 与转子电流 I_2 合成电流 I_0 产生的,并处于旋转状态。与直流电动机相比,由于交流电动机没有独立的激磁回路,可以把转子电流 I_2 比作直流电动机电枢电流 I_R,则转子电流 I_2 时刻影响着气隙磁通 Φ 的变化,Φ 不再是独立的变量。其次,交流电动机输入量的定子电压和电流均是随时间交变的量,而磁通是空间交变矢量。如果仅仅控制定子电压和频率,其输出特性 $n=f(T)$ 显然将不会是线性的。为此可利用等效概念,将三相交流输入电流变为等效的直流电动机中彼此独立的激磁电流 I_f 和电枢电流 I_R,然后和直流电动机一样,通过两个量的反馈控制实现对电动机的转矩控制。再通过相反的变换,将被控制等效直流量还原为三相交流量,控制实际的三相交流电动机。则三相交流电动机的调速性能就能完全体现出直流电动机的调速性能,这就是矢量控制的基本思想。

等效变换的准则是使变换前后有同样的旋转磁动势,即必须产生同样的旋转磁场。

2)矢量变换运算

矢量变换控制主要应用以下数学模型。

(1)三相/二相变换($U,V,W/\alpha,\beta$)　这种变换是将三相交流电动机变换为等效二相交流电动机及其反变换。图 3-29(a)为三相交流电动机彼此相差 120°电角度的三相平衡交流电流 i_U、i_V 和 i_W,于是定子上产生以同步角速度 ω_0 旋转的磁场矢量 Φ。如果用图 3-29(b)中的在空间上相差 90°的二相绕组 α 和 β 来代替,并分别通以时间相差 90°的平衡电流

i_α 和 i_β，使其产生的同步角速度 ω_0，旋转磁场 Φ 也分别与三相 U、V、W 绕组产生的效果一致，则可以认为图 3-29(a)和(b)中的两套绕组是等效的。

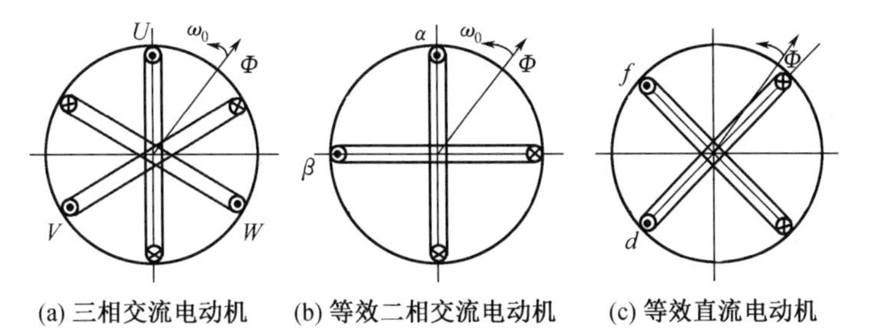

图 3-29 交流电动机三相/二相直流电动机变换

因此，参考图 3-30(a)，可得三相/二相的磁动势转换方程为

$$F_\alpha = F_U - F_V\cos 60^\circ - F_W\cos 60^\circ = F_U - \frac{1}{2}F_V - \frac{1}{2}F_W$$

$$F_\beta = F_V\sin 60^\circ - F_W\sin 60^\circ = \frac{\sqrt{3}}{2}F_V - \frac{\sqrt{3}}{2}F_W$$

按磁动势与电流成正比的关系，可求得对应电流值 i_α 和 i_β 为

$$i_\alpha = i_U - \frac{1}{2}i_V - \frac{1}{2}i_W$$

$$i_\beta = \frac{\sqrt{3}}{2}i_V - \frac{\sqrt{3}}{2}i_W$$

除磁动势的变换外，变换中用到的其他物理量，只要是三相平衡量与二相平衡量，则转换方式相同。这样就将图 3-29(a)所示的三相交流电动机转换为图 3-29(b)所示的等效二相交流电动机。

(2)矢量旋转变换(VR) 将三相电动机转化为二相电动机后，还需将二相交流电动机转换为等效的直流电动机。在直流电动机中，如果电枢反应得以完全补偿，激磁磁动势与电枢磁动势正交。若设图 3-29(c)中 f 为激磁绕组，通以激磁电流 i_f，d 为电枢绕组，通以电枢电流 i_d，则 i_f 产生固定幅度的磁场 Φ；若将 f、d 绕组以角速度 ω_0 旋转，Φ 就变为空间旋转磁场。将二相交流电动机向直流电动机的等效变换，实质上就是矢量向标量的变换，就是由静止的 $\alpha\beta$ 直角坐标系，向以角速度 ω_0 旋转的 fd 直角坐标系变换，其目的就是要把 i_α、i_β 转化为 i_f、i_d，其关键就是变换条件保证合成磁场不变。如图 3-30(b)所示，i_α 和 i_β 的合成矢量是 i_1，将 i_1 向旋转坐标的 f 轴方向及垂直的 d 轴方向投影，即可求得 i_f 与 i_d。i_f 与 i_d 在空间以 ω_0 角速度旋转。这里，θ 为合成矢量 i_1 与旋转坐标 d 轴的夹角，φ 为旋转坐标 d 轴与静止坐标 β 轴的夹角。转换公式为

$$i_f = i_\alpha\cos\varphi + i_\beta\sin\varphi$$

$$i_d = i_\alpha\sin\varphi + i_\beta\cos\varphi$$

以上变换以磁通轴为基准，所以，变换系统中关键是要得到实际的磁通，包括幅度及其他空间位置。

(3)直角坐标/极坐标变换(K/P) 在图 3-30(b)中可知，欲从 i_f 与 i_d 求取 i_1 和 θ 时，就要用到直角坐标/极坐标的变换。显然，矢量控制的直角坐标/极坐标的变换公式为

$$i_1 = \sqrt{i_f^2 + i_d^2}$$

$$\tan\theta = \frac{i_d}{i_f}$$

根据矢量变换原理可组成矢量控制的 PWM 变频调速系统。

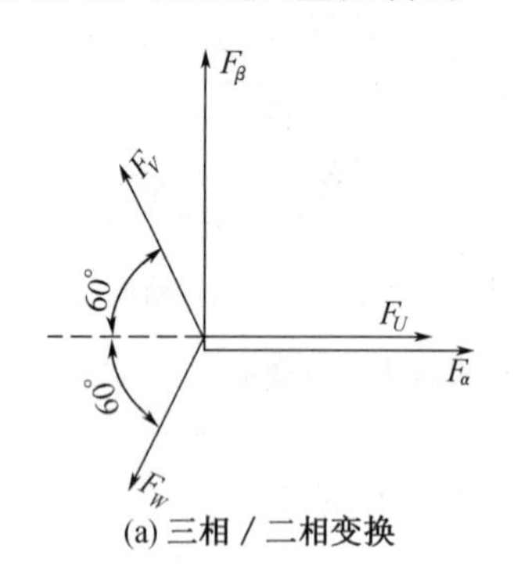

(a) 三相 / 二相变换

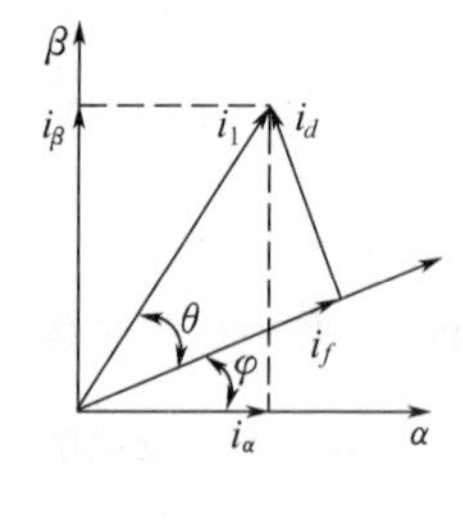

(b) 矢量旋转与直角坐标系 / 极坐标变换

图 3－30　矢量变换原理图

3）矢量控制的实现方法

矢量控制原理图如图 3－31 所示。图中带“＊”号标记的表示各量的控制值，不带“＊”号的量表示实际测量值。上述原理图类似于直流电动机的双环调速系统。ST 为速度调节器，它的输出相当于直流电动机电枢电流的 i_d^* 信号，由 ΦT 为磁通调节器，输出 i_f^* 信号。这两个信号经坐标变换器 K/P 合成为定子电流幅值给定信号 i_1^* 和相角给定信号 θ_1^*，前者经电流调节器 LT 控制变频器电流幅值，后者用于控制电流型逆变器各相的导通时间。而实际的三相电流再经 3/2 相变器和矢量旋转变换器 VR 得到等效电流 i_f 与 i_d，然后再经坐标变换器得到定子电流幅值的反馈信号 i_1。逆变器的频率控制都用转差控制方式，由 i_d^* 和 Φ_m 信号经运算可得转差速度 ω_s，与实际转速 ω 相加后，得到同步转速 ω_0，再经积分器得到磁通同步转角 θ_0，然后再与电流相位角 θ_1^* 相加，以便及时而准确地控制电流波形，从而得到好的动态性能。为了控制气隙磁通，可以在电动机轴上安装磁通传感器来直接检测气隙磁通，但这种方法不易实现，且在检测信号中包含有需要滤掉的脉冲分量。现实都是采用间接磁通控制。

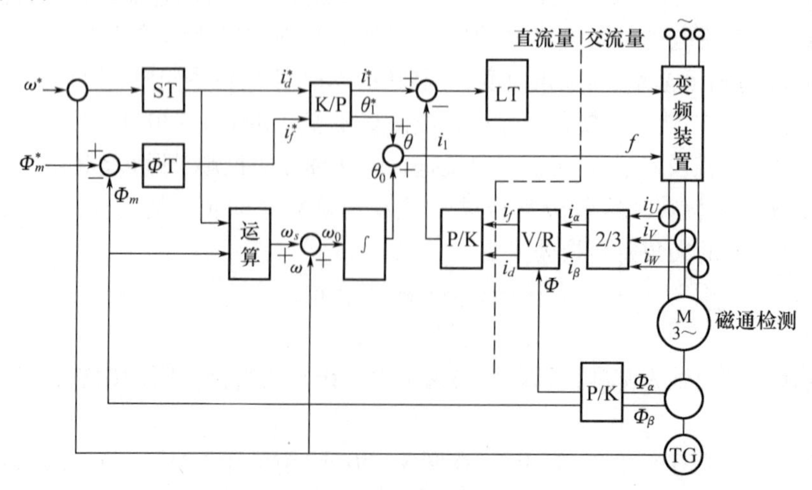

图 3－31　矢量变换控制原理图

4)矢量控制调速的特点

(1)速度控制精度和过滤过程响应时间与直流电动机大致相同,调速精度可达 ±0.1%。

(2)自动弱磁控制与直流电动机调速系统相同,弱磁调速范围为4:1。

(3)过载能力强,能承受冲击负载、突然加减速和突然可逆运行;能实现四象限运行。

(4)性能良好的矢量控制的交流调速系统比直流系统效率高约2%,不存在直流电动机换向火花问题。

2. 交流永磁同步电动机的矢量控制

1)基本原理

直流电动机中,无论转子在什么位置,转子电流所产生的电枢磁动势总是和定子磁极产生的磁场成90°电角度。因而它的转矩与电枢电流成简单的正比关系。交流永磁同步电动机的定子有三相绕组,转子为永久磁铁构成的磁极,同轴连接着转子位置编码器检测转子磁极相对于定子各绕组的相对位置。该位置与转子角度的正弦函数关系联系在一起。位置编码器和电子电路结合,使得三相绕组中流过的电流和转子位置转角成正弦函数关系,彼此相差120°电角度。三相电流合成的旋转磁动势在空间的方向总是和转子磁场成90°电角度(超前),产生最大转矩,如果能建立永久磁铁磁场、电枢磁动势及转矩的关系,在调速过程中,用控制电流来实现转矩的控制,这就是矢量控制的目的。

2)永久磁铁磁场、电枢磁动势及转矩的关系

电动机的速度控制,实际上是通过转矩的变化实现的。直流电动机转矩的控制方法简单,对于永磁直流电动机来说,仅仅改变电枢电流就可实现。无论直流电动机转子在什么位置,转子电流产生的电枢磁动势总是和定子磁极产生的磁场在空间成90°电角度。转矩公式用下式表示:

$$T = K_t' \Phi_t i$$

对一般直流电动机来说,认为永久磁铁磁场产生的磁通 Φ_t 是恒定的,只要改变电流就可以改变转矩的大小,即

$$T = K_t i$$

与直流电动机不同,交流电动机的磁通、磁动势在空间不是静止的,而是以同步速度在空间旋转,它们的大小和之间的夹角是变化的。永磁同步电动机的示意图及矢量关系如图3-32所示。其三相绕组电流可用下式表示:

$$\begin{cases} i_A = i_m\cos(\omega t + \varphi) \\ i_B = i_m\cos(\omega t + \varphi - 120^\circ) \\ i_C = i_m\cos(\omega t + \varphi + 120^\circ) \end{cases}$$

式中 ω——转子转动的角频率;

φ——初相角。

同步电动机在正常运行时,转速是恒定转速。故可将三相绕组的电流写成空间位置的函数,即

$$\begin{cases} i_A = i_m\cos(\theta + \varphi) \\ i_B = i_m\cos(\theta + \varphi - 120^\circ) \\ i_C = i_m\cos(\theta + \varphi + 120^\circ) \end{cases}$$

式中,$\theta = \omega t$。

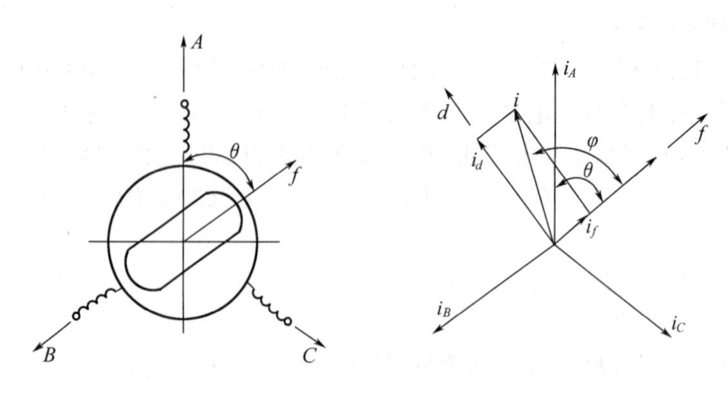

图 3-32 交流永磁同步电动机磁场定向示意图

三相电流形成一个同步旋转的合成电枢磁动势。在稳态下合成磁动势与 Φ_t 之间夹角不变。为此，将三相变为二相，设 f 轴与转子中心线一致，d 轴与 f 轴在空间相差 90°。将电流分解成沿 f 轴、d 轴的两个分量：

$$\begin{bmatrix} i_f \\ i_d \end{bmatrix} = \frac{2}{3}\begin{bmatrix} \cos\theta & \cos(\theta-120^\circ) & \cos(\theta+120^\circ) \\ -\sin\theta & -\sin(\theta-120^\circ) & -\sin(\theta+120^\circ) \end{bmatrix}\begin{bmatrix} i_A \\ i_B \\ i_C \end{bmatrix}$$

进行适当的三角运算，i_f 和 i_d 分别为

$$\begin{cases} i_f = i_m\cos\varphi \\ i_d = i_m\sin\varphi \\ i = i_m \end{cases}$$

可以看出初相角 φ 也就是合成磁动势与 f 轴的夹角，等于 f 轴与 A 相绕组轴线重合时的 A 相电流的相角。所产生的转矩为

$$T = K_t[(\Phi_t + \Phi_f)i_d + \Phi_d i_f]$$

式中，Φ_f、Φ_d 分别为 i_f、i_d 在 f 轴和 d 轴方向引起的磁通。

上式又可写成

$$T = K_t'\Phi_t i\sin\varphi$$

可以看出，当 $\varphi = 90°$ 时，转矩达到最大值，即

$$T = K_t'\Phi_t i$$

把 Φ_t 看成常量，则

$$T = K_t i$$

当 $\varphi = 90°$ 时，空间合成电流只有 d 轴分量 i_d，而 f 轴上的分量 i_f 则为零。

经过上面的变换，可以将交流永磁同步电动机像直流电动机那样简单地用控制电流幅值就可达到控制转矩的目的，而且可以得到最大的力矩。图 3-33 给出了实现上述控制的原理图。

电动机同轴安装了角度位置传感器，根据检测到的角度位置数据，“位置三角函数电路”产生相应的三相对称的三角函数。θ_1 与 θ 的关系为 $\theta_1 = \theta + 90° = \omega t + 90°$。$K_m$ 为输入的转矩参考信号，一般情况下是一个电压电平。该系统能保证转矩与电流的线性关系。

目前，矢量控制系统已能适应恒转矩、恒功率，如风机、泵等负载特性的生产机械，适用

于大、中、小容量异步电动机电力拖动系统,也适用于同步电动机电力拖动。

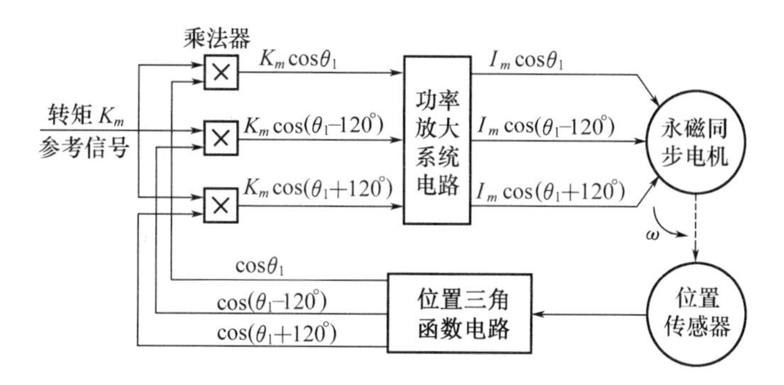

图 3-33 交流永磁同步伺服电动机矢量控制系统原理图

3.6 位置控制系统

位置控制系统是伺服系统的重要组成部分,它是保证位置精度的环节。位置控制系统包括位置控制环、速度控制环和电流控制环,具有位置控制环的系统才是真正完整意义的伺服系统。数控机床进给系统就是包括了三环控制的伺服系统。速度控制前面已经介绍,这里只讲述位置控制环本身的技术。

位置控制按结构分为开环控制和闭环控制两类,按工作原理分为相位控制、幅值控制和数字比较控制等类。开环控制用于步进电动机伺服系统中,其位置精度由步进电动机本身保证;相位控制和幅值控制是早期直流伺服系统中使用的将控制信号变成相位(或幅值),并进行比较的模拟控制方法,现在主要介绍闭环伺服系统的位置控制。

3.6.1 相位比较伺服系统

1. 相位比较伺服系统的组成

相位比较伺服系统是采用相位比较方法实现位置闭环(及半闭环)控制的伺服系统,是数控机床中使用较多的一种位置控制系统。它具有工作可靠、抗干扰性强、精度高等优点。但由于增加了位置检测、反馈、比较等元件,与步进式伺服系统相比,它的结构比较复杂,调试也比较困难。

在进给位置伺服系统中,如果位置检测元件采用相位工作方式时,控制系统中要把指令信号和反馈信号都变成某个载波的相位,然后通过两者相位的比较,得到实际位置与指令位置的偏差。相位比较伺服系统是数控机床常用的一种位置控制系统,常用的检测元件是旋转变压器和感应同步器。相位伺服系统的核心问题是,如何把位置检测转换为相应的相位检测,并通过相位比较实现对驱动执行元件的速度控制。

图 3-34 所示是一个采用感应同步器作为位置检测元件的相位比较伺服系统原理框图,它主要由基准信号发生器、脉冲调相器、检测元件、鉴相器、伺服放大器、伺服电动机等构成。半闭环与闭环控制系统的唯一区别是检测元件在机床上的安装位置不同。

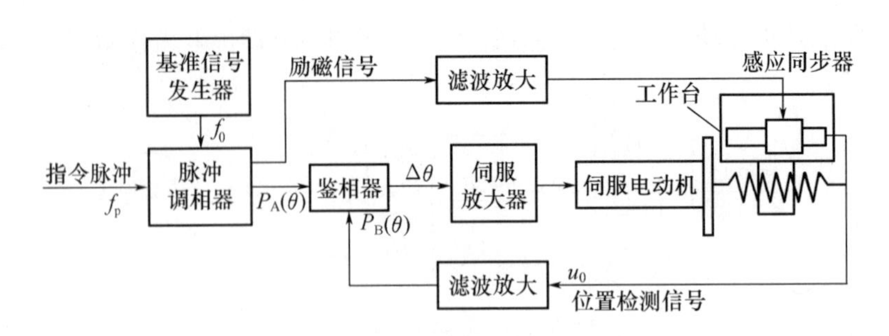

图 3－34　相位比较伺服系统原理框图

2. 相位比较伺服系统的工作原理

在该系统中,感应同步器在相位工作状态,以定尺的相位检测信号经过整形放大后所得的 P_B 作为位置反馈信号。指令脉冲 f_p 经脉冲调相后,转换成频率为 f_0 的脉冲信号 $P_A(\theta)$。$P_A(\theta)$,$P_B(\theta)$ 为两个同频的脉冲信号。它们的相位差 $\Delta\theta$ 反映了指令位置与实际位置的偏差。

当指令脉冲 $f_p=0$ 且工作台处于静止状态时,$P_A(\theta)$,$P_B(\theta)$ 经鉴相器进行比较,输出的相位差 $\Delta\theta=0$,此时伺服放大器的速度给定为0,伺服电动机的输出转速为0,工作台维持在静止状态。

当指令脉冲 $f_p\neq0$ 时,工作台将从静止状态向指令位置移动。这时若设 f_p 为正,经过脉冲调相器,$P_A(\theta)$ 产生正的相移 $+\theta$,即 $\Delta\theta=+\theta>0$。因此,伺服驱动部分应按指令脉冲的方向使工作台做正向移动,以消除 $P_A(\theta)$ 与 $P_B(\theta)$ 的相位差。反之,若设 f_p 为负,则 $P_A(\theta)$ 产生负的相移 $-\theta$,在 $\Delta\theta=-\theta<0$ 的控制下,伺服机构应驱动工作台作反向移动。

总而言之,无论工作台在指令脉冲的作用下做正向或反向移动,反馈脉冲信号 $P_B(\theta)$ 的相位必须跟随指令脉冲信号 $P_A(\theta)$ 的相位做相应的变化。一旦 $f_p=0$,正在运动着的工作台应迅速制动,使 $P_A(\theta)$ 和 $P_B(\theta)$ 在新的相位值上继续保持同频同相的稳定状态。

3.6.2　幅值比较伺服系统

1. 幅值比较伺服系统的组成

幅值比较伺服系统是以位置检测信号的幅值大小来反映机械位移的数值,并以此作为位置反馈信号与指令信号进行比较构成的闭环控制系统。

该系统的特点是,所用的位置检测元件应工作在幅值工作方式。常用的位置检测元件主要有感应同步器和旋转变压器。幅值伺服系统实现闭环控制的过程与相位伺服系统有许多相似之处,在此着重讨论幅值工作方式的位置检测信息如何取得,即怎样构成鉴幅器,以及如何把所取得幅值信号变换成可以与指令脉冲相比较的数字信号,从而获得位置偏差信号构成闭环控制系统。

图 3－35 是幅值比较伺服系统。鉴幅器由低通滤波器、放大器和检波器三部分组成。来自测量元件的信号除包含基波信号之外,还有许多高次谐波,需用低通滤波器将它滤掉。检波器的作用是将滤波后的基波正弦信号转变为直流电压。电压－频率变换器的作用是把检波后输出的模拟电压变成相应的脉冲信号,此电压为正时,输出正向脉冲,此电压为负时,输出反向脉冲。

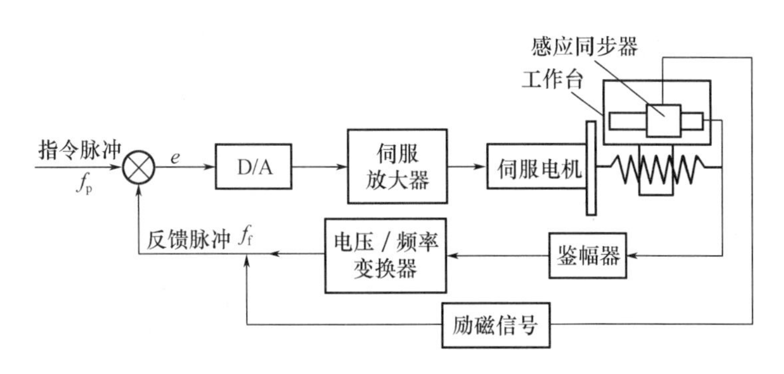

图 3－35 幅值比较伺服系统

2. 幅值比较伺服系统的工作原理

位置检测装置将工作台的位移检测出来，经鉴幅器和电压－频率变换器处理，转换为相应的数字脉冲信号，其输出一路作为位置反馈脉冲 f_f，另一路送入位置检测装置的励磁电路。当进给指令脉冲 f_p 与反馈脉冲 f_f 两者相等，则比较器输出 e 为 0，说明工作台实际移动的距离等于进给指令要求的距离，指引伺服电动机停止从而使工作台停止移动；若 $e \neq 0$，则 f_p 与 f_f 不相等，说明工作台实际位移不等于进给指令要求的位移，伺服电动机会继续运转，带动工作台继续移动，直到 $e = 0$ 为止。

3.6.3 数字比较伺服系统

随着数控技术的发展，在位置控制伺服系统中，采用数字脉冲的方法构成位置闭环控制，受到了普遍的重视。这种系统的主要优点是结构比较简单，目前采用光电编码器作为位置检测元件，以半闭环的控制结构形式构成的数字脉冲比较伺服系统用得较普遍。在闭环控制中，多采用光栅作为位置检测元件。通过检测元件进行位置检测和反馈，构成数字比较伺服系统。

1. 数字比较伺服系统的构成

数字比较伺服系统的结构框图，如图 3－36 所示。整个系统按功能模块大致可分为三部分：由位置检测器产生位置反馈脉冲信号 f_f；实现指令脉冲 f_p 和反馈脉冲 f_f 的比较，以取得位置偏差信号 e；以位置偏差 e 作为速度给定的伺服电动机速度调节系统。

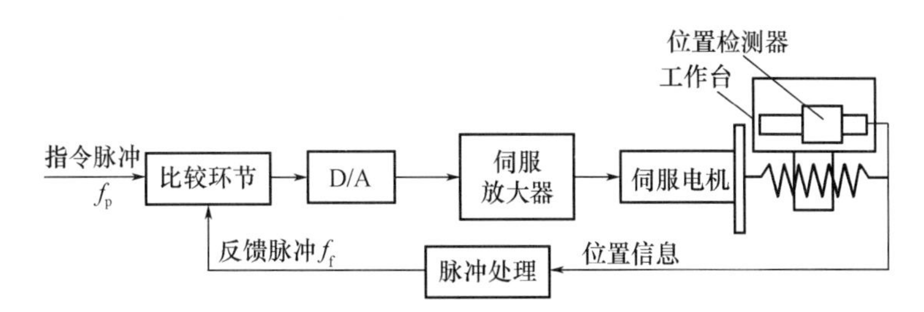

图 3－36 数字比较伺服系统的组成

2. 数字比较伺服系统的工作原理

闭环数字比较伺服系统的工作原理简述如下：

现设工作台处于静止状态，指令脉冲 $f_p = 0$，这时反馈脉冲 f_f 亦为零，经比较环节可知偏

差 $e=f_p-f_f=0$，则伺服电动机的速度给定为零，工作台继续保持静止不动。

随着指令脉冲的输出，$f_p \neq 0$，在工作台尚未移动之前，反馈脉冲 f_f 仍为零。经过比较器将 f_p 与 f_f 比较，得偏差 $e=f_p-f_f \neq 0$，若设指令脉冲为正向进给脉冲，则 $e>0$，由速度控制单元驱动电动机带动工作台正向进给。随着电动机运转，位置检测器将输出反馈脉冲 f_f 送入比较器，与指令脉冲 f_p 进行比较，如 $e=f_p-f_f \neq 0$ 继续运动，不断反馈，直到 $e=f_p-f_f=0$，即反馈脉冲数等于指令脉冲数时，$e=0$，工作台停在指令规定的位置上。如果继续给正向运动指令脉冲，工作台继续运动。当指令脉冲为反向运动脉冲时，控制过程与 f_p 为正时基本上类似。只是此时 $e<0$，工作台做反向进给。最后，也应在指令所规定的反向某个位置，在 $e=0$ 时，准确停止。

3.7 全数字伺服系统

随着计算机技术、电子技术和现代控制理论的发展，数字伺服系统向着交流全数字化方向发展。交流系统取代直流系统，数字控制取代模拟控制。全数字数控是用计算机软件实现数控的各种功能，完成各种参数的控制。在数控伺服系统中，主要表现在位置环、速度环和电流环的数字控制。现在，不但位置环的控制数字化，而且速度环和电流环的控制也全面数字化。数字化控制发展的关键是依靠控制理论及算法、检测传感器、电力电子器件和微处理器功能等的发展。

3.7.1 伺服系统的三种基本控制方式

从伺服系统的发展来看，伺服系统出现过三种基本式，即模拟式、混合式和数字式。

最初的伺服系统大多是模拟式，即系统的各个给定量及反馈量都是模拟量，检测传感器都是模拟式的传感器，位置调节器、速度调节器、电流调节器都是采用模拟的运算放大器和阻容电路构成的 PI 或 PID 调节器。它的结构如图 3－37 所示。这种纯模拟的系统大多是应用于速度控制单元。

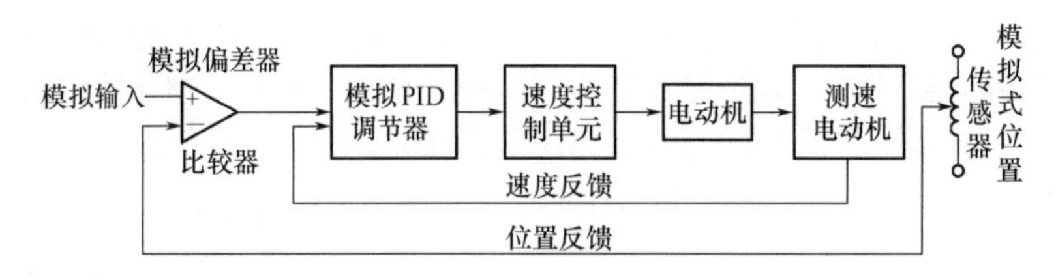

图 3－37 模拟式伺服系统

在数控机床的伺服系统中，需要对位置环、速度环和电流环的控制信息进行处理，根据这些信息是用软件处理还是用硬件处理，可以将伺服系统分为全数字式和混合式。现在，在数控机床的伺服系统中，应用的大多是混合式和数字式的伺服系统。

混合式伺服系统是位置环用软件控制，速度环和电流环用硬件控制。在混合式伺服系统中，位置环控制在数控系统中进行，并由 CNC 插补得出位置指令值，并由位置采样输入实际值，用软件求出位置偏差，经软件位置调节后得到速度指令值，经 D/A 转换后作为速度控制单元（伺服驱动装置）的速度给定值。在驱动装置中，经速度和电流调节后，再经功率放大来驱动控制伺服电动机转速及转向。它的结构如图 3－38 所示。

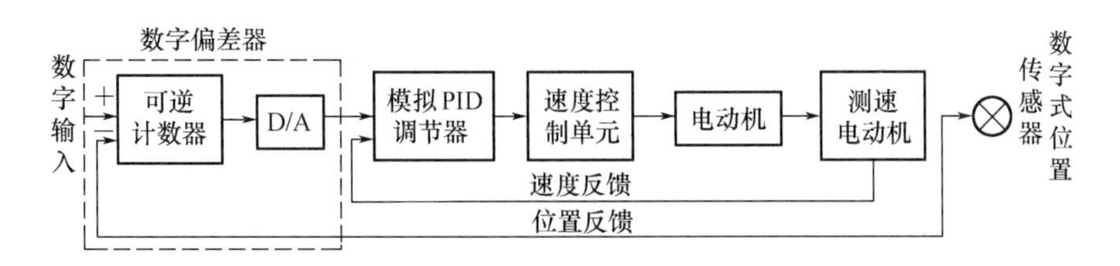

图3-38　混合式伺服系统

全数字伺服系统中，由位置、速度和电流构成的三环全部数字化信息都反馈到计算机，由软件处理。系统的位置、速度和电流的校正环节采用PID控制，它的PID控制参数K_P、K_I、K_D可以设定，并自由改变。全数字伺服系统示意图，如图3-39所示。

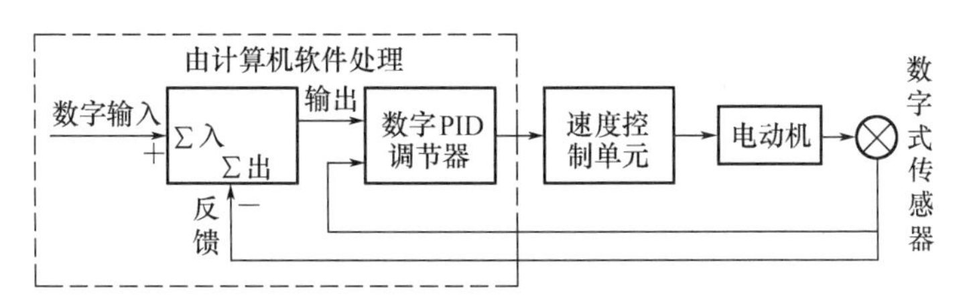

图3-39　全数字伺服系统示意图

全数字伺服系统利用计算机软件和硬件技术，采用了先进的控制理论和算法。这种控制方式的伺服系统是当今国内外技术发展的主流。

3.7.2　全数字伺服系统的特点

全数字伺服系统具有如下一些特点：

(1)具有较高的动、静态特性。在检测灵敏度、时间温度漂移、噪声及外部干扰等方面都优于混合式伺服系统。

(2)数字伺服系统的控制调整环节全部软件化，很容易引进经典和现代控制理论中的许多控制策略。这样可以使系统的控制性能得到进一步提高，以达到最佳控制效果。

(3)引入前馈控制，实际上构成了具有反馈和前馈的复合控制的系统结构。这种系统在理论上可以完全消除系统的静态位置误差，速度、加速度误差以及外界扰动引起的误差，即实现完全的“无误差调节”。

(4)由于是软件控制，在数字伺服系统中，可以预先设定数值进行反向间隙补偿，可以进行定位精度的软件补偿，设置因热变形或机构受力变形所引起的定位误差，也可以在实测出数据后通过软件进行补偿；因机械传动件的参数(如丝杠的螺距)或因使用要求的变化而要求改变脉冲当量(即最小设定单位)时，可通过设定不同的指令脉冲倍率(CMR)或检测脉冲倍率(DMR)的办法来解决。

3.7.3　前馈控制简介

在全数字伺服系统中，为提高系统性能，采用了前馈控制的方法。下面进行简要介绍。一般进给伺服系统的结构如图3-40所示。

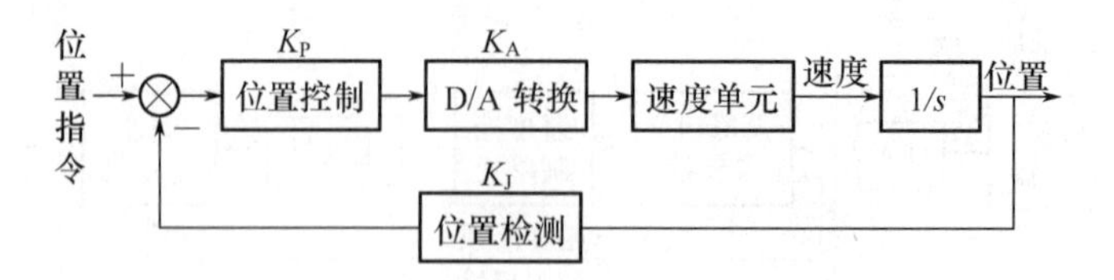

图 3-40 进给伺服系统的结构图

用各环节的传递函数置换图 3-40 中的框图,可得进给伺服系统动态结构图,如图 3-41 所示。

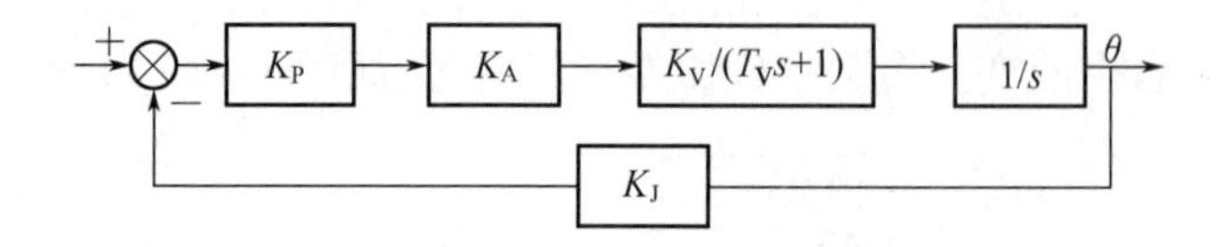

图 3-41 进给伺服系统动态结构图

采用前馈技术的进给伺服系统的结构如图 3-42 所示,$F(s)$表示前馈控制环节。

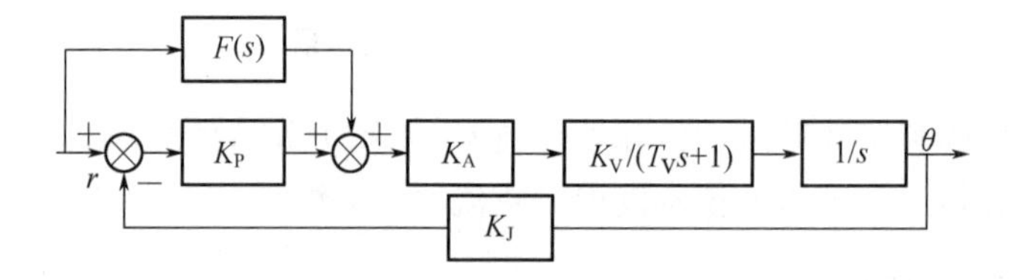

图 3-42 前馈控制结构图

采用前馈控制技术的进给伺服系统的总的闭环传递函数为

$$G_F(s) = \frac{\dfrac{K_A K_V}{(T_V s + 1)s}[K_P + F(s)]}{1 + \dfrac{K_P K_A K_V K_J}{s(T_V s + 1)}}$$

若令 $F(s) = \dfrac{s(T_V s + 1)}{K_A K_V K_J}$,则可简化成

$$G_F(s) = \frac{1}{K_J}$$

这表明,可以用一个比例环节来表示进给伺服系统,但这是一种理想的情况,难以实现。从 $F(s)$的表达式可以看出,若要将进给伺服系统的传递函数 $G_F(s)$简化成上式所示的比例环节,需要引入输出信号 $r(t)$的一阶导数 v。

令 $F(s) = \dfrac{s}{K_A K_V K_J}$,这就是前馈环节的传递函数。

可见,进给伺服系统的跟随误差是与位置输入信号 $r(t)$的一阶导数 v 成正比的,v 也就是指令速度。通过前馈环节 $F(s)$,引入了位置输入信号 $r(t)$的一阶导数,就可以对系统的跟随误差进行补偿,从而大大地减小跟随误差。

此外,还可采用自调整控制、预测控制和学习控制等方法来提高伺服系统的性能。

3.7.4 全数字交流伺服系统的组成

图3-43所示为一个典型的全数字伺服系统结构框图。由图3-43可知,全数字伺服系统采用位置控制、速度控制和力矩控制的三环结构。系统硬件大致由以下几部分组成:电源单元、功率逆变和保护单元、检测器单元、数字控制器单元、接口单元。

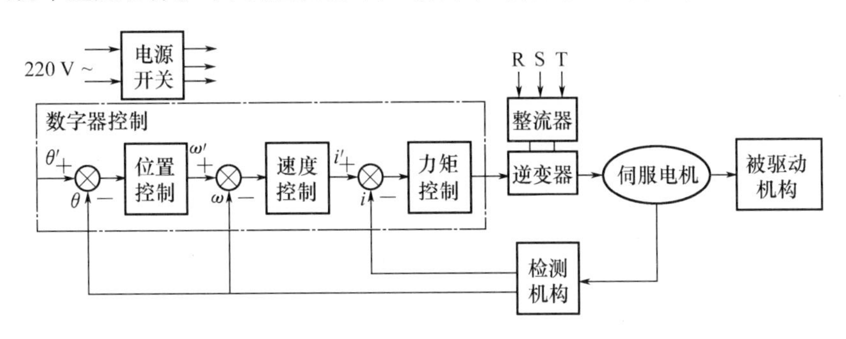

图3-43 全数字伺服系统结构框图

1. 电源单元

包括功率逆变器供电电源、控制电路供电和电源保护。逆变器供电电源由三相交流不可控桥式整流及无源滤波网络滤波所得到。为避免通电时出现过大的瞬时电流和电动机制动时产生过高的泵升电压,一般带有软启动和能量泄放电路。控制电源一般由自激振荡式开关电源产生。电源保护主要是指交流输入端的缺相、欠压和过压保护,直流输出端的过流、欠压和过压保护,以及泵升电路的超时保护。电源保护是系统可靠运行的重要保证。

2. 功率逆变和保护单元

功率逆变器的功能是根据控制电路的指令,将电源单元提供的高压直流电转变为伺服电动机定子绕组中的三相交流电流,以产生所需电磁力矩。这部分可以采用集驱动电路、保护电路和功率管于一体的智能功率模块(IPM)。IPM实现了功率管的优化驱动和就地保护,提高了功率逆变器的性能。现有智能功率模块的功率管为IGBT,其开关频率可达20 kHz,可以满足大多数伺服系统的要求,但在选用较高的开关频率时,应采取措施以解决开关损耗与电压利用率低等问题。

3. 检测器单元

检测器单元包括电流反馈和位置检测反馈。电流反馈环节主要是抗电网电压扰动和提高系统的电流跟踪速度,实际系统中主要采用无接触式的电流霍尔传感器,采样电动机定子电流。位置检测的精度直接影响到伺服系统的定位精度,对于采用矢量控制的永磁同步伺服系统,位置检测还直接影响坐标变换的精度。实际应用的位置检测器有光电编码器和无刷旋转变压器。光电编码器能简单地检测出位置,处理电路也很简单,而且价格便宜;但其对机械振动和烟雾尘埃等恶劣条件很敏感。无刷旋转变压器传送的是低频的正弦波信号,坚固可靠,不受电气噪声的影响,由于处理回路的不同,分辨率可调,多用于军工产品。但需要专用的检测和转换芯片,成本高,处理电路复杂。

实际应用较多的光电编码器是复合式的光电编码器,它是一种带有简单磁极定位功能的增量式光电编码器，它输出两组信息：一组用于检测磁极位置，带有绝对信息功能，输出三路彼此相差120°的脉冲u、v、w；另一组完全同增量式光电编码器，输出三路方波脉冲a、b和z。a、b两路脉冲相位差90°，这样可以方便地判断转向，z脉冲每转一个，用于基准点定位。所有输出一般为差动形式的脉冲信号，只要速度足够快的差动接收器（如MC3486，AM26ls32）和光电隔离器（如6n137）就能够将这类脉冲信号进行处理。处理后的信号引入数字控制器的计数器单元，用于电动机控制的专用控制器都集成了倍频和鉴相电路，可以增加检测精度和判别转向。u、v、w信号用于永磁同步伺服系统转子磁极的初始定位，如图3－44所示。

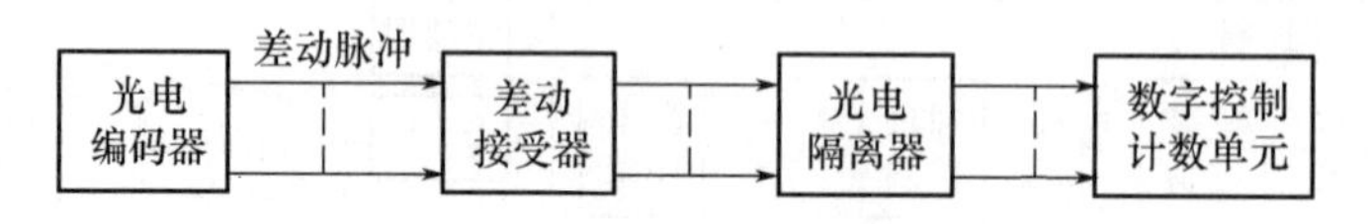

图3－44　光电编码器位置检测原理图

无刷旋转变压器发出的信号是模拟量，需旋转变压器——数字转换器（RDC，如AD公司的AD2s80a）配合使用，将其转换成为数字量，以实现与数字控制器的接口，如图3－45所示。AD2s80a是AD公司的AD2s80系列的一种RDC芯片。它的精度可调，针对不同应用场合可以选择10 bits、12 bits、14 bits、16 bits数字化绝对位置量输出；采用对称电阻桥抑制电阻温漂和输入输出隔离技术，保证干扰降至极小；状态、控制信号数字化，可方便地与微控制器相连；需外部正弦波发生器作为旋转变压器的励磁信号源。

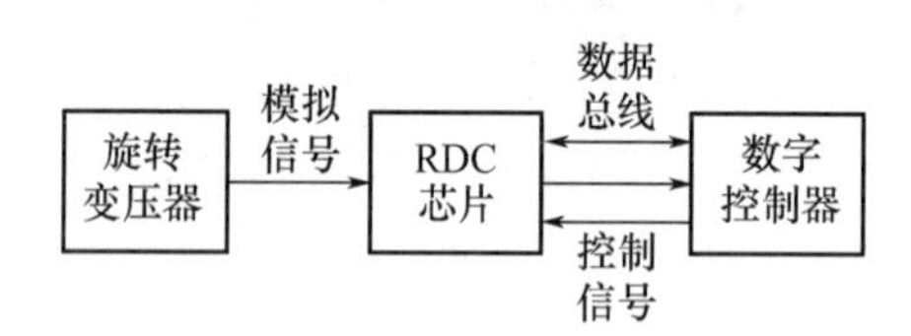

图3－45　旋转变压器位置检测原理图

4. 数字控制器单元

数字控制器是全数字伺服系统的核心部分，三环系统构成、电动机控制算法实现、系统调节器计算和脉宽调制波的发出都由数字控制器完成。为了使交流伺服系统得到响应速度更快、实时性更强的数字式电流控制，数字信号处理器（DSP）被广泛应用于交流伺服系统。各大公司推出的面向电动机控制的专用DSP芯片，除具有快速的数据处理能力外，还集成了丰富的用于电动机控制的专用集成电路，如A/D转换器、PWM发生器、定时计数器电路、异步通信电路、CAN总线收发器，以及高速的可编程静态RAM和大容量的程序存储器等。典型器件有Motolora公司的56000系列、日立公司的SH7000系列、AD公司的ADSP 2100系列和TI公司的TMS320x24x系列。各厂商推出的一些主要竞争芯片的性能对比见表3－2。

表3-2　一些主要芯片的性能对比

厂家	型号	ROM	RAM	FLASH	乘法时间	PWM通道数	输入捕获单元	10位A/D通道
TI	TMS320F240	0	544字	16 K字	50 ns	12	4	16
Motorola	56005	5 K*24 bit	5 K*24 bit	0	40 ns	5	0	0
AD	ADSP 2100	3 K字	2 K字	0	50 ns	8	0	7
SGS-Thomson	88C166	0	2 K字	32 K字	600 ns	16	16	10
Intel	80296SA	0	2.5 K字	0	80 ns	7	4	0
Hitachi	SH7034	64 K字	4 K字	0	100 ns	23	4	8

当前实际应用的交流伺服系统,电动机控制算法仍以转子磁场定向的矢量控制为主,将交流电动机进行坐标变换和旋转,等效为直流电动机来控制。矢量控制策略是目前最为成熟,控制效果较好的一种控制策略,但是它受电动机参数、负载变化影响较大,将智能控制引入交流电动机控制,以实现智能化和最优化控制是当前的一个研究热点。

图3-43中位置环的作用是产生电动机的速度指令并使电动机准确定位和跟踪。通过设定的目标位置与电动机的实际位置相比较,利用其偏差通过位置调节器来产生电动机的速度指令,当电动机初始启动后(大偏差区域),应产生最大速度指令,使电动机加速并以最大速度恒速运行,在小偏差区域,产生逐次递减的速度指令,使电动机减速运行直至最终定位。为避免超调,位置环的调节器应设计为单纯的比例(P)调节器,为了系统能实现准确的等速跟踪,位置环还应设置前馈环节,如图3-46所示。在位置伺服系统中当不同螺距的丝杠与各种步距角的电动机或不同一转脉冲数的伺服电动机相配时,或通过各种变速齿轮联结时,通过系统的电子齿轮比参数设定,可以使编程与实际运动距离保持一致。

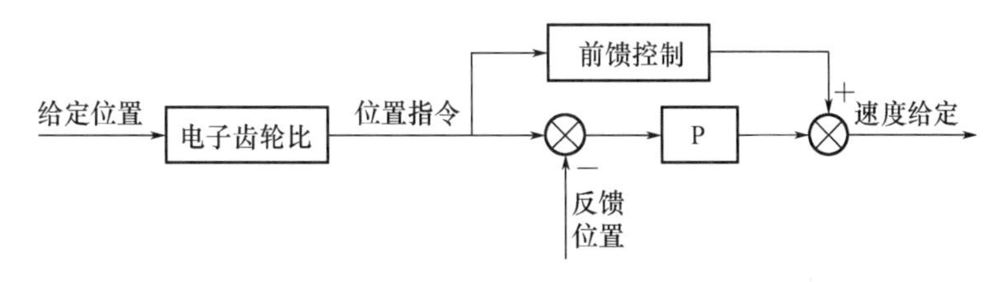

图3-46　位置环结构图

速度环的作用是保证电动机的转速与指令值相一致,消除负载转矩扰动等因素对电动机转速的影响。速度指令与反馈的电动机实际转速相比较,其差值通过速度调节器直接产生q轴指令电流,力矩电流信号控制电动机加速、减速或匀速,从而使电动机的实际转速与指令值保持一致。速度调节器通常采用的是PI控制方式,对于动态响应、速度恢复能力要求特别高的系统,可以考虑采用结构(滑模)控制方式或自适应控制方式等。

电流环由电流控制器和逆变器组成,如图3-47所示。其作用是使电动机绕组电流实时、准确地跟踪电流参考信号。在全数字交流伺服系统中,分别对d、q轴电流进行控制。q轴指令电流来自速度环的输出,d轴指令电流直接给定,或者由弱磁控制器给出。将电动机的三相反馈电流进行3/2、旋转变换,得到d、q轴的反馈电流,d、q轴的给定电流和反馈电流的差值通过PI控制器,得到给定电压,再由数字式SVPWM算法产生PWM信号。为防止电动机启动过程中产生过大的电流超调,对逆变器造成不利影响,电流控制器也可以采用PI控制器。为了获得电流控制的良好稳态和动态性能,可以应用预测电流控制器,利用绕组实际电流的采样值与参考电流的采样值及电动机的电压方程,计算出强迫实际电流跟随参考电流所需的电压,通过PWM控制逆变器,采用积分补偿环节,可以有效地弥补电动机参数变化对电压计算结果的影响,其缺点是结构复杂并需要高速微处理器。

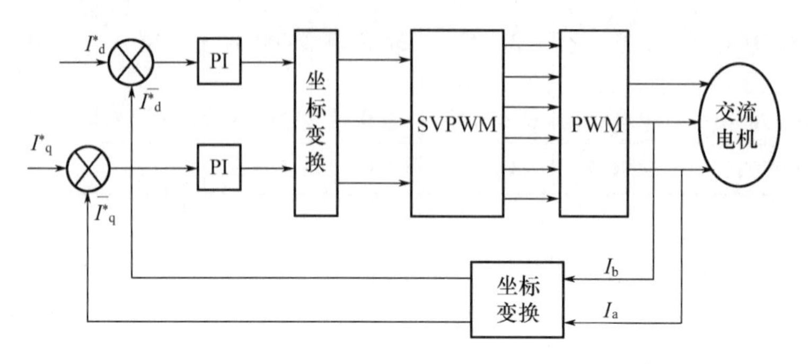

图3-47　电流环结构图

当采用DSP构成全数字交流伺服系统时,其所有控制功能可以由软件实现,故有利于提高系统的可靠性,降低系统的成本,并且可以采用先进的现代控制策略,获得更高的控制性能,完成数据存储、故障诊断、故障冗余等功能,使交流伺服系统更趋于智能化。

5. 接口单元

伺服系统的接口单元包括指令输入接口、异步通信接口(RS232/RS485)、CAN总线接口、I/O控制单元,以及故障报警单元。指令输入接口,接收CNC系统发出的位置指令脉冲和模拟形式的速度指令。异步通信接口,多作为用户对系统的操作接口,短距离采用RS232协议,距离较远时采用RS485协议。CAN总线是一种工业现场总线标准,在一些新推出的DSP器件(如TI的TMS320lf240x)中,集成了CAN总线的收发器。这使得伺服装置可以更方便地运用于大型的工业控制系统中。I/O控制单元,接收和发送各种I/O信号形式的指令和状态,如伺服使能、CW/CCW禁止、脉冲禁止、报警清除、位置/速度到达、伺服准备好,等等。故障报警单元,包括码盘故障报警、电源故障报警、功率逆变器故障报警、电动机过载/失速报警、伺服报警,等等。及时通知用户故障类别,使系统在故障时能及时得到处理,以免造成更大损失。设计友好而通用的接口单元是提高系统可靠性,增强伺服驱动器竞争力的重要手段。

本章小结

本章主要介绍了检测装置,包括旋转变压器、感应同步器、计量光栅、光电编码器等;步进式伺服系统;直流伺服电动机及其速度控制;交流伺服电动机及其速度控制;位置控制系统;全数字控制伺服系统。

进给伺服系统是连接数控系统和数控机床(主机)的重要组成部分,它接受来自数控系统的指令,经过放大和转换,驱动数控机床上的执行件(工作台或刀架)实现预期的运动,并将运动结果反馈回去与输入指令相比较,直至与输入指令之差为零,机床精确地运动到所要求的位置。进给伺服系统的性能直接关系到数控机床执行件的静态和动态特性、工作精度、负载能力、响应快慢和稳定程度等。

数控机床对位置检测装置有严格要求,位置伺服的准确性决定数控机床的加工精度,数控机床位置控制按其有无反馈分为开环位置控制与闭环位置控制两种方法,目前使用的数控机床多应用闭环位置控制方法。实际反馈位置的检测是通过位置检测传感器装置实现的。位置检测装置种类繁多,可按其测量对象、工作原理和结构等方法进行分类。本章主要介绍了旋转变压器、感应同步器、计量光栅、光电编码器等检测装置的结构、工作原理及在实际测量中检测电路的分析及应用。

根据执行元件和控制方式不同,进给伺服系统又分为步进式伺服系统(主要用于开环伺服控制)、直流伺服电动机及其速度控制(主要用于速度控制)、交流伺服电动机及其速度控制(主要用于速度控制)。本章着重分析了它们的结构、原理及其不同的控制方式的系统。

位置控制系统是伺服系统的重要组成部分,它是保证位置精度的环节。位置控制系统包括位置控制环、速度控制环和电流控制环,具有位置控制环的系统才是真正完整意义的伺服系统。数控机床进给系统就是包括了三环控制的伺服系统。

数控系统的位置控制是以直线位移或转角位移为控制对象,是通过将插补计算的理论位置与实际位置相比较,用其差值控制进给电动机,实现机床位移值和速度的自动检测控制。本章介绍了相位比较伺服系统、幅值比较伺服系统和数字比较伺服系统的工作原理,最后还介绍了全数字伺服系统。

复 习 题

3-1 伺服系统的组成包括哪些部分?对伺服系统的基本要求是什么?

3-2 伺服系统的分类有哪些?

3-3 数控检测装置有哪几类?常用的数控检测装置有哪些,作用是什么?

3-4 数控检测装置的性能指标和要求是什么?

3-5 说明旋转变压器的原理及应用。

3-6 说明感应同步器的原理及应用。

3-7 直线光栅的工作原理是什么?光栅检测有何特点?

3-8 说明光电脉冲编码器的结构、工作原理及其应用场合。

3-9 画出光电脉冲编码器检测电路原理图及波形图,并简述其工作过程。

3-10 说明步进电动机的工作原理。

3-11 什么是步距角?步进电动机的步距角由哪些因素决定?

3-12 步进式伺服系统是如何实现对机床工作台位移、速度和进给方向控制的?

3-13 如何选择步进电动机?

3-14 直流进给运动的晶闸管(可控硅)速度控制原理是什么?

3-15 直流进给运动的脉宽调制(PWM)速度控制原理是什么?

3-16 交流速度控制有哪些方法,优缺点是什么?

3-17 交流驱动的速度控制方法有哪些?

3－18　说明交流进给运动的 SPWM 速度控制原理。

3－19　试述进给、主轴交流伺服电动机的矢量控制原理。

3－20　相位比较伺服系统由哪几部分组成？试论述相位比较伺服系统的工作原理。

3－21　试论述幅值比较伺服系统的工作原理。

3－22　数字比较伺服系统由哪几部分组成？

3－23　全数字伺服系统由什么组成？

第4章 数控编程基础

4.1 数控编程概述

4.1.1 数控程序

1. 数控编程的概念

在数控机床上加工零件，首先要编制零件的加工程序，然后才能进行加工。所谓数控编程（NC programming），就是将零件的全部加工工艺过程、工艺参数、刀具运动轨迹、位移量、切削参数（如主轴转速、进给量、切削深度等）、刀具位移量与方向，以及其他辅助动作（如换刀，主轴正、反转，切削液开、关等），用数控机床规定的指令代码及程序格式编成加工程序单（相当于普通机床加工的工艺过程卡），再将程序单中的全部内容记录在控制介质上（如穿孔带、磁带等），然后传输给数控装置，从而控制数控机床加工。这种从零件图纸分析到制成控制介质的过程称为数控编程。

数控机床之所以能加工出各种形状和尺寸的零件，就是因为有编程人员为它编制出不同的加工程序。所以说，数控编程是数控加工中的一项重要工作，理想的加工程序不仅要保证加工出符合图纸要求的合格零件，而且要能使数控机床的功能得到合理应用及充分发挥，以使数控机床安全可靠、高效地工作。

2. 数控程序的组成

数控程序（NC program）是由一系列机床数控系统能辨识的指令有序结合而构成的，如图4－1所示。一个完整的数控程序通常由程序起始标志、程序号、程序说明、若干个程序段及程序结束标志几部分组成。程序段是数控程序中最重要的组成部分，它由若干个指令字组成，而指令字又由指令和指令值组成。一个程序段一般控制完成一个动作。

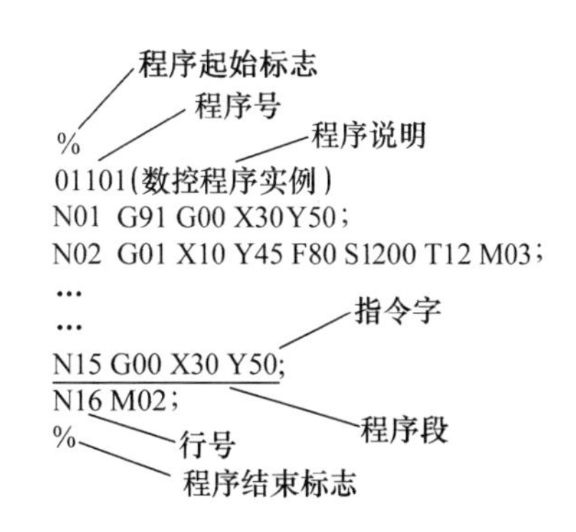

图4－1 数控程序的组成

3. 程序段的格式

程序段格式主要有三种，即固定顺序程序段格式、使用分隔符的程序段格式和字地址程序段格式。现代数控系统广泛采用的程序段格式都是字地址程序段格式。目前国内外的数控装置几乎都采用了这种“字地址程序段格式”，国际标准化组织也制定了字地址程序段格式 ISO 6983－I－1982 标准。这为数控系统的设计，特别是程序编制工作带来很大的方便。

字地址程序段格式是由程序号字、数据字和程序段结束字组成，每个字之前部标有地址码用以识别地址。一个程序段内由一组开头是英文字母，后面是数字组成信息单元“字”，每个“字”根据字母来确定其意义。例如：N0005 G01 X60 Y90 LF 程序段中X为地址，60为数字，X60为“字”。

字地址程序段格式对不需要的字或与上一程序段相同的字都可省略。一个程序段各字也可不按顺序(但为了程序编制方便,常按一定的顺序排列)。这种格式虽然增加了地址读入电路,但是编制程序直观灵活,便于检查。

1)字地址程序段的格式

N __ G __ X __ Y __ Z __ F __ S __ T __ M __ LF

每个程序段的开头是程序段的序号,以字母 N 和四位数字表示;接着一般是准备功能指令,由字母 G 和两位数字组成,这是基本的数控指令;而后是机床运动的目标坐标值,如用 X、Y、Z 等指定运动坐标值;在工艺性指令中,F 代码为进给速度指令,S 代码为主轴转速指令,T 代码为刀具号指令,M 代码为辅助功能指令。LF 为 ISO 标准中的程序段结束符号。

2)程序段各部分的意义

下面分别对程序段各部分加以说明。

(1)程序号字　用以识别程序段的编号,用地址码 N 和后面的若干位数字来表示。

例如:N0050 表示该语句的语句号为 0050。

(2)准备功能字(G 功能字)　G 功能是使数控机床做好某种操作准备指令,用地址 G 和两位数字来表示,有 G00 ~ G99 共 100 种。

(3)坐标值字　坐标值字由地址码、正负号及绝对值(或增量)的数值构成。坐标值的地址码有 X、Y、Z、U、V、W、P、Q、R、A、B、C、I、J、K、D、H 等。

例如:X50　Y -60,坐标值字的"+"可省略。

(4)进给功能字(F 功能字)　它表示刀具中心运动时的进给速度。它由地址码 F 和后面若干位数字构成。这个数字的单位取决于每个数控系统所采用的进给速度的指定方法,如 F200 表示进给速度为 200 mm/min,有的以 F××表示,这后两位既可以是代码也可以是进给量的数值。具体内容见所用数控机床的编程说明书。

(5)主轴转速字(S 功能字)　由地址码 S 和在其后面的若干位数字组成,单位为转速单位(r/min)。例如:S1800 表示主轴转速为 1800 r/min。

(6)刀具功能字(T 功能字)　由地址码 T 和若干位数字组成,刀具功能字的位数由所用系统决定。例如:T06 表示第六号刀。

(7)辅助功能字(M 功能)　辅助功能表示一些机床辅助动作的指令,用地址码 M 和后面两位数字表示,有 M00 ~ M99 共 100 种。

(8)程序段结束　写在每一程序段之后,表示程序结束,当用 EIA 标准代码时,结束行符为"CR",用 ISO 标准代码时为"NL"或"LF",有的用符号";"或"*"表示。

3)字地址格式特点

字地址格式用地址码来指明指令数据的意义,因此程序段中的程序字数目是可变的,程序段的长度也就是可变的。因此,字地址格式也称为可变程序段格式。字地址格式的优点是程序段中所包含的信息可读性高,便于人工编辑修改,是目前使用最广泛的一种格式。字地址格式为数控系统解释执行数控加工程序提供了一种便捷的方式。

4.1.2　坐标系统

1. 机床坐标系

机床坐标系是机床上固有的坐标系,它用于确定被加工零件在机床中的坐标、机床运动部件的特殊位置(如换刀点、参考点)及运动范围(如行程范围、保护区)等。数控机床上的标准坐标系采用右手直角笛卡儿坐标系，如图 4－2 所示。它规定直角坐标 X、Y、Z 三者的关系及其正方向用右手定则判定，绕 X、Y、Z 轴的回转运动及其正方向 $+A$、$+B$、$+C$ 分别用右手螺旋法则判定。与 $+X$、$+Y$、$+Z$、$+A$、$+B$、$+C$ 相反的方向用 $+X'$、$+Y'$、$+Z'$、$+A'$、$+B'$、$+C'$表示。如图 4－3 所示为部分常见数控机床的标准坐标系。

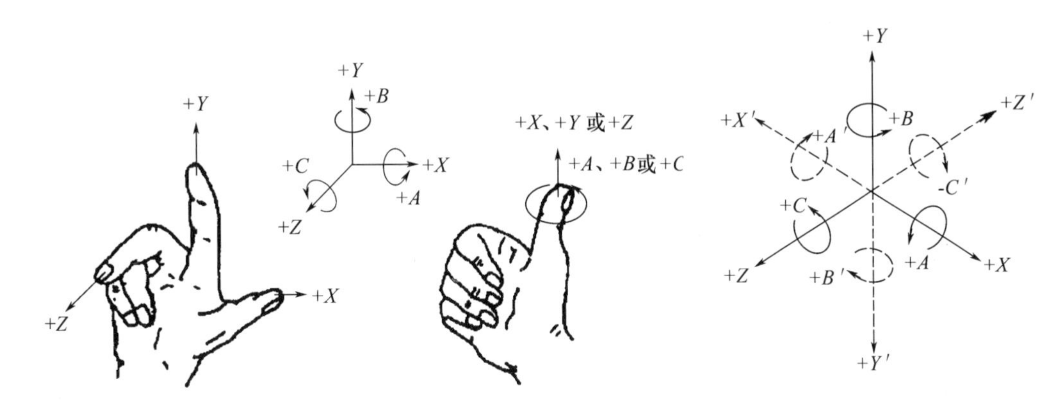

图 4－2　右手直角笛卡儿坐标系

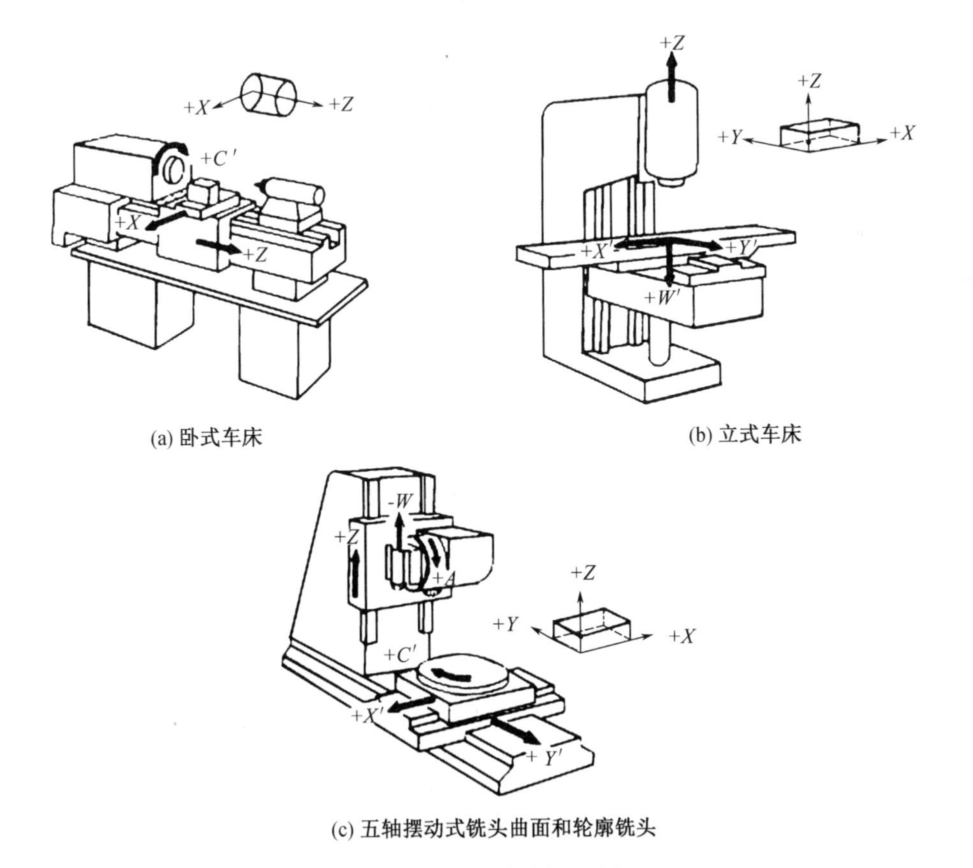

(a) 卧式车床

(b) 立式车床

(c) 五轴摆动式铣头曲面和轮廓铣头

图 4－3　几种机床的标准坐标系

机床各坐标轴及其运动正方向根据以下规则确定:

1)机床的运动

机床的运动是刀具和工件间的相对运动。在图4-2中规定字母不带“′”的坐标表示工件固定、刀具运动的坐标;字母带“′”的坐标表示刀具固定、工件运动的坐标。机床某一运动的正方向为增大工件与刀具之间的距离的方向。

2)各坐标的运动

在确定机床坐标轴时,一般先确定 Z 轴,然后确定 X 轴和 Y 轴,最后确定其他轴。

(1)Z 坐标的运动　规定平行于机床主轴(传递切削动力)的刀具运动坐标为 Z 轴,取刀具远离工件的方向为正 Z 方向。当机床有几个主轴时,选一个垂直于工件装卡面的主轴为主要的主轴,取平行于该主轴的刀具运动坐标为 Z 轴(如龙门铣床)。

(2)X 坐标的运动　X 坐标是水平的,它平行于工件的装卡面并垂直于 Z 轴。对于没有旋转刀具或旋转工件的机床,X 坐标平行于主要的切削方向,且以该方向为正方向(如牛头刨床);对于工件旋转的机床(如车床、磨床),X 坐标的方向沿工件的径向,且平行于横向滑座。对于安装在横滑座的刀架上的刀具,离开工件旋转中心的方向是正方向;对于刀具旋转的机床(如铣床、钻床、镗床),如 Z 坐标是水平的,当从主要刀具主轴向工件看时,$+X$ 运动方向指向右方;如 Z 坐标是垂直的,对于单立柱机床,当从主要刀具主轴向立柱看时,$+X$ 的运动方向指向右方。对于龙门式机床,当从主要主轴向左侧立柱看时,$+X$ 运动的方向指向右方。

(3)Y 坐标的运动　$+Y$ 的运动方向,根据 X 和 Z 坐标的运动方向,按照右手直角笛卡儿坐标系确定。

(4)旋转运动 A、B 和 C　A、B 和 C 相应地表示其轴线平行于 X、Y、Z 坐标的旋转运动。正向的 A、B 和 C,相应地表示在 X、Y 和 Z 坐标正方向上按照右旋螺纹前进的方向。

(5)附加的坐标　对于直线运动:如在 X、Y、Z 主要直线运动之外另有第二组平行于它们的坐标,可分别指定为 U、V 和 W;如还有第三组运动,则分别指定为 P、Q 和 R;如果在 X、Y、Z 主要直线运动之外存在不平行或可以不平行于 X、Y 或 Z 的直线运动,也可相应地指定为 U、V、W 或 P、Q、R。

(6)主轴旋转运动的方向　主轴的顺时针旋转运动方向,是按照右旋螺纹进入工件的方向。

对于使用者,机床运动的坐标可在机床的使用说明书上找到。不少数控机床还用标牌将运动的坐标标注在机床的显著位置上。

2. 机床原点与参考点

机床原点是指机床坐标系的原点,即 $X=0$,$Y=0$,$Z=0$ 的点。机床原点是机床的基本点,它是其他所有坐标,如工件坐标系、编程坐标系,以及机床参考点的基准点。从机床设计的角度看,该点位置可以是任意点,但对某一具体机床来说,机床原点是固定的。数控车床的原点一般设在主轴前端的中心。数控铣床的原点位置,各生产厂家不一致,有的设在机床工作台中心,有的设在进给行程范围的终点。

机床参考点是用于对机床工作台、滑板,以及刀具相对运动的测量系统进行定标和控制的点,有时也称为机床零点。它是在加工之前和加工之后,用控制面板上的回零按钮使移动部件退离到机床坐标系中的一个固定不变的极限点。参考点相对机床原点来讲是一个固定值。例如数控车床,参考点是指车刀退离主轴端面和中心线最远并且固定的一个点。

数控机床在工作时,移动部件必须首先返回参考点,测量系统置零之后,测量系统即可以参考点作为基准,随时测量运动部件的位置。

3. 工件坐标系

工件坐标系是用于确定工件几何图形上各几何要素(点、直线和圆弧)的位置而建立的坐标系。工件坐标系的原点是工件零点,选择工件零点时,最好把工件零点放在工件图的尺寸能够方便地转换成坐标值的地方。车床工件零点一般设在主轴中心线上工件的右端面或左端面。铣床工件零点,一般设在工件表面。

工件零点的一般选用原则:

(1)工件零点选在工件图样的尺寸基准上编程点的坐标值、减少计算工作量;

(2)能使工件方便地装夹、测量和检验;

(3)工件零点尽量选在尺寸精度较高、粗糙度比较低的工件表面上,这样可以提高工件的加工精度,使同一批零件具有一致性;

(4)对于有对称形状的几何零件,工件零点最好选在对称中心上。

工件坐标系的设定可以通过输入工件零点与机床原点在 X、Y、Z 三个方向上的距离(X,Y,Z)来实现。

4. 编程坐标系

在数控机床的程序编制中,机床在实际加工时不论是工件运动还是刀具运动,一律假定是工件相对静止,刀具产生运动,这样规定,可以保证编程人员在不知道机床加工零件时是刀具移向工件,还是工件移向刀具的情况下,就可以根据图样确定机床的加工过程,也能编制出正确的程序。

5. 程序原点

编制程序时,为了编程方便,需要在图纸上选择一个适当的位置作为编程原点,即程序原点或程序零点。

一般对于简单零件,工件零点就是编程零点,这时的编程坐标系就是工件坐标系。而对于形状复杂的零件,需要编制几个程序或子程序。为了编程方便和减少许多坐标值的计算,编程零点就不一定设在工件零点上,而设在便于程序编制的位置。

数控机床上的机床坐标系、机床参考点、工作坐标系、编程坐标系及相关点的位置关系如图 4-4 所示。

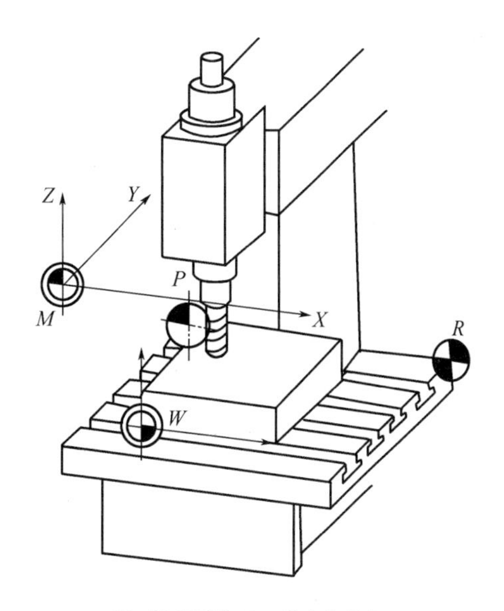

M—机床原点;R—机床参考点;
W—工件原点;P—编程原点。

图 4-4　机床上坐标系及相关点的关系

6. 对刀点

对刀点就是在数控加工时,刀具相对于工件运动的起点(编制程序时,不论实际上是刀具相对工件运动,还是工件相对于刀具移动,都看作工件是相对静止的,而刀具在移动),程序就是从这一点开始的,如图

4－5所示。对刀点也可以叫作“程序起点”或“起刀点”。

如图4－5所示，对刀点相对机床原点的坐标为(x_0，y_0)，而工件原点相对于机床原点的坐标为(x_0+x_1，y_0+y_1)。这样，就把机床坐标系、工件坐标系和对刀点之间的关系明确地表示出来了。

对刀点不仅是程序的起点，而且往往又是程序的终点。因此在批生产中，要考虑对刀的重复精度。通常，对刀的重复精度，在绝对坐标系统的数控机床上可由对刀点距机床原点的坐标值(x_0，y_0)来校核，在相对坐标系统的数控机床上，则经常要人工检查对刀精度。

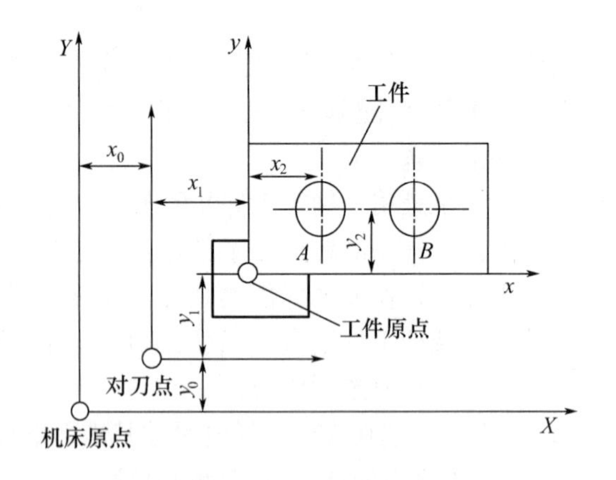

图4－5　对刀点的设定

7．绝对坐标和增量坐标

在编写零件加工程序时，可选择绝对坐标，也可选择增量坐标。

(1)绝对坐标表示法　将刀具运动位置的坐标值表示为相对于坐标原点的距离，这种坐标的表示法称为绝对坐标表示法，如图4－6所示。大多数的数控系统都以G90指令表示使用绝对坐标编程。

(2)增量坐标表示法　将刀具运动位置的坐标值表示为相对于前一位置坐标的增量，即为目标点绝对坐标值与当前点绝对坐标值的差值，这种坐标的表示法称为增量(相对)坐标表示法，如图4－7所示。

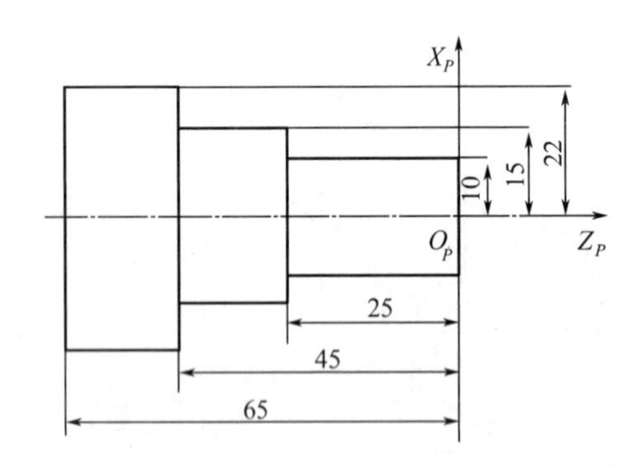

图4－6　绝对坐标表示法

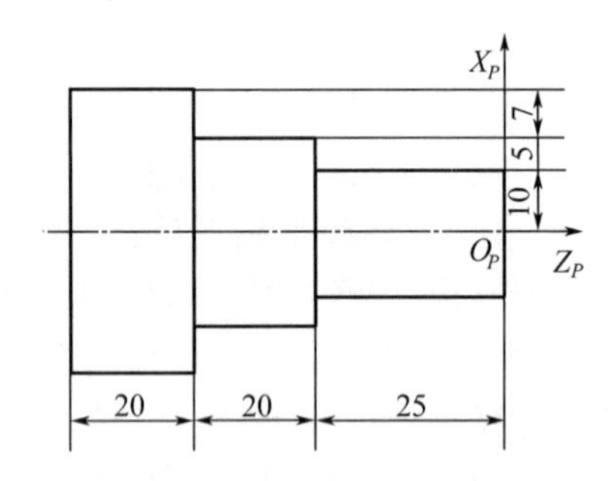

图4－7　增量坐标表示法

大多数的数控系统都以G91指令表示使用增量坐标编程，有的数控系统用X、Y、Z表示绝对坐标代码，用U、V、W表示增量坐标代码。在一个加工程序中可以混合使用这两种坐标表示法编程。

编程时，根据数控装置的坐标功能，从编程方便(按图纸的尺寸标注)及加工精度等要求出发选用坐标系。对于车床可以选用绝对坐标或增量坐标，有时也可以两者混合使用；而铣床及线切割机床则常用增量坐标。

4.1.3　数控编程的内容

一般说来,数控编程的主要内容包括以下几个方面:

(1)分析零件图纸,确定加工工艺过程;

(2)数学处理;

(3)编写零件加工程序;

(4)制作控制介质;

(5)校验程序与首件试加工。

4.1.4　数控编程的步骤

数控编程的一般步骤,如图4-8所示。

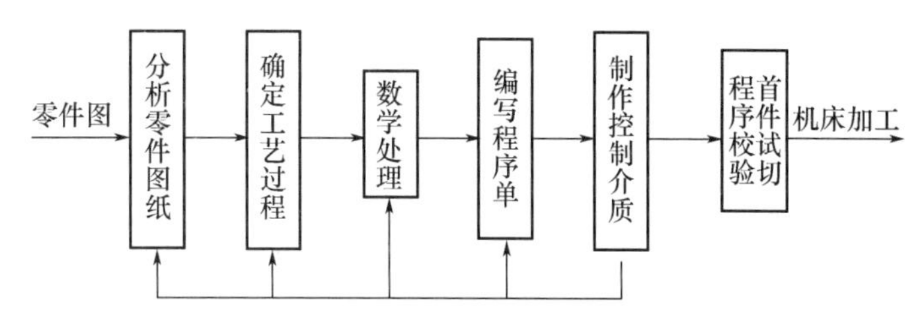

图4-8　数控编程的步骤

1. 分析零件图纸阶段

分析加工零件的材料、形状、加工部位尺寸、精度、毛坯形状和热处理要求等,确定加工方案,选择合适的数控机床加工。

2. 确定工艺过程阶段

确定零件加工工艺过程,也就是确定零件加工的方法(例如采用的工夹具、装夹定位方法等)和加工路线(例如对刀点、走刀路线),并确定加工用量(例如主轴转速、进给量、切削宽度和深度等)工艺参数。在编程时,需要考虑以下几点:

(1)确定加工方案　在充分发挥数控机床功能的前提下,考虑合理地、经济地使用数控机床,确定最佳的加工方法;

(2)设计和选择刀具、夹具　要根据数控加工的特点来考虑刀具、工夹具的选用与设计,应特别注意要迅速完成工件的定位和夹紧过程,以减少辅助时间;

(3)选择对刀点　对刀点是在数控加工时,刀具相对于工件运动的起点,由于程序也是从这一点开始执行,所以对刀点又称程序起点或起刀点,正确地选择对刀点对程序编制是非常重要的;

(4)选择加工路线　选择加工路线要考虑:尽量缩短走刀路线,减少空走刀行程,提高生产效率;保证加工零件的精度和表面粗糙度的要求;有利于简化数值计算,减少程序段的数目和编程工作量;

(5)确定切削用量　切削用量要根据数控机床的规定,被加工零件材料、加工工件及其他工艺要求,并结合实际经验来确定。

3. 数学处理阶段

根据零件的几何尺寸、加工路线,计算出数控机床所需的输入数据。自由曲线、曲面及组合曲面的数学处理较为复杂,一般需要计算机辅助计算。

4. 编写程序单阶段

在工艺处理和数学处理的基础上,根据加工路线计算出的数据和已确定的加工用量,结合数控系统的加工指令和程序段格式,逐段编写零件加工程序单。在程序段之前加上程序的顺序号,在其后加上程序段结束标志符号。此外,还应附上必要的加工示意图、刀具布置图、机床调正卡、工序卡,以及必要的说明(如零件名称与图号、零件程序号、机床类型和日期等)。

5. 制作控制介质阶段

制作控制介质,是把编制好的程序单上的内容记录在控制介质上作为数控装置的输入信息。常用的控制介质有:穿孔纸带、穿孔卡、磁带、软磁盘和硬磁盘。

6. 程序校验和首件试加工阶段

编写的程序单和制作好的控制介质必须经过校验和试加工合格后才能正式使用。一般是将控制介质上的内容直接输入到 CNC 装置,机床采用空走刀检测、空运转画图检测。在具有 CRT 图形显示功能的数控机床上,显示走刀轨迹或模拟刀具和工件的切削过程的方法检测。重要零件可以采用铝或塑料等易切削材料进行试切等方法检验程序。但这些方法只能检查运动是否正确,不能检查出由于刀具调整不当或编程计算不准而造成工件误差的大小。因此,只有进行首件试切削,才能查出程序上的错误及加工精度是否符合要求。

4.2 数控加工工艺分析

无论是手工编程还是自动编程,在编程前都要对所加工的零件进行工艺分析、拟定工艺方案、选择合适的刀具、确定切削用量。在编程中,对一些工艺问题(如对刀点、加工路线等)也需要做一些处理。因此,数控加工工艺分析是一项十分重要的工作。

4.2.1 数控加工工艺的基本特点

数控加工工艺的基本特点:

(1)数控加工的工序内容比普通机床加工的工序内容复杂。

(2)数控机床加工程序的编制比普通机床工艺规程的编制复杂。这是因为在普通机床的加工工艺中不必考虑的问题,如工序内工步的安排、对刀点、换刀点及走刀路线的确定等问题,在编制数控加工工艺时却要认真考虑。

4.2.2 数控加工工艺的主要内容

实践表明,数控加工工艺主要内容包括以下几个方面:

(1)选择适合在数控机床上加工的零件,确定工序内容:数控车床的加工内容;立式数控铣镗床或立式加工中心的加工内容;卧式数控铣镗床或卧式加工中心的加工内容。

(2)分析加工零件图纸,明确加工内容及技术要求,确定加工方案,制订数控加工工艺路线,如工序的划分、加工顺序的安排、与非数控机床加工工序的衔接等。

(3)设计数控加工工序,如工序的划分、刀具的选择、夹具的定位与安装、切削用量的确定、走刀路线的确定等。工序划分有以下原则:按工序集中划分工序的原则;按粗、精加工划分工序的原则;按刀具划分工序的原则;按加工部位划分工序的原则。

(4)调整数控加工工序的程序,如对刀点、换刀点的选择、刀具的补偿。

(5)分配数控加工中的容差。

(6)处理数控机床上部分工艺指令。

程序编制人员在进行工艺分析时,要有机床操作说明书,编程指南、切削用量、标准工夹具手册等有关技术资料,以便能进行以下问题的分析。

4.2.3　合理选用数控机床

采用数控机床加工的零件,应考虑的因素有:毛坯的材料和类型、零件轮廓形状复杂程度、尺寸大小、尺寸精度和表面粗糙度、零件数量、热处理状态等。概括起来有三方面因素:

(1)保证零件加工技术要求;

(2)有利于提高生产率;

(3)降低生产成本,提高经济效益。

根据国内外数控技术应用实践,数控机床加工的适用范围可用图4－9和图4－10定性分析。

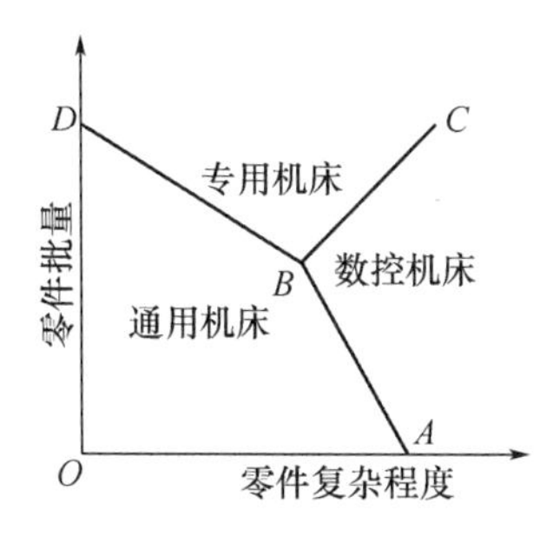

图4－9　零件复杂程度与零件批量的关系图

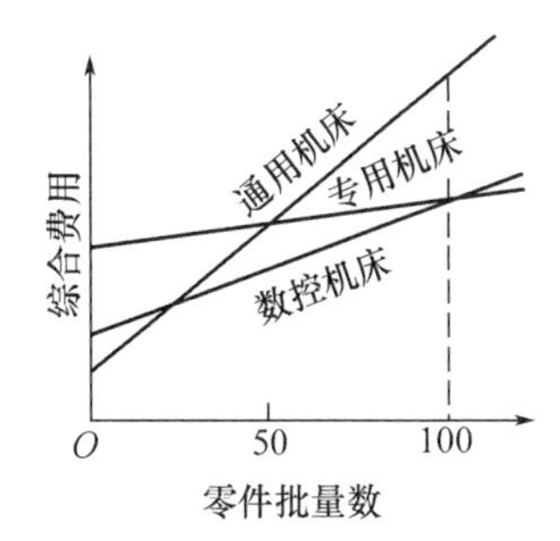

图4－10　零件批量与总加工费用的关系

图4－9表明了随零件的复杂程序和生产批量的不同,三种机床适用范围的变化。当零件不太复杂,生产批量不大时,宜采用通用机床;当生产批量很大时,宜采用专用机床,而随着零件复杂程序程度的提高,越宜采用数控机床。图4－10表明了随着生产批量不同,采用三种机床加工时,综合费用的比较。由图4－10可知,在多品种、小批量(100种以下)生产情况下,使用数控机床可获得较好的经济效益。

以上说明,数据机床通常最适合加工具有以下特点的零件。

(1)多品种、小批量生产的零件或新产品试制中的零件;

(2)轮廓形状复杂,加工精度较高的零件;

(3)需要多次改型的零件;

(4)价值高、加工中不允许报废的关键零件;

(5)需要最短生产周期的急需零件。

采用数控机床加工的主要缺点是:设备费用高。尽管如此,随着高新技术的迅速发展,数控机床的普及和对数控机床认识的提高,其应用范围必将日益扩大。

4.2.4　数控加工零件工艺性分析

数控加工工艺性分析涉及面很广,在此仅从数控加工的可能性和方便性两方面加以分析。

1. 零件图纸上尺寸数据的给出应符合编程方便的原则

（1）零件图纸上尺寸标注方法适应数控加工的特点　在数控加工零件图纸上，应以同一基准标注尺寸或者直接给出坐标尺寸。这种标注方法既便于编程，又便于尺寸之间的相互协调，在保持设计基准、工艺基准、检测基准与编程原点设置一致性方面带来很大方便。

（2）构成零件轮廓的几何元素的条件要充分　在手工编程时，要计算每个节点坐标，在自动编程时，要对构件轮廓的所有几何元素进行定义。因此在分析零件图时，要分析几何元素给定的条件是否充分。如果由于构成零件轮廓几何元素的条件不充分，使得编程无法进行，那么应与零件设计者协商解决。

2. 零件各加工部位的结构工艺性符合数控加工的特点

（1）零件的内腔和外形最好采用统一的几何类型和尺寸，这样可以减少刀具规格和换刀次数，便于编程，提高生产率。

（2）内槽圆角的大小决定着刀具直径的大小，因此内槽圆角半径不应太小。如图 4－11 所示，零件工艺性的好坏与被加工轮廓的高低、连接圆弧半径的大小等有关。图 4－11（b）与图 4－11（a）相比，连接圆弧半径大，可以采用直径较大的铣刀加工。铣平面时，进给次数相应地减少，表面加工质量却相应地提高，所以加工工艺性较好。一般 $R<0.2H$ 时，可以判定零件该部位的工艺性不好。

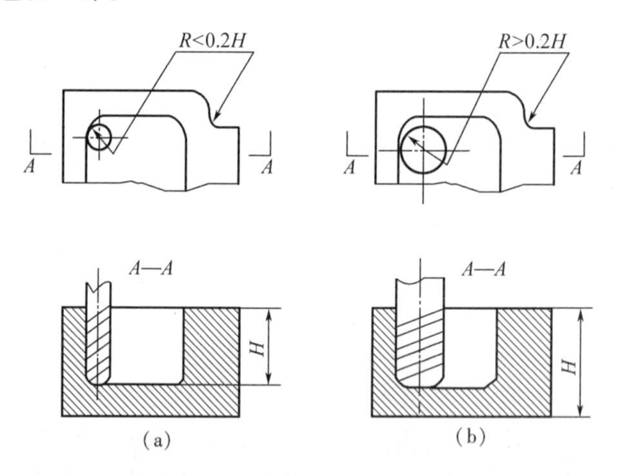

图 4－11　数控加工工艺性对比

（3）零件铣削底平面时，槽底圆角半径 r 不应过大，如图 4－12 所示。圆角半径 r 愈大，铣刀端刃铣削平面的能力愈差，效率也就愈低。当 r 大到一定程度时，甚至必须用球头铣刀加工，这是应该尽量避免的。因为铣刀与铣削平面接触的最大直径 $d=D-2r$（D 为铣刀直径）。当 D 一定时，r 越大，铣刀端刃铣削平面的面积越小，加工表面的能力越差，工艺性也就越差。

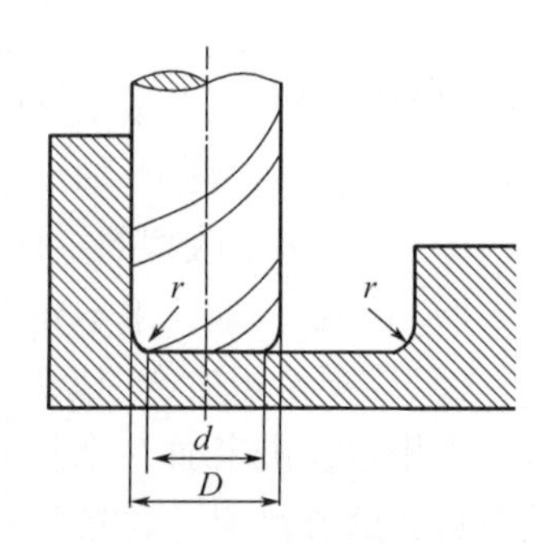

图 4－12　零件底面圆弧对加工工艺的影响

（4）应采用统一的基准定位。在数控加工中，如果没有统一的基准定位，那么会因工件的重新安装而导致加工后的两个面上轮廓位置及尺寸不协调。因此要避免上述问题的产生，保证两次装夹加工后其相对位置的准确性，要采用统一的基准定位。

零件上最好有合适的孔作为定位基准孔，如果没有，要设置工艺孔作为定位基准孔（如在毛坯上增加工艺凸耳或在后续工序要铣去的余量上设置工艺孔）。如果无法设置工艺孔时，最起码也要用经过精加工的表面作为统一基准，以减少两次装夹产生的误差。

此外，还应分析零件所要求的加工精度、尺寸公差等是否得到保证，有无引起矛盾的多余尺寸或影响工序安排的封闭尺寸等。

4.2.5　加工方法的选择与加工方案的确定

1. 加工方法的选择原则

加工方法选择的原则是保证加工表面的加工精度和表面粗糙度的要求。由于获得同一级精度及表面粗糙度的加工方法一般有许多，故此在实际选择时，要结合零件的形状、尺寸大小和热处理要求等全面考虑。

2. 加工方案的确定原则

零件上精度比较高表面的加工，常常是通过粗加工、半精加工和精加工逐步达到的。对这些表面仅仅根据质量要求选择相应的最终加工方法是不够的，还应正确地确定从毛坯到最终成品的加工方案。确定加工方案时，首先应根据主要表面的精度和表面粗糙度要求，初步确定为了达到这些要求所需要的加工方法。

3. 平面类零件斜面轮廓加工方法的选择

在加工过程中，工件按表面轮廓可分为平面类零件和曲面类零件。其中平面类零件中的斜面轮廓一般又分为两种：

（1）有固定斜角的外形轮廓面　如图4－13所示，加工一个有固定斜角的斜面可以采用不同的刀具，有不同的加工方法。在实际加工中，应根据零件的尺寸精度、倾斜角的大小、刀具的形状、零件安装方法、编程的难易程度等因素，选择一个较好的加工方案。

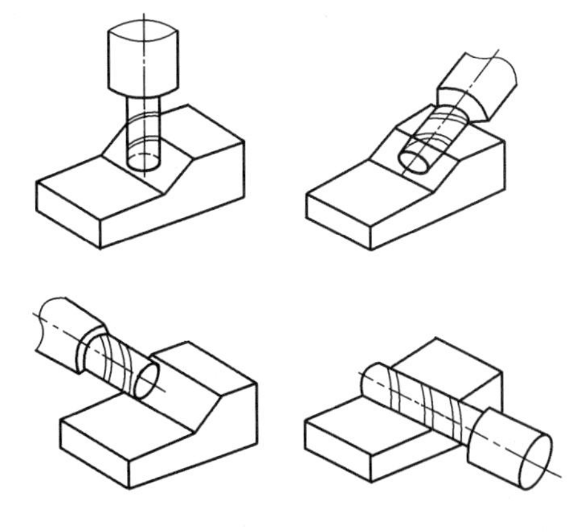

图4－13　固定斜角斜面加工

（2）有变斜角的外形轮廓面　如图4－14所示，具有变斜角的外形轮廓面，若单纯从技术上考虑，最好的加工方案是采用多坐标联动的数控机床，这样不但生产率高，而且加工质量好。但是这种机床设备投资较大，生产成本较高，因此应考虑其他可能的加工方案。例如可在两轴半坐标控制铣床上用锥形铣刀或鼓形铣刀，采用多次行切的方法进行加工。在决定零件的装夹方式时，应力求使设计基准、工艺基准和编程计算基准统一，同时还应力求装夹次数最少。为了提高零件的表面加工质量，对少量的加工残痕可用手工修磨。

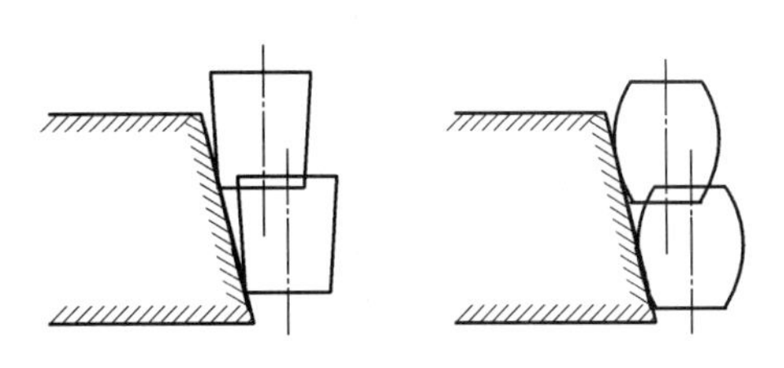

图4－14　变斜角斜面加工

此外，还要考虑机床选择的合理性。例如单纯铣轮廓表面或铣槽的简单中小型零件，选择数控机床进行加工较好；而大型非圆曲线、曲面的加工或者是不仅需要铣削而且有孔加工的零件,选择在加工中心上加工较好。

4.2.6 工序与工步的划分

1. 工序的划分

在数控机床上加工的零件,工序可以比较集中,在一次装夹中尽可能完成大部分或全部工序。首先应根据零件图纸,考虑被加工零件是否可以在一台数控机床上完成整个零件的加工工序,如果不能,那么应决定其中哪一部分在数控机床上加工,哪一部分在其他机床上加工,即对加工零件的工序进行划分。一般的工序划分有以下几种方式:

(1)按零件装夹定位方式划分工序　由于各个零件的结构形状不同,各表面的技术要求也有所不同,所以加工时,其定位方式则各有差异。一般加工外形时,以内形定位;加工内形时,又以外形定位。故此可根据定位方式的不同来划分工序。

如图 4－15 所示的片状凸轮,按定位方式可分为两道工序。第一道工序可在普通机床上进行,以外圆表面和 *B* 平面定位加工端面 *A*、ϕ22H7 和 ϕ4H7 的工艺孔;第二道工序以已加工过的两个孔和一个端面定位,在数控机床上铣削凸轮外表面曲线。

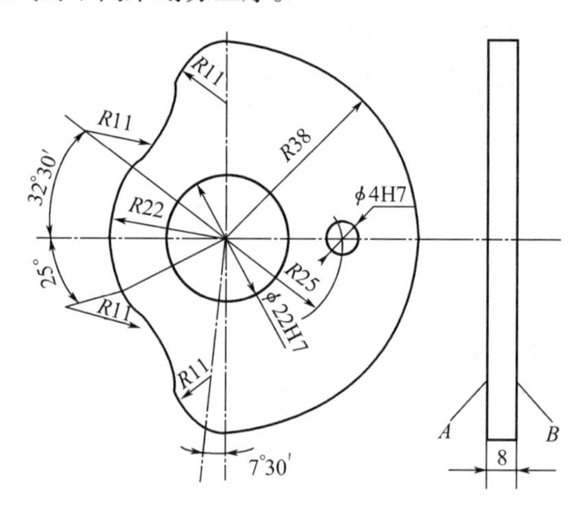

图 4－15　片状凸轮

(2)按粗、精加工划分工序　根据零件的加工精度、刚度和变形等因素来划分工序时,可按粗、精加工分开的原则来划分工序,即先粗加工再精加工。此时可用不同的机床或不同的刀具进行加工,通常在一次安装中,不允许将零件某一部分表面加工完毕后,再加工零件的其他表面。如图 4－16 所示的零件,应先车削整个零件的大部分余量,再将其表面精车一遍,以保证加工精度和表面粗糙度的要求。

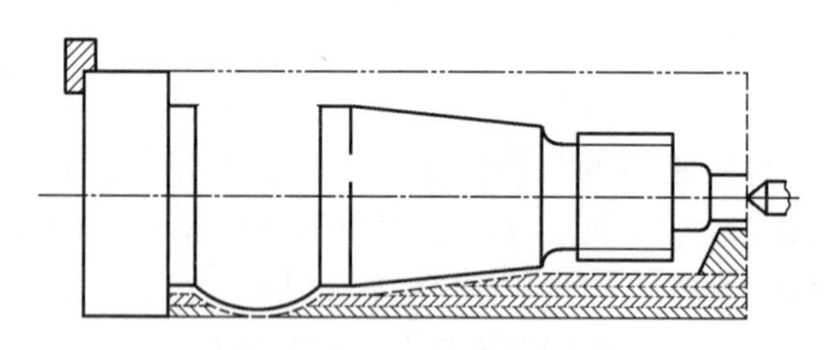
图 4－16　车削加工的零件

(3)按所用刀具划分工序　为了减少换刀次数,减少空程时间,减少不必要的定位误差,可按刀具集中工序的方法加工零件,即在一次装夹中,尽可能用同一把刀具加工出可能加工的所有部分,然后再换另一把刀加工其他部分。在专用数控机床和加工中心中常采用这种方法。

2. 工步的划分

工步的划分主要从加工精度和加工效率两方面考虑。在一个工序内往往需要采用不同的刀具和切削用量,对不同的表面进行加工。为了便于分析和描述较复杂的工序,在工序内又细分为工步。下面以加工中心为例说明工步划分的原则:

(1)同一表面按粗加工、半精加工、精加工依次完成,或者是全部加工表面按先粗后精加工分开进行。

(2)对于既有铣平面又有镗孔的零件,可先铣平面后镗孔。按此方法划分工步,可以提高孔的加工精度。因为铣削时切削力较大,工件容易变形。先铣面后镗孔,使零件有一段时间恢复,可以减少由于变形引起对孔精度的影响。

(3)按刀具划分工步。某些机床工作台回转时间比换刀时间短,可以采用按刀具划分工步,以减少换刀次数,提高加工效率。

总之,工序与工步的划分要根据具体零件的结构特点、技术要求等情况综合考虑。

4.2.7　零件的安装与夹具的选择

1. 定位安装的基本原则

在数控机床上加工零件时,定位安装的基本原则与普通机床相同,也要合理选择定位基准和夹紧方案。为了提高数控机床的效率,在确定定位基准与夹紧方案时应注意下列三点:

(1)力求设计、工艺与编程计算的基准统一;

(2)尽量减少装夹次数,尽可能在一次定位装夹后,加工出全部待加工表面;

(3)避免采用占机人工调整式加工方案,以充分发挥数控机床的功能。

2. 选择夹具的基本原则

根据数控加工的特点,选择夹具的原则如下:

(1)保证夹具在机床上准确安装;

(2)协调好加工零件与机床坐标系的尺寸关系;

(3)当零件加工批量不大时,应尽量采用组合夹具、可调式夹具及其他通用夹具,以缩短生产设备时间、节省生产费用;

(4)在成批生产时才考虑采用专用夹具,并力求结构简单;

(5)零件的装卸要快速、方便、可靠,以缩短机床的停顿时间;

(6)夹具要开敞,定位、夹紧机构元件不能影响加工走刀。

此外,为了提高数控加工的效率,在成批生产中还可以采用多位、多件夹具。

4.2.8　对刀点与换刀点的确定

对刀点可以设在被加工零件上,也可以设在夹具上,但是必须与零件的定位基准有一定的坐标尺寸联系,这样才能确定机床坐标系与零件坐标系的相互关系。

为了提高零件的加工精度,对刀点应尽量选在零件的设计基准或工艺基准上。例如以孔定位的零件,可以选择孔的中心作为对刀点。对于增量(相对)坐标系统的数控机床,对刀点可以选在零件的中心孔上或两垂直平面的交线上;对于绝对坐标系统的数控机床,对刀点可以选在机床坐标系的原点上,或距机床原点为某一确定值的点上。

在编制程序时,应正确地选择对刀点和换刀点的位置。对刀点的选择原则是:

(1)便于用数学处理和简化程序编制;

(2)在机床上找正容易;

(3)加工中便于检查;

(4)引起的加工误差小。

对刀点可选在被加工零件上,也可以选在夹具或机床上。但必须与零件的定位基准有一定的尺寸关系,如图4-5所示。这样才能确定机床坐标系与工件坐标系的关系。

零件安装时,工件坐标系与机床坐标系要有确定的尺寸关系,在工件坐标系设定后,从对刀点开始的第一个程序段的坐标值是对刀点在机床坐标系中的坐标值,为(x_0,y_0)。当按绝对值编程时,不管对刀点和工件原点是否重合,都是(x_2,y_2);当按增量值编程时,对刀点与工件原点重合时,第一个程序段的坐标值是(x_2,y_2),不重合时,则为((x_1+x_2),(y_1+y_2))。

对刀点既是程序的起点,也是程序的终点。因此在成批生产中要考虑对刀点的重复精度,该精度可用对刀点相距机床原点的坐标值(x_0,y_0)来校核。

加工过程中需要换刀时,应规定换刀点。所谓换刀点是指刀架转位换刀时的位置。该点可以是某一固定点(例如加工中心机床,其换刀机械手的位置是固定的),也可以是任意的一点(如车床)。换刀点应设在工件或夹具的外部,以刀架转位时不碰工件及其他部件为准。其设定值可用实际测量方法或计算确定。

4.2.9 切削刀具的选择与切削用量的确定

刀具的选择和切削用量的确定是数控加工工艺中的重要内容之一,它不仅影响数控机床的加工效率,而且直接影响加工质量。在刀具选择时应考虑机床、刀具、工件材料、冷却液等因素。

数控加工中的刀具选择和切削用量确定与普通机床加工不同,要求编程人员必须掌握刀具选择和切削用量确定的基本原则,在编程时充分考虑数控加工的特点。

编程时,选择刀具通常要考虑机床的加工能力、工序内容、工件材料等因素。与普通机床加工方法相比,数控加工对刀具的要求更高。不仅要求精度高、刚度好、耐用度高,而且要求尺寸稳定、安装调整方便。这就要求采用新型优质材料制造数控加工刀具,并优选刀具参数。

1. 数控加工刀具的选择

刀具的选择应根据机床的加工能力、工件材料的性能、加工工序、切削用量,以及其他相关因素正确选用刀具及刀柄。

刀具选择总的原则是:安装调整方便,刚性好,耐用度和精度高。在满足加工要求的前提下,尽量选择较短的刀柄,以提高刀具加工的刚性。

2. 数控加工切削用量的确定

合理选择切削用量的原则是,粗加工时,一般以提高生产率为主,但也应考虑经济性和加工成本;半精加工和精加工时,应在保证加工质量的前提下,兼顾切削效率、经济性和加工成本。具体数值应根据机床说明书、切削用量手册,并结合经验而定。

数控机床加工的切削用量包括切削速度 V_c(或主轴转速 n)、切削深度 a_p 和进给量 f,其选用原则与普通机床基本相似,合理选择切削用量的原则是:粗加工时,以提高劳动生产率为主,选用较大的切削量;半精加工和精加工时,选用较小的切削量,保证工件的加工质量。

1)数控车床切削用量

(1)切削深度 a_p　在工艺系统刚性和机床功率允许的条件下,尽可能选取较大的切削深度,以减少进给次数。当工件的精度要求较高时,则应考虑留有精加工余量,一般为0.1~0.5 mm。

切削深度 a_p 计算公式:

$$a_p = \frac{d_w - d_m}{2}$$

式中　d_w——待加工表面外圆直径,mm;

　　　d_m——已加工表面外圆直径,mm。

(2)切削速度 V_c

①车削光轴切削速度 V_c。光车切削速度由工件材料、刀具的材料及加工性质等因素所确定。

切削速度 V_c 计算公式

$$V_c = \frac{\pi dn}{1\ 000}$$

式中　d——工件或刀尖的回转直径,mm;

n——工件或刀具的转速,r/min。

②车削螺纹主轴转速 n。切削螺纹时,车床的主轴转速受加工工件的螺距(或导程)大小、驱动电动机升降特性及螺纹插补运算速度等多种因素影响,因此对于不同的数控系统,选择车削螺纹主轴转速 n 存在一定的差异。下列为一般数控车床车螺纹时主轴转速计算公式:

$$n \leqslant \frac{1\ 200}{p} - k$$

式中　p——工件螺纹的螺距或导程,mm;

k——保险系数,一般为80。

(3)进给速度　进给速度是指单位时间内,刀具沿进给方向移动的距离,单位为mm/min,也可表示为主轴旋转一周刀具的进给量,单位为mm/r。

确定进给速度的原则:

①当工件的加工质量能得到保证时,为提高生产率可选择较高的进给速度。

②切断、车削深孔或精车时,选择较低的进给速度。

③刀具空行程尽量选用高的进给速度。

④进给速度应与主轴转速和切削深度相适应。

进给速度 V_f 的计算

$$V_f = nF$$

式中　n——车床主轴的转速,r/min;

F——刀具的进给量,mm/r。

2)数控铣床切削用量选择

数控铣床的切削用量包括切削速度 v_c、进给速度 v_f、背吃刀量 a_p 和侧吃刀量 a_c。切削用量的选择方法是考虑刀具的耐用度,先选取背吃刀量或侧吃刀量,其次确定进给速度,最后确定切削速度。

(1)背吃刀量 a_p(端铣)或侧吃刀量 a_c(圆周铣)　如图4-17所示,背吃刀量 a_p 为平行于铣刀轴线测量的切削层尺寸,单位为mm,端铣时 a_p 为切削层深度,圆周铣削时 a_p 为被加工表面的宽度。侧吃刀量 a_c 为垂直于铣刀轴线测量的切削层尺寸,单位为mm,端铣时 a_c 为被加工表面宽度,圆周铣削时 a_c 为切削层深度。端铣背吃刀量和圆周铣侧吃刀量的选取主要由加工余量和对表面质量要求决定。

①工件表面粗糙度要求为 Ra 3.2~12.5 μm,分粗铣和半精铣两步铣削加工,粗铣后留半精铣余量0.5~1.0 mm。

②工件表面粗糙度要求为 Ra 0.8~3.2 μm,可分粗铣、半精铣、精铣三步铣削加工。半精铣时端铣背吃刀量或圆周铣削侧吃刀量取1.5~2 mm,精铣时圆周铣侧吃刀量取

0.3 ~ 0.5 mm，端铣背吃刀量取 0.5 ~ 1 mm。

（2）进给速度 v_f　进给速度指单位时间内工件与铣刀沿进给方向的相对位移，单位为 mm/min。它与铣刀转速 n、铣刀齿数 Z 及每齿进给量 F_z（单位为 mm/z）有关。进给速度的计算公式

$$v_f = F_z Z n$$

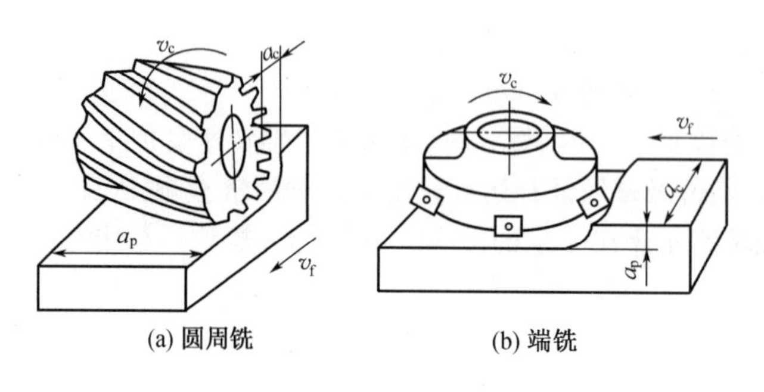

图 4－17　铣刀铣削用量

式中，每齿进给量 F_z 的选用主要取决于工件材料和刀具材料的机械性能、工件表面粗糙度等因素。当工件材料的强度和硬度高，工件表面粗糙度的要求高，工件刚性差或刀具强度低，F_z 值取小值。硬质合金铣刀的每齿进给量高于同类高速钢铣刀的选用值。

（3）切削速度

铣削的切削速度与刀具耐用度 T、每齿进给量 F_z、背吃刀量 a_p、侧吃刀量 a_c、铣刀齿数 Z 成反比，与铣刀直径 d 成正比。其原因是 F_z、a_p、a_c、Z 增大时，使同时工作齿数增多，刀刃负荷和切削热增加，加快刀具磨损，因此刀具耐用度限制了切削速度的提高。如果加大铣刀直径则可以改善散热条件，相应提高切削速度。

在选择进给量时，还要注意零件加工的某些特殊因素。例如在轮廓加工中，当零件轮廓有拐角时，刀具容易产生“超程”现象，从而导致加工误差。如图 4－18 所示，铣刀由 A 向 B 运动，当进给量较高时，由于惯性作用，在拐角 B 处可能出现“超程”现象，即将拐角处的金属多切去一些，如果是向外凸起表面，B 处会有部分金属未被切除，使轮廓表面产生误差。解决的方法是：在编程时，在接近拐角前适当地降低进给量，过拐角后再逐渐增加。即将 AB 分成两段，在 AA' 段使用正常的进给量，到 A' 处开始减速，过 B' 处后再逐步恢复到正常进给量，从而减少超程量。

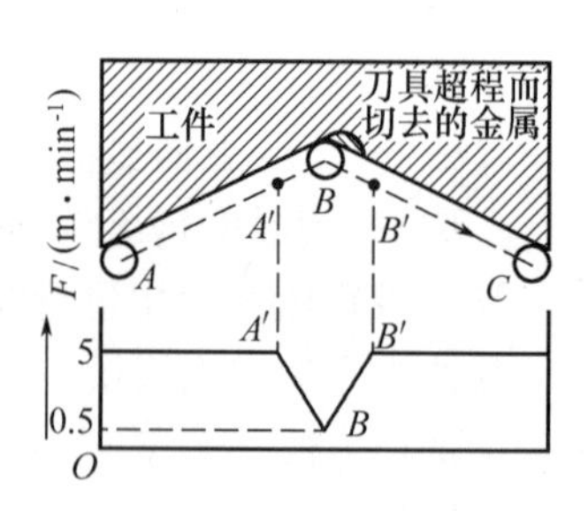

图 4－18　超程误差与控制

目前一些完善的自动编程系统中有超程检验功能，一旦检测出超程误差超过允许值，便可以设置适当的“减速”或“暂停”程序段予以控制。

4.2.10　加工路线的确定

在数控加工中，刀具刀位点相对于工件运动的轨迹称为加工路线。

确定加工路线的原则：

(1)应尽量缩短加工路线,减少空刀时间以提高加工效率;

(2)能够使数值计算简单,程序段数量少,简化程序,减少编程工作量;

(3)使被加工工件具有良好的加工精度和表面质量(如表面粗糙度);

(4)确定轴向移动尺寸时,应考虑刀具的引入长度和超越长度。

编程时,加工路线的确定原则主要有以下几点:

(1)加工路线应保证加工零件的精度和表面粗糙度,并且效率较高;

(2)使数值计算简单,以减少编程工作量;

(3)应使加工路线最短,这样既可以减少程序段,又可减少空刀时间。

此外,确定加工路线时,还要考虑工件的加工余量和机床、刀具的刚度等情况,确定是一次走刀,还是多次走刀完成加工,以及在铣削加工中是采用顺铣还是逆铣等。

1. 点位控制的数控机床加工路线

对于点位控制的数控机床,只要求定位精度较高,定位过程尽可能短,而刀具相对工件的运动路线是无关紧要的,因此点位控制的数控机床应按空程最短原则来安排走刀路线。除此之外,还要确定刀具轴向的运动尺寸,其大小主要由被加工零件的孔的尺寸来决定,但也要考虑一些辅助尺寸,例如,刀具的引入距离和超越量,数控钻孔的尺寸关系,如图 4-19 所示。图中:

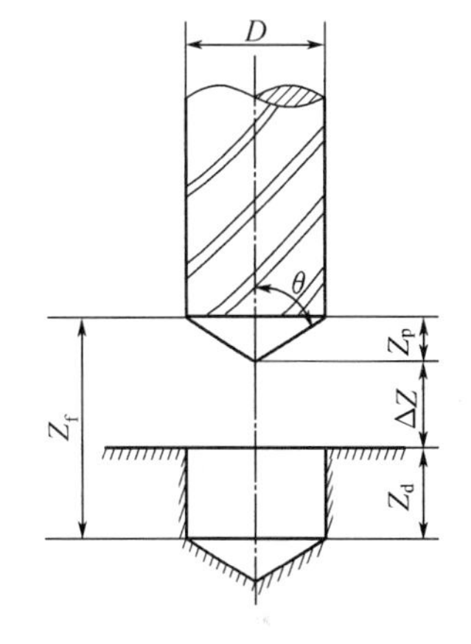

图 4-19　数控钻孔的尺寸关系

Z_d——被加工孔的尺寸;

ΔZ——刀具的轴向引入距离,

$$Z_P = D\cos\theta/2 \approx 0.3D$$

Z_f——刀具轴向位移量,即程序中的 Z 坐标尺寸,

$$Z_f = Z + \Delta Z + Z_P$$

刀具轴向引入距离 ΔZ 的经验数据如下:

在已加工表面上钻、镗、铰孔 $\Delta Z = 1 \sim 3$ mm;

在未加工表面上钻、镗、铰孔 $\Delta Z = 5 \sim 8$ mm;

在攻螺纹铣削时 $\Delta Z = 5 \sim 10$ mm;

钻孔时刀具超越量为 1 ~ 3 mm。

2. 孔系的加工路线

对于位置精度要求较高的孔系加工,特别要注意孔的加工顺序的安排,安排不当时,有可能产生坐标轴的反向间隙,直接影响位置精度。如图 4-20 所示,图 4-20(a)为零件图,在该零件上镗六个尺寸相同的孔,有两种加工路线。当按图 4-20(b)所示路线加工时,由于孔 5,6 与孔 1,2,3,4 定位方向相反,Y 方向反向间隙会使定位误差增加,而影响孔 5,6 及其他孔的位置精度。按图 4-20(c)所示路线,加工完 4 个孔往上多移动一段距离到 P 点,然后再折回来加工孔 5,6,这样方向一致,可避免方向间隙的产生,提高孔 5,6 与其他孔的位置精度。

3. 车螺纹的加工路线

在数控机床上车螺纹时,沿螺距方向正向进给应和机床主轴旋转保持严格的速比关系,因此应避免在进给机构加速或减速过程中切削。为此要有引入距离 δ_1 和超越距离 δ_2。如图 4-21 所示,δ_1 和 δ_2 的数值与机床拖动系统的动态特性有关,与螺纹的螺距和螺纹的精度有关。一般 δ_1 为 2 ~ 5 mm,对大螺距和高精度的螺纹取大值;δ_2 一般取 δ_1 的 1/4 左右。

若螺纹收尾处没有退刀槽时,收尾处的形状与数控系统有关,一般按45°退刀收尾。

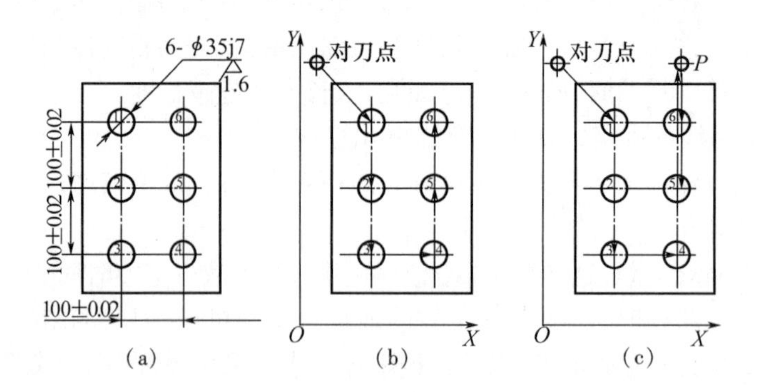

图4-20　镗孔加工路线示意图

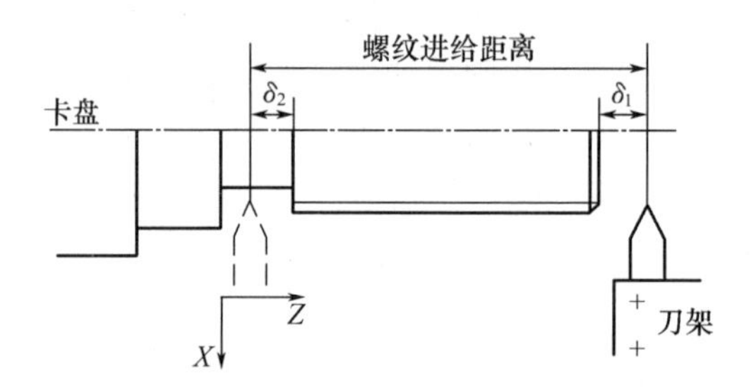

图4-21　切削螺纹时引入距离

4. 铣削平面的加工路线

铣削平面零件时,一般采用立铣刀侧刃进行切削。为了减少接刀的痕迹,保证零件加工表面质量,对刀具的切入和切出程序需要认真设计。

如图4-22所示,铣削外表轮廓时铣刀的切入点和切出点应沿零件周边外延,而不应沿法向直接切入零件,以避免加工表面产生划痕,保证零件轮廓光滑。

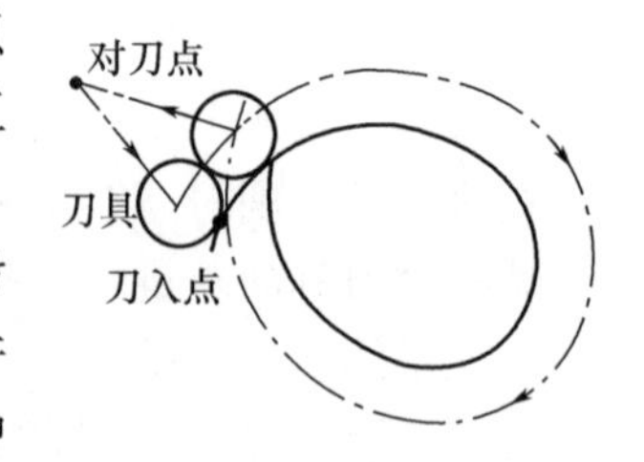

图4-22　切入切出方式

铣削内轮廓表面时,切入和切出无法外延,这时铣刀可沿零件轮廓法线方向切入和切出,并将其切入、切出点选在零件轮廓两几何元素的交点处。图4-23所示为加工内槽的三种走刀路线。图4-23(a)(b)分别为用行切法和环切法加工内槽的走刀路线;图4-23(c)为先用行切法最后环切一刀完整轮廓面。三种方案中,图4-23(a)方案最差,图4-23(c)方案最好。

加工过程中,工件、刀具、夹具、机床工艺系统在平衡于弹性变形的状态下,进给暂停后,切削力减小,会改变系统的平衡状态,刀具将在进给暂停处的零件表面留下凹凸痕迹,因此在轮廓加工中应避免进给暂停。

5. 铣削曲面的加工路线

铣削曲面时,常用球头刀采用“行切法”进行加工。所谓行切法是指刀具与零件轮廓的切点轨迹是一行一行的,而行间的距离是按零件加工精度的要求确定的。

对于边界敞开的曲面加工,可采用两种加工路线。如图4-24所示,对于发动机叶片,当采用图 4－24(a)的加工方案时各次沿直线加工，刀位点计算简单，程序段少，加工过程适合直纹面的形成，可以准确保证母线的直线度。当采用图 4－24(b)所示的加工方案时，符合这类零件数据给出的情况，便于加工后检验，叶形的准确度高，但程序段较多。由于曲面零件的边界是敞开的，没有其他表面限制，所以曲面边界可以延伸，球头刀应由边界外开始加工。

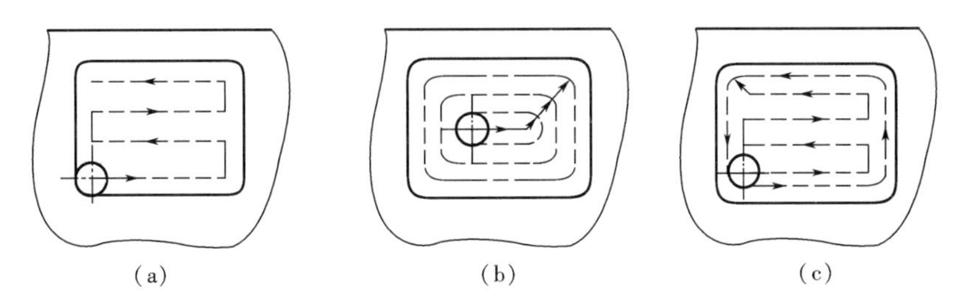

图 4－23　凹槽加工起刀路线

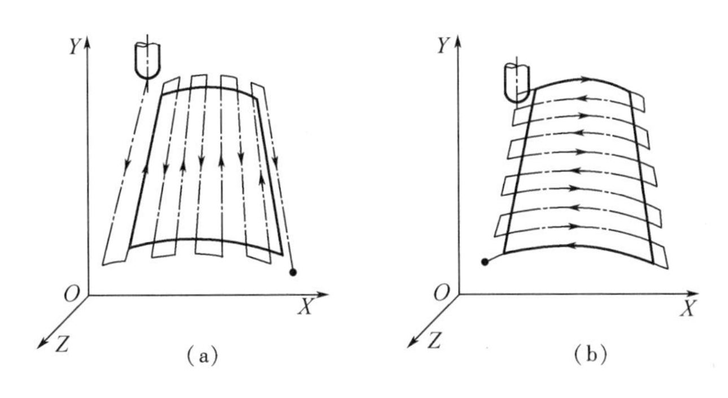

图 4－24　曲面加工的加工路线

总之，确定走刀路线的原则是：在保证零件加工精度和表面粗糙度的条件下，尽量缩短加工路线，以提高生产率。

4.2.11　数控编程误差及其控制

数控机床加工突出特点之一是：零件的加工精度不但在加工过程中形成，而且在加工前数控编程阶段就已经形成。数控编程阶段的误差是不可避免的，这是由程序控制的原理本身决定的。在数控编程阶段，图纸上的信息转换成控制系统可以接受的形式，这时会产生三种误差：近似计算误差，插补误差，尺寸圆整误差。

1. 近似计算误差

这是用近似计算方法处理列表曲线、曲面轮廓时所产生的逼近误差。例如用样条或参数曲面等近似方程所表示的形状与原始零件之间有误差。因为这类误差较小，所以可以忽略不计。

2. 插补误差

这是用直线或圆弧段逼近零件轮廓曲线所产生的误差，如图 4－25(a)所示。减小插补误差的最简单方法是：密化插补点，但是这会增加程序段数目，增加计算、编程等的工作量。

3. 尺寸圆整误差

这是将计算尺寸换算成机床的脉冲当量时，由于圆整化所产生的误差。数控机床能反映出的最小位移量是一个脉冲当量，小于一个脉冲当量的数据只能四舍五入，故此产生了误差。如图4-25(b)所示，图中刀具应由 A 点至 B 点，但是因 X、Y 坐标尺寸圆整后分别在 C_1 点与 D_1 点，所以刀具实际上走到 B_1 点而造成误差。一般应控制尺寸圆整化误差不超过正负脉冲当量的一半。

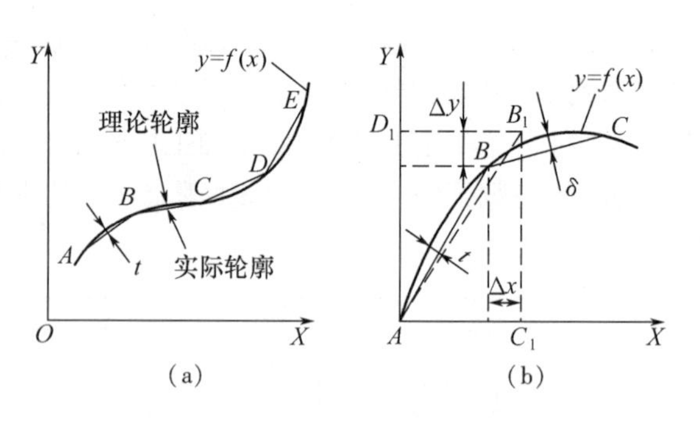

图4-25　编程误差及其控制方法

在点位控制加工中，编程误差只包含尺寸圆整误差一项，并且直接影响孔的位置精度。

在轮廓控制加工中，影响轮廓加工精度的主要是插补误差，而尺寸圆整误差的影响则居次要地位，如图4-25(b)所示。所以，一般所说的数控编程误差是对插补误差而言。插补误差相对于零件轮廓的分布形式有三种，分别在零件轮廓的外侧、内侧或内外两侧。具体的选用取决于零件图纸的要求。不过常用误差分布在轮廓内侧方式，如图4-25(a)所示，因为此时插补节点全在零件轮廓曲线上，容易计算节点坐标。

此外，因为还有控制系统与拖动系统误差(它们由机床脉冲当量或分辨率的大小、脉冲从控制系统输出的不均匀性，控制系统品质的动态特性、插补器的形式与实现插补的算法等因素所决定)，零件定位误差，对刀误差，刀具磨损误差，工件变形误差等等，所以，零件图纸上给出的误差，只有小部分允许分配给编程中所产生的误差。目前，一般取允许的编程误差等于零件公差的0.1~0.2。

4.3　数控刀具

4.3.1　引言

刀具是机械制造中用于切削加工的工具，是机床的“牙齿”。切削加工是制造技术的主要基础工艺。中国已成为全球最具发展潜力的刀具大市场，诸多外国刀具集团的发展战略中，无不都把扩大在中国的刀具销售作为首选。国外刀具牢牢占据着市场优势。

欧美刀具集团以高效率、高品质、高价格、高性能，占据了数控刀具行业的高端市场，以山特维克可乐满为首，山高、瓦尔特、肯纳、伊斯卡等一线品牌占据中国刀具市场。瑞典的SANDVIK山特维克可乐满作为世界大的金属切削刀具制造与供应商，多年来，不断求新求变，专注切削刀具、软件和工艺的革新。瑞典的SECO山高针对客户不断变化的高要求做出各种全新设计。德国的WALTER瓦尔特采用PVD物理涂层工艺生产的切削材质Tiger·tec® Silver除了可用于新一代铣刀刀片Blaxx®(黑锋侠)和切槽刀片，现在也可用于所有铣削加工。还有美国的KENNAMETAL肯纳金属，以色列的ISCAR伊斯卡，日本的Mitsubishi三菱、KYOCERA京瓷、住友电工等品牌都在中国占有大量的市场。

国产刀具主要以株洲硬质合金集团有限公司、成都量刃具股份有限公司、哈尔滨第一工具制造有限公司、哈尔滨量具刃具集团有限公司等厂家的产品为主。我国的刀具企业和先进的跨国刀具企业相比，从资金、技术、装备和管理水平等方面都存在很大的差距。国产刀具行业更应努力缩小与国际先进水平的差距,专注技术研发和技术革新,选择工具行业技术发展的关键技术进行攻关,提升我国工具行业竞争实力和可持续发展能力,以适应国家装备制造业的发展需要。从我国刀具行业自身的生存空间,以及提高我国整个制造业竞争力等方面来看,不仅需要有制造刀具的能力,还需要有将刀具应用到实际生产过程中的能力,要有扎实的理论和实践基础,要拥有自己的知识产权。

4.3.2　数控加工对刀具的要求

在数控机床上加工零件,都必须使用数控刀具。当今数控机床正在不断朝着高速度与高精度化、高柔性化、复合化、多功能化和智能化等方向发展。因此,数控机床对所用的刀具在性能上有许多要求,只有达到这些要求才能使数控机床充分发挥效率。

1. 很高的切削效率

数控机床向着高速、高刚度和大功率方向发展,预测硬质合金刀具的切削速度将由 200 ~ 300 m/min 提高到 500 ~ 600 m/min,陶瓷刀具的切削速度将提高到 800 ~ 1 000 m/min。因此,数控刀具必须具有能够承受高速切削和强力切削的性能。

2. 具有高精度

数控加工使用的刀具要保证刀具在机床上可靠的安装与定位,与普通金属切削刀具相比,数控刀具应具备高的制造精度。目前数控车削刀具的机夹可转位刀片,刀片和刀杆均已标准化并且规定了公差带范围;铣削类刀具分机夹可转位、焊接和整体三类,机夹可转位刀具的刀片和刀杆同数控车刀一样,两者装配后能够保证有较高的公差等级和回转精度,而整体式硬质合金刀具,其径向尺寸精度可以达到 IT2 ~ ITl,能满足精密零件的加工要求。

3. 很高的可靠性和耐用度

数控机床上所用的刀具为满足数控加工及对难加工材料加工的要求,刀具材料应具有高的切削性能和刀具寿命,同时为了保证产品质量,同一批刀具在切削性能和刀具总寿命方面不得有较大差异,以免在无人看管的情况下,因刀具先期磨损和破损造成加工零件的大量报废甚至损坏机床。

4. 刀具尺寸的预调和快速换刀

刀具结构应能预调尺寸,以便达到很高的重复定位精度。如果数控机床采用人工换刀,则使用快换夹头,对于有刀库的加工中心,则实现自动换刀。

5. 完善的工具系统

完善、先进的工具系统是使用好数控机床重要的一环。例如,代表数控加工刀具发展方向的模块式工具系统能更好地适应多品种零件的生产,且有利于工具的生产、使用管理,减少了工具的规格、品种和数量的储备,对加工中心较多的企业有很高的实用价值。

6. 建立刀具管理系统

在加工中心和柔性制造系统出现后,使用刀具的数量大,刀具管理系统要对全部刀具进行自动识别,记忆其规格、尺寸、存放位置、已切削时间和剩余切削时间等,还需要管理刀具更换、运送,刀具的刃磨和尺寸预调等。

7. 刀具在线监控及尺寸补偿系统

刀具在线监控及尺寸补偿系统的作用是解决刀具损坏时能及时判断、识别并补偿,防止出现废品和意外事故。

4.3.3 数控刀具的特点

随着计算机控制自动化加工技术的发展，数控刀具涵括了刀具识别、监测和管理等现代刀具技术，扩展为广义的数控工具系统，具有可靠、高效、耐久和经济等特点，概括起来有如下几个方面。

（1）可靠性高　刀具可靠性是自动化加工系统的重要因素之一。刀具应有很高的可靠性，避免加工过程中出现意外的损坏，并且同一批刀具的切削性能和耐用度不得有较大差异。

（2）切削性能好　为提高生产效率，现代数控机床正朝着高速度、高刚度和大功率方向发展。如中等规模的加工中心的主轴最高转速一般为 3 000 ~ 5 000 r/min，有的高达 10 000 r/min 以上。因此，数控刀具必须有承受高速切削和大进给量的性能，而且要有较高的耐用度。

（3）刀具能实现快速更换　经过机外预调尺寸的刀具，应能与机床快速、准确地接合和脱开，能适应机械手或机器人的操作，并能达到很高的重复定位精度。现在精密加工中心的加工精度可以达到 3 ~ 5 μm，因此刀具的精度、刚度和重复定位精度必须与这样高的加工精度相适应。

（4）加工精度高　为适应数控加工的精度和快速自动更换刀具的要求，数控刀具及其装夹结构必须具有很高的精度，以保证在机床上的安装精度（通常 <0.005 mm）和重复定位精度。对于数控机床用的整体刀具也具有高精度的要求，如有些立铣刀的径向尺寸精度高达 0.005 mm，以满足精密零件的加工要求。

（5）复合程度高　刀具的复合程度高，可以在多品种生产条件下减少刀具品种规格、降低刀具管理难度。在数控加工过程中，为充分发挥数控机床的利用率，要求发展和使用多种复合刀具，如钻—扩、扩—铰、扩—镗等，使原来需要多道工序、几种刀具才能完成的工序，在一道工序中，由一把刀具完成，以提高生产效率，保证加工精度。

（6）配备刀具状态监测装置　监测装置可进行刀具的磨损或破损的在线监测，其中刀具破损的在线监测可通过接触式传感器、光学摄像和声发射等方法进行，并将监测结果输入计算机，及时发出调整或更换刀具的指令，以保证工作循环的正常进行。

4.3.4 数控刀具的分类

1. 按照刀具结构分类

（1）整体式；

（2）镶嵌式，采用焊接或机夹式连接，其中机夹式又可分为不转位和可转位两种；特殊形式，如复合式刀具、减震式刀具等。

2. 根据制造刀具所用的材料分类

（1）高速钢刀具；

（2）硬质合金刀具；

（3）陶瓷刀具；

（4）立方氮化硼刀具；

（5）金刚石刀具。

3. 根据切削工艺分类

(1)车削刀具,分外圆、内孔、螺纹、切割刀具等多种;

(2)钻削刀具,包括麻花钻、机夹扁钻、扩孔钻、铰刀、镗刀、丝锥等;

(3)铣削刀具,包括立铣刀、面铣刀等;

(4)镗削刀具;

(5)其他刀具等。

4.3.5　数控刀具材料

数控机床加工工件时,刀具材料的耐用度和使用寿命直接影响着工件的加工精度、表面质量和加工成本。合理选用刀具材料不仅可以提高刀具切削加工的精度和效率,而且也是对难加工材料进行切削加工的关键措施。

1. 数控机床对刀具材料的要求

在金属切削过程中,切削层金属在刀具的作用下承受剪切滑移而塑性变形,刀具与工件、切屑之间挤压与摩擦使刀具切削部分产生很高的温度,在断续切削加工中还会受到机械冲击及热冲击的影响,加剧刀具的磨损,甚至使刀具破损,因此刀具切削部分的材料必须具备以下几个条件。

(1)较高的硬度和耐磨性　刀具切削部分的硬度必须高于工件材料的硬度,刀具材料的硬度越高,其耐磨性越好。刀具材料常温下的硬度应在 62 HRC 以上。

(2)足够的强度和韧性　刀具在切削过程中承受很大的压力,有时在冲击和振动条件下工作,要使刀具不崩刃和折断,刀具材料必须具有足够的强度和韧性,一般用抗弯强度表示刀具材料的强度,用冲击值表示刀具材料的韧性。

(3)较高的耐热性　耐热性指刀具材料在高温下保持硬度、耐磨性、强度及韧性的性能,是衡量刀具材料切削性能的主要指标,这种性能也称刀具材料红硬性。

(4)较好的导热性　刀具材料的导热系数越大,刀具传出的热量越多,有利于降低刀具的切削温度和提高刀具的耐用度。

(5)良好的工艺性　为便于刀具的加工制造,要求刀具材料具有良好的工艺性能,如刀具材料的锻造、轧制、焊接、切削加工和可磨削性、热处理特性及高温塑性变形性能,对于硬质合金和陶瓷刀具材料还要求有良好的烧结与压力成形的性能。

2. 刀具材料的种类

数控机床上所用刀具的材料主要有五大类:高速钢、硬质合金、陶瓷、立方氮化硼和聚晶金刚石,使用最广泛的是硬质合金类刀具,因为这类材料目前从经济性、适应性、多样性和工艺性等各方面,综合效果都优于陶瓷、立方氮化硼及聚晶金刚石。

硬质合金刀片有涂层硬质合金和非涂层硬质合金两种。涂层硬质合金刀片是在韧性好的刀具表面涂上一层耐磨损、抗熔焊、低反应活性的物质,使刀具在切削中同时具有既硬而又不易破损的性能。涂层的方法主要有两大类:一类为物理涂层(PVD);另一类为化学涂层(CVD)。非涂层钛基硬质合金通常称为金属陶瓷,金属陶瓷刀片加工出的零件表面非常光洁、平整。

(1)高速钢　高速钢是由 W、Cr、Mo 等合金元素组成的合金工具钢,具有较高的热稳定性、较高的强度和韧性,并有一定的硬度和耐磨性,因而适合于加工有色金属和各种金属材料。又由于高速钢有很好的加工工艺性,适合制造复杂的成形刀具,特别是粉末冶金高速钢,具有各向异性的机械性能,减少了淬火变形,适合于制造精密与复杂的成形刀具。

(2)硬质合金　硬质合金具有很高的硬度和耐磨性,切削性能比高速钢好,耐用度是高速钢的几倍至数十倍,但冲击韧性较差。由于其切削性能优良,因此被广泛用作刀具材料,如表4-1所示硬质合金的种类。

表4-1　硬质合金的种类

种类	成分	ISO 标准	应用范围
YT	WC-TiC-Co	P	加工钢、不锈钢和长切屑可锻铸铁
YG	WC-Co	K	加工铸铁、冷硬铸铁、短切屑铸铁、淬火钢和有色金属
YW	WC-TiC-TaC(NbC)Co	M	加工铸钢、锰钢、合金铸铁、 奥氏体不锈钢、可锻铸铁、易切屑钢和耐热钢

(3)涂层刀具

①CVD 化学气相沉积法涂层　涂层物质为 TiC,使硬质合金刀具耐用度提高1~3倍。

②PVD 物理气相沉积法涂层　涂层物质为 TiN、TiAlN 和 Ti(C、N),使硬质合金刀具耐用度提高2~10倍。

(4)非金属刀具

①氧化铝系陶瓷　以氧化铝(Al_2O_3)为基体的刀具材料,其优点是硬度及耐磨性高,缺点是脆性大,抗弯强度低,抗热冲击性能差,适用于铸铁及调质钢的高速精加工。

②氮化硅系陶瓷　以氮化硅(Si_3N_4)为基体的陶瓷材料,其特点是抗弯强度和断裂韧性有所提高,抗热冲击性能也较好,适用于加工淬火钢、冷硬铸铁、石墨制品及玻璃钢等材料。

③复合氮化硅-氧化铝系陶瓷　该材料具有极好的耐高温性能、抗热冲击性能和抗机械冲击性能。其主要特点是加工进给量大,允许高速切削加工,极大地提高了生产率。

④聚晶金刚体　聚晶金刚体作为切削刀具使用时,烧结在硬质合金基体上,可对硬质合金、陶瓷、高硅铝合金等耐磨、高硬度的非金属和非铁合金材料进行精加工。

⑤立方氮化硼　立方氮化硼硬度和导热性能仅次于金刚石,有很高的热稳定性和良好的化学稳定性,因此适用于加工淬火钢、硬铸铁、高温合金和硬质合金。

4.3.6　数控车床刀具

1. 数控车床可转位刀具概述

数控车床刀具的标准化和模块化不但提高了数控机床的工作效率,而且在使用中非常方便。数控车床的刀具分为刀杆与刀片两部分,在数控车床加工中更换磨损的刀片,只需松开螺钉,将刀片转位,将新的刀刃放于切削位置即可,因此又称之为可转位刀片。由于可转位刀片的尺寸精度较高,刀片转位固定后一般不需要刀具尺寸补偿或仅需要少量刀片尺寸补偿就能正常使用。

1)数控车床可转位刀具特点

数控车床所采用的可转位车刀,其几何参数是通过刀片结构形状和刀体上刀片槽座的方位安装组合形成的,与通用车床相比一般无本质的区别,其基本结构、功能特点是相同的。但数控车床的加工工序是自动完成的,因此对可转位车刀的要求又有别于通用车床所使用的刀具，具体要求和特点如表 4－2 所示。

表 4－2　可转位车刀的要求和特点

要求	特　点	目　的
精度高	采用 M 级或更高精度等级的刀片；多采用精密级的刀杆；用带微调装置的刀杆在机外预调好	保证刀片重复定位精度，方便坐标设定，保证刀尖位置精度
可靠性高	采用断屑可靠性高的断屑槽型或有断屑台和断屑器的车刀；采用结构可靠的车刀，采用复合式夹紧结构和夹紧可靠的其他结构	断屑稳定，不能有紊乱和带状切屑；适应刀架快速移动和换位，整个自动切削过程中夹紧不得有松动的要求
换刀迅速	采用车削工具系统；采用快换小刀夹	迅速更换不同形式的切削部件，完成多种切削加工，提高生产效率
刀片材料	较多采用涂层刀片	满足生产节拍要求，提高加工效率
刀杆截形	较多采用正方形刀杆，但因刀架系统结构差异大，有的需采用专用刀杆	刀杆与刀架系统匹配

2）可转位车刀的种类

可转位车刀按其用途可分为外圆车刀、仿形车刀、端面车刀、内圆车刀、切槽车刀、切断车刀和螺纹车刀等，见表 4－3。

表 4－3　可转位车刀的种类

类型	主偏角	适用机床
外圆车刀	90°，50°，60°，75°，45°	普通车床和数控车床
仿形车刀	93°，107.5°	仿形车床和数控车床
端面车刀	90°，45°，75°	普通车床和数控车床
内圆车刀	45°，60°，75°，90°，91°，93°，95°，107.5°	普通车床和数控车床
切断车刀		普通车床和数控车床
螺纹车刀		普通车床和数控车床
切槽车刀		普通车床和数控车床

3）可转位车刀的基本结构

可转位车刀的基本结构如图 4－26 所示，它由刀片、刀垫、刀杆和夹紧元件组成。可转位刀片的型号也已经标准化，种类很多，可根据需要选用。选择刀片的形状时，主要是考虑加工工序的性质、工件的形状、刀具的寿命和刀片的利用率等因素。选择刀片的尺寸时，主要是考虑切削刃工作长度、刀片的强度、加工表面质量及工艺系统刚性等因素。可转位车刀的夹紧机构，应该满足夹紧可靠、装卸方便、定位精确、结构简单等要求。

2. 数控车床刀具类型

数控车床刀具如图 4－27、图 4－28 与图 4－29 所示。数控车床刀具按进刀方向可分为左进刀、右进刀和中间进刀三种形式；按刀具对工件的加工位置可分为内孔加工、外圆加工和端面加工三种形式；按加工工件形状可分为切槽、螺纹和仿形加工三种形式。

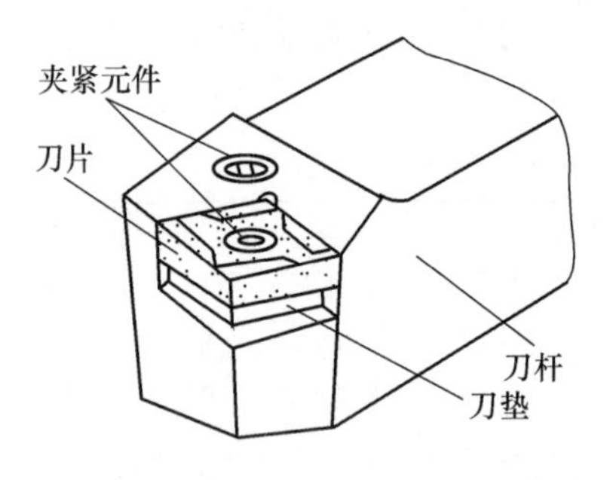

图 4－26　可转位车刀的基本结构

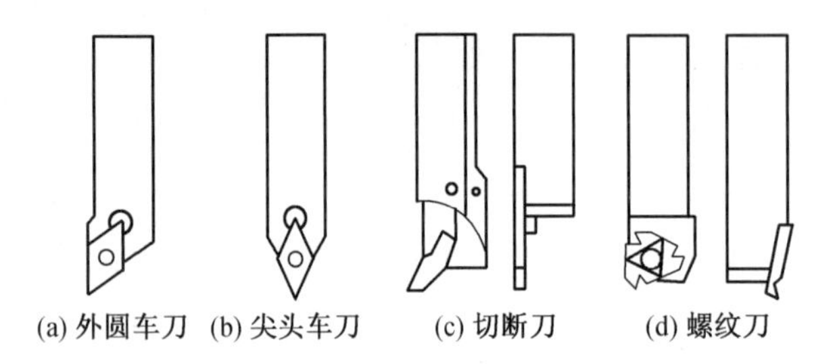

图 4－27　数控车床外圆车刀

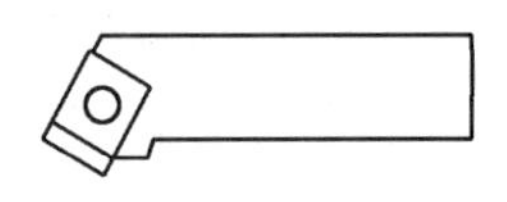

图 4－28　数控车床端面车刀

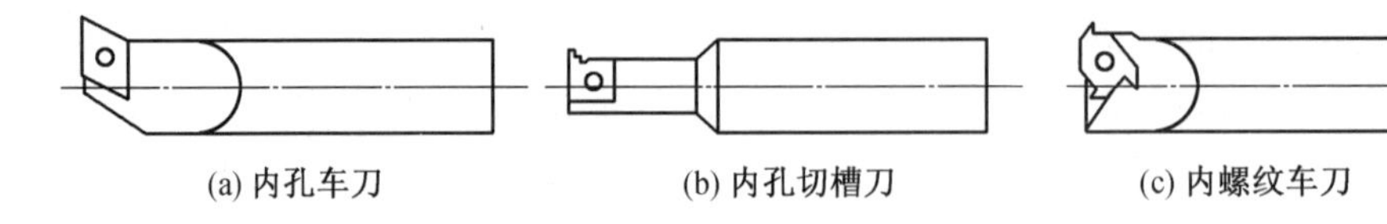

图 4－29　数控车床内孔车刀

3. 可转位刀片的型号表示规则

可转位刀片的型号表示规则：用九个代码表征刀片的尺寸及其他特征。代码第①～⑦位是必需的代码，代码第⑧和⑨位在需要时添加。如图 4－30 所示。

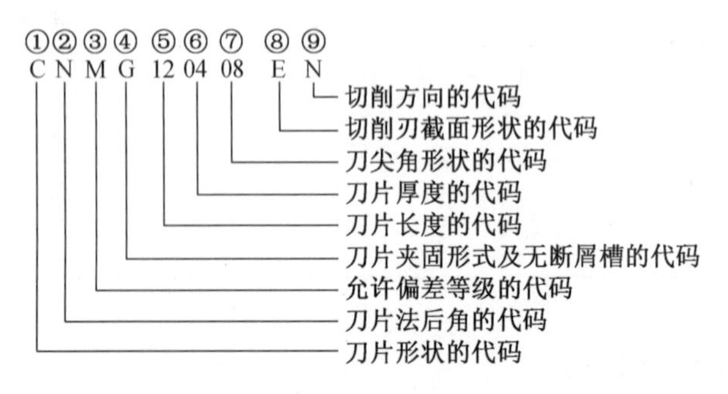

图 4－30　可转位刀片型号表示规则

图 4－30 中第 1 位为刀片形状的代码（图 4－31），如代码 C 表示刀尖角为 80°；

图 4－30 中第 2 位为刀片法后角的代码（图 4－32），如代码 N 表示后角为 0°；

图4－30中第3位为允许偏差等级的代码(表4－4),如代码M表示刀片允许偏差等级为±0.013;

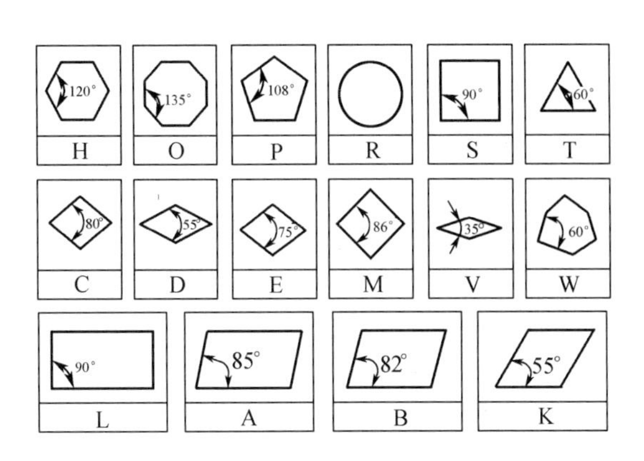

图4－31　刀片形状的代码

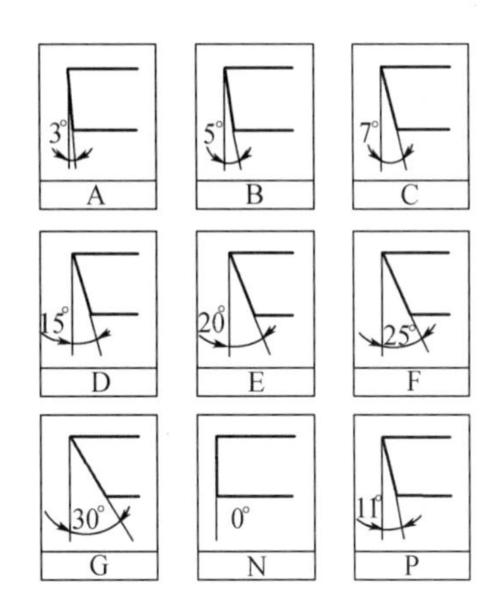

图4－32　刀片法后角的代码

表4－4　允许偏差等级的代码表

偏差等级代码	允许偏差/mm			允许偏差/in		
	m	s	d	m	s	d
A	±0.005	±0.025	±0.025	±0.000 2	±0.001	±0.001
F	±0.005	±0.025	±0.013	±0.000 2	±0.001	±0.000 5
C	±0.013	±0.025	±0.025	±0.000 5	±0.001	±0.001
H	±0.013	±0.025	±0.013	±0.000 5	±0.001	±0.000 5
E	±0.025	±0.025	±0.025	±0.001	±0.001	±0.001
G	±0.025	±0.13	±0.025	±0.001	±0.005	±0.001
J	±0.005	±0.025	±0.05～±0.15	±0.000 2	±0.001	±0.002～±0.006
K	±0.013	±0.025	±0.05～±0.15	±0.000 5	±0.001	±0.002～±0.006
L	±0.025	±0.025	±0.05～±0.15	±0.001	±0.001	±0.002～±0.006
M	±0.08～±0.2	±0.13	±0.05～±0.15	±0.003～±0.008	±0.005	±0.002～±0.006
N	±0.08～±0.2	±0.025	±0.05～±0.15	±0.003～±0.008	±0.001	±0.002～±0.006
U	±0.013～±0.38	±0.13	±0.08～±0.25	±0.005～±0.015	±0.005	±0.003～±0.01

注:表中 s 为刀片厚度,d 为刀片内切圆直径,m 为刀片尺寸参数(图4－33)。

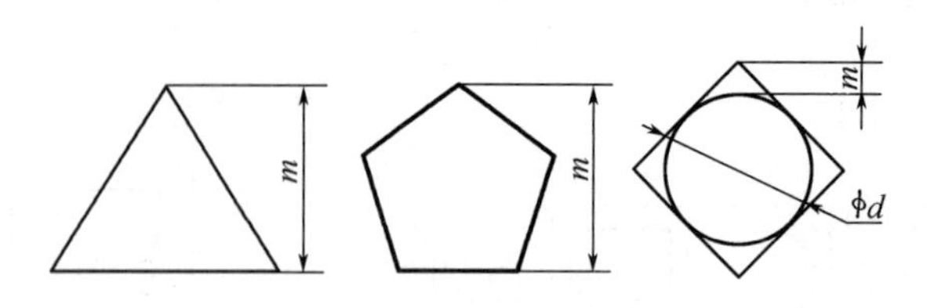

图 4－33　刀片尺寸参数

图 4－30 中第 4 位为夹固形式及有无断屑槽的代码(图 4－34)，如代码 G 表示双面断屑槽，夹紧形式为通孔；

A	B	C	F	G	H	J
	70°-90°	70°-90°			70°-90°	70°-90°
M	N	Q	R	T	U	W
		40°-60°		40°-60°	40°-60°	40°-60°

图 4－34　夹固形式及有无断屑槽的代码

图 4－30 中第 5 位为刀片长度的代码(图 4－35)，如代码 12 表示切削刃长度为 12 mm；

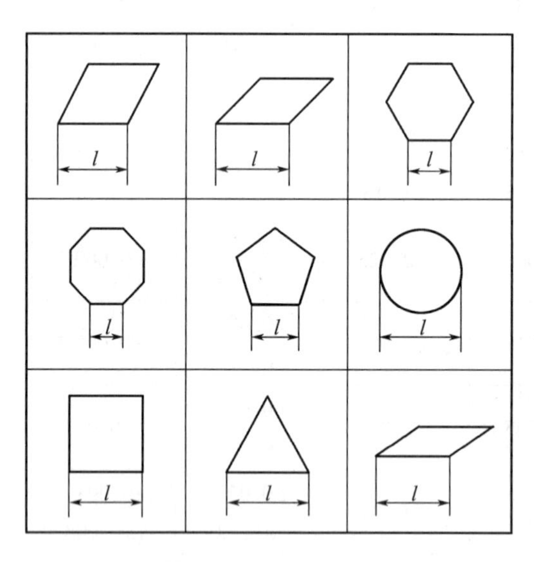

图 4－35　刀片长度表示方法

图 4－30 中第 6 位为刀片厚度的代码(图 4－36)，如代码 04 表示刀片厚度为 4.76 mm；

图 4－30 中第 7 位为刀尖角形状的代码(图 4－37)，如代码 08 表示刀尖圆弧半径为 0.8 mm；

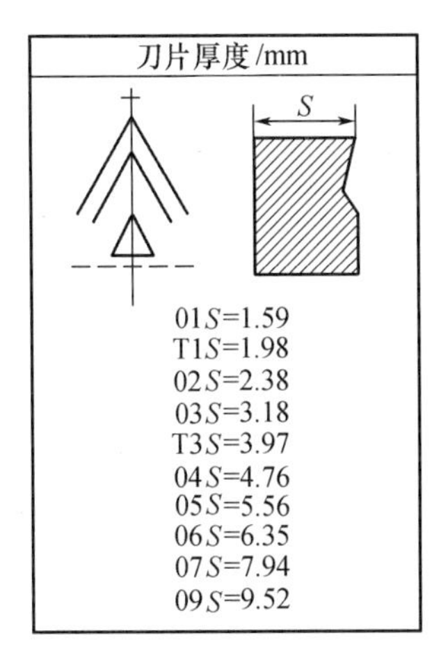

图4－36　刀片厚度的代码

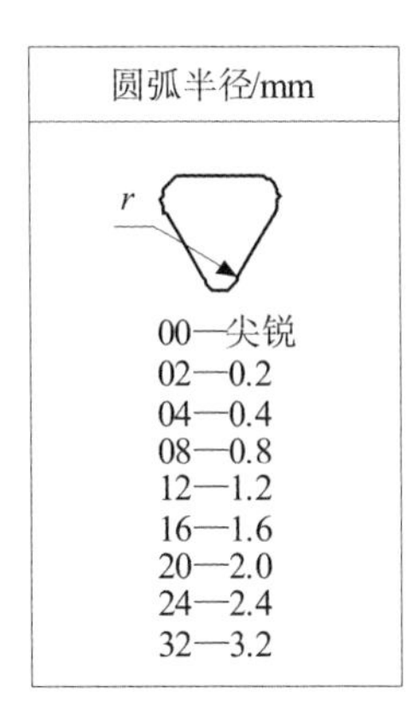

图4－37　刀尖角形状的代码

图4－30中第8位为切削刀截面形状的代码(表4－5)；

表4－5　刀片切削截面形状表

代码	刀片切削截面形状	示意图
F	尖锐刀刃	
E	倒圆刀刃	
T	倒棱刀刃	
S	既倒棱又倒圆刀刃	
Q	双倒棱刀刃	
P	既双倒棱又倒圆刀刃	

图4－30中第9位为切削方向的代码(表4－6)。

表4－6　刀片切削方向的代码表

代码	切削方向	刀片的应用	示意图
R	右切	适用于非等边、非对称角、非对称刀尖、有或没有非对称断屑槽刀片,只能用该进给方向	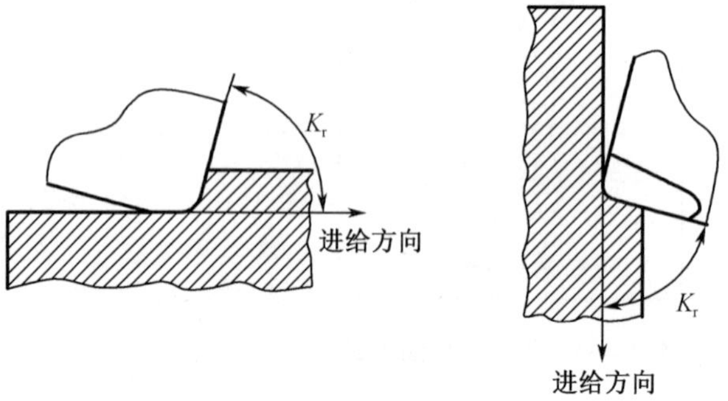 K_r 进给方向 K_r 进给方向
L	左切	适用于非等边、非对称角、非对称刀尖、有或没有非对称断屑槽刀片,只能用该进给方向	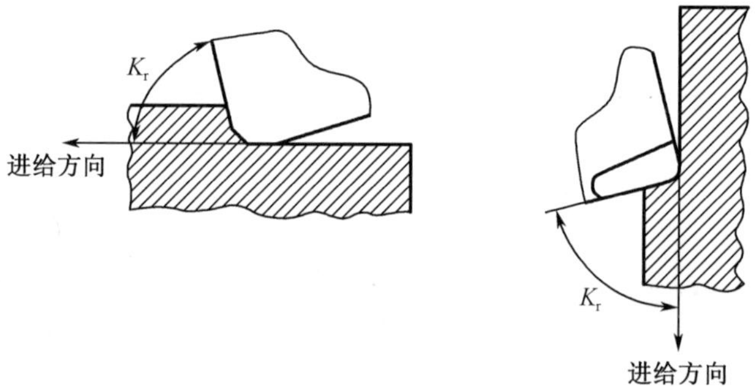 K_r 进给方向 K_r 进给方向
N	双向	适用于有对称刀尖、对称角、对称边和对称断屑槽的刀片,可能采用两个进给方向	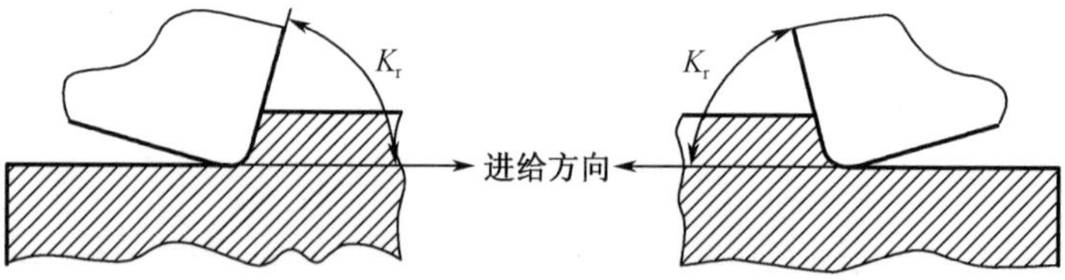 K_r 进给方向 K_r

4. 可转位刀片型号的选用

可转位刀片型号的选用分为四个步骤:选择刀片夹紧方式、选择刀片型号、选择刀片刀尖圆弧和选择刀片材料牌号。

1)选择刀片夹紧方式

(1)上压夹紧式,标准代号为C,如图4－38(a)所示。这种压紧方式主要针对无孔刀片的压紧。由压板从刀片上方给力,将其压紧在刀槽内。其优点是结构简单,制造容易;缺点是刀片位置不可调整。压板分爪形、桥形或蘑菇头钉形;可安置断屑器。这种压紧方式一般适用于车刀、立铣刀、深孔钻、铰刀和镗刀等。

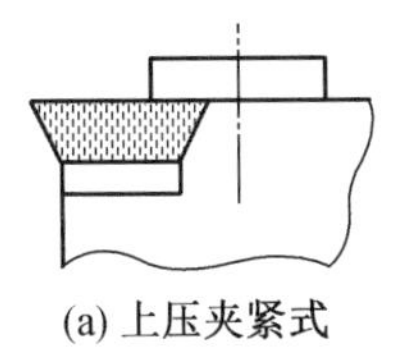
(a) 上压夹紧式

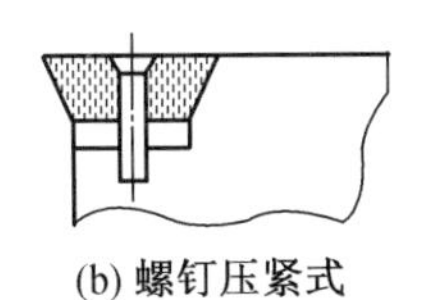
(b) 螺钉压紧式

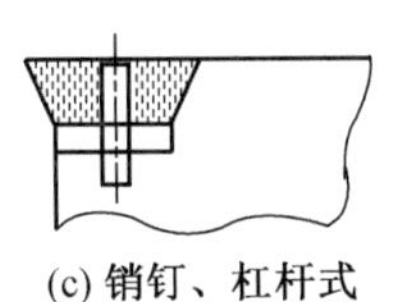
(c) 销钉、杠杆式

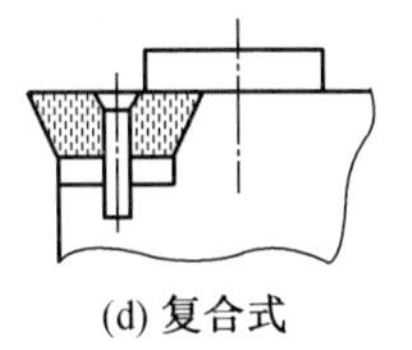
(d) 复合式

图4-38　刀片夹紧方式

(2)螺钉压紧式,标准代号为S,如图4-38(b)所示。这种压紧方式主要针对带沉孔刀片,用锥形沉头螺钉压紧(实际应用中,这种压紧方式用在受力不大的刀杆上)。螺钉的轴线与刀片槽底面有一定的倾角,旋紧螺钉时,螺钉头部锥面将刀片压向刀片槽的底面及定位侧面。其优点是结构简单、紧凑,切屑排屑通畅;但刀片转位性能稍差。这种压紧方式主要适用于车刀、小孔加工刀具、深孔钻、套料钻、铰刀及单、双刃镗刀等。

(3)销钉、杠杆式,标准代号为P,如图4-38(c)所示。这种压紧方式针对带圆柱孔无后角刀片,利用刀片孔将刀片夹紧。销钉式多用偏心夹紧,结构简单、紧凑,便于制造,一般适用于中小型车刀。其优点是杠杆式夹紧力较大,刀片定位准确,受力合理,夹紧稳定可靠,刀片转位或更换迅速、方便、排屑流畅;缺点是夹固元件多,结构较为复杂,制造困难。此种方式主要适用于车刀、可转位单刃镗刀、模块式镗刀夹。这种压紧方式的原理为:杠杆式螺钉往下移动时,杠杆受力摆动,将带孔刀片夹紧在刀杆上。

(4)复合式,标准代号为M,如图4-38(d)所示。这种压紧方式针对圆柱孔刀片,上压式和螺钉或销钉复合夹紧刀片。此类方式又分为楔压复合式、拉压复合式、偏心楔复合式、杠销复合式等。顾名思义,此种方法采用两种夹紧方式同时夹紧刀片,其优点是夹紧可靠,能承受较大的切削负荷及冲击,可安置断屑器。主要适用于重负荷及断续切削的车刀系统。

2)选择可转位刀片型号

选择可转位刀片型号时要考虑多方面的因素,根据加工零件的形状选择刀片形状代码;根据切削加工的材料选择主切削刃后角代码;根据零件的加工精度选择刀片尺寸公差代码;根据加工要求选择刀片断屑及夹固形式代码;根据选用的切削用量选择刀片切削刃长度代码;此外还要选择切削用量;通过理论公式计算刀片切削刃长度。

(1)选择切削用量

如表4-7所示,根据切削用量把加工要求分为超精加工、精加工、半精加工、粗加工和重力切削五个等级,分别用代码A、B、C、D、E表示。

表4-7　切削用量选用参考表

代码	加工要求	进给量f/(mm/r)	切削深度a_p/mm
A	超精加工	0.05~0.15	0.25~2.0
B	精加工	0.1~0.3	0.5~2.0
C	半精加工	0.2~0.5	2.0~4.0
D	粗加工	0.4~1.0	4.0~10.0
E	重力切削	>1.0	6.0~20.0

(2)切削刃长度计算

通过刀具主偏角 K 和切削深度 a 计算刀片有效切削刃长度 L,如图 4－39 所示,并推算刀刃的实际长度,然后根据刀刃的实际长度选用合适的切削刃长度代码。

刀片有效切削刃长度 L 的计算公式:

$$L = \frac{a}{\sin K}$$

$$L_{max} = (0.25 \sim 0.5)l$$

$$L_{max} = 0.4d$$

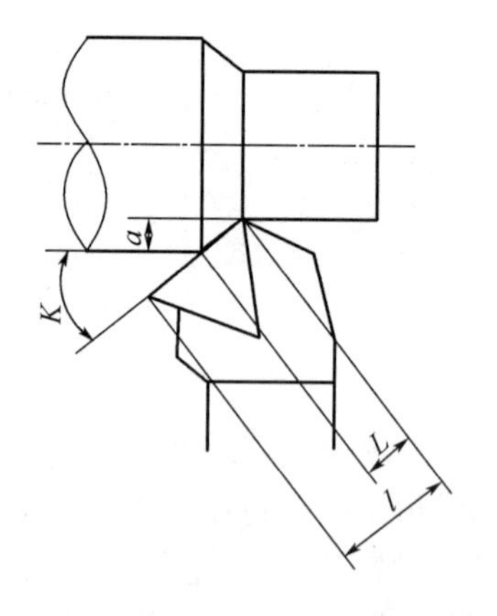

图 4－39　K、a 和 L 之间的关系

式中　d——圆形刀片直径,mm;

l——刀片切削刃长度,mm。

3)选择刀片刀尖圆弧

粗加工时按刀尖圆弧半径选择刀具最大走刀量,见表 4－8,或通过经验公式计算刀具走刀量;精加工时按工件表面粗糙度要求计算精加工走刀量。

表 4－8　选用最大走刀量参考表

刀尖圆弧半径/mm	0.4	0.8	1.2	1.6	2.4
最大走刀量/(mm/r)	0.25～0.35	0.4～0.7	0.5～1.0	0.7～1.3	1.0～1.8

(1)粗加工

粗加工走刀量经验计算公式:

$$f_{粗} = 0.5R$$

式中　R——刀尖圆弧半径,mm;

$f_{粗}$——粗加工走刀量,mm。

(2)精加工

根据表面粗糙度理论公式推算精加工走刀量 f 公式:

$$R = \frac{f^2}{8R_t} \times 1\ 000$$

式中　R_t——轮廓深度,μm;

f——进给量,mm/r;

R——刀尖圆弧半径,mm。

4)选择刀片材料牌号

国际 ISO 标准把硬质合金刀片材料分为 P、K、M 三类,分别加工钢、铸铁、合金钢,以及不易加工的材料。表 4－9、表 4－10 和表 4－11 为可转位刀片材料牌号。根据车削工件的材料及其硬度、选用的切削用量来选择可转位刀片材料的牌号。

表4－9　ISO标准P类常用刀片牌号

材料	硬度HB	耐磨性		基本牌号		强度	
		TN315	TN325	YB415	YB425	YB435	YB235
		走刀量　mm/r					
		0.05－0.1－0.2	0.05－0.1－0.3	0.1－0.4－0.8	0.1－0.4－0.8	0.2－0.5－1.0	0.1－0.4－0.6
		切削速度　m/min					
碳素钢	125	640－530－430	490－410－290	480－345－250	440－300－205	380－230－165	180－130－110
	150	580－490－390	450－380－260	440－315－230	400－275－190	300－210－150	165－120－100
	200	510－430－340	390－330－230	385－216－200	350－250－165	260－185－130	145－105－90
合金钢	180	445－370－300	315－265－180	380－265－195	320－220－170	200－140－100	155－110－90
	275	305－250－205	215－160－125	260－180－130	215－150－115	140－100－70	105－75　－60
	300	280－235－190	200－165－115	240－165－120	200－135－105	125－90　－60	95－70　－50
	350	245－205－165	175－145－100	210－145－105	170－120－90	110－75　－55	85－60　－45
高合金钢	200	400－330	280－235－165	350－230－170	280－185－135	175－115－80	145－100－80
	325	195－150	145－115－80	170－110	120－　80－60	85－　55－40	65－　45－35
不锈钢	200	345－285	290－145－180	295－240－190	275－210－165	225－180－145	130－110－90
铸钢	180	270－225	190－155	260－185－145	230－160－120	135－105－75	100－85－60
	200	270－225	190－155	255－180－95	190－125－85	120－　90－80	90－75－55
	225	220－180	150－120	190－130－95	170－115－80	95－　70－55	80－60－45

表4－10　ISO标准M类常用刀片牌号

材料	硬度HB	耐磨性	基本牌号	强度		备　注
		TN325	YB325	YL10.1	YL10.2	
		走刀量　mm/r				
		0.05－0.1－0.2	0.2－0.4－0.6－0.8	0.2－0.5－1.0	0.3－0.6－1.2	
		切削速度　m/min				
不锈钢	180	220－205－180	120－105－90－80	100－70		奥氏体
耐热合金	200			63－32－15	45－27－12	退火铁基
	280			46－23－9	30－19	时效铁基
	280			27－14	17	退火镍基
	350			17	10	时效
	320			15	10	铸造钴基

表 4-11　ISO 标准 K 类常用刀片牌号

材　　料		硬度 HB	耐磨性　　基本牌号　　强度		
			YB3015	YB435	YL10.1
			走刀量　mm/r		
			0.1-0.4-0.8	0.2-0.5-1.0	0.2-0.5-1.0
			切削速度　m/min		
淬火钢	淬火钢 锰钢	55 250	(HRC)		
可锻铸铁	铁素体 珠光体	130 230	315-270-210 225-155-95	175-145-100 120- 85-50	105- 75-45 80- 60-30
低强度铸铁 高强度铸铁		180 260	475-290-185 270-175-110	225-150-90 155- 95-55	135- 95-60 95- 65-40
球墨铸铁	铁素体 珠光体	160 250	285-200-140 210-145-100	165-110-70 120- 90-55	115- 80-45 80- 50-30
冷硬铸铁		400			17-11
铝合金	未热处理 热处理	60 100			1750-1280-800 510- 370-250
铸铝合金	未热处理 热处理	75 90			460-285-175 300-180-110
铜合金	铅合金 黄铜、紫铜 青铜电解铜	110 90 100			610-430-295 310-250-195 225-160-115
其他材料	硬塑料 纤维材料 硬橡胶				380-240 190-120 225-160

5. 可转位车刀的选用

以外圆车削为例,说明可转位车刀选用的一般原则。

1)刀片夹紧方式的选择

在国家标准中,一般夹紧方式有上压式(代码为 C)、上压与销孔夹紧(代码 M)、销孔夹紧(代码 P)和螺钉夹紧(代码 S)四种,有的公司还有牢固夹紧(代码为 D)。但这仍不可能包括可转位车刀所有的夹紧方式。例如代号 P 是用刀片的中心圆柱形销夹紧,而夹紧方式有杠杆式、偏心式等,而且,各刀具商所提供的产品并不一定包括了所有的夹紧方式,因此选用时要查阅产品样本。各夹紧方式适用于不同形式的刀片，如无孔刀片常用上压式(C型)，陶瓷、立方氮化硼等刀片常用此夹紧方式。D型和M型夹紧可靠，适用于切削力较大的场合，如加工条件恶劣、钢的粗加工、铸铁等短屑的加工等。P型前刀面开放，有利于排屑，一般中、轻切削可选用。S型结构简单紧凑，无阻排屑，是沉孔刀片的夹紧方式，可用正前面刀片，适合于轻切削和小孔加工等。

2)刀片外形的选择

刀片外形与加工的对象、刀具的主偏角、刀尖角和有效刃数等有关。一般外圆车削常用80°凸三边形(W型)、四方形(S型)和80°菱形(C型)刀片。仿形加工常用55°(D型)、35°(V型)菱形和圆形(R型)刀片。90°主偏角常用三角形(T型)刀片。不同的刀片形状有不同的刀尖强度，一般刀尖角越大，刀尖强度越大；反之亦然。圆刀片(R型)刀尖角最大，35°菱形刀片(V型)刀尖角最小，如图4-40所示。在选用时，应根据加工条件恶劣与否，按重、中、轻切削针对性地选择。在机床刚性、功率允许的条件下，大余量、粗加工应选用刀尖角较大的刀片；反之，机床刚性和功率小、小余量、精加工时宜选用较小刀尖角的刀片。

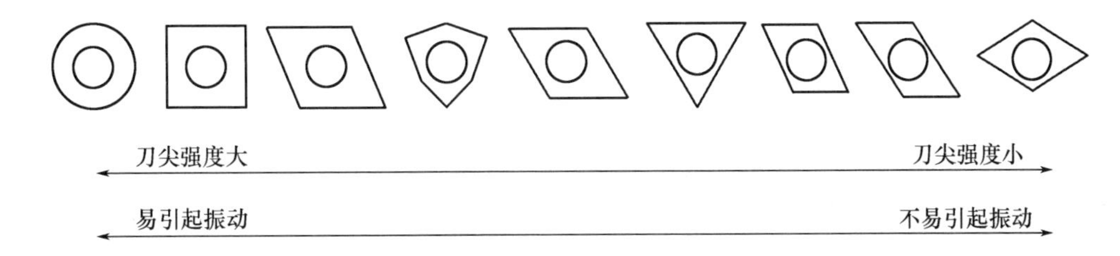

图4-40　刀片形状与刀尖强度、切削振动示意图

从切削力考虑，刀尖角越大，在车削中对工件的径向分力越大，越易引起切削振动。从有效刃数来看，同等条件下，圆形刀片最多，菱形刀片最少，最近又出现了一种80°的四边形刀片(Q型)，这种刀片比80°菱形刀片的有效刃数增加了一倍。

3)刀杆头部形式的选择

刀杆头部形式按主偏角和直头、偏头分有15~18种，各形式规定了相应的代码，国家标准和刀具样本中都一一列出，可以根据实际情况选择。有直角台阶的工件，可选大于或等于主偏角的刀杆。一般粗车，可选主偏角45°~90°的；精车，可选45°~75°的；中间切入、仿形，可选45°~107.5°的；工艺系统刚性好时可选较小值，工艺系统刚性差时，可选较大值。

4)刀片后角的选择

常用的刀片后角有N(0°)、C(7°)、P(11°)、E(20°)等，一般粗加工、半精加工可用N型。半精加工、精加工可用C型、P型，也可用带断屑槽的N型刀片。加工铸铁、硬钢可用N型。加工不锈钢可用C型、P型。加工铝合金可用P型、E型等。加工弹性恢复性好的材料可选用较大一些的后角。一般镗孔刀片，选用C型、P型，大尺寸孔可选用N型。

5)左右手刀柄的选择

有三种选择：R(右手)、L(左手)和N(左右手)。要注意区分左右刀的方向，如图4-41所示。选择时要考虑机床刀架是前置式还是后置式，前刀面是向上还是向下，主轴的旋转方向以及需要的进给方向等。

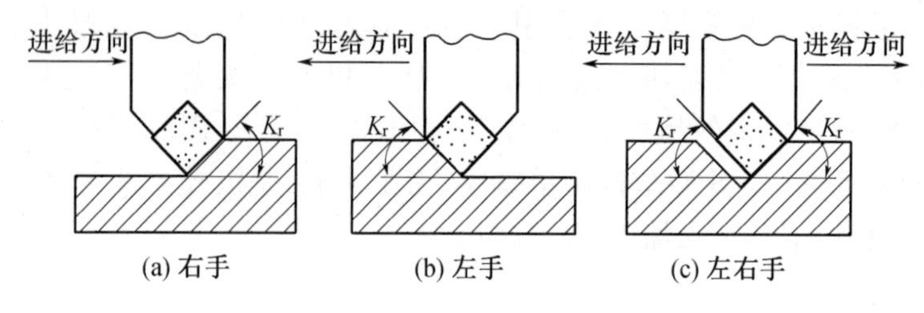

图 4－41　左右刀的方向

6）刀杆尺寸的选择

刀杆基本尺寸有刀尖高度、刀杆的宽度和长度，在标准尺寸系列中，这些都是相对应的，选择时应与所使用的机床相匹配，使车刀装在卧式车床刀架上的刀尖位置处于车床主轴中心线等高位置，若略低一点可以加垫片解决，但对于数控机床，原则上不得加垫片。刀杆的长度应考虑到刀杆需要的悬伸量，这悬伸量应尽可能小。内孔刀杆还要考虑加工的最小孔径，等等。

7）切削刃长度的选择

切削刃的长度应根据加工余量来定，最多是刃长的 2/3 参加切削。要考虑到主偏角对有效切削刃长度的影响。

8）刀片精度等级的选择

刀片精度等级根据加工作业，例如精加工、半精加工、粗加工等选择，以便在保证作业任务完成的前提下，降低加工成本。国家标准有 A ~ U 共 12 个精度等级，车削常用等级为 G、M、U。一般精密加工选用高精度的 G 级刀片；非铁金属材料的精加工，半精加工宜选用 G 级刀片。淬硬(45 HRC 以上)钢的精加工也可选用 G 级刀片。精加工至重负荷粗加工可选用 M 级，粗加工可选用 U 级刀片。

9）刀尖圆弧半径的选择

刀尖圆弧半径不仅影响切削效率，而且关系到被加工表面粗糙度及精度。从刀尖圆弧半径与最大进给量关系来看，最大进给量不应超过刀尖圆弧半径尺寸的 80%，否则将恶化切削条件，甚至出现螺纹状表面和打刀等问题。因此，选择的刀尖圆弧半径应等于或大于零件车削最大进给量的 1.25 倍。当刀尖角小于 90°时，允许的最大进给量应下降。刀尖圆弧半径还与断屑的可靠性有关。为保证断屑，切削余量和进给量有一个最小值，当刀尖圆弧半径减小，所得到的这两个最小值也相应减小，因此，从断屑可靠出发，通常对于小余量、小进给车加工作业应采用小的刀尖圆弧半径，反之宜采用较大的刀尖圆弧半径。刀尖圆弧半径与进给量在几何学上是形成被加工零件表面粗糙度的两个参数：

$$h \approx \frac{f}{8r_\varepsilon}$$

式中　h——加工表面轮廓高，μm；

f——进给量，mm/r；

r_ε——刀尖圆弧半径，mm。

由此式可知，当被加工零件表面粗糙度与进给量已设定后，就可选择相应的刀尖圆弧半径 $r_\varepsilon \geqslant \frac{f}{8h}$，具体数值见表 4－12。

表 4-12 r_ε,f,Ra 数据对应表

h/μm	Ra	刀尖圆弧半径 r_ε/mm				
		0.4	0.8	1.2	1.6	2.4
		进给量 f/(mm/r)				
1.6	0.6	0.07	0.10	0.12	0.14	0.17
4	1.6	0.11	0.15	0.19	0.22	0.26
10	3.2	0.17	0.24	0.29	0.34	0.42
16	6.3	0.22	0.30	0.37	0.43	0.53
25	8.0	0.27	0.38	0.48	0.54	0.66

10)断屑槽形的选择

我国生产的硬质合金刀片断屑槽形分为两大类:一类是国家标准(GB 2076—2007)所推荐的22种断屑槽形;一类是通过引进吸收,开发后生产的断屑槽形。前一类在普通机床上常采用,后一类在我国两大硬质合金厂(株洲硬质合金集团有限公司、自贡硬质合金有限公司)的产品样本中推荐出了相应的适用范围。两大类数十种槽形无法一一列出,选用时可参考有关样本。作为常规的数控切削加工,刀片的断屑槽形已向基本槽形加补充槽形两种模式发展,即以尽可能小的槽形覆盖尽可能大的加工范围,其余充实槽形来弥补。槽形根据加工作业类型和加工对象的材料特性来确定,各供应商表示方法不一样,但思路基本一样:基本槽形按加工作业类型有精加工(代码 F)、普通加工(代码 M)和粗加工(代码 R)。加工材料按国际标准有:钢(P 类)、不锈钢、合金钢(M 类)和铸铁(K 类)。这两种情况一组合就有了相应的槽形,比如 PF 就指用于钢的精加工槽形,KM 是用于铸铁普通加工的槽形等。如果加工向两方向扩展,如超精加工和重型粗加工,以及材料也扩展,如耐热合金、铝合金、有色金属等,就有了超精加工、重型粗加工和加工耐热合金、铝合金等的补充槽形,选择时可查阅具体的产品样本。

4.3.7 数控铣床刀具

数控铣床与加工中心使用的刀具种类很多,主要分铣削刀具和孔加工刀具两大类,所用刀具正朝着标准化、通用化和模块化的方向发展,为满足高效和特殊的铣削要求,又发展了各种特殊用途的专用刀具。

1. 数控铣刀与工具系统

1)铣刀结构

铣刀的结构分为三部分:切削部分、导入部分和柄部,如图 4-42 所示。铣刀的柄部为 7:24 圆锥柄,这种圆锥柄不会自锁,换刀方便,具有较高的定位精度和较大的刚性。

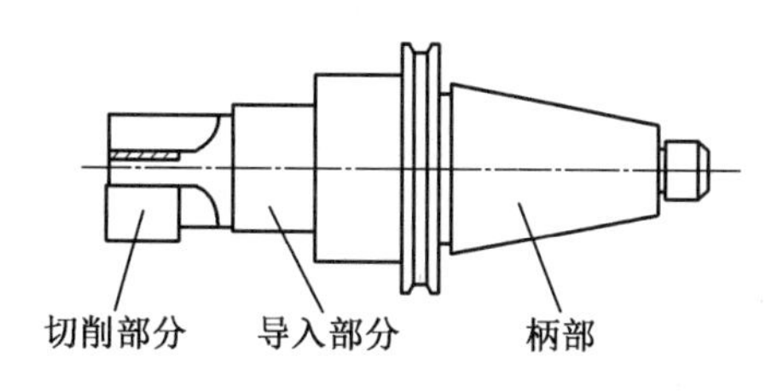

图 4-42 铣刀的结构

2)工具系统

工具系统是指连接数控机床与刀具的系列装夹工具,由刀柄、连杆、连接套和夹头等组

成。数控机床工具系统能实现刀具的快速、自动装夹。随着数控工具系统的应用与日俱增,我国已经建立了标准化、系列化、模块式的数控工具系统。数控机床的工具系统分为整体式和模块式两种形式。

(1)整体式工具系统 TSG　按连接杆的形式分为锥柄和直柄两种类型。锥柄连接杆的代码为 JT,如图 4-43 所示;直柄连接杆的代码为 JZ,如图 4-44 所示。该系统结构简单、使用方便、装夹灵活、更换迅速。由于工具的品种、规格繁多,给生产、使用和管理带来不便。

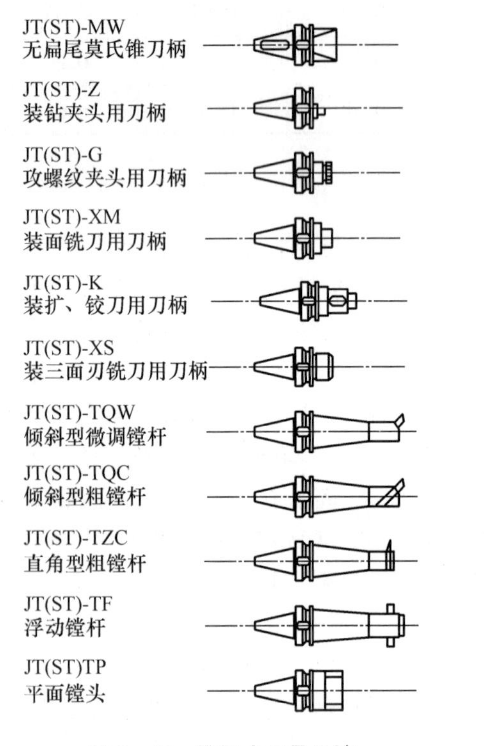

图 4-43　锥柄式工具系统

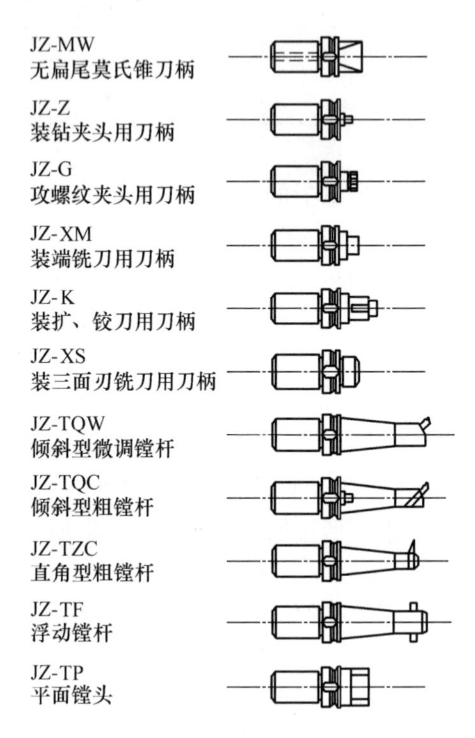

图 4-44　直柄式工具系统

(2)模块式工具系统 TMG　模块式工具系统 TMG 有下列三种结构:圆柱连接系列 TMG21,如图 4-45(a)所示,轴心用螺钉拉紧刀具;短圆锥定位系列 TMG10,如图 4-45(b)所示,轴心用螺钉拉紧刀具;长圆锥定位系列 TMG14,如图 4-45(c)所示,用螺钉锁紧刀具。模块式工具系统以配置最少的工具来满足不同零件的加工需要,因此该系统增加了工具系统的柔性,是工具系统发展的高级阶段。

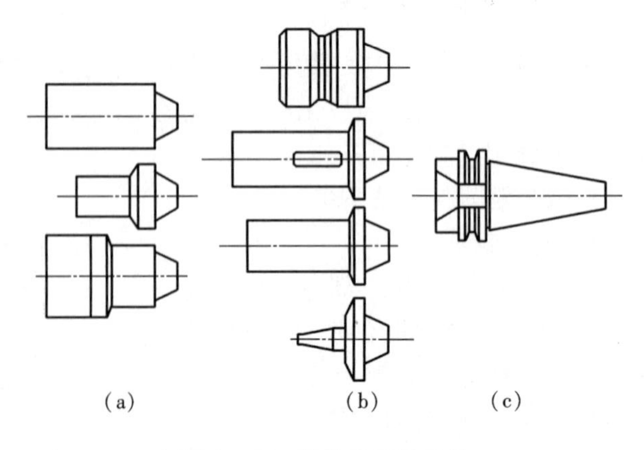

图 4-45　模块式工具系统

3)切削刀具简介

(1)孔加工刀具

①中心钻　用于孔加工定位；

②麻花钻　主要用于钻削孔；

③阶梯钻　是一种高效的复合刀具,用于钻削阶梯孔；

④铰刀　主要用于孔的精加工；

⑤镗刀　主要用于扩孔和孔的精加工。

(2)铣削加工刀具

①平面铣刀　这种铣刀主要有圆柱铣刀和端面铣刀两种形式；

②沟槽铣刀　最常用的沟槽铣刀有立铣刀、三面刃盘铣刀、键槽铣刀和角度铣刀；

③模具铣刀　模具铣刀切削部分有球形、凸形、凹形和T形等各种形状；

④组合成形铣刀　用多把铣刀组合使用,同时加工一个或多个零件,不但可以提高生产效率,还可以保证零件的加工质量。

2. 可转位铣刀的选用

目前可转位铣刀已广泛应用于各机械加工领域,可转位铣刀的正确、合理选用是充分发挥其效能的关键。由于可转位铣刀结构各异、规格繁多,可根据以下依据选用。

1)可转位铣刀的类型

(1)可转位面铣刀　主要有平面粗铣刀、平面精铣刀、平面粗精复合铣刀三种。

(2)可转位立铣刀　主要有立铣刀、孔槽铣刀、球头立铣刀、R立铣刀、T型槽铣刀、倒角铣刀、螺旋立铣刀、套式螺旋立铣刀等。

(3)可转位槽铣刀　主要有三面刃铣刀、两面刃铣刀、精切槽铣刀。

(4)可转位专用铣刀　用于加工某些特殊零件,其形式和尺寸取决于所用机床和零件的加工要求。此类铣刀种类较多,如加工曲轴的可转位曲轴铣刀(外铣刀、内铣刀、车拉刀),加工电动机转子槽的可转位转子槽铣刀,加工叶轮的可转位叶轮铣刀等。

(5)可转位组合铣刀　由两个或多个铣刀组装而成,可一次加工出形状复杂的零件的一个或多个成形面。

2)可转位铣刀的结构

可转位铣刀一般由刀片、定位元件、夹紧元件和刀体组成。由于刀片在刀体上有多种定位与夹紧方式,刀片定位元件的结构又有不同类型,因此可转位铣刀的结构有多种,分类方法也较多。对选择刀具结构类型起主要作用的是刀片排列方式。排列方式可分为平装结构和立装结构两大类。

(1)平装结构(刀片径向排列)　国外以SANDVIK公司的产品为代表,国内大多数工具厂生产的可转位铣刀均采用此种结构,如图4－46所示。平装结构铣刀的刀体结构工艺性好,容易加工,并可采用无孔刀片(刀片价格较低,可重磨)。由于需要夹紧元件,刀片的一部分被覆盖,容屑空间较小,且切削力方向的硬质合金截面较小,故平装结构的铣刀一般用于轻型和中量型的铣削加工。

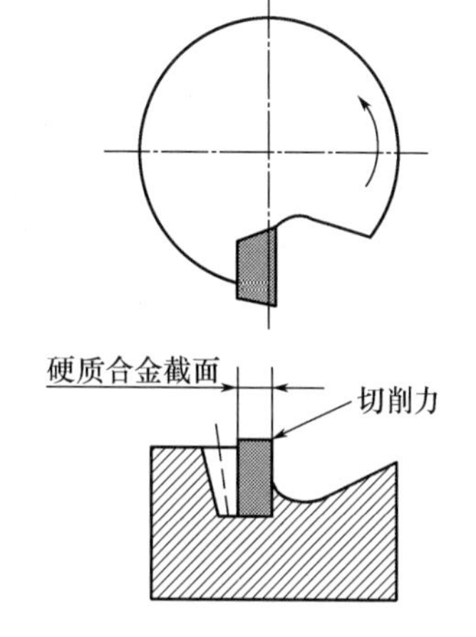

图4－46　平装结构铣刀的刀体结构

(2)立装结构(刀片切向排列) 国外以英格索尔公司的产品为代表,国内哈尔滨第一工具制造有限公司、陕西航空硬质合金工具有限公司均生产此种结构的铣刀,如图4-47所示。立装结构的刀片只用一个螺钉固定在刀槽上,结构简单,转位方便。虽然刀具零件较少,但刀体的加工难度较大,一般需用五坐标加工中心进行加工。由于刀片采用切削力夹紧,夹紧力随切削力的增大而增大,因此可省去夹紧元件,增大容屑空间。由于刀片切向安装,在切削力方向的硬质合金截面较大,因而可进行大切深、大走刀量切削,这种铣刀适用于重型和中量型的铣削加工。

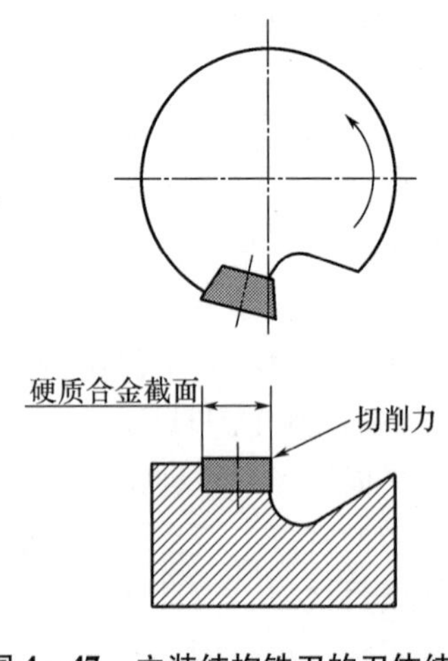

图4-47 立装结构铣刀的刀体结构

3)可转位铣刀的角度选择

可转位铣刀的角度有前角、后角、主偏角、副偏角、刃倾角等。为满足不同的加工需要,有多种角度组合形式。各种角度中最主要的是主偏角和前角(制造厂的产品样本中对刀具的主偏角和前角一般都有明确说明)。

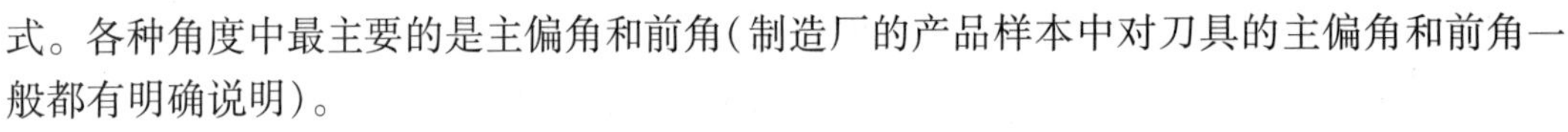

(1)主偏角 K_r 主偏角为切削刃与切削平面的夹角。可转位铣刀的主偏角有90°,88°,75°,70°,60°,45°等几种。主偏角对径向切削力和切削深度影响很大。径向切削力的大小直接影响切削功率和刀具的抗震性能。铣刀的主偏角越小,其径向切削力越小,抗震性也越好,但切削深度也随之减小,如图4-48所示。

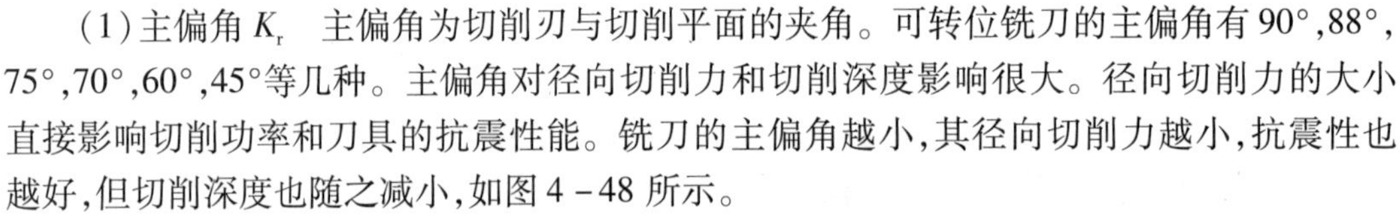

①90°主偏角 在铣削带凸肩的平面时选用,一般不用于纯平面加工。该类刀具通用性好(既可加工台阶面,又可加工平面),在单件、小批量加工中选用。由于该类刀具的径向切削力等于切削力,进给抗力大,易振动,因而要求机床具有较大功率和足够的刚性。在加工带凸肩的平面时,也可选用88°主偏角的铣刀,较之90°主偏角铣刀,其切削性能有一定改善。

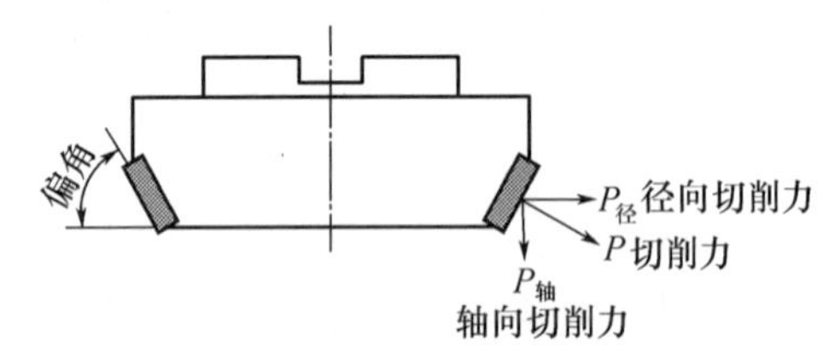

图4-48 主偏角对径向切削力的影响

②60°~75°主偏角 适用于平面铣削的粗加工。由于径向切削力明显减小(特别是60°时),其抗震性有较大改善,切削平稳、轻快,在平面加工中应优先选用。75°主偏角铣刀为通用型刀具,适用范围较广;60°主偏角铣刀主要用于镗铣床、加工中心上的粗铣和半精铣加工。

③45°主偏角 此类铣刀的径向切削力大幅度减小,约等于轴向切削力,切削载荷分布在较长的切削刃上,具有很好的抗震性,适用于镗铣床主轴悬伸较长的加工场合。用该类刀具加工平面时,刀片破损率低,耐用度高;在加工铸铁件时,工件边缘不易产生崩刃。

(2)前角 γ 铣刀的前角可分解为径向前角 γ_f 和轴向前角 γ_p。径向前角 γ_f 主要影响切削功率;轴向前角 γ_p 则影响切屑的形成和轴向力的方向,当 γ_p 为正值时切屑即飞离加工面。径向前角 γ_f 和轴向前角 γ_p 正负的判别,如图4-49所示。

常用的前角组合形式如下:

①双负前角 双负前角的铣刀通常均采用方形(或长方形)无后角的刀片,刀具切削刃

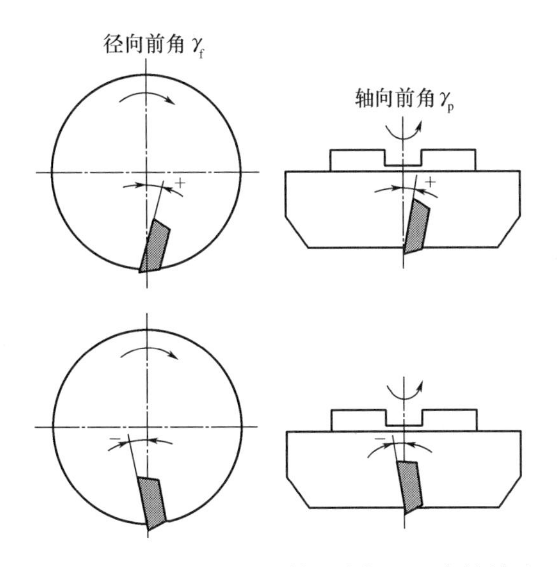

图4－49 径向前角 γ_f 和轴向前角 γ_p 正负的判别

多(一般为8个),且强度高、抗冲击性好,适用于铸钢、铸铁的粗加工。由于切屑收缩比大,需要较大的切削力,因此要求机床具有较大功率和较高刚性。由于轴向前角为负值,切屑不能自动流出,当切削韧性材料时易出现积屑瘤和刀具振动。凡能采用双负前角刀具加工时建议优先选用双负前角铣刀,以便充分利用和节省刀片。当采用双正前角铣刀产生崩刃(即冲击载荷大)时,在机床允许的条件下亦应优先选用双负前角铣刀。

②双正前角　双正前角铣刀采用有带后角的刀片,这种铣刀楔角小,具有锋利的切削刃。由于切屑收缩比小,所耗切削功率较小,切屑成螺旋状排出,不易形成积屑瘤。这种铣刀最宜用于软材料和不锈钢、耐热钢等材料的切削加工。对于刚性差(如主轴悬伸较长的镗铣床)、功率小的机床和加工焊接结构件时,也应优先选用双正前角铣刀。

③正负前角(轴向正前角、径向负前角)　这种铣刀综合了双正前角和双负前角铣刀的优点,轴向正前角有利于切屑的形成和排出;径向负前角可提高刀刃强度,改善抗冲击性能。此种铣刀切削平稳,排屑顺利,金属切除率高,适用于大余量铣削加工。

4)可转位铣刀的齿数(齿距)

铣刀齿数多,可提高生产效率,但受容屑空间、刀齿强度、机床功率及刚性等的限制,不同直径的可转位铣刀的齿数均有相应规定。为满足不同用户的需要,同一直径的可转位铣刀一般有粗齿、中齿、密齿三种类型。

①粗齿铣刀　适用于普通机床的大余量粗加工和软材料或切削宽度较大的铣削加工;当机床功率较小时,为使切削稳定,也常选用粗齿铣刀。

②中齿铣刀　系通用系列,使用范围广泛,具有较高的金属切除率和切削稳定性。

③密齿铣刀　主要用于铸铁、铝合金和有色金属的大进给速度切削加工。在专业化生产(如流水线加工)中,为充分利用设备功率和满足生产节奏要求,也常选用密齿铣刀(此时多为专用非标铣刀)。为防止工艺系统出现共振,使切削平稳,还开发出一种不等分齿距铣刀。如哈一工英格索尔公司的MAX－I系列、瓦尔特公司的NOVEX系列铣刀均采用了不等分齿距技术。在铸钢、铸铁件的大余量粗加工中建议优先选用不等分齿距的铣刀。

5)可转位铣刀的直径

可转位铣刀直径的选用视产品及生产批量的不同差异较大,刀具直径的选用主要取决于设备的规格和工件的加工尺寸。

(1)平面铣刀　选择平面铣刀直径时主要需考虑刀具所需功率应在机床功率范围之内,也可将机床主轴直径作为选取的依据。平面铣刀直径可按 $D=1.5d$ (d 为主轴直径)选取。在批量生产时,也可按工件切削宽度的1.6倍选择刀具直径。

(2)立铣刀　立铣刀直径的选择主要应考虑工件加工尺寸的要求,并保证刀具所需功率在机床额定功率范围以内。如系小直径立铣刀,则应主要考虑机床的最高转数能否达到刀具的最低切削速度(60 m/min)。

(3)槽铣刀　槽铣刀的直径和宽度应根据加工工件尺寸选择,并保证其切削功率在机床允许的功率范围之内。

6)可转位铣刀的最大切削深度

不同系列的可转位面铣刀有不同的最大切削深度。最大切削深度越大的刀具所用刀片的尺寸越大,价格也越高,因此从节约费用、降低成本的角度考虑,选择刀具时一般应按加工的最大余量和刀具的最大切削深度选择合适的规格。当然还需要考虑机床的额定功率和刚性应能满足刀具使用于最大切削深度时的需要。

7)刀片牌号的选择

合理选择刀片硬质合金牌号的主要依据是被加工材料的性能和硬质合金的性能。一般用户选用可转位铣刀时,均由刀具制造厂根据用户加工的材料及加工条件配备相应牌号的硬质合金刀片。由于各厂生产的同类用途硬质合金的成分及性能各不相同,硬质合金牌号的表示方法也不同,为方便用户,国际标准化组织规定,切削加工用硬质合金按其排屑类型和被加工材料分为三大类:P类、M类和K类。根据被加工材料及适用的加工条件,每大类中又分为若干组,用两位阿拉伯数字表示,每类中数字越大,其耐磨性越低、韧性越高。

(1)P类合金(包括金属陶瓷)　用于加工产生长切屑的金属材料,如钢、铸钢、可锻铸铁、不锈钢、耐热钢等。分类号及选择原则如下:

P01　P05　P10　P15　P20　P25　P30　P40　P50

进给量　韧性(吃刀深度) →

← 切削速度　耐磨性(硬度)

(2)M类合金　用于加工产生长切屑和短切屑的黑色金属或有色金属,如钢、铸钢、奥氏体不锈钢、耐热钢、可锻铸铁、合金铸铁等。分类号及选择原则如下:

M10　M20　M30　M40

进给量　韧性(吃刀深度) →

← 切削速度　耐磨性(硬度)

(3)K类合金　用于加工产生短切屑的黑色金属、有色金属及非金属材料,如铸铁、铝合金、铜合金、塑料、硬胶木等。分类号及选择原则如下:

K01　K10　K20　K30　K40

进给量　韧性(吃刀深度) →

← 切削速度　耐磨性(硬度)

各厂生产的硬质合金虽然有各自编制的牌号，但都有对应国际标准的分类号，选用十分方便。

2. 数控铣床刀具的选择

数控刀具的选择应根据机床的加工能力、工件材料的性能、加工工序、切削用量，以及其他相关因素正确选用刀具及刀柄。

数控刀具选择总的原则是：安装调整方便，刚性好，耐用度和精度高。在满足加工要求的前提下，尽量选择较短的刀柄，以提高刀具加工的刚性。

数控铣床切削加工具有高速、高效的特点，与传统铣床切削加工相比较，数控铣床对切削加工刀具的要求更高，铣削刀具的刚性、强度、耐用度和安装调整方法都会直接影响切削加工的工作效率；刀具的本身精度、尺寸稳定性都会直接影响工件的加工精度及表面的加工质量，合理选用切削刀具也是数控加工工艺中的重要内容之一。

1）孔加工刀具的选用

（1）数控机床在加工孔时，一般无钻模，由于钻头的刚性和切削条件差，选用钻头直径 D 应满足 $L/D \leqslant 5$（L 为钻孔深度）的条件；

（2）钻孔前先用中心钻定位，保证孔加工的定位精度；

（3）精铰孔可选用浮动铰刀，铰孔前孔口要倒角；

（4）镗孔时应尽量选用对称的多刃镗刀头进行切削，以平衡径向力，减少镗削振动；

（5）尽量选择较粗和较短的刀杆，以减少切削振动。

在加工中心上，各种数控刀具分别装在刀库上，按程序规定随时进行选刀和换刀动作。必须采用标准刀柄，以便使钻、镗、扩、铣削等工序用的标准刀具，迅速、准确地装到机床主轴或刀库上去。编程人员应了解机床上所用刀柄的结构尺寸、调整方法及调整范围，以便在编程时确定刀具的径向和轴向尺寸。

2）铣削加工刀具的选用

选取数控刀具时，要使数控刀具的尺寸与被加工工件的表面尺寸相适应。主要针对平面零件周边轮廓的加工，平面的加工，凸台、凹槽的加工，以及一些立体型面和变斜角轮廓外形的加工。

（1）镶装不重磨可转位硬质合金刀片的铣刀主要用于铣削平面，粗铣时铣刀直径选小一些，精铣时铣刀直径选大一些，当加工余量大且余量不均匀时，刀具直径选小一些，否则会造成因接刀刀痕过深而影响工件的加工质量。

（2）对立体曲面或变斜角轮廓外形工件加工时，常采用球头铣刀、环形铣刀、鼓形铣刀、锥形铣刀、盘形铣刀。

（3）高速钢立铣刀多用于加工凸台和凹槽。如果加工余量较小，表面粗糙度要求较高时，可选用镶立方氮化硼刀片或镶陶瓷刀片的端面铣刀。

（4）毛坯表面或孔的粗加工，可选用镶硬质合金的玉米铣刀进行强力切削。

（5）加工精度要求较高的凹槽，可选用直径比槽宽小的立铣刀，先铣槽的中间部分，然后利用刀具半径补偿功能铣削槽的两边。

在进行自由曲面加工时，由于球头刀具的端部切削速度为零，因此，为保证加工精度，切削行距一般取得很能密，球头常用于曲面的精加工。而平头刀具在表面加工质量和切削效率方面都优于球头刀，因此，只要在保证不过切的前提下，无论是曲面的粗加工还是精加工，都应优先选择平头刀。

合理安排数控刀具的排列顺序。一般应遵循以下原则:尽量减少刀具数量;一把数控刀具装夹后,应完成其所能进行的所有加工部位;粗精加工的数控刀具应分开使用,即使是相同尺寸规格的刀具;先铣后钻;先进行曲面精加工,后进行二维轮廓精加工;在可能的情况下,应尽可能利用数控机床的自动换刀功能,以提高生产效率等。

4.4 数控编程中的指令代码

在数控机床上加工零件的运动都必须在程序中用指令方式事先给予规定,在加工中由机床自动实现。这类指令称为工艺指令。在编制程序单时,必须按程序手册正确选用和处理。

4.4.1 准备功能字(G 代码)

准备功能指令,简称准备功能,也称 G 功能或 G 代码。它的作用是指定数控机床的运动方式,为数控系统的插补等运算做好准备。它通常位于坐标指令之前。G 代码是由字母 G 和后面的两位数字组成,从 G00 ~ G99 共 100 种。

G 代码有两种类型:一种是非模态代码,这种 G 代码只在被指定的程序段才有意义;另一种是模态代码,具有续效性的代码,这种 G 代码在同组其他 G 代码出现以前一直有效。不同组的 G 代码,在同一程序段中可以指定多个。如果在同一程序段中给定两个或两个以上的同一组 G 代码,则后指定的有效。

G 代码有:坐标平面的选择;是直线插补还是圆弧插补;是顺时针方向加工还是逆时针方向加工;刀具半径补偿是左偏还是右偏,是正向补偿还是负向补偿,等等。常用的准备功能指令见表 4 - 13。

表 4 - 13 常用的准备功能字

代 码	功 能	代 码	功 能
G00	快速点定位	G35	螺纹切削,减螺距
G01	直线插补	G36 ~ G39	保留,作控制用
G02	顺时针方向圆弧插补	G40	刀具补偿/刀具偏置注销
G03	逆时针方向圆弧插补	G41	刀具补偿——左
G04	暂停	G42	刀具补偿——右
G06	抛物线插补	G43	刀具偏置——正
G08	加速	G44	刀具偏置——负
G09	减速	G60	准确定位
G17	*XY* 平面选择	G65 ~ G79	保留,用于点位系统
G18	*ZX* 平面选择	G80	固定循环注销
G19	*YZ* 平面选择	G81 ~ G89	固定循环
G33	螺纹切削,等螺距	G90	绝对坐标编程
G34	螺纹切削,增螺距	G91	相对坐标编程

下面对一些主要的 G 代码加以说明：

1. G00 快速点定位指令

G00 用在绝对值编程时，刀具分别按各轴的快速进给速度，从刀具当前的位置移动到工件坐标系给定的点。G00 用在增量值编程时，刀具分别按各轴的快速进给速度，移动到距当前位置为给定值的点。各轴的快速进给速度和刀具与工件的相对运动轨迹是由制造厂家确定的。G00 所在程序段，运动过程中无切削，在定位控制的过程中有升降速控制。

格式：G90　G00　α____　β____　γ____　δ____；

　　　G91　G00　α____　β____　γ____　δ____；

其中，α、β、γ、δ 分别可以是 X、Y、Z、A、B、C 或 U、V、W。数控系统两轴联动时只有 α 和 β，三轴联动时增加 γ，四轴联动时再增加 δ。

2. G01 直线插补指令

G01 用于产生直线或斜线运动。可使机床沿着 X、Y、Z 方向执行单轴运动，或在各坐标平面内执行具有任意斜率的直线运动；也可使机床三轴联动、沿着任意空间直线运动。G01 在运动过程中进行切削加工。G01 的程序中必须给定进给量 F 指令，否则不动作或不能正确地动作。

格式：G90　G01　α____　β____　γ____　δ____　F____；

　　　G91　G01　α____　β____　γ____　δ____　F____；

3. G02、G03 圆弧插补指令

G02 或 G03 使机床在各坐标平面内执行圆弧运动，切削出顺时针或逆时针的圆弧轮廓。G02 为顺时针圆弧插补指令，G03 为逆时针圆弧插补指令。判断圆弧的顺逆方向的方法是：在圆弧插补中，沿垂直于圆弧所在平面的坐标轴负方向看，刀具相对于工件的转动方向是顺时针方向为 G02，反之则为 G03，如图 4－50(a)所示。图 4－50(b)(c)所示，分别为在数控车床和数控铣床上加工两个零件示例。

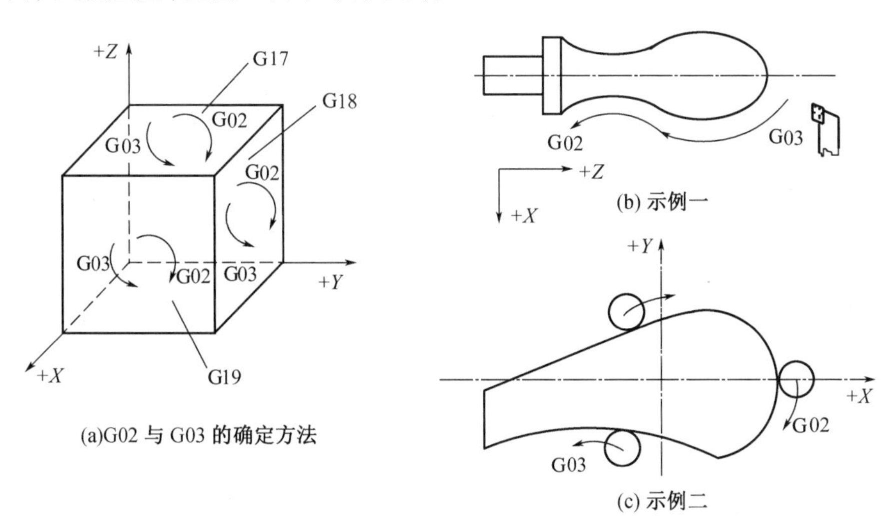

图 4－50　G02 与 G03 的确定

格式：

$$\left\{\begin{array}{l}\mathrm{G17}\\ \mathrm{G18}\\ \mathrm{G19}\end{array}\right\}\left\{\begin{array}{l}\mathrm{G90}\\ \mathrm{G91}\end{array}\right\}\left\{\begin{array}{l}\mathrm{G02}\\ \mathrm{G03}\end{array}\right\}\left\{\begin{array}{l}X\underline{\quad}\ Y\underline{\quad}\\ X\underline{\quad}\ Z\underline{\quad}\\ Y\underline{\quad}\ Z\underline{\quad}\end{array}\right\}\left\{\begin{array}{l}I\underline{\quad}\ J\underline{\quad}\\ I\underline{\quad}\ K\underline{\quad}\\ R\underline{\quad}\end{array}\right\}F\underline{\quad};$$

其中：

①G17、G18、G19 为平面选择指令　用来选择圆弧插补的平面及刀具补偿的平面。在这里分别指定 *XY*，*ZX*，*YZ* 平面圆弧。

②*X*、*Y*、*Z* 为圆弧的终点位置　在 G90 状态，*X*、*Y*、*Z* 中的两个坐标字为工件坐标系中的圆弧终点坐标。在 G91 状态则为圆弧终点相对于起点的距离。

③*I*、*J*、*K* 在 G90 或 G91 状态，*I*、*J*、*K* 中的两个坐标字均为圆弧圆心相对起点的坐标。

④*R* 为圆弧半径。

4. G04 暂停指令

暂停指令是根据暂停计时器预先给定的暂停时间停止进给。暂停以后，读入下一程序段。不同的控制系统的暂停时间不同，规定的格式也有差别。不过，通常 G04 指令要与 *X* 或 *F* 等的指令值组合使用来表示暂停的时间。

格式：G04　*X* ____；或 G04　F ____；

5. G17、G18、G19 平面选择指令

用来选择直线与圆弧插补的平面、刀具补偿的平面。分别是 *XY*、*ZX*、*YZ* 平面选择，如图 4－50(a)所示。

6. G40、G41、G42、G43、G44 刀具补偿指令

数控装置根据刀具补偿指令，可以进行刀具半径尺寸补偿、刀具轴向尺寸补偿。

(1) G40、G41、G42 为刀具半径补偿指令，轮廓铣削加工时，刀具中心轨迹在与零件轮廓相距刀具半径的等距线上。刀具半径补偿功能可以保证按轮廓尺寸编程时，刀具在已偏移的轨迹上运动，不需要编程者计算刀具中心运动轨迹。

G41 为左偏刀具半径补偿。G42 为右偏刀具半径补偿。这两种指令确定方法是：沿着刀具运动方向看，刀具位于零件左侧为 G41 指令，刀具位于零件右侧则为 G42 指令。G40 为取消刀具半径补偿。刀具半径补偿指令格式分为 G00、G01 和 G02、G03 两种情况。

G00、G01 时的格式：

$$\left\{\begin{array}{l}\mathrm{G00}\\ \mathrm{G01}\end{array}\right\}\left\{\begin{array}{l}\mathrm{G41}\\ \mathrm{G42}\end{array}\right\}X\underline{\quad}\ Y\underline{\quad}\ \mathrm{D}\underline{\quad};$$

G02、G03 时的格式：

$$\left\{\begin{array}{l}\mathrm{G02}\\ \mathrm{G03}\end{array}\right\}\left\{\begin{array}{l}\mathrm{G41}\\ \mathrm{G42}\end{array}\right\}X\underline{\quad}\ Y\underline{\quad}\ R\underline{\quad};$$

G40 指令，仅能用在 G00、G01 情况，其格式为：

$$\left\{\begin{array}{l}\mathrm{G00}\\ \mathrm{G01}\end{array}\right\}\mathrm{G40}\ X\underline{\quad}\ Y\underline{\quad};$$

刀具补偿的运动轨迹可分三种情况：刀具补偿形成的切入程序段；零件轮廓切削程序段和刀具补偿取消程序段。

(2) G43、G44 为刀具长度补偿指令，或称刀具长度偏置。一般用于刀具轴向(*Z* 方向)的补偿。

G43——正补偿，使输入的补偿量与有关程序段的坐标值相加。

G44——负补偿，使输入的补偿量与有关程序段的坐标值相减。

刀具长度补偿的格式：

$$\begin{Bmatrix}\mathrm{G17}\\\mathrm{G18}\\\mathrm{G19}\end{Bmatrix}\begin{Bmatrix}\mathrm{G43}\\\mathrm{G44}\end{Bmatrix}\begin{Bmatrix}Z\underline{\quad\quad}\\Y\underline{\quad\quad}\\X\underline{\quad\quad}\end{Bmatrix}H\underline{\quad\quad};$$

7. G50 坐标系设定指令

G50 指令是车削中常用的工件坐标系设定方法。例如：G50　X ____ Y ____，指令可以将刀具设定在坐标系（X,Y）处，从而设定了坐标系。

8. G92 工件坐标系设定指令

G92 指令的功能是确定工件坐标系原点距对刀点的距离，即确定刀具起始点在工件坐标系中的坐标值，并把这个设定值储存于程序存储器中。G92 指令是一个非运动指令，只是设定工件坐标系原点。

格式：G92　X ____　Y ____　Z ____　γ ____　δ ____；

其中，γ 和 δ 可为 A、B、C、U、V、W。

4.4.2　辅助功能字（M 代码）

辅助功能指令，简称辅助功能，也称 M 功能或 M 代码，用来指定机床辅助动作及状态的功能，如主轴的启、停，冷却液开、断，换刀具等。M 代码是由字母 M 和后面的两位数字组成。常用的辅助功能字如表 4－14 所示。

表 4－14　常用的辅助功能字

代码	功能	代码	功能
M00	程序停止	M15	正向（＋）运动
M01	任选停止	M16	负向（－）运动
M02	程序结束	M19	主轴定向停止
M03	主轴顺时针方向旋转	M30	纸带结束
M04	主轴逆时针方向旋转	M31	旁路互锁
M05	主轴停止	M32～M35	不指定
M06	换刀	M40～M45	可用于变换齿轮，否则不用
M07	2 号冷却液开	M50	3 号冷却液开
M08	1 号冷却液开	M51	4 号冷却液开
M09	冷却液关	M60	更换工件
M10	夹紧	M68	工件夹紧
M11	松开	M69	工件松开
M13	主轴顺时针方向旋转，冷却液开	M98	子程序调用
M14	主轴逆时针方向旋转，冷却液开	M99	子程序返回

下面对一些常用的 M 功能字加以说明。

1. M00 程序停止指令

在完成编有 M00 的程序段中的其他指令后，主轴停转、进给停止、冷却液关闭、程序停止。利用启动按钮才能再次自动运转，继续执行下一个程序段。

2. M01 任选停止指令

该指令的功能与 M00 的功能相似。但与 M00 指令不同的是：只有操作面板上的“任选停止”开关处于接通状态时，M01 指令才起作用。

3. M03、M04、M05 主轴控制指令

M03、M04 和 M05 指令的功能分别为控制主轴顺时针方向旋转、逆时针方向旋转和主轴停止。

4. M06 换刀指令

M06 指令为手动或自动换刀用的指令。它不包括刀具选择功能，但可兼作暂时关闭冷却液或者停止主轴旋转。

5. M07、M08、M09 冷却液控制指令

M07——2 号冷却液开，用于雾状冷却液开。

M08——1 号冷却液开，用于液状冷却液开。

M09——冷却液关，用于注销 M07、M08、M50 及 M51（M50、M51 为 3 号、4 号冷却液开）。

6. M02、M30 程序结束、纸带结束指令

M02 为程序结束指令，是在完成程序段的所有指令后，使主轴、进给和冷却液停止。常用于使数控装置和机床复位。M30 指令除完成 M02 指令功能外，还包括将纸带倒回到程序开始的字符号。

7. M10、M11 夹紧、松开指令

M10、M11 指令用于机床滑座、工件、夹具、主轴等的夹紧或松开。

8. M19 主轴定向停指令

该指令使主轴停止在预定的角度位置上。它主要用于镗孔时，镗孔穿过小孔镗大孔、反镗孔和精镗孔退刀不划伤已加工表面。自动换刀数控机床换刀时，也要用主轴定向停止指令。

9. M98、M99 子程序调用、子程序返回

M98、M99 用于调用子程序。详细情况请参照子程序一节。

在数控编程中特别要注意：对于一台数控机床的控制系统来说，它所具有的 G 功能、M 功能只是标准中的一部分，即使同一 G 代码、M 代码在不同国别，不同厂家生产的控制系统要求也不一样。因此，在使用某一台数控机床时，一定要查阅机床说明书的规定进行编程。

4.4.3 进给功能字（F 代码）

它的功能是指定切削的进给速度。现在一般都使用直接指定方式，即和 F 后的数字直接指定进给速度。对于数控车床，可分为每分钟进给和主轴每转进给两种，一般分别用 G94、G95 规定；对于其他数控机床，一般只用每分钟进给。F 指令在螺纹切削程序段中还常用来指令导程。

4.4.4　主轴功能字(S 代码)

它的功能是指定主轴的转速,单位为 r/min。中档以上的数控机床的主轴驱动采用主轴控制单元,它们的转速可以直接指定,即用 S 的后续数字直接表示每分钟转速(称为 RPM)。例如,要求 1200 r/min,就指令 S1200。

通过地址 S 和其后面的数值,把代码信号送给机床,用于机床的主轴控制。在一个程序段中可以指令一个 S 代码。

关于可以指令 S 代码的位数以及如何使用 S 代码等,请参照机床制造厂家的说明书。

4.4.5　刀具功能字(T 代码)

它的功能主要是用来指定加工即时用的刀具号。对于车床,其后的数字还兼作指定刀具长度(含 X、Z 两个方向)补偿和刀尖半径补偿用。

用地址 T 及其后面 2 位数来选择机床上的刀具。在一个程序段中,可以指令一个 T 代码。关于 T 代码如何使用的问题,请参照机床制造厂家的说明书。

用 T 代码后面的数值指令,进行刀具选择。其数值的后两位用于指定刀具补偿的补偿号。

4.4.6　刀具偏置字(D、H 代码)

在程序中 D 代码后接一个数值是刀具半径偏置号码,填在刀具半径偏置表中,是半径偏置值的地址。当使刀具半径补偿激活时(G41、G42),就可调出刀具半径的补偿值。

H 代码后接一个数值是刀具长度偏置号码,填在刀具长度偏置表中,是长度偏置值的地址。当编程使 Z 坐标轴运行时,可用相应的代码(G43、G44)调出刀具长度的偏置值。

本 章 小 结

本章主要包括数控编程的概述、数控加工工艺分析、数控刀具和数控编程中的指令代码。数控编程的概述,包括数控编程的定义、坐标系统(机床坐标系的定义与正负方向、机床原点与参考点、编程坐标系、工件坐标系、程序原点、对刀点、绝对坐标和增量坐标)、数控编程的内容、数控编程的步骤;数控加工工艺分析包括了数控加工工艺的基本特点和主要内容;数控刀具包括了数控加工对刀具的要求、数控刀具的特点和分类、数控刀具材料、数控车刀的选用、数控铣刀的选用;数控编程中的指令代码包括了准备功能字(G 代码)、辅助功能字(M 代码)、进给功能字(F 代码)、主轴功能字(S 代码)、刀具功能字(T 代码)、刀具偏置字(D、H 代码)。

数控编程是将零件的全部加工工艺过程、工艺参数、刀具运动轨迹、位移量、切削参数(如主轴转速、进给量、切削深度等)、刀具位移量与方向,以及其他辅助动作(如换刀,主轴正、反转,切削液开、关等),用数控机床规定的指令代码及程序格式编成加工程序单(相当于普通机床加工的工艺过程卡),再将程序单中的全部内容记录在控制介质上(如穿孔带、磁带等),然后传输给数控装置,从而控制数控机床加工。这种从零件图纸分析到制成控制介质的过程称为数控编程。一个完整的数控程序通常由程序起始标志、程序号、程序说明、若干个程序段,以及程序结束标志几部分组成。现代数控系统广泛采用的程序段格式都是字地址程序段格式。字地址程序段格式是由程序号字、数据字和程序段结束字组成,每个字之前部标有地址码用以识别地址。机床坐标系,各坐标的运动,在确定机床坐标轴时,一般先确定 Z 轴,然后确定 X 轴和 Y 轴,最后确定其他轴。

数控编程的主要内容包括:(1)分析零件图纸,确定加工工艺过程;(2)数学处理;(3)编写零件加工程序;(4)制作控制介质;(5)校验程序与首件试加工。

数控加工工艺主要内容包括以下几个方面:(1)选择适合在数控机床上加工的零件,确定工序内容;(2)分析加工零件图纸,明确加工内容及技术要求,确定加工方案,制定数控加工工艺路线如工序的划分、加工顺序的安排、与非数控机床加工工序的衔接等;(3)设计数控加工工序,如工序的划分、刀具的选择、夹具的定位与安装、切削用量的确定、走刀路线的确定等;(4)调整数控加工工序的程序,如对刀点、换刀点的选择、刀具的补偿;(5)分配数控加工中的容差。

数控刀具特点:(1)可靠性高; (2)切削性能好; (3)刀具能实现快速更换;(4)加工精度高;(5)复合程度高;(6)配备刀具状态监测装置。数控机床上所用刀具的材料主要有五大类:高速钢、硬质合金、陶瓷、立方氮化硼和聚晶金刚石,使用最广泛的是硬质合金类刀具。可转位式车刀的基本结构由刀片、刀垫、刀杆和夹紧元件组成。可转位刀片型号的选用分为四个步骤:选择刀片夹紧方式、选择刀片型号、选择刀片刀尖圆弧和选择刀片材料牌号。铣刀的结构分为三部分:切削部分、导入部分和柄部。工具系统是指连接数控机床与刀具的系列装夹工具,由刀柄、连杆、连接套和夹头等组成。数控加工工艺中要考虑:孔加工刀具和铣削加工刀具的选用。

准备功能指令,也称 G 功能或 G 代码。它的作用是指定数控机床的运动方式,为数控系统的插补等运算做好准备。G 代码是由字母 G 和后面的两位数字组成,从 G00 ~ G99 共 100 种。G 代码有两种类型:非模态代码和模态代码。辅助功能指令,也称 M 功能或 M 代码。它用来指定机床辅助动作及状态的功能,如主轴的启、停,冷却液开、断,换刀具等。M 代码是由字母 M 和后面的两位数字组成。进给功能字(F 代码)的功能是指定主轴的转速,单位为r/min。主轴功能字(S 代码)的转速可以直接指定,即用 S 的后续数字直接表示每分钟转速。刀具功能字(T 代码)主要是用来指定加工即时用的刀具号。用地址 T 及其后面 2 位数来选择机床上的刀具。在程序中 D 代码后接一个数值是刀具半径偏置号码,填在刀具半径偏置表中,是半径偏置值的地址。H 代码后接一个数值是刀具长度偏置号码,填在刀具长度偏置表中,是长度偏置值的地址。

复 习 题

4－1　什么是数控编程?

4－2　程序段格式有哪些? 什么是可变程序段格式? 为什么现在数控系统常用这种格式, 它有何优点?

4－3　确定机床坐标系有哪些原则, 确定的一般方法是什么?

4－4　试述确定工件坐标系的意义、工件坐标系与机床坐标系的关系。

4－5　什么叫机床原点? 什么叫工件原点? 它们之间有何关系?

4－6　简要叙述数控加工编程的基本过程及其主要工作内容。

4－7　试述数控机床加工工艺的特点。

4-8　数控加工的工艺性分析包括哪些方面？

4-9　在装夹工件时要考虑哪些原则？选择夹具要注意哪些问题？

4-10　为什么在编程时首先要确定对刀点的位置？选定对刀点的原则是什么？确定对刀点的方法有哪些？

4-11　如何确定数控机床的切削用量？在确定进给速度时要遵循哪些原则，注意哪些问题？

4-12　什么是数控加工的走刀路线？确定走刀路线时要考虑哪些原则？

4-13　数控机床常用的刀具材料有哪些？如何合理选用刀具材料？

4-14　数控车刀的种类有哪些？

4-15　试述选用数控车刀的方法。

4-16　试述数控铣刀的种类与工具系统的定义。

4-17　可转位铣刀是如何选用的？

4-18　什么是准备功能字和辅助功能字，它们的作用是什么？

第5章　数控编程技术

数控编程是数控加工准备阶段的主要内容之一,通常包括分析零件图样,确定加工工艺过程;计算走刀轨迹,得出刀位数据;编写数控加工程序;制作控制介质;校对程序及首件试切。总之,它是从零件图纸到获得数控加工程序的全过程。

5.1　数控编程方法

数控编程方法可以分为两类:手工编程和自动编程。

5.1.1　手工编程

手工编程是指编制零件数控加工程序的各个步骤,即从零件图纸分析、工艺决策、确定加工路线和工艺参数、计算刀位轨迹坐标数据、编写零件的数控加工程序单直至程序的检验,均由人工来完成。

对于点位加工或几何形状不太复杂的轮廓加工,几何计算较简单,程序段不多,手工编程即可实现。如简单阶梯轴的车削加工,一般不需要复杂的坐标计算,往往可以由技术人员根据工序图纸数据,直接编写数控加工程序。手工编程方式比较简单,很容易掌握,适应性较大,适用于非模具加工的零件。但对轮廓形状不是由简单的直线、圆弧组成的复杂零件,特别是空间复杂曲面零件,数值计算则相当烦琐,工作量大,容易出错,且很难校对,采用手工编程难以完成。

5.1.2　自动编程

自动编程是采用计算机辅助数控编程技术实现的,需要一套专门的数控编程软件,自动编程根据编程信息的输入与计算机对信息处理方式不同,分为以批处理命令方式为主的各种类型的语言编程系统——语言编程和以交互式 CAD/CAM 集成化编程系统为基础的自动编程方法——图形编程。

1. 语言编程

语言编程是以语言为基础的自动编程方法,在编程时编程人员根据所用数控语言的编程手册和零件图纸,以语言的形式表达出加工的全部内容,然后再把这些内容全部输入计算机中进行处理,制作出可以直接用于数控机床的数控加工程序。从计算机对信息的处理方式上来看,语言编程方法中,计算机是采用批处理的方式,编程人员必须用规定的编程语言,将编程信息一次全部送给计算机,计算机则把这些信息当作一个“批”,一次处理完毕,并且马上得到结果。

2. 图形编程

图形编程是以计算机绘图为基础的自动编程方法,在编程时编程人员首先要对零件图纸进行工艺分析，确定构图方案，其后即可利用自动编程软件本身的自动绘图 CAD 功能，在 CRT 屏幕显示器上以人机对话的方式构建出几何图形，最后利用软件的 CAM 功能，制作出 NC 加工程序。

从计算机对信息的处理方式上来看，图形编程是一种人机对话的编程方法，编程人员根据屏幕菜单提出内容，反复与计算机对话，选择菜单目录或回答计算机提问，直到把该回答的问题全部答完。这种编程方法从零件图形的定义、走刀路线的确定，以及加工参数的选择，整个过程都是在人机对话方式下完成，不存在编程语言问题。

交互式 CAD/CAM 集成系统自动编程是现代 CAD/CAM 集成系统中常用的方法，在编程时编程人员首先利用计算机辅助设计（CAD）或自动编程软件本身的零件造型功能，构建出零件几何形状，然后对零件图样进行工艺分析，确定加工方案，其后还需利用软件的计算机辅助制造（CAM）功能，完成工艺方案的制订、切削用量的选择、刀具及其参数的设定，自动计算并生成刀位轨迹文件，利用后置处理功能生成指定数控系统用的加工程序。因此把这种自动编程方式称为图形交互式自动编程。这种自动编程系统是一种 CAD 与 CAM 高度结合的自动编程系统。

5.1.3　计算机辅助数控加工编程的一般原理

如图 5－1 所示，编程人员首先将被加工零件的几何图形及有关工艺过程用计算机能够识别的形式输入计算机，利用计算机内的数控系统程序对输入信息进行翻译，形成机内零件拓扑数据；然后进行工艺处理（如刀具选择、走刀分配、工艺参数选择等）与刀具运动轨迹的计算，生成一系列的刀具位置数据（包括每次走刀运动的坐标数据和工艺参数），这一过程称为主信息处理（或前置处理）；然后按照 NC 代码规范和指定数控机床驱动控制系统的要求，将主信息处理后得到的刀位文件转换为 NC 代码，这一过程称为后置处理。经过后置处理便能输出适应某一具体数控机床要求的零件数控加工程序（即 NC 加工程序），该加工程序可以通过控制介质（如磁带、磁盘等）或通信接口送入机床的控制系统。

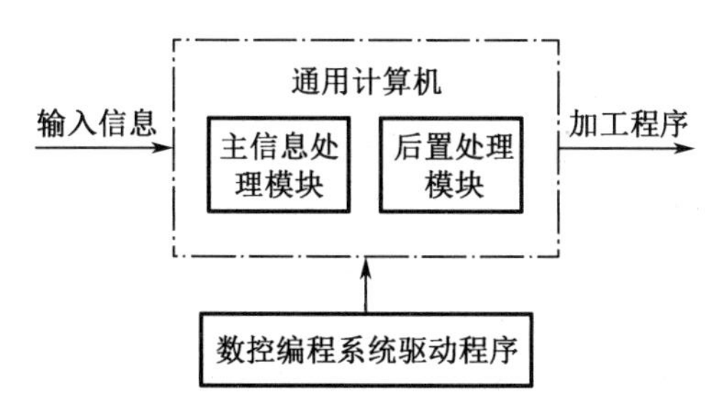

图 5－1　计算机辅助数控加工编程的一般原理

整个处理过程是在数控系统程序（又称系统软件或编译程序）的控制下进行的。数控系统程序包括前置处理程序和后置处理程序两大模块。每个模块又由多个子模块及子处理程序组成。计算机有了这套处理程序，才能识别、转换和处理全过程，它是系统的核心部分。

5.2 数控车床编程

数控车床主要加工轴类和法兰类零件,使用卡盘和专用夹具能加工出复杂的零件。装在数控车床上的工件随同主轴一起做回转运动,数控车床的刀架在 X 轴和 Z 轴组成的平面内运动,主要加工回转零件的端面、内孔、外圆和螺纹等。由于数控车床配置的数控系统不同,使用的指令在定义和功能上有一定的差异,但其基本功能和编程方法还是相同的。

5.2.1 数控车床车削加工编程的特点

(1)在一个程序段中,根据图纸标注尺寸,可以是绝对值、增量值或者二者混合编程。

(2)由于图纸尺寸和测量都是直径值,故此直径方向用绝对值编程时,X 以直径值表示。用增量值编程时,以径向实际位移量的二倍值编程,并附上方向符号(正向省略)。

(3)为提高径向尺寸精度,X 向的脉冲当量取为 Z 向的一半。

(4)由于毛坯常用棒料或锻件,加工余量较大,所以数控装置多具备不同形式的固定循环功能,可进行多次重复循环切削。

(5)为了提高刀具寿命和减小工件表面粗糙度,车刀刀尖常磨成半径不大的圆弧,为此,当编制圆头刀程序时,需要对刀具半径进行补偿,对具有 G41,G42 自动补偿功能的机床,可直接按轮廓尺寸编程,其编程比较简单,但对不具备 G41 和 G42 功能的编程,需要人工计算补偿量,这种计算比较复杂,有时是相当烦琐的。

(6)许多数控车床用 X、Z 表示绝对坐标指令,用 U、W 表示增量坐标指令,而不用 G90,G91 指令。

(7)第三坐标指令 I、K 在不同的程序段中作用也不相同,I、K 在圆弧切削时表示圆心相对于圆弧的起点的坐标位置,而在有自动循环指令的程序中,I、K 坐标则用来表示每次循环的进刀量。

5.2.2 数控车床编程基础

数控车床使用的长度单位量纲有米制和英制两种,由专用的指令代码设定长度单位量纲,如 FANUC－0TC 系统用 G20 表示使用英制单位量纲,G21 表示使用米制单位量纲。

数控车床有直径编程和半径编程两种方法,前一种方法是把 X 坐标值表示为回转零件的直径值,称为直径编程。由于图纸上都用直径表示零件的回转尺寸,用这种方法编程比较方便,X 坐标值与回转零件直径尺寸保持一致,不需要尺寸换算。另一种方法是把 X 坐标值表示为回转零件的半径值,称为半径编程,这种表示方法符合直角坐标系的表示方法。考虑使用上方便,采用直径编程的方法居多数。

数控车床刀架布置有两种形式:前置刀架和后置刀架,如图 5－2 所示,前置刀架位于 Z 轴的前面,与传统卧式车床刀架的布置形式一样,刀架导轨为水平导轨,使用四工位电动刀架;后置刀架位于 Z 轴的后面,刀架的导轨位置与正平面倾斜,这样的结构形式便于观察刀具的切削过程,切屑容易排除,后置空间大,可以设计更多工位的刀架,一般全功能的数控车床都设计为后置刀架。

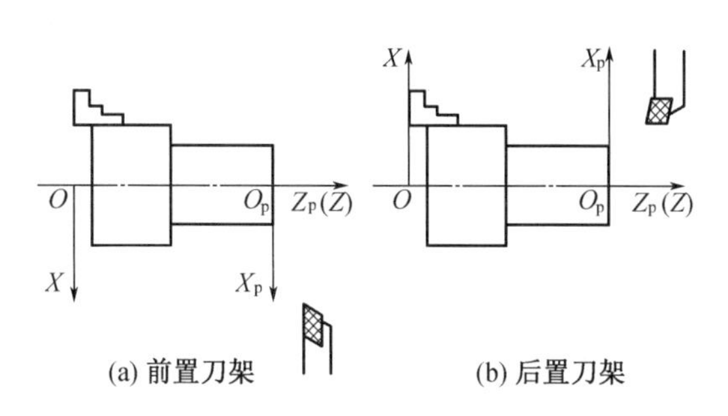

图 5－2 车床的前置刀架与后置刀架

5.2.3 数控车床编程坐标系统的确定

数控车床以径向(横向)为 X 轴方向,纵向为 Z 轴方向。朝尾架位置方向是 $+Z$ 方向,而指向主轴位置为 $-Z$ 方向,指向操作者的位置为 $+X$ 方向。所以按右手法则规定,Y 轴的正方向指向地面。

X 和 Z 坐标指令,在按绝对坐标编程时使用代码 X 和 Z,按增量坐标编程时使用代码 U 和 W。切削圆弧时,使用 I 和 K 表示圆弧的起点相对其圆心的坐标值,I 对应于 X 轴,K 对应于 Z 轴。

1. 机床坐标系的设定

机床欲对工件的车削进行程序控制,必须首先设定机床坐标系。数控车床坐标系涉及以下几个概念:

(1)机床原点 机床原点为机床上的一个固定点,数控车床一般将其定义在主轴前端面卡盘中心。

(2)机床坐标系 是以机床原点为坐标原点建立的 X、Z 轴二维坐标系。Z 轴与主轴中心线重合,为纵向进刀方向;X 轴与主轴垂直,为横向进刀方向。

(3)机床参考点 是指刀架中心退离距机床原点最远的一个固定点。该点在机床制造厂出厂时已调试好,并将数据已输入到数控系统中。

某型号数控车床的机床坐标系及机床参考点与机床原点的相对位置如图 5－3 所示。

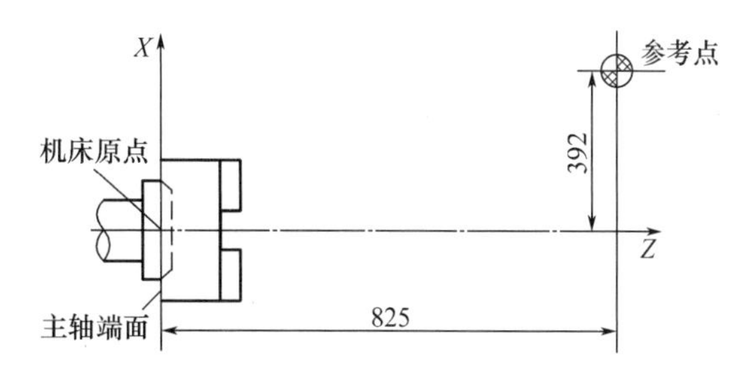

图 5－3 机床坐标系

数控车床开机时,必须先确定机床参考点,也就是刀架返回机床参考点的操作。只有机床参考点确定以后,车刀移动才有了依据,否则,不仅编程无基准,还会发生碰撞等事故。

机床参考点的位置由设置在机床 X 向、Z 向滑板上的机械挡块通过行程开关来确定。当刀架返回机床参考点时,装在 X 向和 Z 向滑板上的两挡块分别压下对应的开关,向数控系统发出信号,停止滑板运动,即完成了返回机床参考点的操作。在机床通电之后,刀架返回参考点之前,不论刀架处于什么位置,此时,CRT 屏幕上显示 X、Z 坐标值均为 0。当完成了返回机床参考点的操作后,CRT 屏幕上立即显示出刀架中心在机床坐标系中的坐标值,即建立起了机床坐标系。

2. 工件坐标系的设定

当采用绝对值编程时,必须首先设定工件坐标系,该坐标系与机床坐标系是不重合的。工件坐标系是用于确定工件几何图形上各几何要素(如点、直线、圆弧等)的位置而建立的坐标系,是编程人员在编程时使用的。工件坐标系的原点就是工件原点,而工件原点是人为设定的。数控车床工件原点一般设在主轴中心线与工件左端面或右端面的交点处。

设定工件坐标系就是以工件原点为坐标原点,确定刀具起始点的坐标值。工件坐标系设定后,CRT 屏幕上显示的是车刀刀尖相对工件原点的坐标值。编程时,工件各尺寸的坐标值都是相对工件原点而言的。因此,数控车床的工件原点又是程序原点。

建立工件坐标系使用 G50 准备功能指令,G50 指令的功能通过设置刀具起点或换刀点相对于工件坐标系的坐标值来建立工件坐标系。设置换刀点的原则,既要保证换刀时刀具不碰撞工件,又要保证换刀时的辅助时间最短。如图 5-4 所示,设定换刀点距工件坐标系原点在 Z 轴方向距离为 B,在 X 轴方向距离为 A(直径值),执行程序段中指令 G50 XA ZB 后,在系统内部建立了以 O_p 为原点的工件坐标系。

设置工件坐标系时,刀具起点位置可以不变,通过 G50 指令的设定,把工件坐标系原点设在所需要的工件位置上,如图 5-5 所示。

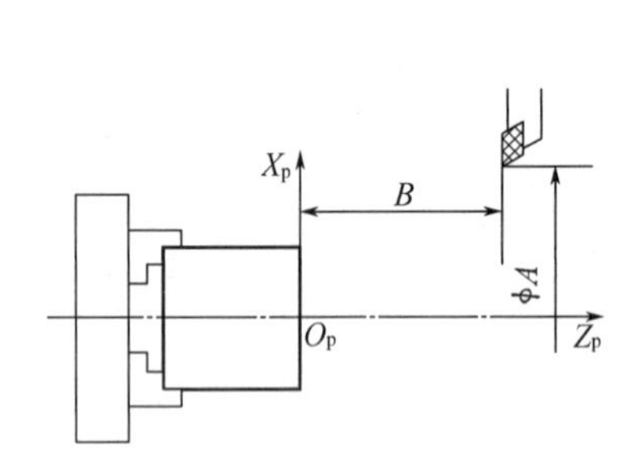

图 5-4 刀具起点设置(工件坐标系)

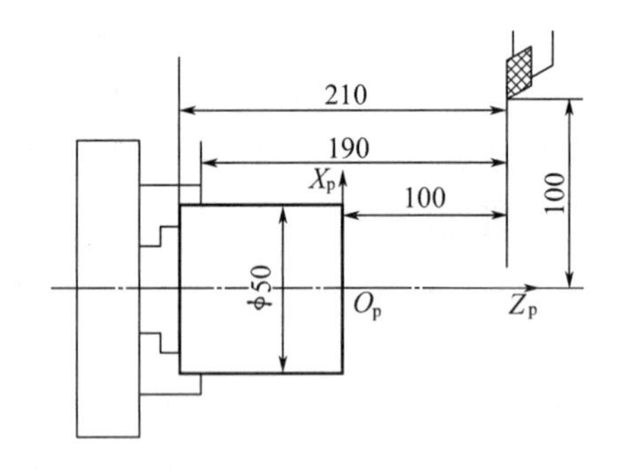

图 5-5 设置工件坐标系

工件坐标系原点设定在工件左端面位置:

G50 X200 Z210;

工件坐标系原点设定在工件右端面位置:

G50 X200 Z100;

工件坐标系原点设定在卡爪前端面位置:

G50 X200 Z190;

显然,当 G50 指令中相对坐标值 A、B 不同或改变刀具的刀具起点位置,所设定工件坐标系原点的位置也发生变化。

有的数控系统用 G54 指令确定工件坐标系 $X_pO_pZ_p$ 相对机床坐标系 XOZ 的位置,以此方法建立工件坐标系,G54 指令中 X、Z 表示工件坐标系原点在机床坐标系中的坐标值。

设 O_p 点为工件坐标系原点,O_p 点在机床坐标系中的坐标值为(0,150),用 G54 指令设置工件坐标系。

G54 X0 Z150;

工件原点是设定在工件左端面的中心还是设定在右端面的中心,主要是考虑工件图样上的尺寸能够方便地换算成坐标值,以方便编程。例如车削如图 5－6 所示的阶梯轴。

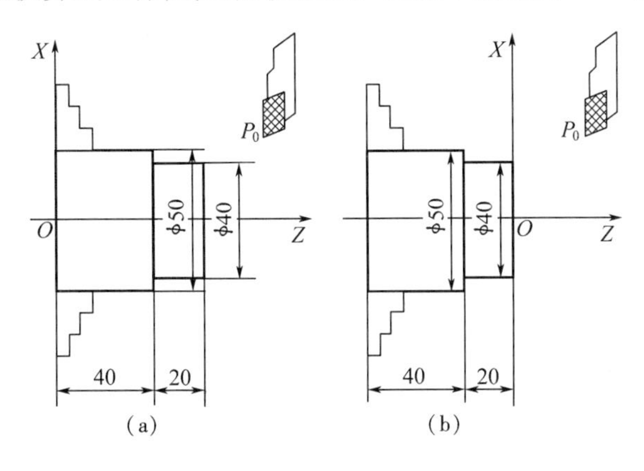

图 5－6　工件原点的确定

同是车 ϕ40 mm 端面和 ϕ40 mm × 20 mm 外圆,如图 5－6(a)所示,将程序原点设定在工件左端面的 O 点,车 ϕ40 mm 端面时的程序如下(不考虑 F、S、T、M 功能):

```
……
N0150   G00   X46.0   Z60.0;
N0160   G01   X0;
……
```

车 ϕ40 mm × 20 mm 外圆的程序如下:

```
……
N0150   G00   X40.0   Z62.0;
N0160   G01   Z40.0;
……
```

如图 5－6(b)所示,将工件原点设定在工件右端面的 O 点,车 ϕ40 mm 端面的程序如下:

```
……
N0150   G00   X46.    Z0.0;
N0160   G01   X0.;
……
```

车 ϕ40 mm × 20 mm 外圆的程序如下:

```
……
N0150   G00   X40.   Z2;
N0160   G01   Z－20.;
……
```

从上述两例可以看出,将工件坐标系的程序原点设定在工件的右端面要比设定在工件左端面时计算各尺寸的坐标值方便,从而给编程带来方便,故推荐采用图 5－6(b)的方案,将程序原点设定在工件右端面的中心。

车床刀架的换刀点是指刀架转位换刀时所在的位置。换刀点是任意一点,可以和刀具起始点重合,它的设定原则是以刀架转位时不碰撞工件和机床上其他部位为准则。换刀点的坐标值一般用实测的方法来设定。

用 G50 指令设定工件坐标系的实例,加工如图 5 - 7 所示的工件。

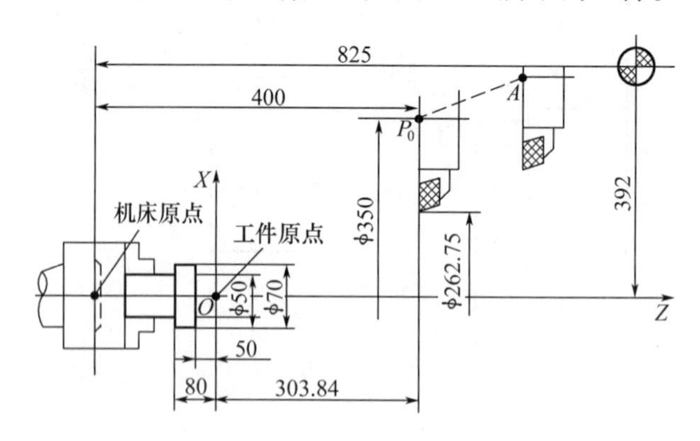

图 5 - 7　设定工件坐标系实例

初始条件:接通电源后,机床返回参考点(建立起机床坐标系)。刀架中心位于机床坐标系中任意点 A 处。

O0010	程序号
N0010　G00　X350.0　Z400.0;	在机床坐标系中,刀架中心从 A 点快速定位到 P_0 点
N0020　G50　X262.75　Z303.84;	建立工件坐标系
N0030　G00　X50.　Z5.;	在工件坐标系中快速接近工件
……	切削过程
N0100　G00　X262.75　Z303.84;	返回 P_0 点
N0110　G00　X784.0　Z825.0;	返回机床参考点
N0120　M30;	程序结束

5.2.4　插补功能

1. 定位 G00

指令格式:

G00　X(U)____　Z(W);

定位指令命令刀具以点位控制方式从刀具所在点快速移到目标位置,无运动轨迹要求,不需特别规定进给速度。

2. 直线插补指令 G01

指令格式:

G01　X(U)____　Z(W)____　F____;

用于直线或斜线运动,可使数控车床沿 X 轴、Z 轴方向执行单轴运动,也可使沿 X,Z 平面内任意斜率的直线运动。

3. 圆弧插补指令 G02、G03

指令格式:

G02(G03)　X(U)____　Z(W)____　I____　K____(R)　F____;

G02、G03 指令功能表示刀具以 F 进给速度从圆弧起点向圆弧终点进行圆弧插补。

①G02 为顺时针圆弧插补指令，G03 为逆时针圆弧插补指令。圆弧的顺、逆方向判断如图 5 -8(a)所示，朝着与圆弧所在平面相垂直的坐标轴的负方向看，顺时针为 G02，逆时针为 G03，图 5 -8(b)所示分别表示了车床前置刀架和后置刀架对圆弧顺与逆方向的判断。

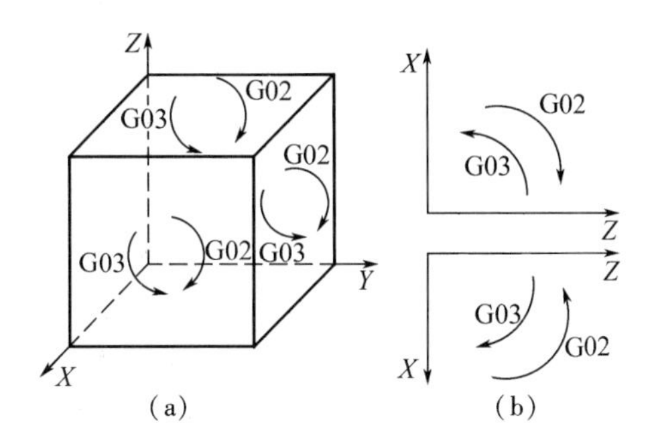

图 5 -8　圆弧的顺逆方向

②如图 5 -9 所示，采用绝对坐标编程，*X*、*Z* 为圆弧终点坐标值；采用增量坐标编程，*U*、*W* 为圆弧终点相对圆弧起点的坐标增量，*R* 是圆弧半径，当圆弧所对圆心角为 0°~180°时，*R* 取正值；当圆心角为 180°~360°时，*R* 取负值。*I*、*K* 为圆心在 *X*、*Z* 轴方向上相对圆弧起点的坐标增量(用半径值表示)，*I*、*K* 为零时可以省略。

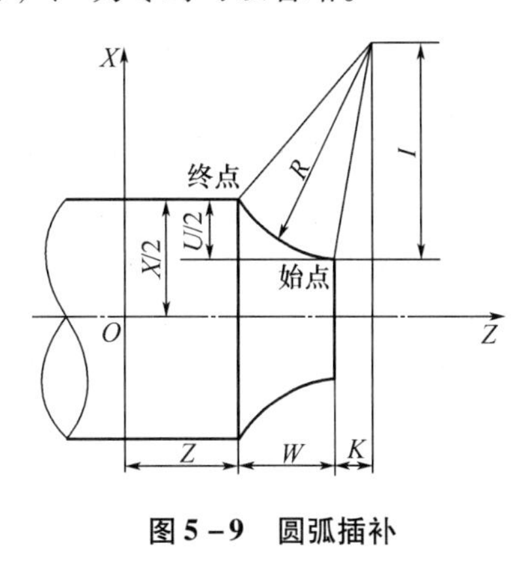

图 5 -9　圆弧插补

例 5 -1　如图 5 -10 所示，走刀路线为 *A*→*B*→*C*→*D*→*E*→*F*，试分别用绝对坐标方式和增量坐标方式编程。

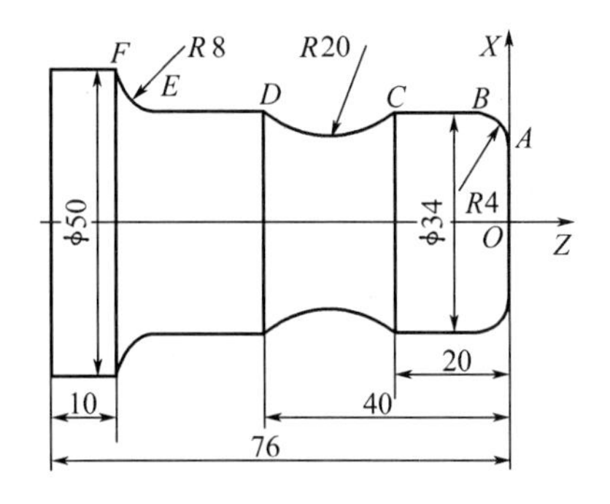

图 5 -10　圆弧插补应用

绝对坐标编程

G03　X34　Z－4　K－4(或 R4)F50;　　$A \to B$

G01　Z－20;　　$B \to C$

G02　Z－40　R20;　　$C \to D$

G01　Z－58;　　$D \to E$

G02　X50　Z－66　I8(或 R8);　　$E \to F$

增量坐标编程

G03　U8　W－4　K－4(或 R4)F50;　　$A \to B$

G01　W－16;　　$B \to C$

G02　W－20　R20;　　$C \to D$

G01　W－18;　　$D \to E$

G02　U16　W－8　I8(或 R8);　　$E \to F$

5.2.5　螺纹切削指令(G32)

指令格式:

G32　X(U)____　Z(W)____　F ____;

指令功能是切削加工圆柱螺纹、圆锥螺纹和平面螺纹。

①F 表示长轴方向的导程,如果 X 轴方向为长轴,F 为半径值。对于圆锥螺纹如图 5－11 所示,其斜角 α 在 45°以下时,Z 轴方向为长轴;斜角 α 在 45°～90°时,X 轴方向为长轴;

②圆柱螺纹切削加工时,X、U 值可以省略,格式为:G32　Z(W)____ F ____;

③端面螺纹切削加工时,Z、W 值可以省略,格式为:G32　X(U)____ F ____;

④螺纹切削应注意在两端设置足够的升速进刀段 δ_1 和降速退刀段 δ_2。

列 5－2　如图 5－12 所示,走刀路线为 $A \to B \to C \to D \to A$,切削圆锥螺纹,螺纹导程为 4 mm,$\delta_1 = 3$ mm,$\delta_2 = 2$ mm,每次背吃刀量为 1 mm,切削深度为 2 mm。

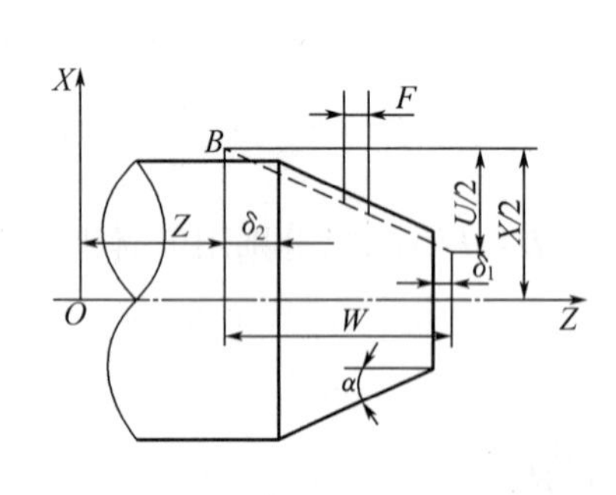

图 5－11　螺纹切削

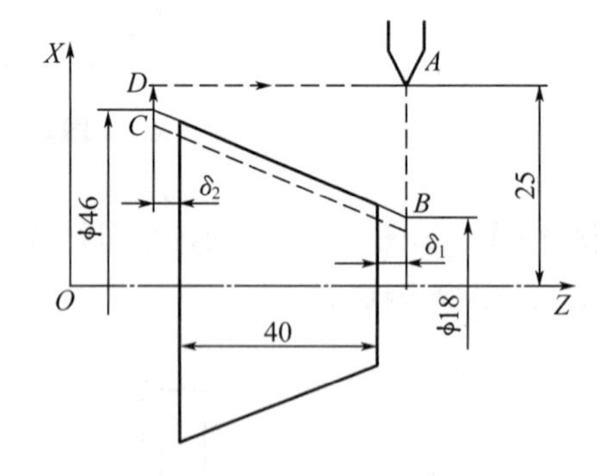

图 5－12　螺纹切削应用

```
G00  X16;
G32  X44  W-45  F4;
G00  X50;
     W45;
     X14;
```

```
G32 X42 W-45 F4;
G00 X50;
    W45;
```

5.2.6 刀尖圆弧半径补偿

1. 刀尖圆弧半径补偿的目的

数控机床是按假想刀尖运动位置进行编程,在图5-13中A点,实际刀尖部位是一个小圆弧,切削点是刀尖圆弧与工件的切点。如图5-14所示,在车削圆柱面和端面时,切削刀刃轨迹与工件轮廓一致;在车削锥面和圆弧时,切削刀刃轨迹会引起工件表面的位置与形状误差(在图5-14中δ值为加工圆锥面时产生的加工误差值),直接影响工件的加工精度。

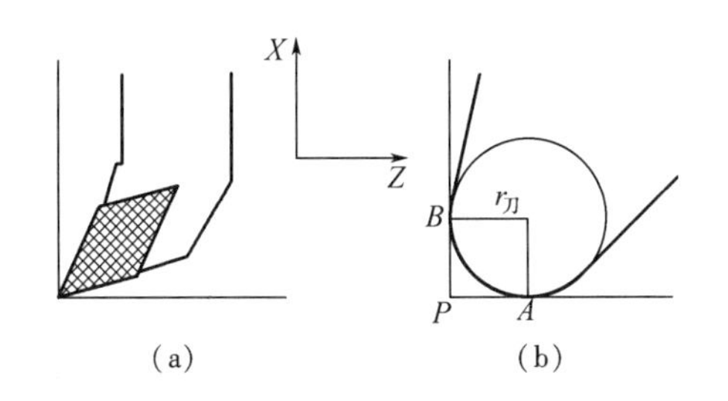

图5-13 刀尖与刀尖圆弧图

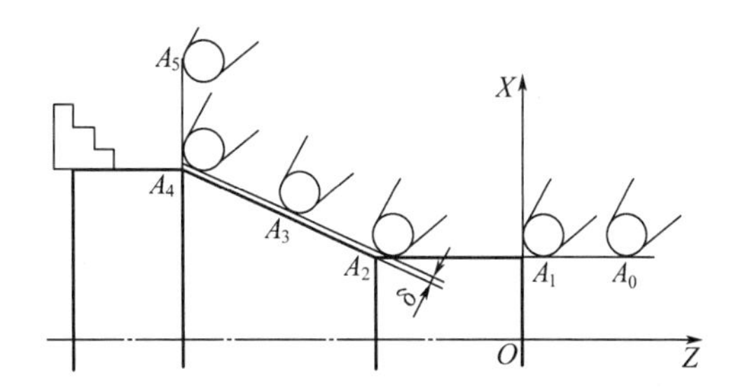

图5-14 假想刀尖的加工误差

所谓假想刀尖如图5-13所示。图5-13(b)所示是圆头刀具,P点为其假想刀尖,相当于图5-13(a)尖头刀的刀尖点,是确定加工轨迹的点,常以此对刀。实际切削点A、B决定了X向和Z向的加工尺寸。

如果采用刀尖圆弧半径补偿方法,如图5-15所示,把刀尖圆弧半径和刀尖圆弧位置等参数输入刀具数据库内,这样可以按工件轮廓编程,数控系统自动计算出刀心轨迹,控制刀心轨迹进行切削加工。如图5-16所示,这样通过刀尖圆弧半径补偿的方法消除了由刀尖圆弧而引起的加工误差。

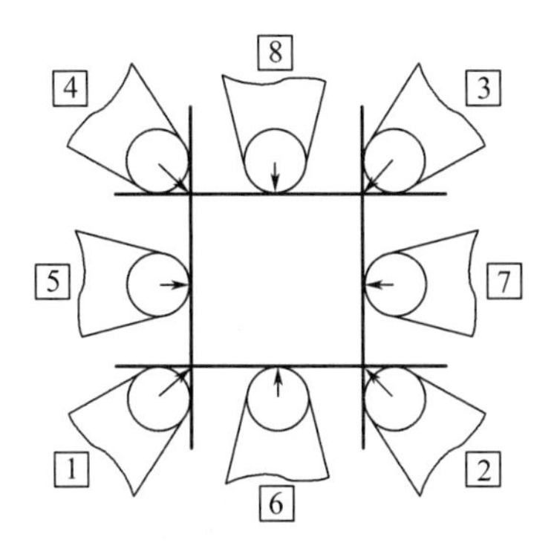

图5-15 刀尖圆弧位

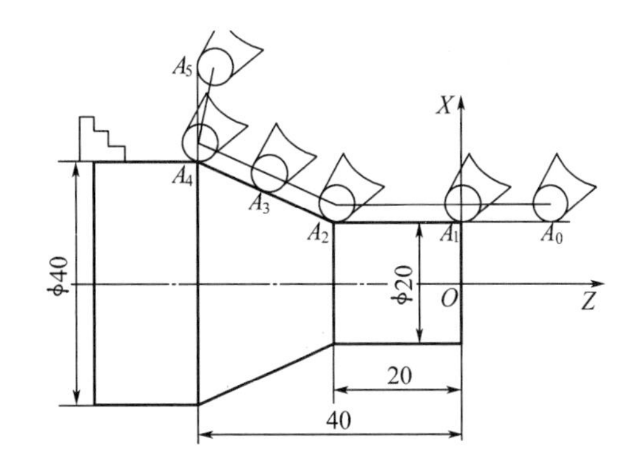

图5-16 刀尖圆弧半径补偿

2. 刀尖圆弧半径补偿指令

刀尖圆弧半径补偿指令格式:

G41(G42,G40)G01(G00)　X(U)____　Z(W)____;

指令功能 G41 为刀尖圆弧半径左补偿;G42 为刀尖圆弧半径右补偿;G40 是取消刀尖圆弧半径补偿。顺着刀具运动方向看,刀具在工件的左边为刀尖圆弧半径左补偿;刀具在工件的右边为刀尖圆弧半径右补偿。只有通过刀具的直线运动才能建立和取消刀尖圆弧半径补偿。

例 5－3　如图 5－16 所示,运用刀尖圆弧半径补偿指令编程。

G00　X20　Z2;	快进至 A_0 点
G42　G01　X20　Z0;	刀尖圆弧半径右补偿 $A_0 \to A_1$
Z－20;	$A_1 \to A_2$
X40　Z－40;	$A_2 \to A_3 \to A_4$
G40　G01　X80　Z－40;	退刀并取消刀尖圆弧半径补偿 $A_4 \to A_5$

5.2.7　数控车床车削固定循环编程指令

在有些特殊的粗车加工中,由于车削加工余量较大,同一加工路线需要反复切削多次,所以在车床的数控装置中,总是具备各种不同形式的固定循环功能。如内或外圆柱循环、内或外锥面循环、切槽循环、端面循环、内或外螺纹循环以及各种组合面的仿形切削循环,等等。

采用固定循环指令编写加工程序,可减少程序段的数量,缩短编程时间和提高数控机床工作效率。根据刀具切削加工的循环路线不同,循环指令可分为单一固定循环指令和多重复合循环指令。单一固定循环指令是对于加工几何形状简单、刀具走刀路线单一的工件,可采用固定循环指令编程,即只需用一条指令、一个程序段完成刀具的多步动作。固定循环指令中刀具的运动分四步:进刀、切削、退刀与返回。多重复合循环指令(G70～G76)运用这组 G 代码,可以加工形状较复杂的零件,编程时只需指定精加工路线和粗加工背吃刀量,系统会自动计算出粗加工路线和加工次数,因此编程效率更高。

值得注意的是,各种数控车床设置这些循环的指令代码及其程序格式不尽相同。必须根据使用说明书的具体规定进行编程。以下仅对一些常用的 FANUC — 0iT 循环作一般性介绍。

1. 外圆切削循环指令(G90)

G90 指令格式:

G90　X(U)____Z(W)____R____F____;

指令功能是实现外圆切削循环和锥面切削循环,刀具从循环起点按图 5－17 与图 5－18 所示走刀路线,最后返回到循环起点,图中虚线表示按 R 快速移动,实线表示按 F 指定的工件进给速度移动。X、Z 表示切削终点坐标值;U、W 表示切削终点相对循环起点的坐标分量;R 表示切削始点与切削终点在 X 轴方向的坐标增量(半径值),外圆切削循环时 R 为零,可省略;F 表示进给速度。

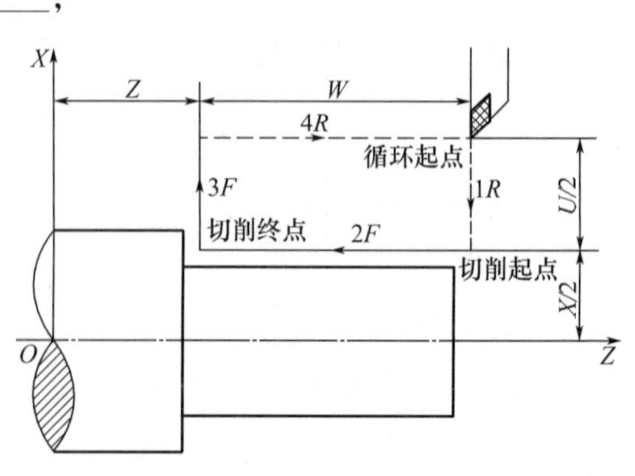

图 5－17　外圆切削循环

例 5－4　如图 5－19 所示,运用外圆

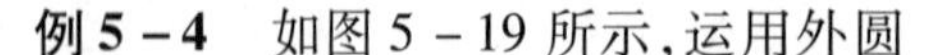

切削循环指令编程。

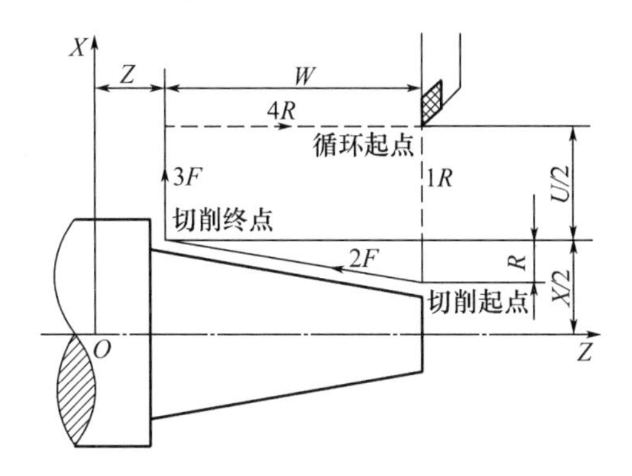

图 5-18　锥面切削循环

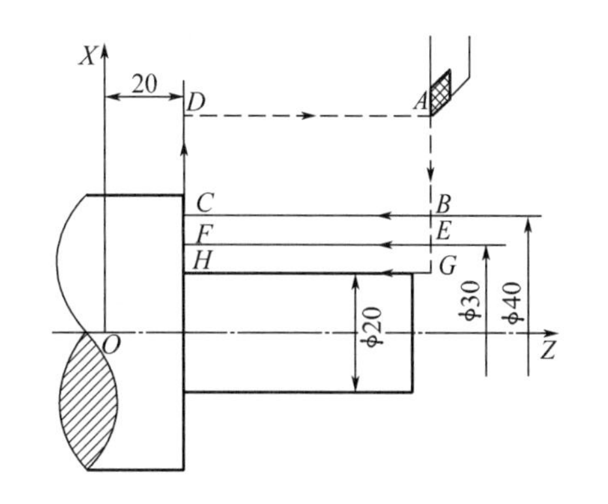

图 5-19　外圆切削循环应用

G90　X40　Z20　F30；　　　　　$A \to B \to C \to D \to A$

　　X30；　　　　　　　　　　　$A \to E \to F \to D \to A$

　　X20；　　　　　　　　　　　$A \to G \to H \to D \to A$

例 5-5　如图 5-20 所示，运用锥面切削循环指令编程。

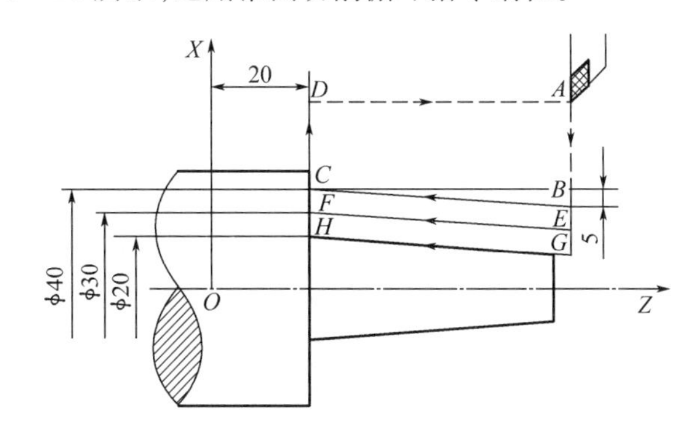

图 5-20　锥面切削循环应用

G90　X40　Z20　R-5　F30；　$A \to B \to C \to D \to A$

　　X30；　　　　　　　　　　　$A \to E \to F \to D \to A$

　　X20；　　　　　　　　　　　$A \to G \to H \to D \to A$

2. 螺纹切削循环指令(G92)

G92 指令格式：

G92　X(U)____　Z(W)____　R____ F____；

指令功能是切削圆柱螺纹和锥螺纹，刀具从循环起点，按图 5-21 与图 5-22 所示走刀路线，最后返回到循环起点，图中虚线表示按 *R* 快速移动，实线按 *F* 指定的进给速度移动。*X*、*Z* 表示螺纹终点坐标值；*U*、*W* 表示螺纹终点相对循环起点的坐标分量；*R* 表示锥螺纹始点与终点

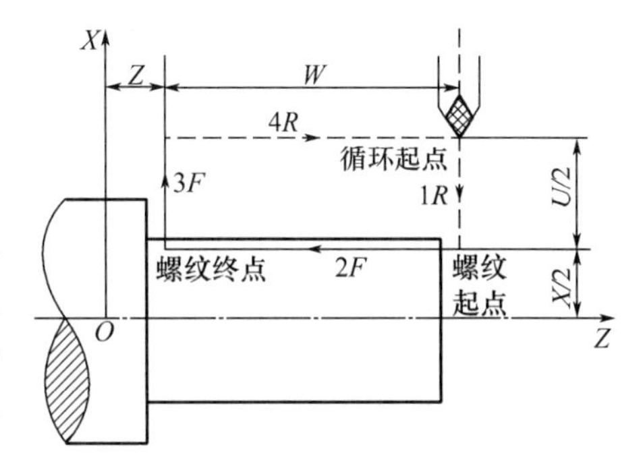

图 5-21　切削圆柱螺纹图

在 X 轴方向的坐标增量(半径值),圆柱螺纹切削循环时 R 为零,可省略;F 表示螺纹导程。

例 5-6 如图 5-23 所示,运用圆柱螺纹切削循环指令编程。

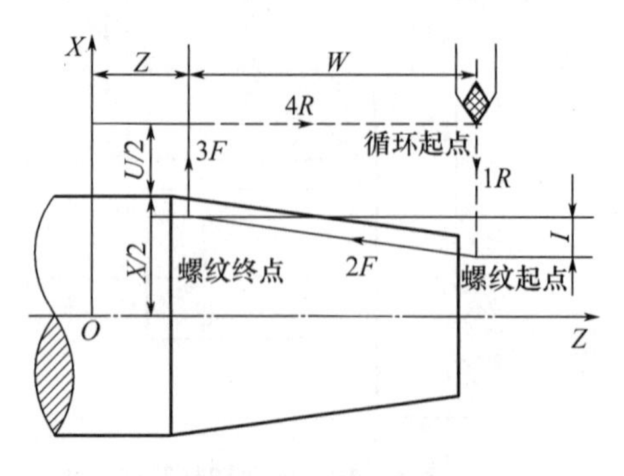

图 5-22 切削锥螺纹

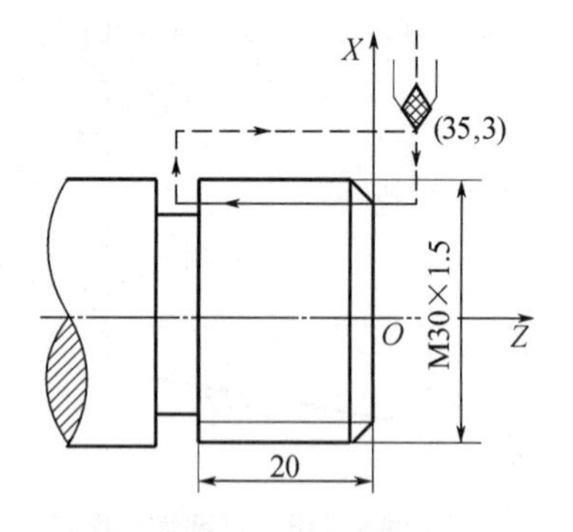

图 5-23 锥螺纹切削循环的应用图

```
G50  X100  Z50;
G97  S300;
T0101  M03;
G00  X35  Z3;
G92  X29.2  Z-21  F1.5;
     X28.6;
     X28.2;
     X28.04;
G00  X100  Z50  T0100  M05;
     M02;
```

例 5-7 如图 5-24 所示,运用锥螺纹切削循环指令编程。

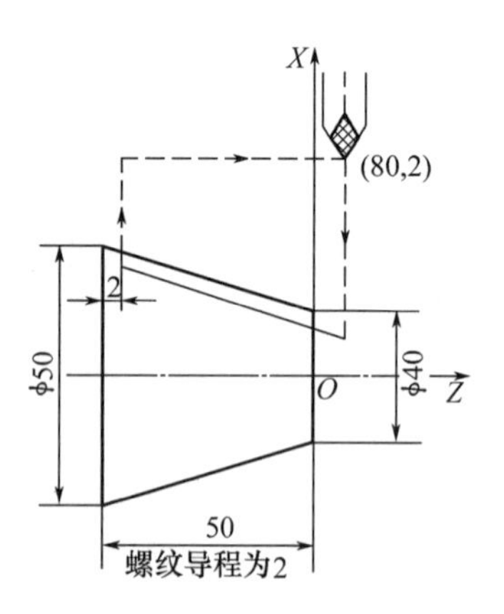

图 5-24 圆柱螺纹切削循环应用

```
G50  X100  Z50;
G97  S300;
T0101  M03;
G00  X80  Z2;
G92  X49.6  Z-48  R-5  F2;
     X48.7;
     X48.1;
     X47.5;
     X47.1;
     X47;
G00  X100  Z50  T0100  M05;
     M02;
```

3. 端面切削循环指令(G94)

G94 指令格式:

G94 X(U)____ Z(W)____ R____ F____;

指令功能是实现端面切削循环和带锥度的端面切削循环，刀具从循环起点，按图5-25与图5-26所示走刀路线，最后返回到循环起点，图中虚线表示按 R 快速移动，实线按 F 指定的进给速度移动。X、Z 表示端平面切削终点坐标值；U、W 表示端面切削终点相对循环起点的坐标分量；R 表示端面切削始点至切削终点位移在 Z 轴方向的坐标增量，端面切削循环时 R 为零，可省略，F 表示进给速度。

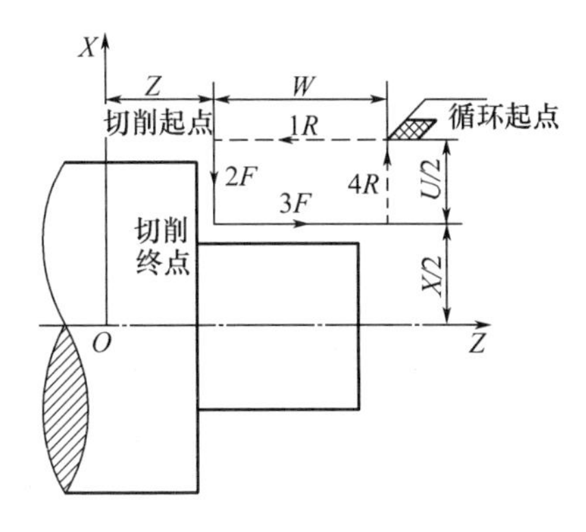

图5-25　端面切削循环

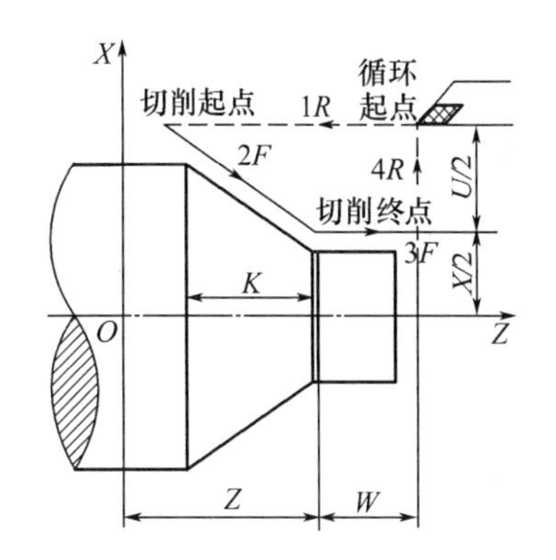

图5-26　带锥度的端面切削循环

例5-8　如图5-27所示，运用端面切削循环指令编程。

G94　X20　Z16　F30；　　$A \to B \to C \to D \to A$

Z13；　　$A \to E \to F \to D \to A$

Z10；　　$A \to G \to H \to D \to A$

例5-9　如图5-28所示，运用带锥度端面切削循环指令编程。

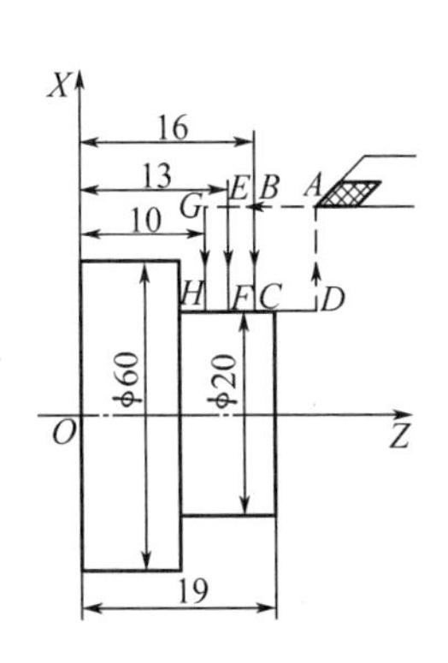

图5-27　端面切削循环应用

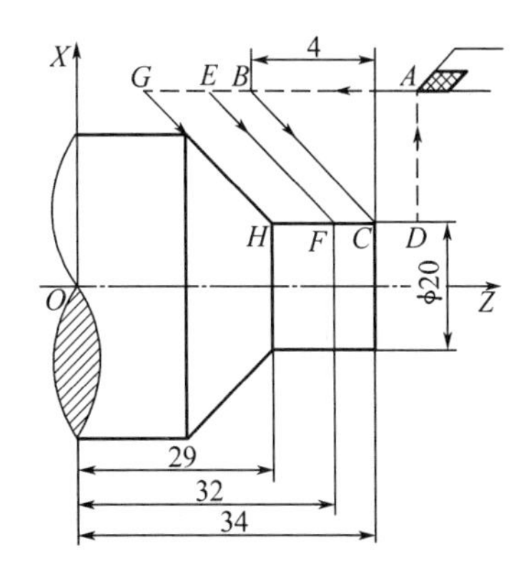

图5-28　带锥度的端面切削循环应用

G94　X20　Z34　R-4　F30；　　$A \to B \to C \to D \to A$

Z32；　　$A \to E \to F \to D \to A$

Z29；　　$A \to G \to H \to D \to A$

4. 使用固定循环的注意事项

(1)固定循环中的数据 X(U)、Z(W)、R 在 G90、G92、G94 中都是模态值。如果没有重新指令 X(U)、Z(W)和 R 时，则原来指定的数据依然有效。但是，如果指令了除 G04 以外的非模态 G 代码，或指令了 01 组除 G90、G92、G94 以外的其他 G 代码时，这些数据被清除。

例 5－10 一零件如图 5－29 所示，Z 轴移动量没有变化，只需指定 X 轴的移动指令就可以重复固定循环。

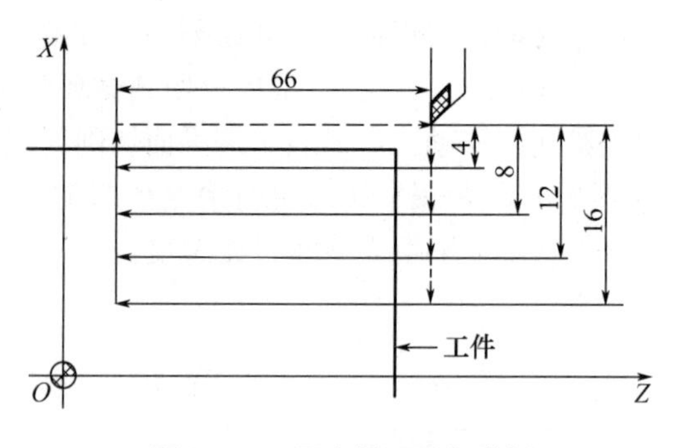

图 5－29 固定循环重复举例

程序如下：

N010 G90 U－8.0 W－66.0 F400；
N020 U－16.0；
N030 U－24.0；
N040 U－32.0；

(2)如果在指定固定循环程序段之后指定了 EOB 或运动量为零的程序段中，则重复执行固定循环。

(3)如果在固定循环方式时指令了 M、S、T 功能，则固定循环和 M、S、T 功能两者能同时执行。如果不允许同时都执行时，在执行 M、S、T 功能时，用 G00 或 G01 取消固定循环，在执行完 M、S、T 功能之后，需重新指令固定循环。

例 5－11 执行 T 功能时取消固定循环。

N010 T0101；
N020 G90 X200.00 Z100.00 F200； G90 状态
N030 G00 T0202； 取消 G90
N040 G90 X205.00 Z10.000； 重新指令 G90

5. 固定循环的选择

根据零件和毛坯的形状选择适当的固定循环：

(1)圆柱切削循环 被切除的毛坯为轴向长、径向短的矩形时，选用圆柱切削循环。走刀轨迹如图 5－30 所示。

(2)圆锥切削循环 零件形状为圆锥形，且顶锥角少于 90°时，选用圆锥切削循环。走刀轨迹如图 5－31 所示。

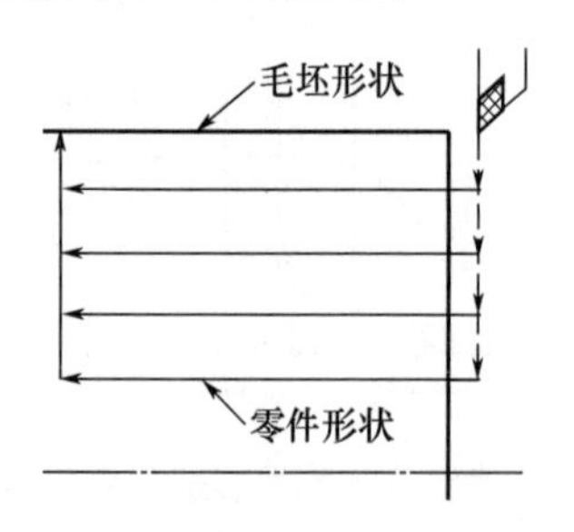

图 5－30 圆柱车削循环(G90)

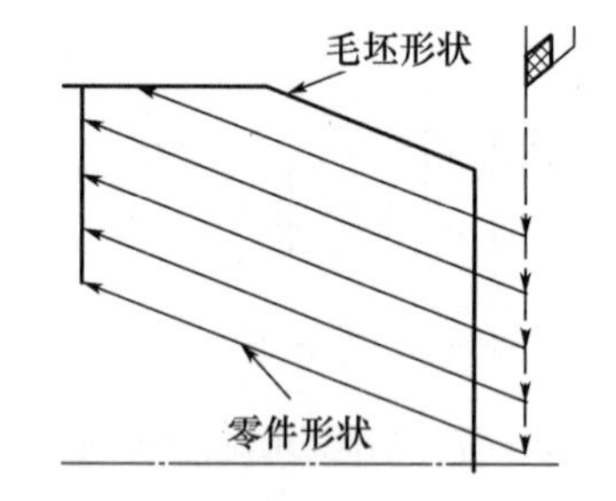

图 5－31 圆锥车削循环(G90)

(3)端面切削循环 当被切除的毛坯为径向长、轴向短的矩形时，选用端面切削循环，走刀轨迹如图 5－32 所示。

(4)锥面切削循环 零件形状为锥面，且顶锥角大于 90°时，选用锥面切削循环。走刀轨迹如图 5－33 所示。

多重复合循环指令(G70～G76)运用这组 G 代码，可以加工形状较复杂的零件，编程时只需指定精加工路线和粗加工背吃刀量，系统会自动计算出粗加工路线和加工次数，因此

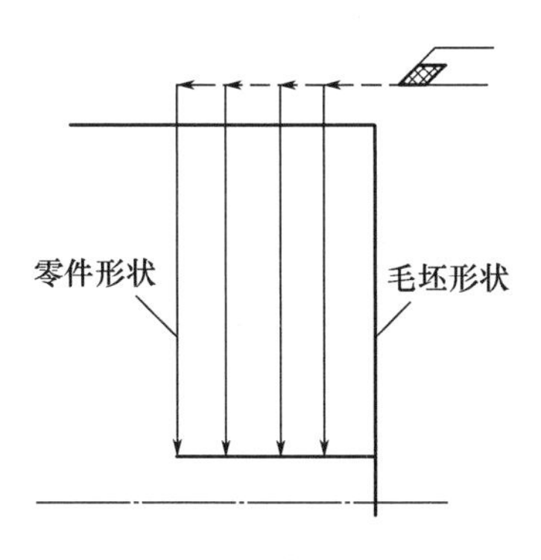

图 5-32　端面车削循环(G94)

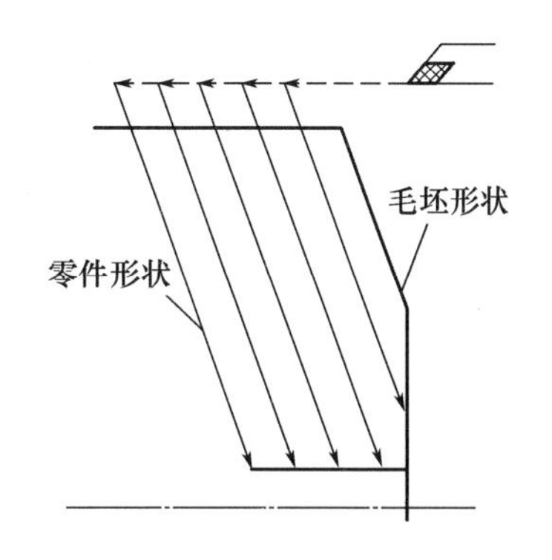

图 5-33　锥面车削循环(G94)

编程效率更高。

6. 外圆粗加工复合循环(G71)

G71 指令格式:

G71　UΔd　Re;

G71　Pns　Qnf　UΔu　WΔw　Ff　Ss　Tt;

指令功能是切除棒料毛坯大部分加工余量,切削是沿平行 Z 轴方向进行,如图 5-34 所示,A 为循环起点,A—A'—B 为精加工路线。Δd 表示每次切削深度(半径值),无正负号;e 表示退刀量(半径值),无正负号;ns 表示精加工路线第一个程序段的顺序号;nf 表示精加工路线最后一个程序段的顺序号;Δu 表示 X 方向的精加工余量(直径值);Δw 表示 Z 方向的精加工余量。

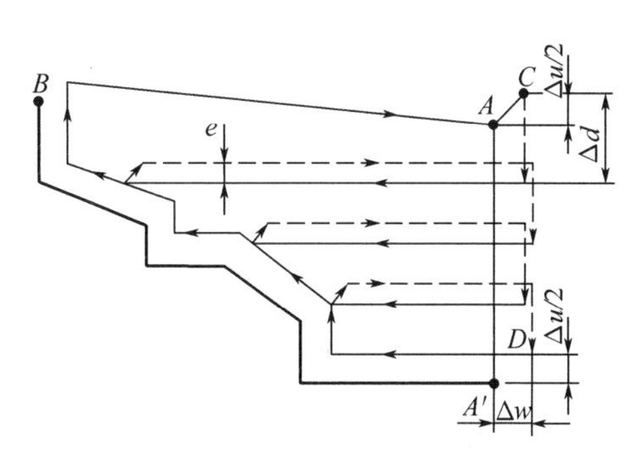

图 5-34　外圆粗加工循环

使用循环指令编程,首先要确定换刀点、循环点 A、切削始点 A' 和切削终点 B 的坐标位置。为节省数控机床的辅助工作时间,从换刀点至循环点 A 使用 G00 快速定位指令,循环点 A 的 X 坐标位于毛坯尺寸之外,Z 坐标值与切削始点 A' 的 Z 坐标值相同。其次,按照外圆粗加工循环的指令格式和加工工艺要求写出 G71 指令程序段,在循环指令中有两个地址符 U,前一个表示背吃刀量,后一个表示 X 方向的精加工余量。在程序段中有 P、Q 地址符,则地址符 U 表示 X 方向的精加工余量,反之表示背吃刀量,背吃刀量无负值。

$A'\rightarrow B$ 是工件的轮廓线,$A\rightarrow A'\rightarrow B$ 为精加工路线,粗加工时刀具从 A 点后退 $\Delta u/2$、Δw,即自动留出精加工余量。顺序号 ns 至 nf 之间的程序段描述刀具切削加工的路线。

例 5-12　如图 5-35 所示,运用外圆粗加工循环指令编程。

```
N010　G50　X150　Z100;
N020　G00　X41　Z0;
N030　G71　U2　R1;
N040　G71　P50　Q120　U0.5　W0.2　F100;
N050　G01　X0　Z0;
N060　G03　X11　W-5.5　R5.5;
```

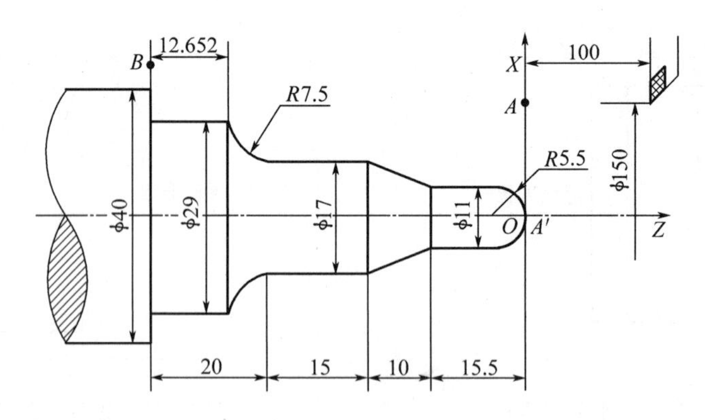

图 5－35　外圆粗加工循环应用

N070　G01　W－10；

N080　X17　W－10；

N090　W－15；

N100　G02　X29　W－7.348　R7.5；

N110　G01　W－12.652；

N120　X41；

N130　G70　P50　Q120　F30；

7. 端面粗加工复合循环(G72)

G72 指令格式：

G72　WΔd　Re；

G72　Pns　Qnf　UΔu　WΔw　Ff　Ss　Tt；

指令功能是除切削是沿平行 X 轴方向进行外，该指令功能与 G71 相同，如图 5－36 所示。指令说明 Δd、e、ns、nf、Δu、Δw 的含义与 G71 相同。

例 5－13　如图 5－37 所示，运用端面粗加工循环指令编程。

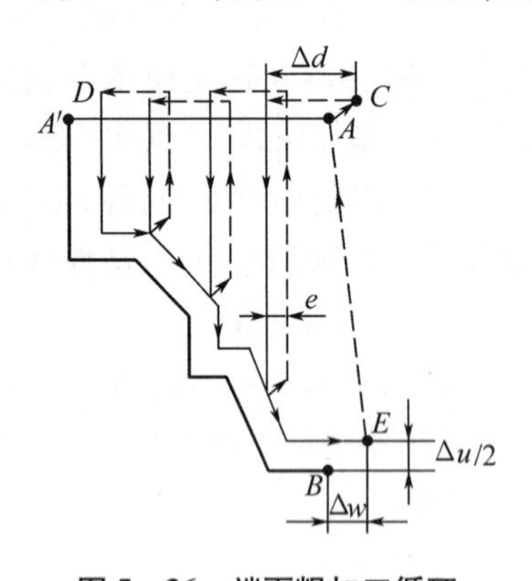

图 5－36　端面粗加工循环

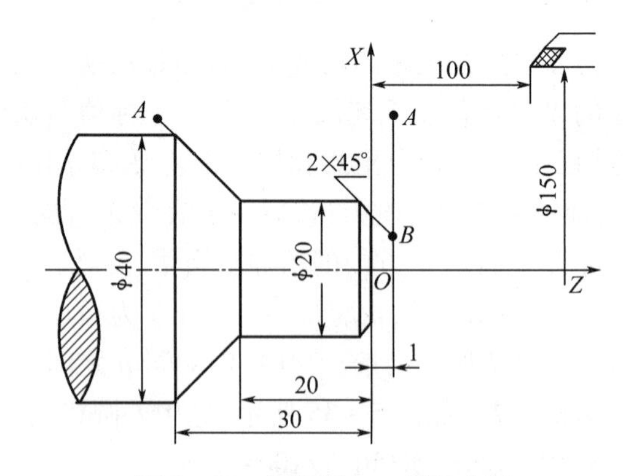

图 5－37　端面粗加工循环应用

N010　G50　X150　Z100；

N020　G00　X41　Z1；

N030　G72　W1　R1；

```
N040  G72  P50  Q80  U0.1  W0.2  F100;
N050  G00  X41  Z-31;
N060  G01  X20  Z-20;
N070  Z-2;
N080  X14  Z1;
N090  G70  P50  Q80  F30;
```

8. 固定形状切削复合循环(G73)

G73 指令格式：

G73　UΔi　WΔk　Rd;

G73　Pns　Qnf　UΔu　WΔw　Ff　Ss　Tt;

指令功能是适合加工铸造、锻造成形的一类工件，如图5-38所示。Δi 表示 X 轴向总退刀量（半径值）；Δk 表示 Z 轴向总退刀量；d 表示循环次数；ns 表示精加工路线第一个程序段的顺序号；nf 表示精加工路线最后一个程序段的顺序号；Δu 表示 X 方向的精加工余量（直径值）；Δw 表示 Z 方向的精加工余量。

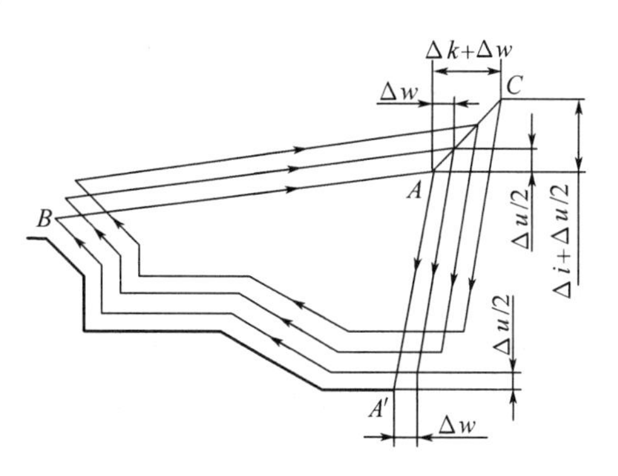

图5-38　固定形状切削复合循环

固定形状切削复合循环指令的特点，刀具轨迹平行于工件的轮廓，故适合加工铸造和锻造成形的坯料。背吃刀量分别通过 X 轴方向总退刀量 Δi 和 Z 轴方向总退刀量 Δk 除以循环次数 d 求得。总退刀量 Δi 与 Δk 值的设定与工件的切削深度有关。

使用固定形状切削复合循环指令，首先要确定换刀点、循环点 A、切削始点 A' 和切削终点 B 的坐标位置。分析上道例题，A 点为循环点，$A'\to B$ 是工件的轮廓线，$A\to A'\to B$ 为刀具的精加工路线，粗加工时刀具从 A 点后退至 C 点，后退距离分别为 $\Delta i+\Delta u/2$，$\Delta k+\Delta w$，这样粗加工循环之后自动留出精加工余量 $\Delta u/2$、Δw。顺序号 ns 至 nf 之间的程序段描述刀具切削加工的路线。

例5-14　如图5-39所示，运用固定形状切削复合循环指令编程。

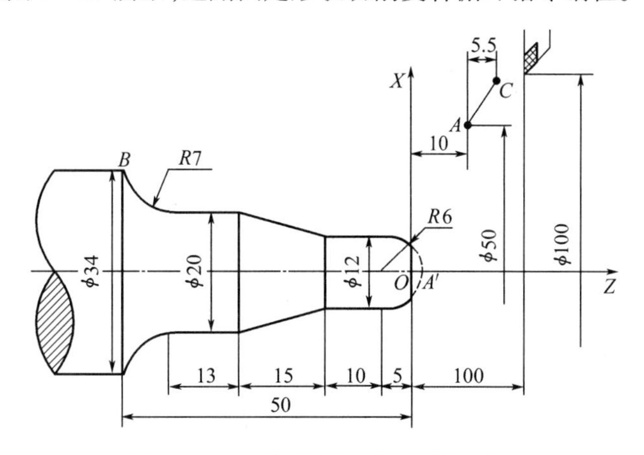

图5-39　固定形状切削复合循环应用

```
N010  G50  X100  Z100;
N020  G00  X50  Z10;
N030  G73  U18  W5  R10;
N040  G73  P50  Q100  U0.5  W0.5  F100;
N050  G01  X0  Z1;
N060  G03  X12  W-6  R6;
N070  G01  W-10;
N080  X20  W-15;
N090  W-13;
N100  G02  X34  W-7  R7;
N110  G70  P50  Q100  F30;
```

9. 精加工复合循环(G70)

G70 指令格式:

G70　P*ns*　Q*nf*;

指令功能是用 G71,G72,G73 指令粗加工完毕后,可用精加工循环指令,使刀具进行 $A \to A' \to B$ 的精加工,(如图 5-34,5-36,5-38 所示)。*ns* 表示指定精加工路线第一个程序段的顺序号;*nf* 表示指定精加工路线最后一个程序段的顺序号;G70 ~ G73 循环指令调用 N(*ns*)至 N(*nf*)之间程序段,其中程序段中不能调用子程序。

10. 端面钻孔复合循环指令(G74)

G74 指令格式:

G74　R*e*;

G74　X(U)　Z(W)　PΔi　QΔk　RΔd　F*f*;

指令功能是可以用于断续切削,走刀路线如图 5-40 所示,如把 X(U)和 P、R 值省略,则可用于钻孔加工。*e* 表示退刀量;*X* 表示 *B* 点的 *X* 坐标值;*U* 表示由 *A* 至 *B* 的增量坐标值;*Z* 表示 *C* 点的 *Z* 坐标值;*W* 表示由 *A* 至 *C* 的增量坐标值;Δi 表示 *X* 轴方向移动量,无正负号;Δk 表示 *Z* 轴方向移动量,无正负号;Δd 表示在切削底部刀具退回量;*F* 表示进给速度。

例 5-15　如图 5-41 所示,运用端面钻孔复合循环指令编程。

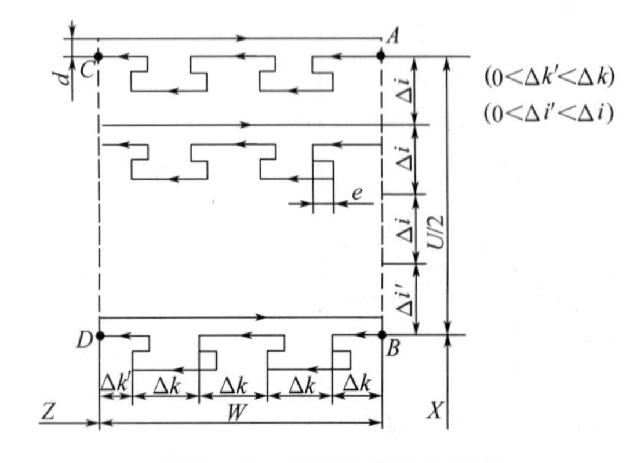

图 5-40　端面钻孔复合循环

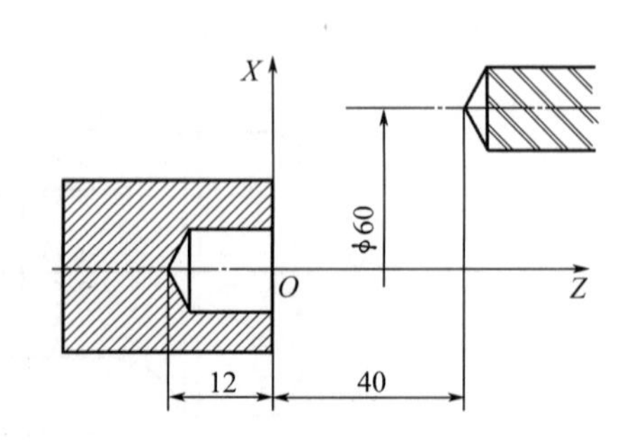

图 5-41　端面钻孔复合循环应用

G50　X60　Z40;

G00　X0　Z2;

G74　R1;

G74　Z-12　Q5　F30　S250;

G00　X60　Z40;

11. 外圆切槽复合循环(G75)

G75 指令格式:

G75　Re;

G75　X(U)　Z(W)　PΔi　QΔk　RΔd　Ff;

指令功能是用于端面断续切削,走刀路线如图5-42所示,如把Z(W)和Q、R值省略,则可用于外圆槽的断续切削。e表示退刀量;X表示C点的X坐标值;U表示由A点至C点的增量坐标值;Z表示B点的Z坐标值;W表示由A点至B点的增量坐标值;其他各符号的意义与G74相同。

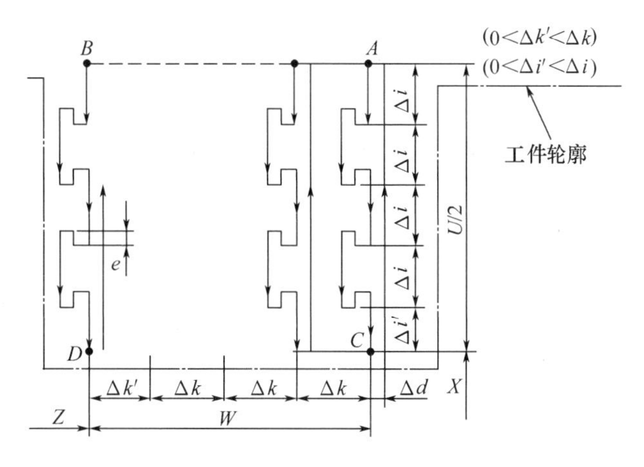

图5-42　外圆切槽复合循环

应用外圆切槽复合循环指令,如果使用的刀具为切槽刀,该刀具有两个刀尖,设定左刀尖为该刀具的刀位点,在编程之前先要设定刀具的循环起点A和目标点D,如果工件槽宽大于切槽刀的刃宽,则要考虑刀刃轨迹的重叠量,使刀具在Z轴方向位移量Δk小于切槽刀的刃宽,切槽刀的刃宽与刀尖位移量Δk之差为刀刃轨迹的重叠量。

例5-16　所图5-43所示,运用外圆切槽复合循环指令编程。

G50　X60　Z70;

G00　X42　Z22　S400;

G75　R1;

G75　X30　Z10　P3　Q2.9　F30;

G00　X60　Z70;

12. 螺纹切削复合循环(G76)

G76 指令格式:

G76　Pm r a　QΔdmin　R$\underline{d}$;

G76　X(U)　Z(W) Ri　Pk　QΔd　Ff;

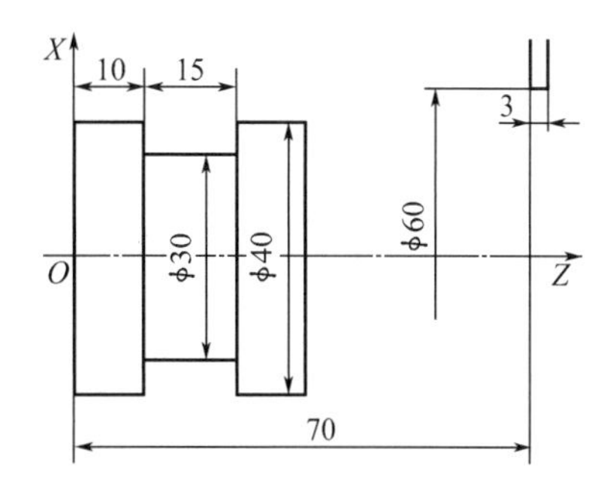

图5-43　外圆切槽复合循环应用

指令功能是该螺纹切削循环的工艺性比较合理，编程效率较高，螺纹切削循环路线及进刀方法如图 5－44 所示。m 表示精加工重复次数；r 表示斜向退刀量单位数（0.01～9.9 f，以 0.1 f 为一单位，用 00～99 两位数字指定）；a 表示刀尖角度；Δd 表示第一次粗切深（半径值）；切削深度递减公式计算 $d_2=\sqrt{2}\,\Delta d$；$d_3=\sqrt{3}\,\Delta d$；$d_n=\sqrt{n}\,\Delta d$；每次粗切深：$\Delta dn - \sqrt{n}\,\Delta d-\sqrt{n-1}\,\Delta d$；$\Delta d_{\min}$ 表示最小切削深度，当切削深度 Δd_n 小于 $\Delta d_{\min}$，则取 $\Delta d_{\min}$ 作为切削深度；X 表示 D 点的 X 坐标值；U 表示由 A 点至 D 点的增量坐标值；Z 表示 D 点 Z 坐标值；W 表示由 C 点至 D 点的增量坐标值；i 表示锥螺纹的半径差；k 表示螺纹高度（X 方向半径值）；d 表示精加工余量；F 表示螺纹导程。

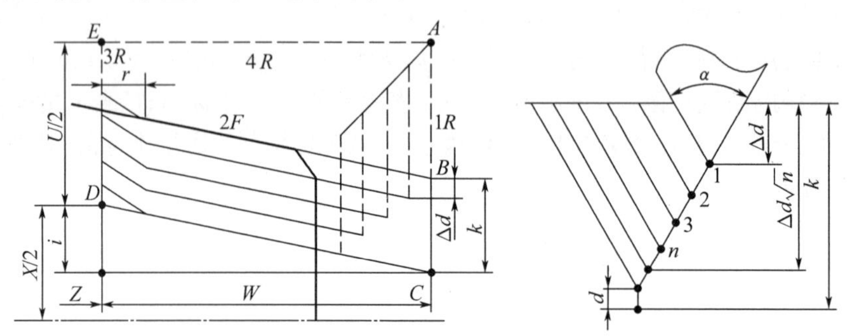

图 5－44　螺纹切削复合循环路线及进刀法

例 5－17　如图 5－45 所示，运用螺纹切削复合循环指令编程（精加工次数为 1 次，斜向退刀量为 4 mm，刀尖为 60°，最小切深取 0.1 mm，精加工余量取 0.1 mm，螺纹高度为 2.4 mm，第一次切深取 0.7 mm，螺距为 4 mm，螺纹小径为 33.8 mm）。

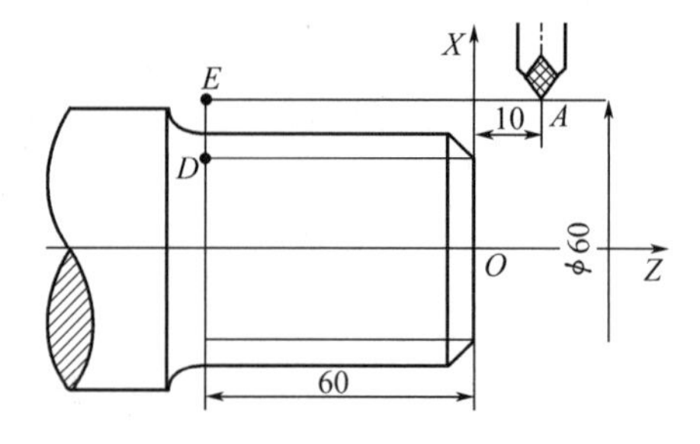

图 5－45　螺纹切削复合循环应用

```
G00   X60   Z10;
G76   P01 10 60   Q0.1   R0.1;
G76   X33.8   Z－60   R0   P2.4   Q0.7   F4;
```

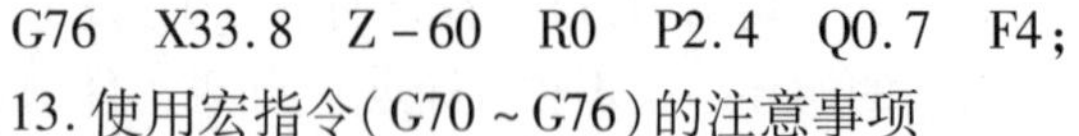

13. 使用宏指令（G70～G76）的注意事项

（1）在指定宏指令的程序段中，P、Q、X（U）、Z（W）、R 等必要的参量，必须正确指令。

（2）在 G71、G72、G73 指令的程序段中，由地址 P 指定的程序段必须指令 G00 或 G01，否则报警。

（3）在 MDI 方式中不能指令 G70～G73，如果指令则报警。G74～G76 可以指令。

（4）在 G70～G73 指令的程序段中，由 P 和 Q 指定的顺序号之间的程序段，不能指令 M98 和 M99。

（5）在 G70～G73 指令的程序段中，由 P 和 Q 指定的顺序号之间的程序段，不能指令下列指令：

①除 G01（暂停）之外的非模态 G 代码。

②除 G00，G01，G02 和 G03 之外的其他 01 组 G 代码。

③06 组（G20/G21、米制/英制转换）G 代码。

④M98、M99 代码。

(6)当正执行宏指令(G70～G76)时,可以停止循环而进行手动操作。但是,若要重新启动循环时,刀具必须返回到循环停止时的位置。如果没有返回到停止时的位置而重新启动循环,手动操作时的移动量不加在绝对值指令上,后面的轨迹将被移动一个手动操作的移动量。

(7)当执行 G70～G73 时,用地址 P 和 Q 指定的顺序号,在这个程序中不能重复出现。

(8)在 G70～G73 中,用 P 和 Q 指定的精加工形状的程序段的最后一个移动指令,不能是倒角和过渡圆,在 P 和 Q 顺序号之间的程序段中,不能用图样尺寸直接编程功能。

(9)G74～G76 指令中,P 和 Q 不使用小数点输入,必须以最小输入增量为单位指定移动量和切深。

(10)刀尖半径不能用于 G71～G76。

(11)DNC 操作时不能执行宏指令。

(12)在执行宏指令时,不能执行中断型用户宏程序。

(13)在执行 G74 或 G75 时,刀具补偿无效。

5.2.8 车削加工编程举例

1. 车孔加工编程

加工如图 5-46 所示零件,材料为 45#钢,采用锻造毛坯,毛坯余量为 8 mm(直径),要求加工图 5-46 中标有粗糙度符号的表面。

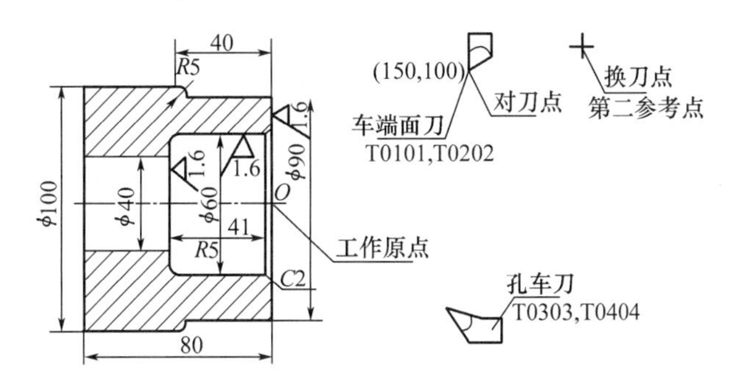

图 5-46 车孔零件

(1)进行零件分析,确定数控加工工序

根据锻件毛坯的余量(单边 4 mm),安排一次粗车,然后精车。需要加工面有端面、ϕ60 孔、倒角及圆弧。精车单边余量为 0.14 mm,工序内容见表 5-1 所示。

表 5-1 数控加工工序卡

工步号	工步内容	刀具	切削用量		
			背吃刀量/mm	主轴转速/(r/min)	进给速度/(mm/r)
1	粗车端面,留余量 0.2 mm	T01	3	<1500	0.3
2	精车端面	T02	0.2	<1500	0.15
3	粗车外圆,倒角,圆弧面	T03	3.8	<1500	0.3
4	精车端面	T04	0.2	<1500	0.15

Z 轴原点:因为 $\phi60$ mm 工件的轴向尺寸基准在工件右端,所以选工件右端为 Z 轴原点。

换刀点:在第二参考点换刀,第二参考点设在工件尺寸之外。

车孔加工:在数控车床上车削内表面时,车刀刀杆与被车削工件的轴线平行,车削内孔刀具轨迹数控程序的编写与车外圆类似。

(2)确定工件的装夹方式

采用三爪自定心卡盘装夹。

(3)数控程序

```
O0050;程序编号 O0050
N0010  G50  X150  Z100;设置工件原点右端面
N0020  G30  U0  W0;回第二参考点
N0030  G50  S1500  T0101  M08;限制最高主轴转速,换 0101 号车刀,开冷却液
N0040  G96  S150  M03;指定恒切削速度 150 m/min
N0050  G00  X100  Z5;快速到粗车端面始点(100,5)
N0060  G01  X92  Z0.5  F0.3;接近工件
N0070  X55;粗车端面
N0080  G00  Z3;快速退刀
N0090  G30  U0  W0;返回第二参考点
N0100  G50  S1500  T0202;限制最高主轴转速,换刀 0202 号
N0110  G96  S150;指定恒切削速度为 150 m/min
N0120  G00  X95  Z0;快速到端面精车起始点
N0130  G41  G01  X90  F0.15;刀具补偿,左偏
N0140  X55:端面精车
N0150  G40  G00  Z3;退刀,取消补偿
N0160  G30  U0  W0;返回第二参考点
N0170  G50  S1500  T0303;限制最高主轴转速为 1500 r/min,换刀 0303 号
N0180  G96  S200;指定恒切削速度 200 m/min
N0190  G00  X63.72  Z0.14;快速走到粗车孔始点(63.72,0.14)
N0200  G01  X59.8  Z-1.86  F0.3;粗车 C2 处内孔倒角
N0210  Z-35.0;粗车 φ60 mm 内孔至尺寸 φ59.8 mm
N0220  G03  X48.0  Z-40.86  I0  J-5.86;粗车 C2 孔倒角
N0240  G01  X35.0;粗车底面
N0250  G00  Z3.0;快速退刀
N0260  G30  U0  W0;返回第二参考点
N0270  G50  S1500  T0404;限制最高主轴转速,换刀 0404 号
N0280  G96  S200;指定恒切削速度为 200 m/min
N0290  G41  G01  X66.0  Z1.0  F0.15;刀具补偿,左偏
N0300  X60  Z-2;精车孔倒角 C2
N0310  G03  X55  Z-41  I0  J-5;精车 R5 mm 圆角
N0320  X35;精车孔底面
```

N0330　G40　G00　Z3;取消刀补,快速退刀

N0340　X100　Z40　M05;返回对刀点,主轴停转

N0350　M30;程序结束

2. 加工轴套类零件的编程

(1)轴套类零件的特点

轴套类零件一般由内、外圆柱面,端面,台阶孔,沟槽等组成,如图 5-47 所示,其结构的主要特点是:

①内、外表面的同轴度要求较高,以内孔结构为主。

②零件壁较薄,易变形。

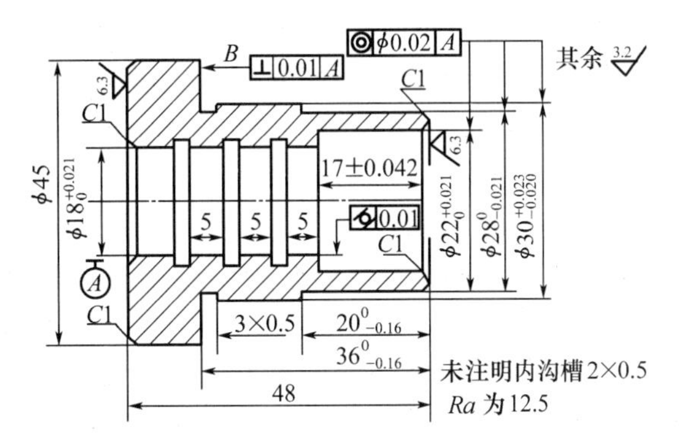

图 5-47　轴套类零件图

(2)工艺分析

①主要技术要求

内外圆同轴度公差为 0.02;ϕ18 的圆柱度公差为0.01 mm,B 端面对 ϕ18 孔轴线垂直度公差为0.01 mm。

②毛坯选择

根据零件材料及几何形状,选 ϕ48 的铸件。

③定位基准选择

采用内孔定位,用结构简单、容易精确制造的心轴夹具。

④加工方法的选择

该轴套零件外圆和内孔的精度均为 IT7 级精度,采用精车的方法,则内孔加工顺序为:钻孔→粗车孔→半精车孔→精车孔。

⑤位置精度的保证

内外表面的同轴度及端面与孔轴线的垂直度的一般保证方法:

在一次装夹中完成内外表面及端面的全部加工,但不适于尺寸较大的套筒。

先精加工外圆,再以外圆为精基准加工内孔。采用三爪自定心卡盘装夹,工件装夹迅速可靠,但位置精度较低;采用软爪卡盘或弹簧套筒装夹,可获得较高同轴度,且不易伤害工件表面。

先精加工孔,再用心轴装夹精加工外圆和端面。

⑥防止变形的措施

该类零件加工过程中容易变形,防止变形的方法一般有:

a. 粗、精加工分开。

b. 采用过渡套、弹簧套、软爪卡盘或弹簧套筒装夹或采用专用夹具轴向夹紧。

c. 将热处理安排在粗、精加工之间,并将精加工余量适当留大些。

⑦对刀点的选择

工件原点为装夹后左端面与轴线的交点处,对刀点和换刀点重合,距主轴轴线 60 mm,距装夹后的工件右端面 100 mm。

⑧刀具的选择

a. 外圆粗车、半精车、精车用 90°外圆车刀,并作为 1 号刀,以其为基准刀具。

b. 内孔的粗车、半精车、精车使用内孔车刀,并作为 2 号刀。

c. 内沟槽用内沟槽车刀,并作为 3 号刀,主切削刃宽 2 mm,刀位点取右刀尖。

d. 外径槽及切断用切断刀,并作为 4 号刀,主切削刃宽 3 mm,刀位点取左刀尖。

⑨切削用量的选择

粗车外圆、内孔:$S=300$ r/min,$F=0.4$ mm/r,$a_p=3.0$(外圆时)/2.0(内孔时)mm。

半精车外圆、内孔:$S=300$ r/min,$F=0.15$ mm/r,$a_p=0.4$ mm。

精车外圆、内孔:$S=460$ r/min,$F=0.08$ mm/r,$a_p=0.125$ mm。

车槽、切断:$S=460$ r/min,$F=0.1$ mm/r。

⑩走刀路线

a. 车端面→钻孔 $\phi15$。

b. 粗车、半精车 $\phi28$,$\phi30$ 外圆和台阶面,外圆留精车余量 0.25 mm,$\phi45$ 车至要求尺寸→粗车、半精车 $\phi22$,$\phi18$ 内孔和台阶面,内孔留精车余量 0.3 mm→内孔倒角 C1→精车 $\phi22$ 内孔至要求尺寸→精车 $\phi22$ 内孔至要求尺寸→车三处内沟槽 2 mm×0.5 mm→精车 $\phi28$ 外圆至要求尺寸→精车 $\phi30$ 外圆至要求尺寸→车外沟槽 3 mm×0.5 mm 至要求尺寸→切断。

c. 工件掉调头车 $\phi18$ 及 $\phi45$ 端面的内外圆倒角。

(3)工序 2 加工程序清单

```
%O0003;
N0005  G50  X60.  Z100;设定工件坐标系原点
N0010  M43
N0015  M03;
N0020  T0100;
N0025  G00  X50  Z1;选 1 号刀,主轴正转,无刀补,快速趋近粗、精车外圆起刀点
N0030  G99
N0035  G90  U-4.2  W-51.6  F0.4;外圆粗车循环
N0040  U-8  W-35.52  F0.4;
N0045  U-13;
N0050  U-17;
N0055  U-18.95;
N0060  U-20.95  W-19.52;
N0065  U-5  W-52  F0.15;外圆半精车
N0070  U-19.95  W-35.95;
N0075  U-21.75  W-19.92;
N0080  G00  X60;
N0085  Z100;
N0090  T0202;选 2 号刀
N0095  M42;主轴变速
N0100  G00  X12  Z1;快速趋近粗、半精车内孔起刀点
N0105  G90  U4.95  W-52  F0.4;内孔粗车循环
N0110  U7;
```

```
N0115  U8.95  W-16.6;
N0120  U5.75  W-52  F0.15;
N0125  U9.75  W-17;
N0130  G00  X12  Z1;
N0135  M43;改变主轴转速
N0140  G00  X26.01;准备孔端倒角
N0145  G01  X22.01  Z-1  F0.08;孔端倒角
N0150  Z-17;精车φ22 内孔至φ22.01
N0155  X18.01;准备精车φ18 内孔
N0160  Z-52;精车φ18 内孔至φ18.01
N0165  G00  X16.01  Z100;X 轴退刀至临时换刀点
N0170  T0303;选 3 号刀
N0175  G00  W-117;车内沟槽,快速点定位到内沟槽起刀点
N0180  M98  P0004  L3;车内沟槽,循环三次
N0185  G00  Z50;
N0190  X60  Z100;快速定位到对刀点
N0195  T0100;选 1 号刀
N0200  G00  X23.99  Z1;准备外圆倒角
N0215  G01  X27.99  Z-1  F0.08;外圆倒角
N0220  Z-19.92;精车φ28 外圆至φ27.99
N0225  X30;准备精车φ30 外圆
N0230  Z-35.92;精车φ30 外圆
N0235  G00  X60  Z100;回换刀点
N0240  T0404;选 4 号刀
N0245  G00  X48  Z-35.92;
N0250  G01  X29  F0.1;车外沟槽
N0255  G00  X48;退刀
N0260  Z-51;快速定位到切断对刀点
N0265  G01  X17;切断
N0270  G00  X60  Z100;
N0275  T0400;取消 4 号刀补
N0280  M05;主轴停转
N0295  M30;程序结束
%O0004;子程序
N0005  G00  U-5;快速点定位到车槽进刀点
N0010  G01  U3  F0.1;车外沟槽
N0015  G00  U-3;退刀
N0020  M99;子程序结束
```

3.典型数控车床编程综合实例

编制图 5-48 所示零件的加工程序,毛坯尺寸为 $\phi22.75$,工件材料为黄铜,每次切削深

度 $t \leq 1$ mm。

(1)根据零件图纸,确定加工工艺

①用90°偏刀车端面,对刀,设置编程原点。

②粗车 ϕ18 外圆至 ϕ18.2。

③粗车 ϕ15 外圆至 ϕ15.2。

④用车锥法粗车 ϕ15 球头。

⑤精车 ϕ15 球头、ϕ15 外圆、倒角、ϕ18 外圆、ϕ21 外圆至尺寸。

⑥回换刀点,换切刀,切槽。

⑦回换刀点,换60°尖刀,粗、精车 R8 凹球面、锥面,车螺纹。

⑧回换刀点,换切刀,切断。

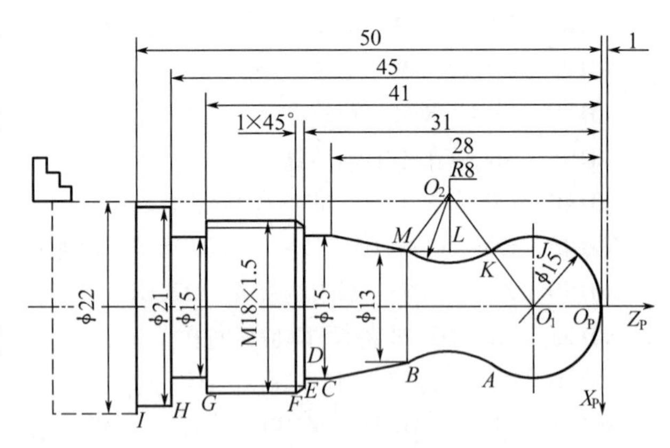

图 5-48　车床编程综合实例

(2)选择刀具

①90°偏刀(刀号 T01)粗、精车 ϕ15 圆弧面及 ϕ15,ϕ18,ϕ21 外圆。

②切刀(刀宽 4 mm,刀号 T02,刀位点:左刀尖):切槽、切断。

③60°尖刀(刀号 T03)粗车、精车 R9 凹圆弧面、锥面和螺纹。

(3)切削用量的选择

考虑加工精度的要求、加工工件材料和硬度、提高刀具耐用度、机床寿命等因素,确定精车外轮廓时,主轴转数 600 r/min,进给量 60 mm/min;切槽时主轴转数 600 r/min,进给量 20 mm/min;车螺纹时 600 r/min,进给量 1.5 mm/r。

(4)设置编程原点及换刀点

如图 5-48 所示,编程原点 O,设在右端面中心,换刀点设在(20,10)点。

(5)计算 A、B 点及 R8 圆弧圆心坐标值

在 ΔO_1JK 和 ΔO_2LK 中,$\dfrac{\overline{O_1K}}{\overline{O_2K}} = \dfrac{\overline{O_1J}}{\overline{O_2L}}$,即$\overline{O_2L} = \dfrac{6.5 \times 8}{7.5} = 6.93$

$\overline{LK} = \sqrt{O_2K^2 - O_2L^2} = \sqrt{8^2 - 6.93^2} = 3.99$

$\overline{JK} = \sqrt{O_1K^2 - O_1J^2} = \sqrt{7.5^2 - 6.5^2} = 3.74$

A 点:$X = 6.5, Z = -(7.5 + 3.74) = -11.24$

B 点:$X = 6.5, Z = -(11.24 + 2 \times 3.99) = -19.22$

圆弧$\overparen{AB}$圆心:$X = 6.5 + 6.93 = 13.43, Z = -(11.24 + 3.99) = -15.23$

(6)螺纹尺寸的计算

螺纹牙深 $T = 0.6495P$(P 为螺距)$= 0.65 \times 1.5 = 0.975$

螺纹外径≈公称直径 $-0.1P = 18 - 0.1 \times 1.5 = 17.85$

螺纹内径≈公称直径 $-1.3P = 18 - 1.3 \times 1.5 = 16.05$

(7)编程

N0010　G50　X0　Z0;设编程坐标原点 O_p

N0020　G00　X20　Z10　M03　S600;回换刀点,主轴正转,转速为 600 r/min

```
N0030  T0101;调用01号刀,刀具补偿号为01
N0040  G00  X25  Z0;快速点定位
N0050  G01  X0  F60;车削右端面,进给量为60 mm/min
N0060  G00  Z1;快速点定位
N0070  X21.5;
N0080  G01  Z-50;粗车φ21.5外圆柱面
N0090  G00  X25  Z1;快速点定位
N0100  X18.5;
N0110  G01  Z-45;粗车φ18.5外圆柱面
N0120  X21.5;车削台阶
N0130  G00  Z1;快速点定位
N0140  X15;
N0150  G01  Z-31;粗车φ15.5外圆柱面
N0160  X18.5;
N0170  G00  Z0.25;快速点定位
N0180  X0;
N0190  G03  X13.21  Z-11.36  R7.75;粗车圆弧面φ15.5
N0200  G02  Z-19.1  R8.25;粗车圆弧面R8.25
N0210  G01  X15.5  Z-28;粗车外圆锥面
N0220  X16;退刀
N0230  G00  Z0;快速点定位
N0240  X0;
N0250  G03  X13  Z-11.24  R7.5;精车圆弧面φ15
N0260  G02  Z-19.22  R8;精车圆弧面R8
N0270  G01  X15  Z-28;精车外圆锥面
N0280  W-3;精车φ15外圆柱面
N0290  X15.85;车削台阶
N0300  X17.85  Z-1;倒角1×45
N0310  Z-45;精车螺纹大径
N0320  X21;车削台阶
N0330  Z-50;精车φ21外圆柱面
N0340  X22;车削台阶
N0350  G00  X100  Z100  T0100;快速返回刀具起始点,取消01号刀的刀具补偿
N0360  T0202;调用02号刀,刀具补偿号为02
N0370  G00  X22  Z-45;快速点定位
N0380  G01  X15  S600  F20;切槽,进给量为20 mm/min
N0390  G04  X1;暂停1 s
N0400  X22;退刀
N0410  G00  X100  Z100  T0200;快速返回刀具起始点,取消02号刀的刀具补偿
N0420  T0303  M00;调用02号刀,刀具补偿号为02,主轴暂停,手动接通编码器
```

N0430　G00　X20　Z－28;快速点定位

N0440　G92　X17　Z－42　S600　F1.5;循环车削 M18×1.5 的螺纹

N0450　X16.5;

N0460　X16.2;

N0470　X16.05;

N0480　G00　X100　Z100　T0300;快速返回刀具起始点,取消 03 号刀的刀具补偿

N0490　M05;主轴停止转动

N0500　M30;程序结束

4. 典型数控车床编程综合实例

图 5－49 所示为某轴的零件——车削加工的零件图,需进行精车加工。图中 ϕ90 mm 外圆不加工,选用具有直线－圆弧插补功能的数控车床加工该零件,要求编制其精加工程序。

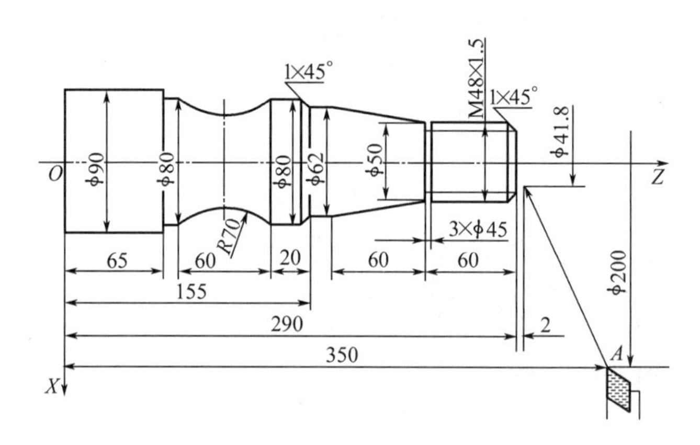

图 5－49　车削零件

根据该零件加工特点,程序编制的步骤如下:

(1)依据图纸要求,制订工艺方案,确定加工路线

根据先主后次的原则,确定其精加工方案为:

①从右到左切削零件的外轮廓面。其路线为:倒角—切削螺纹的实际外圆ϕ47.8 mm—切削锥度部分—车削 ϕ62 mm 的外圆—倒角—车削 ϕ80 mm 的外圆—切削圆弧部分—车削 ϕ80 mm 外圆。

②切削 3×ϕ45 mm 的槽。

③车削 M48×1.5 的螺纹。

(2)选择刀具并画出刀具布置图

根据加工要求,可选用三把刀具。1 号刀车外圆,2 号刀切槽,3 号刀车螺纹。刀具布置如图 5－50 所示。

在编程之前,要正确选择换刀点。以避免换刀过程中刀具与机床、工件及夹具发生碰撞现象。在本例中换刀点选在 A(200,350)点,如图 5－49 所示。

对刀时以 1 号刀为基准进行对刀。螺纹刀尖相对于 1 号刀尖在 Z 向偏置 10 mm。由 3 号刀的刀补指令进行补偿。其补偿值可以通过控制面板手工键入,以保持刀尖位置的一致。

（3）选择切削用量

切削用量的选择应根据工件材料、硬度、刀具材料及机床等因素来考虑。一般由经验来确定。在本例中，精车轴的外轮廓时主轴转速选为 $S=630$ r/min，进给速度选为 $f=150$ mm/min，切槽时，$S=315$ r/min，$f=100$ mm/min，车螺纹时，$S=200$ r/min，$f=1.50$ mm/r。

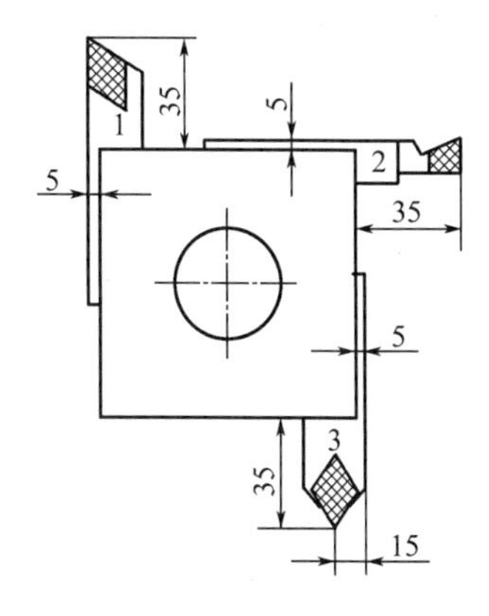

图 5－50　刀具布置图

（4）编写加工程序

选择工件坐标系 XOZ，O 为原点，如图 5－49 所示，将 A 点（换刀点）作为对刀点，即编程起点。

根据所用数控系统的程序段格式规定，编出所需的零件加工程序。

绝对坐标指令用 X 和 Z，增量坐标指令用 U 和 W，可以混合编程。坐标值可用小数点表示，小数点前 4 位，小数点后 2 位。X、U、I 按直径值编程。进给速度 F 用直接指定法，小数点前 3 位，小数点后 2 位，单位是 mm/min。主轴转速 S 也用直接指定法。刀具功能 T 后跟两位数字，第一位数字表示刀具编号，第二位数字表示刀具补偿号。简单螺纹循环指令用 G92。

编制程序如下：

```
N0010  G50  X200.0  Z350.0;坐标系设定
N0020  G00  X41.8  Z292.0  S630  M03  T11  M08;
N0030  G01  X47.8  Z289.0  F150;倒角
N0040  U0  W-59.0;车φ47.8 外圆,增量坐标编程
N0050  X50.0  W0;退刀,绝对坐标编程与增量坐标混合编程
N0060  X62.0  W-60.0;车锥度,绝对坐标编程与增量坐标混合编程
N0070  U0  Z155.0;车φ62 外圆,绝对坐标编程与增量坐标混合编程
N0080  X78.0  W0;退刀,绝对坐标编程与增量坐标混合编程
N0090  X80.0  W-1.0;倒角,绝对坐标编程与增量坐标混合编程
N0100  U0  W-19.0;车φ80 外圆,绝对坐标编程与增量坐标混合编程
N0110  G02  U0  W-60.0  I63.25  K-30.0;车圆弧,I、K 表示圆心相对于圆弧起
                                             点的坐标
N0120  G01  U0  Z65.0;车φ80 外圆
N0130  X90.0  W0;退刀
N0140  G00  X200.0  Z350.0  M05  T10  M09;退刀
N0150  X51.0  Z230.0  S315  M03  T22  M08;
N0160  G01  X45.0  W0  F100;割槽
N0170  G04  U50;延迟 50 ms
N0180  G00  X51.0  W0;退刀
N0190  X200.0  Z350.0  M05  T20  M09;退刀
N0200  X52.0  Z296.0  S200  M03  T33  M08;车螺纹起始位置
N0210  G92  X47.2  Z231.5  F1.5;车螺纹
N0220  X46.6;
```

```
N0230   X46.1;
N0240   X45.8;
N0250   G00   X200.0   Z350.0   T30   M02;退至起点
```

5.3 数控铣床和加工中心编程

5.3.1 数控铣床和加工中心编程特点

铣削是机械加工中最常用的方法之一,它包括平面铣削、型腔铣削和轮廓铣削。使用数控铣床的目的在于:解决复杂的和难加工的工件的加工问题;把一些用普通机床可以加工(但效率不高)的工件,改用数控铣床加工,可以提高加工效率。

加工中心是将数控铣床、数控镗床、数控钻床的功能组合起来,并装有刀库和自动换刀装置的数控镗铣床。立式加工中心主轴轴线是垂直的,适合于加工盖板类零件及各种模具。卧式加工中心主轴轴线是水平的,一般配备容量较大的链式刀库,机床带有一个自动分度工作台或配有双工作台以便于工件的装卸,适合于工件在一次装夹后,自动完成多面多工序的加工,主要用于箱体类零件的加工。

1. 数控铣床的编程特点

(1)数控铣床功能各异,规格繁多。编程时要考虑如何最大限度地发挥数控铣床的特点。二坐标联动数控铣床用于加工平面零件轮廓;三坐标以上的数控铣床用于难度较大的复杂工件的立体轮廓加工。

(2)数控铣床的数控装置具有多种插补方式,一般都具有直线插补和圆弧插补。有的还具有极坐标插补、抛物线插补、螺旋线插补等多种插补功能。编程时要合理充分地选择这些功能,以提高加工精度和效率。

(3)程序编制时要充分利用数控铣床齐全的功能,如刀具位置补偿、刀具长度补偿、刀具半径补偿和固定循环、对称加工等功能。

(4)由直线、圆弧组成的平面轮廓铣削的数学处理比较简单。非圆曲线、空间曲线和曲面的轮廓铣削加工,数学处理比较复杂,一般要采用计算机辅助计算和自动编程。加工中心机床的数控程序编制中,从加工工序的确定、刀尖的选择、加工路线的安排,到数控加工程序的编制,都较复杂。

2. 加工中心的编程特点

(1)首先应进行合理的工艺分析,由于零件的工序多、刀具种类多,需周密合理安排各工序加工的顺序;

(2)加工中心至少有三个控制轴(X,Y,Z),可同时控制两个、三个甚至更多个坐标轴联动,可以加工任意平面零件直到复杂的空间表面;

(3)根据加工批量等情况,决定采用自动换刀还是手动换刀,批量 10 件以上、刀具更换频繁时采用自动换刀;

(4)加工中心适合箱体类零件加工,当加工比较复杂的箱体时,一般需要数十把或上百把刀具,刀具文件等工艺资料需要齐全,以利于工艺准备和产品零件重复加工;

(5)自动换刀要留出足够的换刀空间,刀具直径较大或尺寸较长时,应避免发生撞刀事故;

(6)都能实现点位控制加工,一般也都可以实现轮廓控制加工;

(7)为提高机床利用率,尽量采用对刀仪预调,并将测量尺寸填写到刀具卡片中,以便于操作者在运行程序前及时修改刀具补偿参数;

(8)对于编好的程序,必须进行认真检查,并于加工前试运行,手工编程比自动编程出错率高;

(9)当零件加工程序较多时,为了便于程序的调试,一般将各工序内容分别安排到不同的子程序中,主程序主要完成换刀及子程序的调用。

数控机床控制功能分为:点位控制、直线运动控制和轮廓控制。这样可以把数控加工程序的类型分成点位-直线控制系统编程和轮廓控制系统编程。

5.3.2　点位-直线控制系统编程

1. 点位-直线控制系统的工艺特点

点位-直线控制系统数控机床的编程有如下特点:

(1)要求定位准确　首先必须注意提高对刀精度;其次,进行零件安装时,应尽量使零件的定位基准与图纸尺寸的设计基准保持一致,以减少定位误差;最后,数控机床控制系统的输入,有的用增量坐标指令,也有的用绝对坐标指令,编程选择坐标指令时,应尽可能与图纸的尺寸标注方法一致、避免尺寸换算。例如,图纸尺寸标注是坐标式标注,数控编程时宜采用绝对坐标指令;图纸尺寸标注是链式标注,数控编程时宜采用增量坐标指令。

(2)走刀路线要短　虽然点位控制加工对刀具移动轨迹没有什么要求,但是在数控编程时必须考虑在保证刀具或工作台从一个位置移动到下一个位置时,不致使刀具碰撞工件、夹具和机床的前提下,走刀路线尽可能短。

(3)数学处理比较简单　在程序中只需要给出被加工孔的中心坐标或坐标增量,其精度可控制在一个脉冲当量范围内。孔径尺寸由刀具保证,与控制系统无关。而孔距尺寸精度则取决于机床的控制系统与机械系统的精度以及编程有关的误差。

(4)刀具的选择　数控编程时选择刀具通常需要考虑工件的材料、工序的内容、机床加工的能力、切削用量和进给量,以及热处理等因素。数控加工要求刀具不仅刚性好、精度高,而且尺寸稳定、耐用度好。这需要采用新型高速钢和超细粒度硬质合金等优质材料制造数控刀具,并且优选刀具参数。

(5)刀具的预调　在钻镗床、加工中心等机床上加工零件时,切削尺寸是由程序规定的,故此,要使程序中规定的切削尺寸和刀具长度之间的关系经常保持一致。为此,刀具的长度等尺寸必须在数控编程前在刀具预调装置上预调好。编程人员只有在具备准确的刀具尺寸后才能编写加工程序。

2. 固定循环功能

在具有点位-直线控制功能的数控机床上进行加工的工序主要有:钻孔、锪孔、镗孔、铰孔、攻丝等。数控机床的数控系统通常配备固定循环功能,具有固定循环指令。固定循环功能就是用一个G代码程序段就可以完成通常需要许多段加工程序才能完成的动作,使加工程序简化、方便。固定循环功能如表5-2所示。

表5-2　固定循环功能

G代码	孔加工动作（$-Z$方向）	孔底动作	返回方式（$+Z$方向）	用　途
G73	间歇进给		快速进给	高速深孔往复排屑钻
G74	切削进给	暂停→主轴正转	切削进给	攻左旋螺纹
G76	切削进给	主轴定向停止→刀具移位	快速进给	精镗孔
G80				取消固定循环
G81	切削进给		快速进给	钻孔
G82	切削进给	暂停	快速进给	锪孔、镗阶梯孔
G83	间歇进给		快速进给	深孔往复排屑钻
G84	切削进给	暂停→主轴反转	切削进给	攻右旋螺纹
G85	切削进给		切削进给	精镗孔
G86	切削进给	主轴停止	快速进给	镗孔
G87	切削进给	主轴正转	快速进给	反镗孔
G88	切削进给	暂停→主轴正转	手动操作	镗孔
G89	切削进给	暂停	切削进给	精镗阶梯孔

1）固定循环的动作

对工件孔加工时，根据刀具的运动位置可以分为四个平面，如图5-51所示：初始平面、R点平面、工件平面和孔底平面。

孔加工固定循环的动作通常由以下六个动作组成，如图5-52所示。

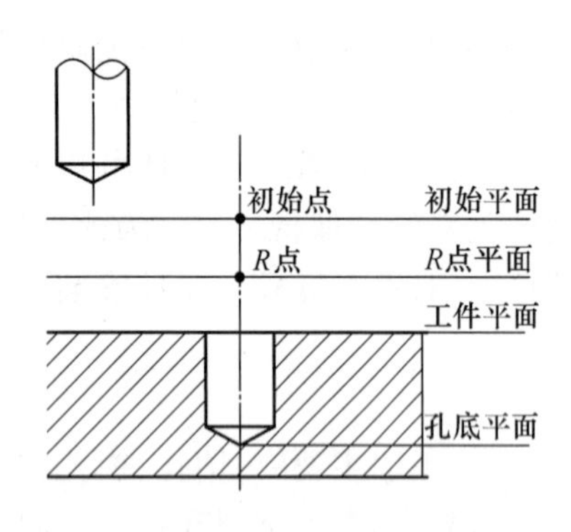

图5-51　孔加工循环的平面

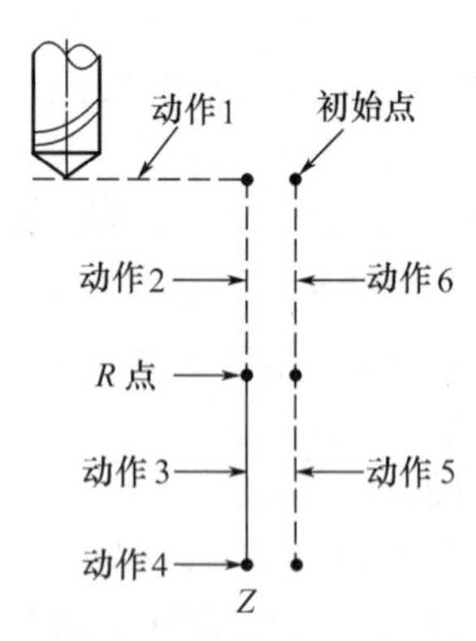

图5-52　固定循环的动作

①X轴和Y轴定位　使刀具快速定位到孔加工的位置；

②快进到R点　刀具自初始点快速进到R点；

③孔加工　以切削进给的方式执行孔加工的动作；

④在孔底的动作 包括暂停、主轴准停、刀具移位等动作；

⑤返回到 R 点 继续孔的加工而又可以安全移动刀具时选择 R 点；

⑥快速返回到初始点 孔加工完成后一般应返回初始点。

在使用固定循环功能指令时要注意以下几个概念。

(1)初始平面 是为了安全下刀而规定的一个平面。初始平面到零件表面的距离可以任意设定在一个安全的高度上，当使用同一把刀加工若干个孔时，只有孔间存在障碍需要跳跃或全部孔加工完成后，才能用 G98 指令使刀具返回到初始平面的初始点。

(2) R 点平面 又称 R 参考平面，这个平面是刀具下刀时从快进转为工进的高度平面，距工件表面的距离主要考虑工件表面尺寸的变化，一般可取 2 ~ 5 mm。使用 G99 时，刀具将返回到该平面上的 R 点。

图 5 - 53 所示为 G98、G99 指令的用法。

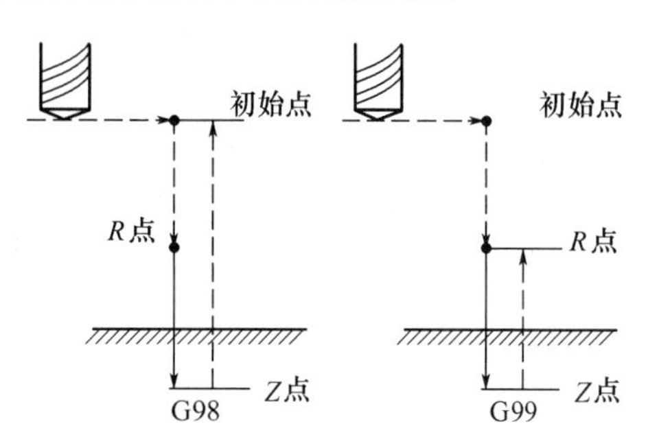

虚线—快速进给；实线—切削进给。

图 5 - 53 G98 和 G99 的用法

(3)孔底平面 加工盲孔时，孔底平面就是孔底的 Z 轴高度，加工通孔时，一般刀具还要伸出工件底平面一段距离，主要是保证全部的孔深都要加工到尺寸，钻削加工时还要考虑钻头钻尖对孔深的影响。

孔加工固定循环与平面选择指令(G17，G18，G19)无关。即不管选择哪个平面，孔加工都是在 XY 平面上定位，并在 Z 轴方向上钻孔。

2)固定循环的代码

固定循指令格式：

$$\begin{Bmatrix} G91 \\ G90 \end{Bmatrix}\begin{Bmatrix} G98 \\ G99 \end{Bmatrix} G\_\_\_\_ X\_\_\_\_ Y\_\_\_\_ Z\_\_\_\_ R\_\_\_\_ Q\_\_\_\_ P\_\_\_\_ F\_\_\_\_ L\_\_\_\_;$$

式中 G ____——固定循环代码，主要有 G73、G74、G76、G81 ~ G89 等；

X ____，Y ____——指定要加工孔的位置(与 G90、G91 的选择有关)；

Z ____——孔底位置(与 G90、G91 的选择有关)；

R ____——R 点平面位置(与 G90、G91 的选择有关)；

P ____——在孔底的暂停时间，G76、G82、G89 时有效，单位毫秒；

Q ____——在 G73 或 G83 方式中用来指定每次的加工深度，在 G76 或 G87 方式中指定位移量，Q 值的使用一律用增量值而与 G90、G91 的选择无关；

F ____——加工切削进给时的进给速度，这个指令是模态的，即使取消了固定循环在其后的加工中仍然有效；

L ____——循环次数，如果程序中选择了 G90 方式，那么刀具在原来孔的位置重复加工，如果选择 G91 方式，那么用一个程序段就能实现分布在一条直线上的若干个等距孔的加工，L 这个指令仅在被指定的程序段中才有效。

孔加工方式的指令以及 Z、R、P、Q 等指令都是模态的，只有在取消补偿时才被消除，因此，只要在开始的指令中给出了，在后面的连续加工中不必重新指定。如果仅仅是某个孔加工数据发生变化(例如孔深有变化),那么仅修改需要变化的数据即可。

取消固定循环指令用 G80。如果中间出现了 G00、G01、G02、G03 代码,则固定循环指令也会自动取消。

固定循环指令中地址 R 与 Z 的坐标计算方法如图 5－54 所示。选择 G90 方式时 R 与 Z 一律取其终点坐标值,选择 G91 方式时则 R 是指自初始点到 R 点的距离,Z 是指 R 点到孔底平面上 Z 点的距离。

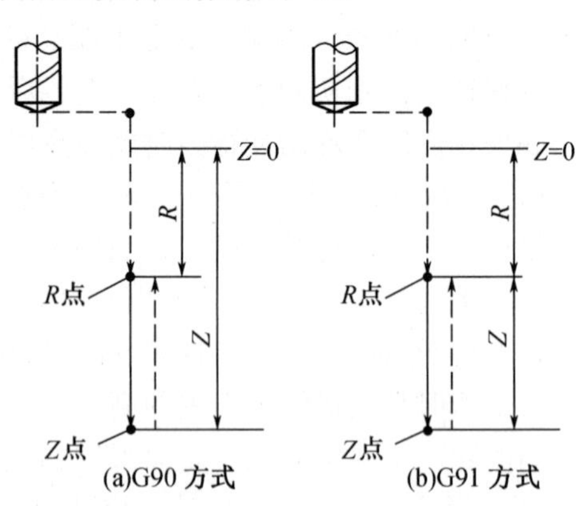

图 5－54　G90 和 G91 的坐标计算

3)孔加工固定循环指令的形式及动作

(1)G73:高速深孔加工　该指令用于 Z 轴的间歇进给,使深孔加工时容易排屑,减少退刀量,可以进行高效率的加工。

指令格式:

$$\begin{Bmatrix} G98 \\ G99 \end{Bmatrix} G73\quad X\_\_\_\ Y\_\_\_\ Z\_\_\_\ R\_\_\_\ Q\_\_\_\ P\_\_\_\ F\_\_\_;$$

加工的动作如图 5－55 所示。其中每次的切削深度 q 一般取为 2 ~ 3 mm,图中的 d 为退刀量。

(2)G74:反攻丝循环　攻反螺丝纹时主轴反转,到孔底时主轴正转,然后退回。

指令格式:

$$\begin{Bmatrix} G98 \\ G99 \end{Bmatrix} G74\quad X\_\_\_\ Y\_\_\_\ Z\_\_\_\ R\_\_\_\ Q\_\_\_\ P\_\_\_\ F\_\_\_;$$

加工的动作如图 5－56 所示。

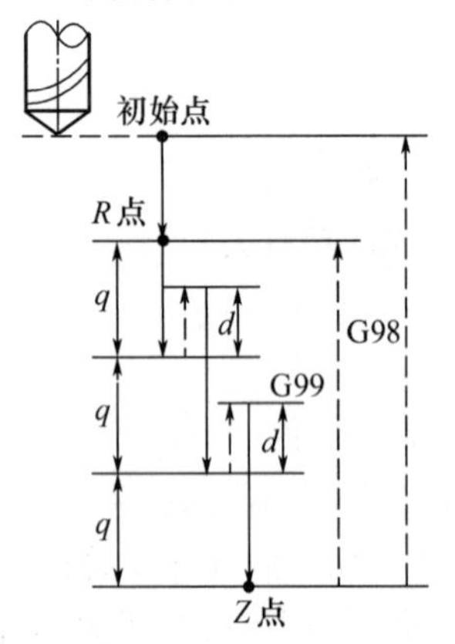

图 5－55　G73 指令动作图

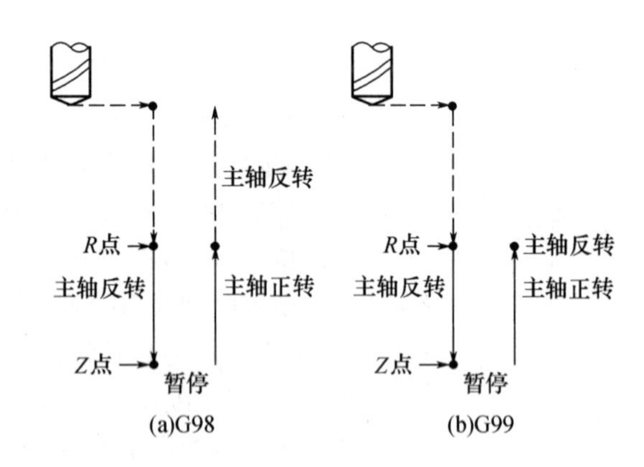

图 5－56　G74 指令动作图

(3)G76:精镗

指令格式:

$$\begin{Bmatrix} G98 \\ G99 \end{Bmatrix} G76\quad X\_\_\_\ Y\_\_\_\ Z\_\_\_\ R\_\_\_\ Q\_\_\_\ P\_\_\_\ F\_\_\_;$$

加工的动作如图 5－57 所示。

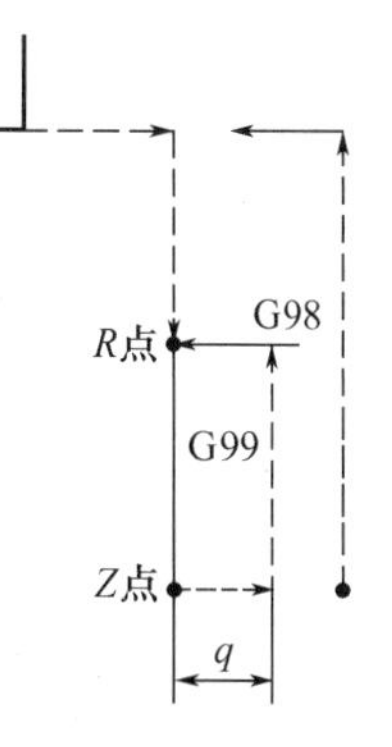

图 5-57 G76 指令动作图

精镗时,主轴在孔底有暂停 P,然后向刀尖反向方向移动 Q,其值 q 只能为正值。最后快速退刀。退刀的位置由指令 G98 或 G99 来决定。采用这种方式镗孔可以保证退刀时不至于划伤已加工平面,保证镗孔精度。

(4)G81:钻孔和镗孔与 G82:钻、扩、镗阶梯孔

指令格式:

$$\begin{Bmatrix} G98 \\ G99 \end{Bmatrix} G81 \quad X\_\_\_\_ \; Y\_\_\_\_ \; Z\_\_\_\_ \; R\_\_\_\_ \; F\_\_\_\_;$$

$$\begin{Bmatrix} G98 \\ G99 \end{Bmatrix} G82 \quad X\_\_\_\_ \; Y\_\_\_\_ \; Z\_\_\_\_ \; R\_\_\_\_ \; P\_\_\_\_ \; F\_\_\_\_;$$

G81 是常用的钻孔、镗孔固定循环。加工动作如图 5-58 所示,包括 X、Y 坐标定位,快进、工进和快速返回等动作。指令 G82 与 G81 比较,唯一不同之处是 G82 在孔底增加了暂停。因此通用于锪孔或镗阶梯孔。

(5)G83:深孔加工

指令格式:

$$\begin{Bmatrix} G98 \\ G99 \end{Bmatrix} G83 \quad X\_\_\_\_ \; Y\_\_\_\_ \; Z\_\_\_\_ \; R\_\_\_\_ \; Q\_\_\_\_ \; P\_\_\_\_ \; F\_\_\_\_;$$

加工动作如图 5-59 所示,在深孔加工循环中,每次进刀是用地址 Q 给出,其值 q 为增量值。每次进给时,应在距已加工面 d(mm)处将快速进给转换为切削进给,d 是由参数确定的。

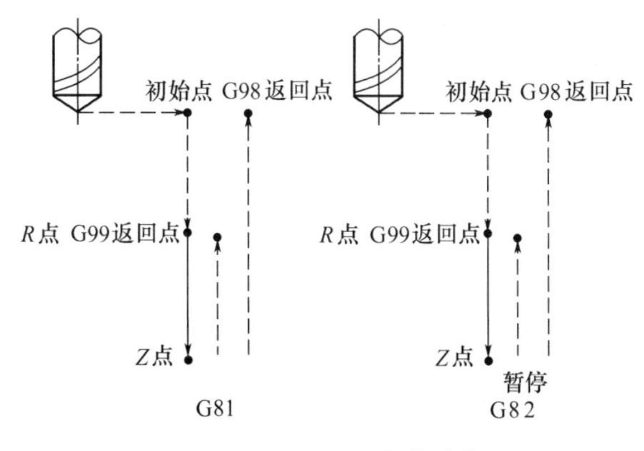

图 5-58 G81、G82 指令动作图

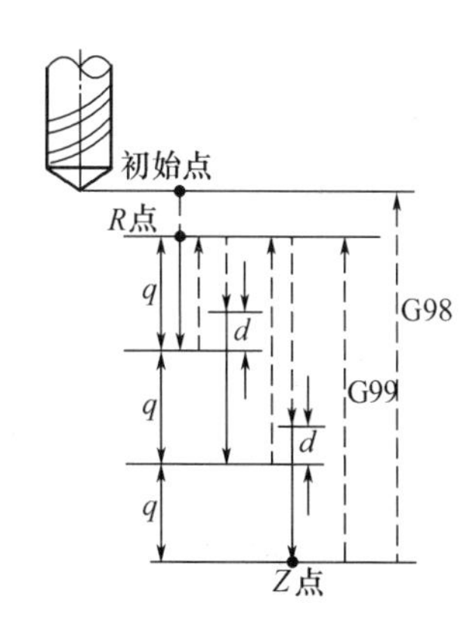

图 5-59 G83 指令动作图

(6)G84:攻螺纹与 G85:镗孔

指令格式:

$$\begin{Bmatrix} G98 \\ G99 \end{Bmatrix} G84 \quad X\_\_\_\_ \; Y\_\_\_\_ \; Z\_\_\_\_ \; R\_\_\_\_ \; P\_\_\_\_ \; F\_\_\_\_;$$

$$\begin{Bmatrix} G98 \\ G99 \end{Bmatrix} G85 \quad X\_\_\_\_ \; Y\_\_\_\_ \; Z\_\_\_\_ \; R\_\_\_\_ \; F\_\_\_\_;$$

G84 攻螺纹循环动作如图 5-60 所示。从 R 点到 Z 点攻螺纹时,刀具正向进给,主轴正转。到孔底部时,主轴反转,刀具以反向进给速度退出。G84 指令中进给速度不起作用,

进给速度只能在返回动作结束后执行。G85 与 G84 指令相同，但在孔底时，主轴不反转。

(7) G86、G89：镗孔　G86 与 G81 相同，但是在孔底时主轴停止，然后快速退回。G89 与 G86 相同，但在孔底有暂停。

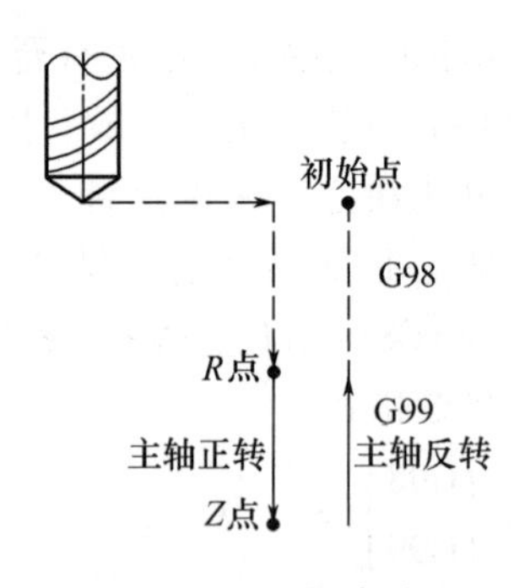

图 5-60　G84 指令动作图

(8) G87：反镗孔

指令格式：

{G98}G87　X ____ Y ____ Z ____ R ____ Q ____ F ____;

加工动作图如图 5-61 所示。在 X 轴和 Y 轴定位后，主轴定向停止，然后向刀具刀尖反方向移动 Q 给定偏移量 q 值，再快速进给到孔底（R 点）定位。在此位置，刀具向刀尖方向移动 q 值，然后主轴正转，在 Z 轴正方向上加工至 Z 点。这时主轴又定向停止，向刀尖反方向移动，再从孔中退出刀具。最后返回到初始点后，退回一个位移量，主轴正转，进行下一个程序段的动作，在此指令中，刀尖位移量及方向与 G76 指令相同。

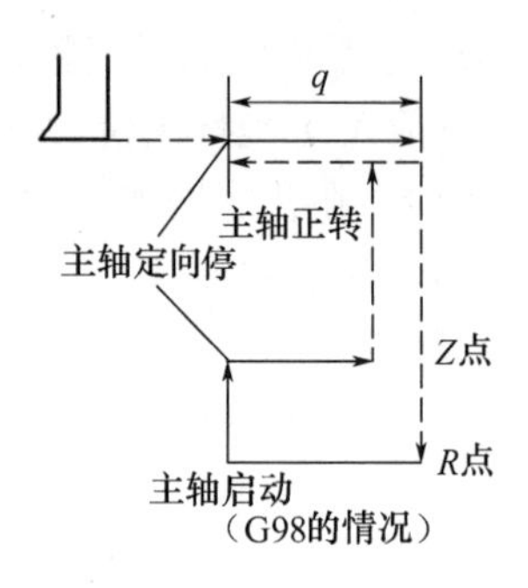

图 5-61　G87 指令动作图

(9) G88：镗孔

指令格式：

$\left\{\begin{matrix}G98\\G99\end{matrix}\right\}$G88　X ____ Y ____ Z ____ R ____ P ____ F ____;

加工的动作图，如图 5-62 所示，刀具到孔底后暂停，主轴停止后，变成停机状态。此时转换为手动状态，可手动将刀具从孔中退出，到返回点平面后，主轴正转，再转入下一个程序段进行自动加工。

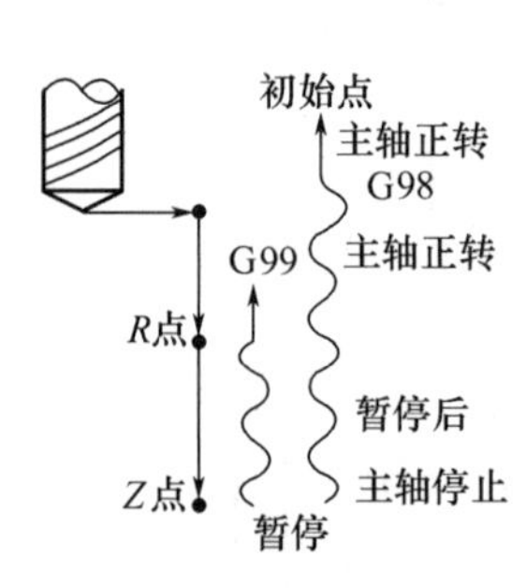

图 5-62　G88 指令动作图

(10) G80：取消固定循环　该指令能取消所有的固定循环，同时 R 点和 Z 点也被取消。

4) 在使用固定循环时的注意事项

①在固定循环指令前，应使用 M03 或 M04 指令使主轴旋转；

②在固定循环程序段中，X、Y、Z、R 数据应至少有一个才能进行孔加工；

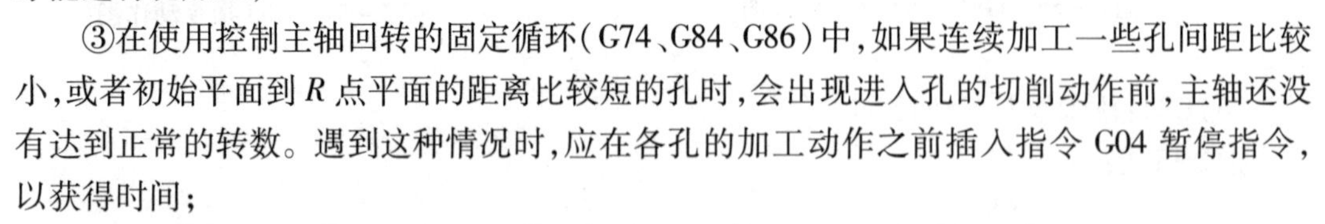

③在使用控制主轴回转的固定循环（G74、G84、G86）中，如果连续加工一些孔间距比较小，或者初始平面到 R 点平面的距离比较短的孔时，会出现进入孔的切削动作前，主轴还没有达到正常的转数。遇到这种情况时，应在各孔的加工动作之前插入指令 G04 暂停指令，以获得时间；

④当使用 G00～G03 指令之一注销固定循环时，若 G00～G03 指令之一和固定循环出现在同一程序段，当程序段格式为

G00(或 G02，G03)　G ____ X ____ Y ____ Z ____ R ____ Q ____ P ____ F ____ L ____;

时，按 G 指定的固定循环运行。当程序段格式为

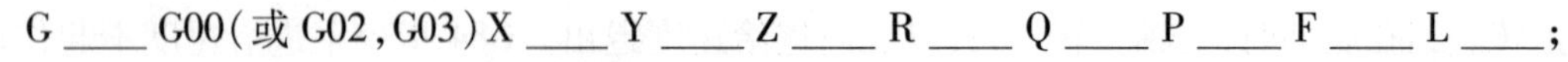

G ____ G00(或 G02，G03) X ____ Y ____ Z ____ R ____ Q ____ P ____ F ____ L ____;

时，按 G00（或 G02、G03）进行 X、Y 移动；

⑤在固定循环程序中，如果指定了辅助功能 M，则在最初定位时送出 M 信号，固定循环结束时，等待 M 信号完成，才能进入下一个孔加工。

以上介绍的这些固定循环功能指令是 FANUC 公司数控装置使用的指令格式。

5.4.3　固定循环方式加工孔编程举例

试采用固定循环方式加工各孔，如图 5－63 所示。工件材料为 HT300，使用刀具及其编号、加工内容、主轴转速、进给速度如下：

T01 为 ϕ38 的钻头，钻 ϕ40 的孔，主轴转速为 200 r/min，进给速度为 40 mm/min；T02 为镗孔刀，镗 ϕ40H7 的孔，主轴转速为 600 r/min，进给速度为 40 mm/min；T03 为 ϕ13 钻头，钻 2－ϕ13 的孔，主轴转速为 500 r/min，进给速度为 30 mm/min；T04 为锪钻，锪钻 2－ϕ22 的孔，主轴转速为350 r/min，进给速度为 25 mm/min。

工件坐标系，Z 在工件上表面，X、Y 零件的对称中心位置。

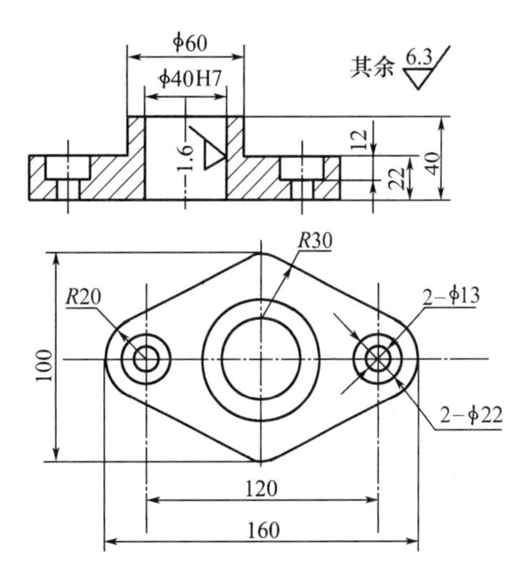

图 5－63　固定循环加工举例

程序如下：

N0010　G28　T01　M06；　回换刀点，选择 1 号刀，换刀

N0020　G90　G00 G54 X0 Y0；　绝对坐标，建立工件坐标系 X、Y

N0030　G43　H01 Z10．M03 S300 F30；　1 号刀长度补偿，快进到初始平面，主轴正转

N0040　G98　G83 X0 Y0 R3．Z－45.0；　固定循环 G83，钻孔 ϕ38，R 平面离上表面 3 mm

N0050　G80　G28 G49 Z0．T02 M06；　固定循环及长度补偿取消，返回到 Z 点，换 2 号刀

N0060　G43　H02 G00 Z10．M03 S600 F40；　2 号刀长度补偿，快进到初始平面

N0070　G98　G85 X0 Y0 R3．Z－45.0；　进行固定循环 G85，镗孔 ϕ40－H7

N0080　G80　G28 G49 Z0．T03 M06；　固定循环及长度补偿取消，返回到 Z 点，换 3 号刀

N0090　G00　X－60．Y50.0；　快速移动至孔 1 位置，X－60，Y50 点

N0100　G43　H03 Z10．M03 S600；　3 号刀长度补偿，H03 寄存器

N0110　G98　G73 X－60．Y0 R－15．Z－48．Q4．F30；　高速深孔往复排屑固定循环 G73 钻孔 1，返回到初始平面

N0120　X60．；　继续执行 G73 高速深孔往复排屑钻孔 2

N0130　G80　G28 G49 Z0．T04 M06；　固定循环及长度补偿取消，返回到 Z 点，换刀

N0140　G00　X－60．Y0．；　快速移动到孔 1 位置

N0150　G43　H04 Z10．M03 S350；　4 号刀具长度补偿 H04 寄存器

N0160　G98　G82 X－60．Y0 R－15．Z－32．P100 F25；　执行 G82 锪孔加工，孔底有暂停动作 0.2 s

N0170　X60．；　换到 X60.0 位置继续 G82 锪孔加工孔 2

N0180　G80　G28 G49 Z0. M05；　固定循环取消,返回到 Z 点

N0190　G91　G28 X0 Y0 M30；　返回到参考点,程序结束

5.4.4　子程序

1. 子程序的概念

在一个加工程序中,如果包括某些固定顺序或频繁重复模式时,为了简化编程,可以把这些顺序或频繁重复模式按一定的格式编成一段程序,并将它存储到程序存储区中。这样的一段程序就叫作子程序。主程序在执行过程中如果需要某一子程序,通过调用指令来调用该子程序,子程序执行完后又返回到主程序,继续执行后面的程序段。

(1)子程序的嵌套　为了进一步简化程序,可以让子程序调用另一个子程序,这种程序的结构称为子程序嵌套。在编程中使用较多的是二重嵌套,其程序的执行情况如图 5－64 所示。

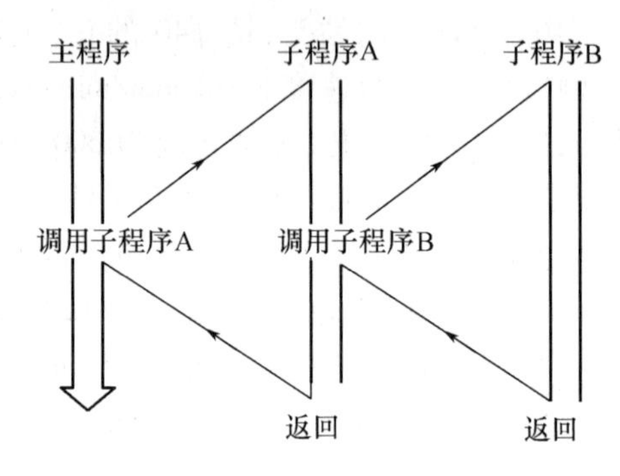

图 5－64　子程序的嵌套

(2)子程序的应用

①零件上若干处具有相同的轮廓形状。在这种情况下,只要编写一个加工该轮廓形状的子程序,然后用主程序多次调用该子程序的方法完成对工件的加工。

②加工中反复出现具有相同轨迹的走刀路线。如果相同轨迹的走刀路线出现在某个加工区域或在这个区域的各个层面上,采用子程序编写加工程序比较方便,在程序中常用增量值确定切入深度。

③在加工较复杂的零件时,往往包含许多独立的工序,有时工序之间需要做适当的调整,为了优化加工程序,把每一个独立的工序编成一个子程序,这样形成了模块式的程序结构,便于对加工顺序的调整,主程序中只有换刀和调用子程序等指令。

2. 子程序的格式

O(或:)□□□□;

……;

M99;

在子程序开头,O(或:)之后规定子程序号,由四位数字组成,“O”是 EIA 代码,“:”是 ISO 代码。M99 为子程序结束指令。

3. 子程序的调用

调用子程序的格式:

M98　P□□□□　L□□□□;

其中 M98 是调用子程序指令,地址 P 后面的四位数字为要调用的子程序号。地址 L 指令是重复调用的次数,若只调用一次也可以省略不写,系统允许重复调用次数为 1 ~9999 次。

4. 子程序调用结束

子程序调用结束指令格式:

M99;

其中 M99 是调用子程序结束,返回主程序指令。

5. 子程序应注意的问题

①子程序中用P指令返回地址。如果在子程序的返主指令程序段中加P□□□□(即格式为M99P□□□□;□□□□为主程序中的顺序号),则子程序在返回时将返回到主程序中顺序号为□□□□的那个程序段,但这种情况只用于存储器工作方式而不能用于纸带方式。

②自动返回到程序头。如果在主程序(或子程序)中执行M99,则程序将返回到程序开头的位置并继续执行程序。为了让程序能够停止或继续执行后面的程序,这种情况下通常是写成/M99;,以便在不需要重复执行时,跳过这段程序段。也可以在主程序(或子程序)中插入/M99P□□□□;,其执行过程如前面所述。还可以在使用M99的程序段前写入/M02或/M03以结束程序的调用。

③用M99L□□□□;强制改变子程序重复执行的次数。地址L中用□□□□表示该子程序被调用的次数,它将强制改变主程序中对该子程序的调用次数,如果在主程序中用M98P□□□□L18;,执行该子程序时遇到/M99L0;,此时若任选程序段开关位于"OFF"的位置,则重复执行次数将变成0次。

6. 子程序内容参数的格式

①常数格式　数据为编程给定的常数,即由0~9数字构成的实数。

②变量格式　变量的值在主程序中给出。用R_i表示。在给变量R_i赋值时,该值紧写在R_i后。例如:R_2的值是1125,写为$R_2$1125;R_5的值是-56,写为R_5-56。

7. 子程序的执行

子程序的执行过程可以通过以下的例子表明。

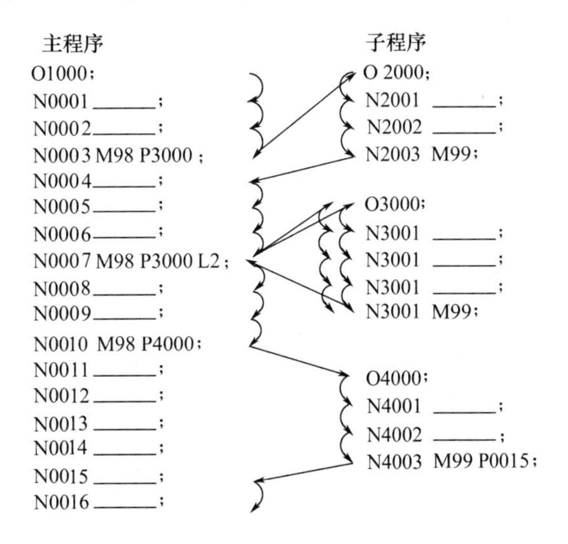

8. 子程序的编程举例

钻如图5-65所示零件上的8个ϕ6孔。图5-65(a)表示孔在XY平面上的分布情况及刀具在XY平面上的走刀路线(图中带箭头的为封闭折线);图5-65(b)表示加工循环过程中的相关位置(初始平面位置、R点平面位置、工件平面位置等)尺寸及工件在Z向的安装位置尺寸。

工件坐标系设置如图5-65(a)所示,对刀点选在工件坐标系的原点上。

先编好确定孔位钻孔的子程序O9000,都采用变量格式,以适应任何位置上任何要求的孔的钻削加工。控制机内预先存有子程序,加工零件时,只需编制主程序,并给变量赋值。

零件加工程序如下：

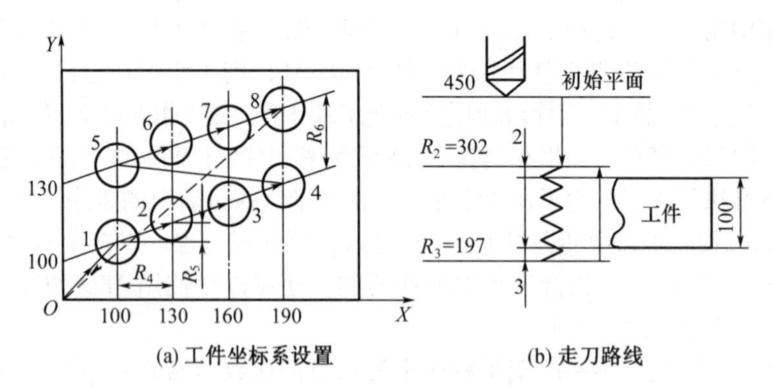

(a) 工件坐标系设置　　(b) 走刀路线

图 5－65　应用变量格式子程序钻孔

程序	说明
O9000；	确定孔位钻孔的子程序编号 9000
N10　G81　G91　G00　X0　Y0　ZR_3　R_2　F50；	刀具在 X0、Y0 定位，钻 1#或 5#孔至 R_3 处，加工后返回至 R_2 处
N20　XR_4　YR_5；	刀具在 XR_4、YR_5 定位，钻 2#或 6#孔至 R_3 处，加工后返回至 R_2 处
N30　XR_4　YR_5；	刀具在 XR_4、YR_5 定位，钻 3#或 7#孔至 R_3 处，加工后返回至 R_2 处
N40　XR_4　YR_5；	刀具在 XR_4、YR_5 定位，钻 4#或 8#孔至 R_3 处，加工后返回至 R_2 处
N50　G80　M99；	取消固定循环，子程序结束，返回主程序

主程序

程序	说明
N0010　G92　X0　Y0；	设定工件坐标系
N0020　G90　G00　G43　H1　Z450；	刀具快速移动至 Z450 处，建立刀具长度补偿，1#刀补存储器中的数据为补偿值
N0030　X100　Y100　S700　M03　$R_2$302　$R_3$197　$R_4$30　$R_5$6　$R_6$30；	刀具以 700 r/min 正转，快速移动至 X100、Y100 处定位，给 R_2 ～ R_6 赋值
N0040　M98　P9000；	调用子程序 9000，执行一次（钻 1#～4#孔）
N0050　G90　X100　Y130；	刀具快速移动至 X100、Y130 处定位
N0060　M98　P9000；	调用子程序 9000，执行一次（钻 5#～8#孔）
N0070　G00　X0　Y0　Z450　H0　M05　M02；	刀具快速移动至 X0、Y0、Z450 处，取消刀具长度补偿，主轴停，结束

5.4　轮廓控制系统编程

5.4.1　轮廓控制系统概述

轮廓控制系统又称作连续控制系统，是对刀具与工件相对运动的轨迹进行连续控制的系统。它的特点是能同时控制几个坐标的运动，并能使几个坐标方向的运动之间保持预先确定的关系（如直线、圆弧、抛物线和空间直线），从而能把工件加工成某一形状的轮廓。功能完善的数控车床，2～5 坐标联动的数控铣床，以及具有轮廓控制功能的加工中心等都是采用这种控制系统。

5.4.2　轮廓控制系统的数学处理

轮廓控制系统的数控编程工作的最大难点之一就是数学处理比较复杂。数学处理的主要任务是：根据零件图纸，按已经确定的走刀路线和允许的编程误差，计算出数控机床所需的输入数据。零件加工程序是用刀位点的运动轨迹来描述的。通常在零件轮廓加工过程中刀具半径是不变的，刀具中心轨迹也就是零件轮廓的等距线。

1. 基点坐标的计算

构成零件轮廓的不同几何元素线的交点或切点称为基点。基点可以直接作为其运动轨迹的起点或终点。根据填写加工程序单的要求，基点直接计算的内容有：每条运动轨迹的起点和终点在选定坐标系中的坐标，圆弧运动轨迹的圆心坐标值。

2. 节点坐标的计算

将组成零件轮廓的曲线，按机床的数控系统插补功能的要求，在满足允许的编程误差的条件下进行分割，即用若干直线段或圆弧段来逼近零件轮廓曲线，逼近线段的交点或切点称为节点。编程时就是要计算出各直线段长度和节点坐标值。

对于一些平面轮廓是由非圆方程曲线 $Y=F(X)$ 组成，如渐开线、阿基米德螺线等，只能用能够加工的直线和圆弧去逼近它们。这时数值计算的任务就是计算节点的坐标。

节点坐标的计算难度和工作量都较大，故常通过计算机完成，必要时也可由人工计算，常用的有直线逼近法（等间距法、等步长法和等误差法）和圆弧逼近法。

3. 刀具中心轨迹的计算

数控铣床的控制系统要求编程给出刀具中心轨迹上的基点或节点的坐标数据，以控制刀具中心运动轨迹，由铣刀的切削刃加工出零件轮廓。

对于具有刀具补偿功能的控制系统编程时，只要计算出零件轮廓的基点或节点坐标，给出有关刀具补偿指令及其相关数据即可，控制系统会自动进行刀具偏移计算，算出刀具中心轨迹坐标，控制刀具。

4. 辅助计算

辅助计算包括增量计算、辅助程序段的数值计算等。增量计算是仅就增量坐标的数控系统或绝对坐标系统中某些数据仍要求以增量方式输入数据时，所进行的用绝对坐标数据到增量坐标数据的转换。

辅助程序段是指开始加工时，刀具从对刀点到切入点（刀具开始与零件轮廓接触的点）的切入程序，或加工完了时，刀具从零件切削终点返回到对刀点的返回程序（切出程序）。

切入点位置的选择,应根据零件加工余量的情况,适当离开零件一段距离。切出点位置的选择,应避免刀具在快速返回时发生碰刀,也应留出适当的距离。使用刀具补偿功能时,建立刀补的程序段应在加工零件之前写入,加工完成后应取消刀补。

5.4.3 直线-圆弧轮廓零件编程

1. 基点坐标的计算

由直线、圆弧组成零件的轮廓,可以归纳为直线与直线相交,直线与圆弧相交或相切,圆弧与圆弧相交或相切,一直线与两圆弧相切等情况。计算的方法采用:联立方程组求解;几何元素间的三角函数关系求解。方法比较简单,这里不再叙述。

2. 线性插补计算节点的方法

当使用控制系统的直线插补功能时,控制系统所控制的刀具轨迹是直线。线性插补计算是用一段段的直线来逼近非直线的轮廓曲线的计算方法。以图5-66(a)所示的零件加工为例,线性插补法有三种:弦线逼近法,如图5-66(b)所示;割线逼近法,如图5-66(c)所示;切线逼近法,如图5-66(d)所示。三种线性插补法所产生的插补误差不同。

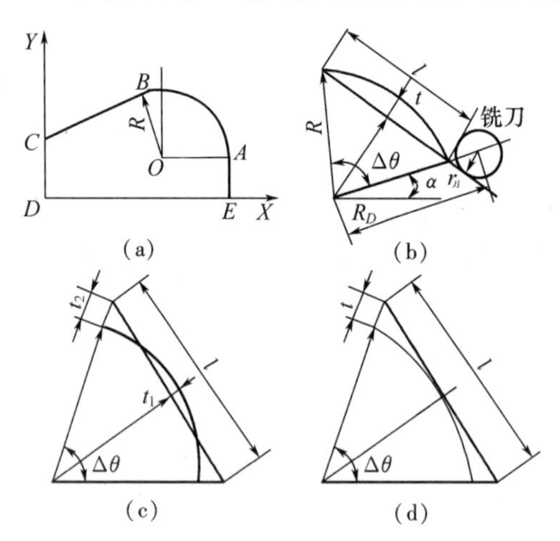

图5-66 弦线、割线和切线逼近法

(1)弦线逼近计算节点方法

首先看弦线逼近法的弦长 l 和节点坐标的计算方法。如图5-67所示,AB 为圆弧部分,t 为插补误差,它应小于或等于允许的插补误差 δ,A 为圆弧起始点,α 为 A 点处半径与 X 轴的夹角。

根据 δ 就可以求出允许的弦长(插补段长度或步长)l。由图5-67中打阴影线的直角三角形知

$$R^2=\left(\frac{l}{2}\right)^2+(R-\delta)^2$$

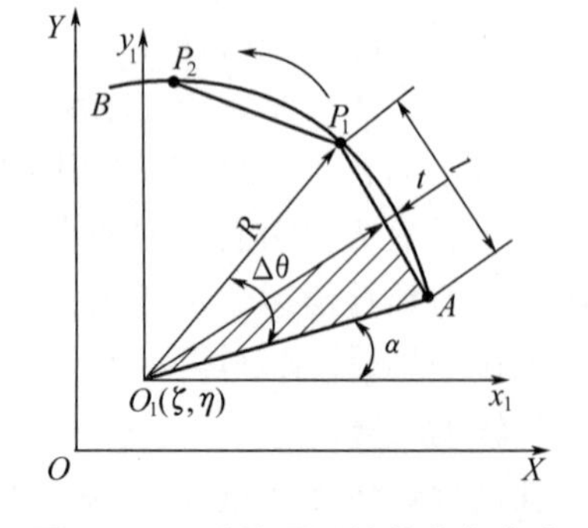

图5-67 弦线逼近计算节点方法

所以

$$l\approx\sqrt{8R\delta} \tag{5-1}$$

这样,就可以以 A 点为圆心,以 l 为半径作圆,将其方程与圆弧的方程联立求解,就可以

求出 P_1 点坐标,依此就可以求出其余各点坐标。

对于圆弧,用插补段长 l 对应的夹角 $\Delta\theta$ 来计算节点坐标要方便得多。由图 5-67 知

$$\Delta\theta = 2\arccos\frac{R-\delta}{R} \tag{5-2}$$

而第一个节点的坐标为

$$\begin{cases} X_{p1} = \xi + R\cos(\alpha + \Delta\theta) \\ Y_{p1} = \eta + R\sin(\alpha + \Delta\theta) \end{cases}$$

同理

$$\begin{cases} X_{p2} = \xi + R\cos(\alpha + 2\Delta\theta) \\ Y_{p2} = \eta + R\sin(\alpha + 2\Delta\theta) \end{cases}$$

$$\vdots$$

$$\begin{cases} X_{pn} = \xi + R\cos(\alpha + n\Delta\theta) \\ Y_{pn} = \eta + R\sin(\alpha + n\Delta\theta) \end{cases}$$

式中

$$n = \frac{\angle AO_1B}{\Delta\theta}$$

在编程计算中,n 取整数且等于或大于计算值。

由图 5-66,同样可以计算出割线逼近法和切线逼近法的插补段长度和它所对应的圆心角 $\Delta\theta$。

(2)割线逼近计算节点方法

用割线逼近法时,如图 5-66(c)所示,当 $t_1 = t_2 \leqslant \delta$ 时,有

$$l \approx \sqrt{16R\delta}$$

$$\Delta\theta = 2\arccos\frac{R-\delta}{R+\delta} \tag{5-4}$$

(3)切线逼近计算节点方法

切线逼近法时,如图 5-66(d)所示,有

$$l \approx \sqrt{8R\delta}$$

$$\Delta\theta = 2\arccos\frac{R}{R+\delta} \tag{5-5}$$

分析上述三种插补运算方法,可知:

①当 δ 相同时,割线法的插补段长度较大,这意味着插补节点数少,程序段少,加工程序短;

②割线法产生的插补误差较小,因而插补精度较高;

③弦线法插补节点均在零件轮廓曲线上,易计算。实际生产中常采用弦线逼近法。

应当指出,切线法和割线法的节点坐标计算时,应注意两个问题:

①对于割线法,t_1 与 t_2 有时不一定取得相等,此时,允许插补误差相应地记为 δ_1 和 δ_2。这样,割线法 $\Delta\theta$ 计算式(5-4)应修改为

$$\Delta\theta = 2\arccos\frac{R-\delta_1}{R+\delta_2}$$

②这两种情况下,当从 P_1 到 P_{k-1} 点的节点坐标计算公式为

$$\begin{cases} X_{pi} = (R+\delta_2)\cos[\alpha + \Delta\theta_0 + (i-1)\Delta\theta] \\ Y_{pi} = (R+\delta_2)\sin[\alpha + \Delta\theta_0 + (i-1)\Delta\theta] \end{cases}$$

式中,对于切线法时 $\delta_2 = \delta$;$\Delta\theta_1$ 是首段切线或割线对应的圆心角,i 为节点号($i = 1,2,\cdots,k$)。

5.4.4 数控铣削工件外轮廓编程举例

1. 盖板零件外轮廓编程实例

图 5-68 所示的是一个盖板零件,试编制其零件加工程序。工件坐标系原点定在工件左下角。该零件的毛坯是一块 180 mm × 90 mm × 12 mm 板料,要求铣削成图中粗实线所示的外形。由图 5-69 可知,各孔已加工完,各边都留有 5 mm 的铣削留量。铣削时以其底面和 2 × ϕ10H8 的孔定位,从 ϕ60 mm 孔对工件进行夹紧。

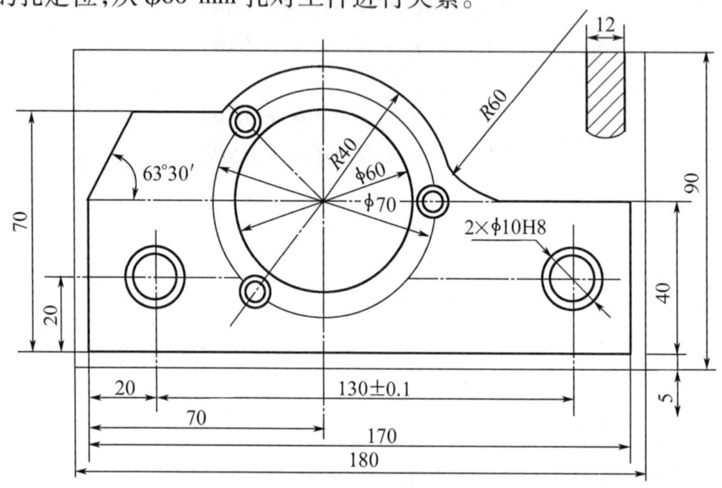

图 5-68 盖板零件

在编程时,工件坐标系原点定在工件左下角 A 点,如图 5-69 所示,现以 ϕ10 mm 立铣刀进行轮廓加工,对刀点在工件坐标系中的位置为(-25,10,40),刀具的切入点为 B 点,刀具中心的走刀路线为:对刀点 1→下刀点 2→b→c……,下刀点 2→对刀点 1。

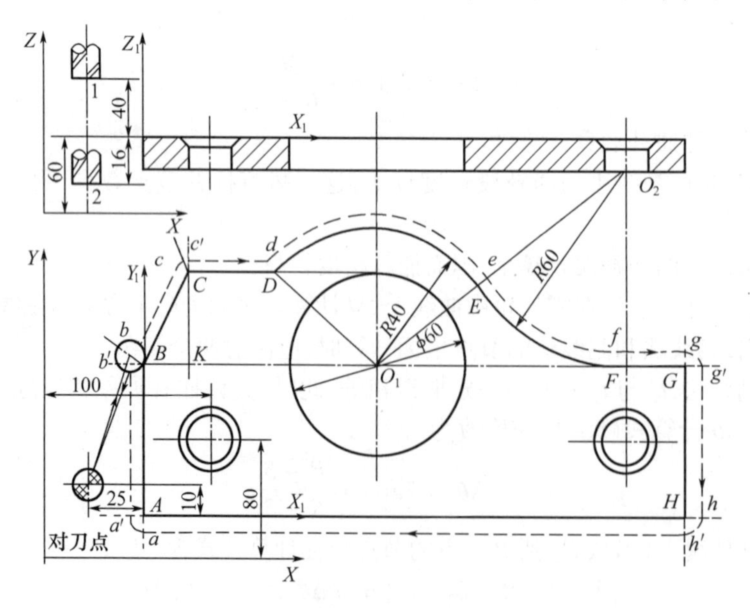

图 5-69 坐标计算简图

该零件的特点是形状比较简单,数值计算比较方便。现按轮廓编程,根据图5-68和图5-69所示计算各基点及圆心点坐标如下:

$A(0,0)$　$B(0,40)$　$C(14.96,70)$　$D(43.54,70)$　$E(102,64)$　$F(150,40)$　$G(170,40)$　$H(170,0)$　$O_1(70,40)$　$O_2(150,100)$

依据以上数据进行编程,加工程序如下:

按绝对坐标编程

```
O0001
N010  G92  X-25.0  Y10.0  Z40.0;
N020  G90  G00  Z-16.0  S300  M03;
N030  G41  G01  X0  Y40.0  F100  D01  M08;
N040  X14.96  Y70.0;
N050  X43.54;
N060  G02  X102.0  Y64.0  I26.46  J-30.0;
N070  G03  X150.0  Y40.0  I48.0  J36.0;
N080  G01  X170.0;
N090  Y0;
N100  X0;
N110  Y40.0;
N120  G00  G40  X-25.0  Y10.0  Z40.0  M09;
N130  M02;
```

按增量坐标编程

```
O0002
N010  G92  X-25.0  Y10.0  Z40.0;
N020  G00  Z-16.0  S300  M03;
N030  G91  G01  G41  D01  X25.0  Y30.0  F100  M08;
N040  X14.96  Y30.0;
N050  X28.58  Y0;
N060  G02  X58.46  Y-6.0  I26.46  J-30.0;
N070  G03  X48.0  Y-24.0  I45.0  J36.0;
N080  G01  X20.0;
N090  Y-40.0;
N100  X-170.0;
N110  Y40.0;
N120  G40  G00  X-25.0
      Y-30.0  Z56.0  M09;
N130  M02;
```

2. 数控铣床铣削凸台轮廓编程

如图5-70所示凸模零件图,已完成粗加工,要求精铣厚为3 mm的凸台轮廓,采用刀具半径右补偿

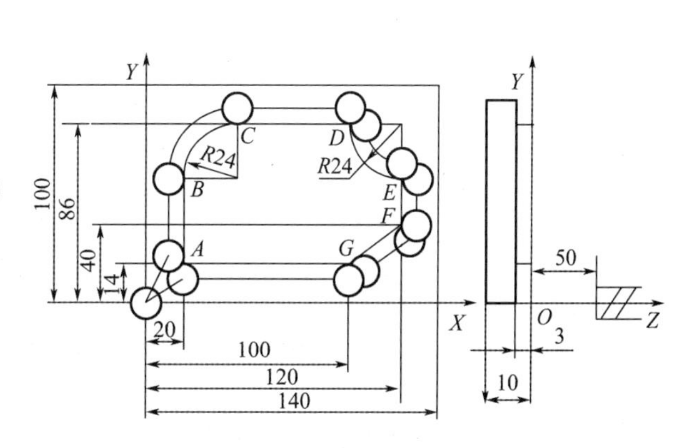

图5-70 凸模零件图

指令编写凸模的数控铣加工程序。

编程如下：

```
N0010  G54  S1500  M03;
N0020  G90  G00  Z50.0;
N0030  X0  Y0;
N0040  Z2;
N0050  G01  Z-3. F50;
N0060  G42  X20. Y14. F150;
N0070  X100.0;
N0080  X120.0  Y40.0;
N0090  Y62.0;
N0100  G02  X96. Y86. I0.  J-24.0;
N0110  G01  X44;
N0120  G03  X20. Y62. I0.0  J24.0;
N0130  G01  Y14;
N0140  G40  X0  Y0;
N0150  G00
N0160  Z100.0;
N0170  M30;
```

3. 精铣削零件内腔廓形及钻孔编程

精铣削如图 5－71 所示零件（粗线为零件轮廓）内腔廓形，再钻削 4 个孔。

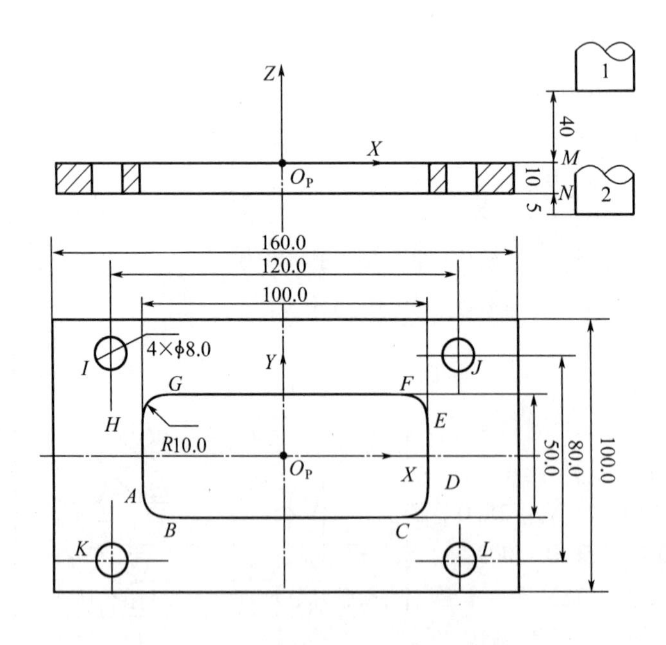

图 5－71　零件内腔廓形及钻孔

根据加工要求需选用两把刀：1 号刀铣内腔，2 号刀钻 $4\times\phi8.0$ 的孔。为不发生碰撞，换刀点、对刀点在(0,0,40)。

确定切削用量:铣直线,主轴转速为 300 r/min,进给速度为 150 mm/min;铣圆弧,主轴转速为 300 r/min,进给速度为 100 mm/min;钻 4 × ϕ8.0 的孔,主轴转速为 600 r/min,进给速度为 30 mm/min。

数值计算。在 $X-Y$ 平面内,各基点和圆心点的坐标为:

A(−50.0, −15.0);B(−40.0, −25.0);C(40.0, −25.0);D(50.0, −15.0);E(50.0, 15.0);F(40.0,25.0);G(−40.0,25.0);H(−50.0,15.0);I(−60.0,40.0);J(60.0, 40.0);L(60.0, −40.0);K(−60.0, −40.0)。

编写程序

```
O0010
N0005  G80 G40 G49;
N0010  G92  X0.0  Y0.0  Z40.0;  设置工件坐标系
N0020  G90  G00  Z-15.0  S300  T01  D01  M03;  下刀点 2
N0030  G41  G01  X-50.0  Y-15.0  F500  M08;  工进到 A 点
N0040  G03  X-40.0  Y-25.0  I10.0  J0  F100;  加工 AB 圆弧
N0050  G01  X40.0  Y-25.0  F150;  加工 BC 直线
N0060  G03  X50.0  Y-15.0  R10.0  F100;  加工 CD 圆弧
N0070  G01  X50.0  Y15.0  F150;  加工 DE 直线
N0080  G03  X40.0  Y25.0  I-10.0  J0  F100;  加工 EF 圆弧
N0090  G01  X-40.0  Y25.0  F150;  加工 FG 直线
N0100  G03  X-50.0  Y15.0  I0  J-10.0  F100;  加工 GH 圆弧
N0110  G01  X-50.0  Y-15.0  F150  M09  M05;  加工 HA 直线
N0120  G00  G40  X0  Y0;  快退到下刀点 2
N0130              Z40.0;  回到对刀点 1
N0140    G44 H01  X-60.0  Y40.0  S600  T02  M03  M08;  快速定位到 I 点
N0150  G98  G81  Z-15.0  R3.0  F30;  钻孔 I
N0160  X60.0  Y40.0;  钻孔 J
N0170  X60.0  Y-40.0;  钻孔 L
N0180  X-60.0  Y-40.0;  钻孔 K
N0190  G00  G40  X0  Y0  Z40.0;  回到对刀点 1
N0200  M02;  程序结束
```

4. 精铣削零件轮廓外廓形及钻削孔编程

精铣削如图 5 −72 所示零件(粗线为零件轮廓)外廓形,再钻削 4 个 ϕ20.0 孔。根据加工要求需选用两把刀:1 号刀铣外轮廓,2 号刀钻 4 × ϕ20.0 的孔。为不发生碰撞,换刀点、对刀点在(0,0,40)。

确定切削用量:铣直线,主轴转速为 300 r/min,进给速度为 150 mm/min;铣圆弧,主轴转速为 300 r/min,进给速度为 100 mm/min;钻 4 × ϕ8.0 的孔,主轴转速为 600 r/min,进给速度为 30 mm/min。

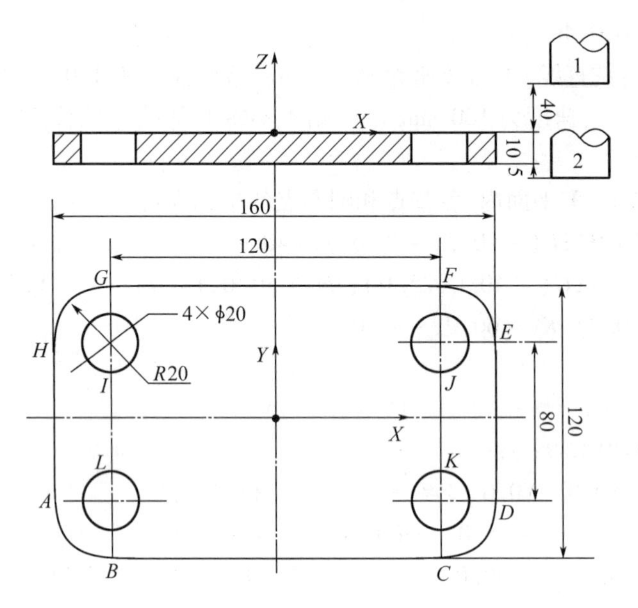

图 5－72 精铣削零件轮廓外廓形钻削孔零件

数值计算在 $X-Y$ 平面内,各基点和圆心点的坐标为:

A(－80.0, －40.0);B(－60.0, －60.0);C(60.0, －6.0);D(80.0, －40.0);E(80.0, 40.0);F(60.0,60.0);G(－60.0,60.0);H(－80.0,40.0);I(－60.0,40.0);J(60.0, 40.0);K(60.0, －40.0);L(－60.0, －40.0)。

编写程序

O0010

N0005　G92　X0.0　Y0.0　Z40.0;　设置工件坐标系

N0010　G90　G00　X－100.0　Y－40.0　S300　T01　D01　M03;

N0020　Z－15.0;　下刀点 2

N0030　G42　G01　X－80.0　Y－40.0　F500　M08;　工进到 A 点

N0040　G03　X－60.0　Y－60.0　I20.0　J0　F100;　加工 $\overset{\frown}{AB}$ 圆弧

N0050　G01　X60.0　Y－60.0　F150;　加工 $\overline{BC}$ 直线

N0060　G03　X80.0　Y－40.0　R10.0　F100;　加工 $\overset{\frown}{CD}$ 圆弧

N0070　G01　X80.0　Y40.0　F150;　加工 $\overline{DE}$ 直线

N0080　G03　X60.0　60.0　I－20.0　J0　F100;　加工 $\overset{\frown}{EF}$ 圆弧

N0090　G01　X－60.0　Y60.0　F150;　加工 $\overline{FG}$ 直线

N0100　G03　X－80.0　Y40.0　I0　J－20.0　F100;　加工 $\overset{\frown}{GH}$ 圆弧

N0110　G01　X－80.0　Y－40.0　F150　M09　M05;　加工 $\overline{HA}$ 直线

N0120　G00　G40　X－100　Y－40;　快退到下刀点 2

N0125　Z40.0;

N0130　X0　Y0;　回到对刀点 1

N0140　G44 H01　X－60.0　Y40.0　S600　T02　M03　M08;　快速定位到 I 点

```
N0150   G98   G81   Z-15.0   R3.0   F30;   钻孔 I
N0160   X60.0   Y40.0;   钻孔 J
N0170   X60.0   Y-40.0;   钻孔 K
N0180   X-60.0 Y-40.0;   钻孔 L
N0190   G00   G40   X0   Y0   Z40.0;   回到对刀点 1
```

5.4.5　非圆曲线轮廓零件编程

1. 概述

数控加工中把除直线与圆之外可以用数学方程式表达的平面廓形曲线，称为非圆曲线，其数学表达式可以是以 $y=f(x)$ 的直角坐标的形式给出，也可以是以 $\rho=\rho(\theta)$ 的极坐标形式给出，还可以是以参数方程的形式给出。通过坐标变换，后面两种形式的数学表达式，可以转换为直角坐标表达式。这类零件的加工，以平面凸轮类零件为主，其他如样板曲线、圆柱凸轮以及数控车床上加工的各种以非圆曲线为母线的回转体零件，等等。

在数控编程中，对于非圆曲线零件需要解决的问题是：

(1)选择插补方式　是采用直线逼近非圆曲线还是采用圆弧逼近非圆曲线。

采用直线段逼近非圆曲线，一般数学处理较简单，但计算的坐标数据较多，且各直线段间连接处存在尖角。由于在尖角处，刀具不能连续地对零件进行切削，零件表面会出现硬点或切痕，使加工表面质量变差。采用圆弧段逼近的方式，可以大大减少程序段的数目，其数值计算又分为两种情况。一种为相邻两圆弧段间彼此相交，另一种则采用彼此相切的圆弧段来逼近非圆曲线，后一种方法由于相邻圆弧彼此相切，一阶导数连续，工件表面整体光滑，从而有利于加工表面质量的提高。采用圆弧段逼近，其数学处理过程比直线段逼近要复杂一些。

(2)确定编程允许误差　即应使 $\delta \leqslant \delta_{允}$。

(3)插补点坐标计算　用直线逼近时，计算其插补节点坐标；用圆弧逼近时，计算各分段圆弧起点、终点坐标和圆心坐标。

非圆曲线节点计算过程一般比较复杂，目前生产中采用的算法也较多。在选择算法时，主要应考虑的因素有：尽可能按等误差的条件，确定节点坐标位置，以便最大限度地减少程序段的数目；尽可能寻找一种简便的计算方法，以便计算机程序的编制，及时得到节点坐标数据。

(4)刀具中心轨迹坐标计算。

(5)按控制系统输入格式要求，编制加工程序单，制作控制介质。

2. 用直线段逼近非圆曲线轮廓的节点计算

用直线段逼近非圆曲线，目前常用的计算方法有等间距法、等程序段法和等误差法几种。

(1)等间距法

①基本原理　已知零件轮廓曲线的方程式为 $y=f(x)$，它是一条连续曲线，如图 5-73 所示。等间距法就是将曲线的某一坐标轴划分成相等的间距。如图 5-73 所示的 x 轴，然后求出曲线上相应的节点 A、B、C、D 和 E 等的 x、y 坐标值。在极坐标中，间距用相邻节点间的转角坐标增量或向径坐标增量相等的值确定。如此求得一系列点就是节点。

等间距法计算过程比较简单。由起点开始，每次增加一个坐标增量值(间距)，代入原始方程求出另一个坐标值。这种方法的关键是确定间距值，该值就保证曲线 $y=f(x)$ 和相邻两节点连线间的法向距离小于允许的程序编制误差 $\delta_{允}$，$\delta_{允}$ 一般取为零件公差的1/10～1/5。在实际生产中，根据零件加工精度要求凭经验选取间距值，然后验算误差最大值是否小于 $\delta_{允}$。

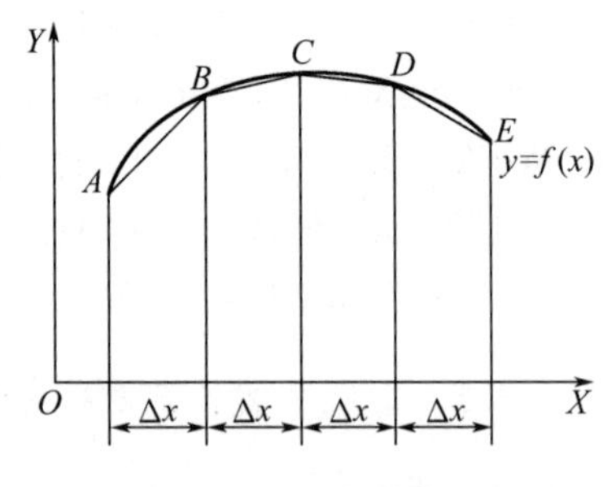

图5－73　等间距法

实际处理时，并非任意相邻两点间的误差都要验算，对于曲线曲率半径变化较小处，只需验算两节点间距离最长处的误差，而对曲线曲率半径变化较大处，应验算曲率半径较小的误差，通常由轮廓图形直接观察确定校验的位置。下面介绍一种验算误差的方法。

②验算误差的方法　当插补间距确定后，插补直线段两端点 A 和 B（如图5－74所示）的坐标可求出为 (x_A, y_A) 和 (x_B, y_B)，则直线 AB 的方程式为

$$\frac{x-x_A}{y-y_A}=\frac{x_A-x_B}{y_A-y_B} \tag{5-6}$$

令 $D=y_A-y_B$，$E=x_A-x_B$，$C=y_Ax_B-x_Ay_B$，则上式可改写成

$$Dx-Ey=C \tag{5-7}$$

它的斜率为

$$k=\frac{D}{E} \tag{5-8}$$

根据允许的 $\delta_{允}$，可画出表示公差带范围的直线 A_0B_0，它与 AB 平行，且法向距离为 $\delta_{允}$。这时可能会有如图5－74所示的三种情况之一，图5－74(a)表示逼近误差等于 $\delta_{允}$，图5－74(b)表示逼近误差小于 $\delta_{允}$，图5－74(c)表示逼近误差大于 $\delta_{允}$（超差）。

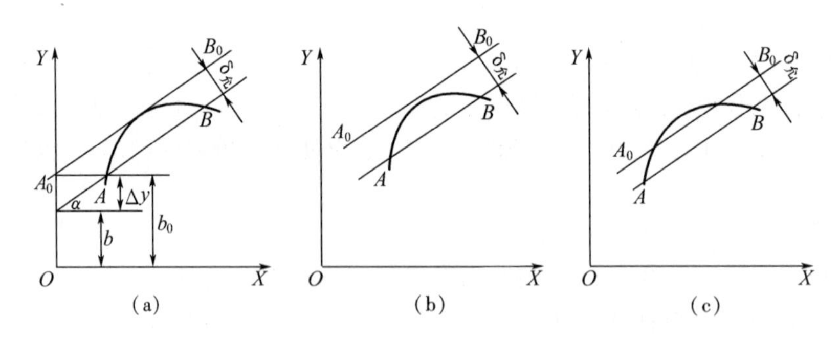

图5－74　允许的拟合误差

为了计算逼近误差，先求出直线 A_0B_0 的方程式。设 A_0B_0 的方程为斜截式：

$$y=k_0x+b_0 \tag{5-9}$$

因为 $A_0B_0 /\!/ AB$，所以 $k_0=k$，b_0 可如下求出：

令式(5－7)中 $x=0$，则 $y=-C/E$，即 AB 的截距 $b=-C/E$。A_0B_0 的截距 $b_0=b+\Delta y$，其中 Δy（如图5－74(a)）可由下式得出

$$\Delta y=\pm\delta_{允}/\cos\alpha$$

因为

$$k = \tan\alpha = D/E$$

则

$$\cos\alpha = \frac{E}{\pm\sqrt{D^2 + E^2}}$$

所以

$$b_0 = -\frac{C}{E} \mp \delta_{允}\frac{\sqrt{D^2 + E^2}}{E} \tag{5-10}$$

上式中的 ± 号考虑允许 $\delta_{允}$ 有时可以在负方向。

将式(5-8)和式(5-10)代入式(5-9)，化简后得直线 A_0B_0 方程式为

$$Dx - Ey = C \pm \delta_{允}\sqrt{D^2 + E^2} \tag{5-11}$$

式(5-11)与轮廓方程式 $y=f(x)$ 联立，可以求得各节点坐标

$$\begin{cases} y = f(x) \\ Dx - Ey = C \pm \delta_{允}\sqrt{D^2 + E^2} \end{cases} \tag{5-12}$$

式(5-12)如无解，表示直线 A_0B_0 与曲线 $y=f(x)$ 不相交，如图 5-74(b)所示情况，拟合误差在允许范围；如只有一个解，表示如图 5-74(a)所示的情况，拟合误差等于 $\delta_{允}$；如有两个解，且 $x_A \leqslant x \leqslant x_B$，则为图 5-74(c)所示的情况，表示超差，此时应减小间距(Δx)重新计算。

(2)等程序段法(等步长或等弦长法)

①基本原理　这种方法是使所有逼近线段的弦长相等，如图 5-75 所示。由于零件轮廓曲线 $y=f(x)$ 的曲率各处不等，因此各程序段的程序编制误差 δ 不等，这就要使整个零件轮廓各程序段的最大误差 $\delta_{大}$ 小于 $\delta_{允}$，才能满足程序编制的精度要求。在用直线逼近曲线时，可以认为误差的方向是在曲线 $y=f(x)$ 的法向，同时误差最大值发生在曲率半径最小处。

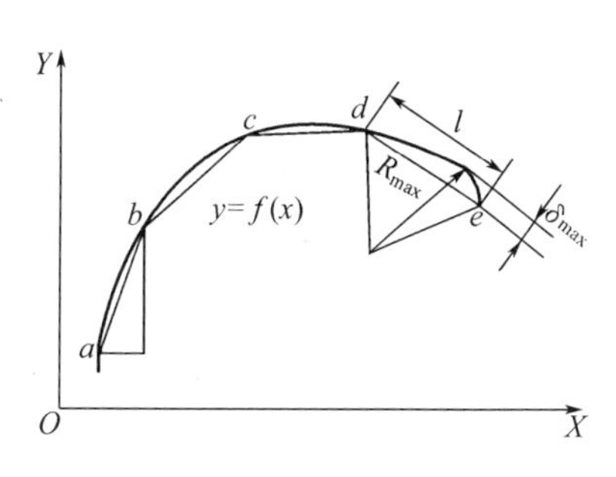

图 5-75　等步长法

②等程序段法计算步骤

a. 确定步长(弦长)　弦长应根据加工精度的要求确定。等步长，最大插补误差 δ_{max} 在最小曲率半径 R_{min} 处，如图 5-75 所示中的 de 段，则步长应为

$$l = 2\sqrt{R_{min}^2 - (R_{min} - \delta_{允})^2} \approx 2\sqrt{2R_{min}\delta_{允}} \tag{5-13}$$

b. 确定 R_{min}　已知函数 $y=f(x)$ 任一点的曲率半径为

$$R = \frac{(1 + y'^2)^{3/2}}{y''} \tag{5-14}$$

当 $\frac{\mathrm{d}R}{\mathrm{d}x}=0$，即 $3y'y''^2 - (1+y'^2)y'''=0$ 时，得 R_{min}。根据曲线方程 $y=f(x)$ 求得 y'、y''、y''' 的值代入上式，即得 x 值。将 x 值代入曲率半径 R 公式中即得到 R_{min}。

c. 确定步长的圆方程　以曲线的起点 $a(x_a, y_a)$ 为圆心，步长 l 为半径的圆方程为

$$(x - x_a)^2 + (y - y_a)^2 = l^2 = 8R_{min}\delta_{允} \tag{5-15}$$

d. 解圆与曲线的联立方程

$$\begin{cases} y = f(x) \\ (x - x_a)^2 + (y - y_a)^2 = l^2 = 8R_{\min}\delta_{允} \end{cases} \tag{5-16}$$

即得 b 点坐标值。

顺次以 $b,c,d,\cdots$ 为圆心，重复步骤 a 及 b 的计算即可求得 c、d、e 各点的坐标值。

③特点　等步长直线逼近曲线的方法，计算较简单，但插补段数多，编程工作量较大。对于程序不多及曲线各处的曲率半径相差不多的零件比较有利。

(3) 等误差法

①基本原理　设所求零件的轮廓方程为 $y=f(x)$，如图 5－76 所示，首先求出曲线起点 a 的坐标 (x_a, y_a)，以点 a 为圆心，以 $\delta_{允}$ 为半径作圆，与该圆和已知曲线公切的直线，切点分别为 $M(x_M, y_M)$，$N(x_N, y_N)$，求出此切线的斜率；过点 a 作 MN 的平行线交曲线于 b 点，再以 b 点为起点用上法求出 c 点，依次进行，这样即可求出曲线上的所有节点。由于两平行线间距离恒为 $\delta_{允}$，因此，任意相邻两节点间的逼近误差为等误差。

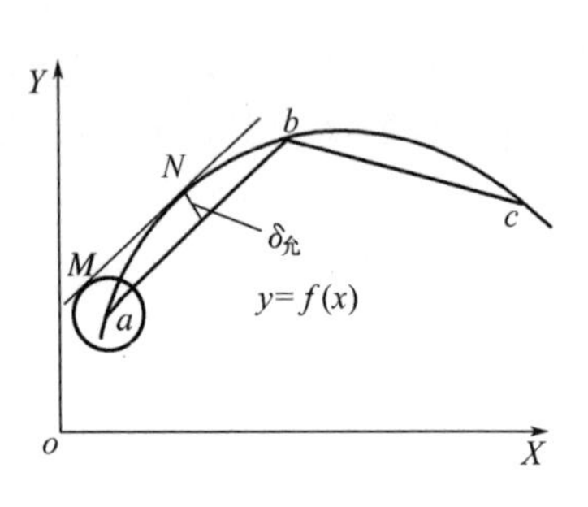

图 5－76　等误差法

②计算步骤　该方法的计算过程是：

以曲线 $y=f(x)$ 的起点为圆心，以允许误差 $\delta_{允}$ 为半径作圆。设起点 a 的坐标为 (x_a, y_a)，则此圆的方程为（在 M 点）

$$(x_M - x_a)^2 + (y_M - y_a)^2 = \delta_{允}^2 \tag{5-17}$$

求上述圆与曲线的公切线的斜率

$$K = \frac{y_N - y_M}{x_N - x_M} \tag{5-18}$$

曲线上过 N 点的切线斜率为 $\left.\frac{\mathrm{d}y}{\mathrm{d}x}\right|_N = f'(x_N)$，由于起点圆与轮廓曲线有公切线，它们的斜率相等，即 $\left.\frac{\mathrm{d}y}{\mathrm{d}x}\right|_N = K$，故可得

$$\frac{y_N - y_M}{x_N - x_M} = f'(x_N) \tag{5-19}$$

过 M 点圆 a 的切线的斜率为 $-\frac{x_M - x_a}{y_M - y_a}$，该斜率与公切线斜率相等，故可得

$$\frac{y_N - y_M}{x_N - x_M} = -\frac{x_M - x_a}{y_M - y_a} \tag{5-20}$$

式(5－17)、式(5－19)、式(5－20)与 N 点曲线方程 $y_N = f(x_N)$ 联立得

$$\begin{cases} (x_M - x_a)^2 + (y_M - y_a)^2 = \delta_{允}^2 \\ \dfrac{y_N - y_M}{x_N - x_M} = f'(x_N) \\ \dfrac{y_N - y_M}{x_N - x_M} = -\dfrac{x_M - x_a}{y_M - y_a} \\ y_N = f(x_N) \end{cases} \tag{5-21}$$

可以求出 x_M、x_N、y_M、y_N。

过 a 点(x_a,y_a)作平行 MN 并与曲线 $y=f(x)$ 相交于 b 点的弦 ab,弦长 ab 的方程为

$$y-y_a=K(x-x_a) \tag{5-22}$$

解联立方程组

$$\begin{cases}y-y_a=K(x-x_a)\\y=f(x)\end{cases} \tag{5-23}$$

可求得 b 点的坐标 x_b,y_b。重复上述计算过程,顺次可求得 $c,d,e,\cdots$各点坐标值。

③特点　用等误差法以直线拟合轮廓曲线时,使每段的逼近误差相等且小于或等于允许误差 $\delta_{允}$。用这种方法确定的各程序段长度不等,程序段数目较少,可以大大缩短纸带长度。但等误差法的计算过程较复杂,要由计算机辅助完成。

2. 用圆弧逼近非圆曲线的节点计算

用圆弧段逼近非圆轮廓曲线 $y=f(x)$,目前常用的算法有曲率圆法、三点圆法和相切圆法等。

(1)曲率圆法

①基本原理　已知轮廓曲线 $y=f(x)$,如图5-77所示,曲率圆法是用彼此相交的圆弧逼近非圆曲线。其基本原理是,从曲线的起点开始,作与曲线内切的曲率圆,求出曲率圆的中心。以曲率圆中心为圆心,以曲率圆半径加(减)$\delta_{允}$ 为半径,所作的圆(偏差圆)与曲线 $y=f(x)$的交点为下一个节点,并重新计算曲率圆中心,使曲率圆通过相邻两节点。重复以上计算即可求出所有节点坐标及圆弧的圆心坐标。

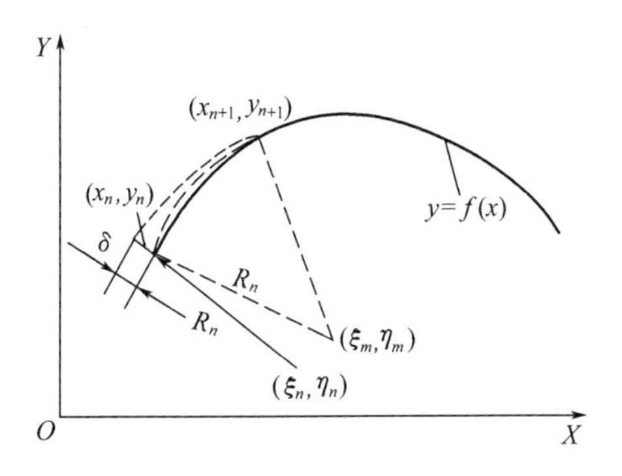

图5-77　曲率圆法圆弧段逼近

②计算步骤

以曲线起点(x_n,y_n)开始作曲率圆:

圆心坐标为

$$\begin{cases}\xi_n=x_n-y'_n\dfrac{1+(y'_n)^2}{y''_n}\\\eta_n=y_n+\dfrac{1+(y'_n)^2}{y''_n}\end{cases}$$

半径为

$$R_n=\frac{[1+(y'_n)^2]^{3/2}}{y''_n}$$

偏差圆方程与曲线方程联立求解:

$$\begin{cases}(x-\xi_n)^2+(y-\eta_n)^2=(R_n\pm\delta)^2\\y=f(x)\end{cases}$$

得交点$(x_{n+1}$、$y_{n+1})$。

求过(x_n,y_n)和(x_{n+1},y_{n+1})两点,半径为 R_n 的圆的圆心为

$$\begin{cases}(x-x_n)^2+(y-y_n)^2=R_n^2\\(x-x_{n+1})^2+(y-y_{n+1})^2=R_n^2\end{cases}$$

得交点 ξ_m、η_m，该圆即为逼近圆。

重复上述步骤，依次求得其他逼近圆。

(2)三点圆法

三点圆法是在等误差直线段逼近求出各节点的基础上，通过连续三点作圆弧，并求出圆心点的坐标或圆的半径。如图 5－78 所示，首先从曲线起点开始，通过 P_1、P_2、P_3 三点作圆。圆方程的一般表达形式为

$$x^2 + y^2 + Dx + Ey + F = 0$$

其圆心坐标为

$$x_0 = -\frac{D}{2}, y_0 = -\frac{E}{2}$$

半径为

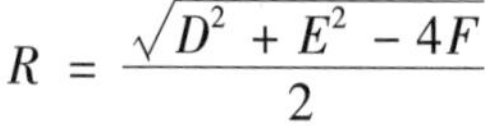

$$R = \frac{\sqrt{D^2 + E^2 - 4F}}{2}$$

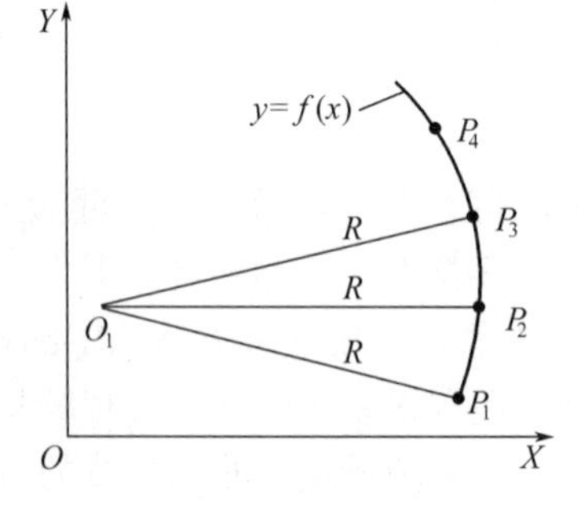

图 5－78　三点圆法圆弧段逼近

通过已知点 $P_1(x_1, y_1)$、$P_2(x_2, y_2)$、$P_3(x_3, y_3)$ 的圆，其

$$D = \frac{y_1(x_3^2 + y_3^2) - y_3(x_1^2 + y_1^2)}{x_1y_2 - x_3y_2}$$

$$E = \frac{x_3(x_2^2 + y_2^2) - x_1(x_2^2 + y_2^2)}{x_1y_2 - x_3y_2}$$

$$F = \frac{y_3x_2(x_1^2 + y_1^2) - y_1x_2(x_3^2 + y_3^2)}{x_1y_2 - x_3y_2}$$

为了减少圆弧段的数目，应使圆弧段逼近误差 $\delta = \delta_{允}$，为此应作进一步的计算。设已求出连续三个节点 P_1、P_2、P_3 处曲线的曲率半径分别为 R_{P1}、R_{P2}、R_{P3}，通过 P_1、P_2、P_3 三点的圆的半径为 R，取

$$R_P = \frac{R_{P1} + R_{P2} + R_{P3}}{3}$$

根据 $\delta = \frac{R\delta_{允}}{|R - R_P|}$ 算出 δ 值，按 δ 值再进行一次等误差直线段逼近，重新求得 P_1，P_2，P_3 三点，用此三点作一圆弧，该圆弧即为满足 $\delta = \delta_{允}$ 条件的圆弧。

(3)相切圆法

①基本原理　如图 5－79 所示，过曲线上 A、B、C、D 点作曲线的法线，分别交于 M、N 点，以 M 点为圆心，AM 为半径作圆 M，以 N 点为圆心，ND 为半径作圆 N，若使圆 M 和圆 N 相切，切点为 K，必满足

$$\overline{AM} + \overline{MN} = \overline{DN}$$

由图 5－79 可知 $\overline{BB'}$ 与 $\overline{CC'}$ 应为两段圆弧与曲线逼近误差的最大值，应满足

$$\overline{BB'} = |\overline{MA} - \overline{MB}| = \delta_{允}$$

$$\overline{CC'} = |\overline{ND} - \overline{NC}| = \delta_{允}$$

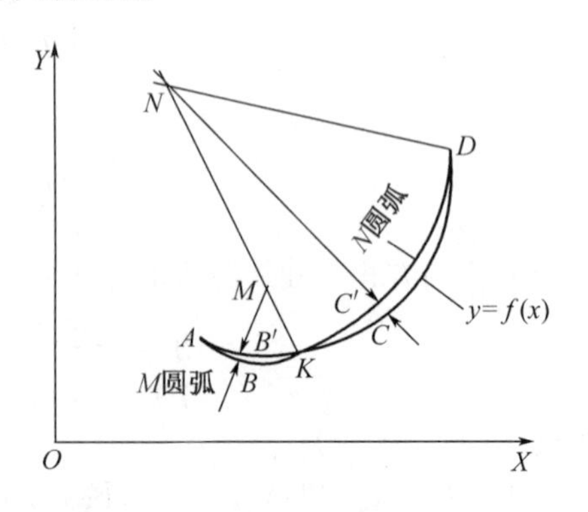

图 5－79　相切圆法圆弧段逼近

由以上条件确定的 B、C、D 三点可保证 M、N 圆相切，满足 $\delta_{允}$ 条件，M、N 圆弧在 A、D 点分别与曲线相切条件。

确定 B、C、D 后，再以 D 点为起点，确定 E、F、G 点，依次进行，即可实现整个曲线段的相切圆弧法逼近。

②计算步骤

自起点 A 开始，任意选定 B、C、D 三点，求圆心坐标，点 A 和点 B 处曲线的法线方程式为

$$(x - x_A) + K_A(y - y_A) = 0$$
$$(x - x_B) + K_B(y - y_B) = 0$$

式中　K_A、K_B——曲线在 A 和 B 处的斜率，$K = \mathrm{d}y/\mathrm{d}x$。

解上两式得两法线交点 M 的坐标为

$$\begin{cases} x_M = \dfrac{K_A x_B - K_B x_A + K_A x_B(y_B - y_A)}{K_A - K_B} \\ y_M = \dfrac{(x_A - x_B) + (K_A y_A - K_B y_B)}{K_A - K_B} \end{cases}$$

同理可求 N 点坐标为

$$\begin{cases} x_N = \dfrac{K_C x_D - K_D x_C + K_C x_D(y_D - y_C)}{K_C - K_D} \\ y_M = \dfrac{(x_C - x_D) + (K_C y_C - K_D y_D)}{K_C - K_D} \end{cases}$$

B、C、D 三点坐标值计算

$$\sqrt{(x_A - x_M)^2 + (y_A - y_M)^2} + \sqrt{(x_M - x_N)^2 + (y_M - y_N)^2} = \sqrt{(x_D - x_N)^2 + (y_D - y_N)^2}$$
$$\left|\sqrt{(x_A - x_M)^2 + (y_A - y_M)^2} - \sqrt{(x_B - x_M)^2 + (y_B - y_M)^2}\right| = \delta_{允}$$
$$\left|\sqrt{(x_D - x_N)^2 + (y_D - y_N)^2} - \sqrt{(x_C - x_N)^2 + (y_C - y_N)^2}\right| = \delta_{允}$$

式中

$$y_A = f(x_A), y_B = f(x_B)$$
$$y_C = f(x_C), y_D = f(x_D)$$

用迭代法解此联立方程组，可求出 B、C、D 三点坐标。

B、C、D 求出后，利用上式求圆心 M 和 N 坐标，并求出及 R_M、R_N。

③特点　在圆弧逼近零件轮廓的计算中，采用相切圆法，每次可求得两个彼此相切的圆弧。由于在前一个圆弧的起点处与后一个圆弧终点处均可保证与轮廓曲线相切，因此，整个曲线是由一系列彼此相切的圆弧逼近实现的。可简化编程，但计算过程烦琐。

5.4.6　非圆曲线轮廓零件编程举例

在一台具有直线插补功能的三坐标立式铣床上加工一个内凸轮，如图 5－80(a)所示。材料为 GCr15，HRC50～53；后继工序是磨削，留磨量为 0.3 mm，尺寸精度要求为 ±0.02 mm，表面粗糙度要求 $Ra0.4$；凸轮内型是两段阿基米德螺线，其原始方程为

$$\rho = 32.65 + \frac{7.9}{315}\theta \quad (在 0° \sim 315° 间)$$

$$\rho = 40.55 - \frac{7.9}{45}\theta \quad (\text{在 } 315^\circ \sim 360^\circ \text{ 间})$$

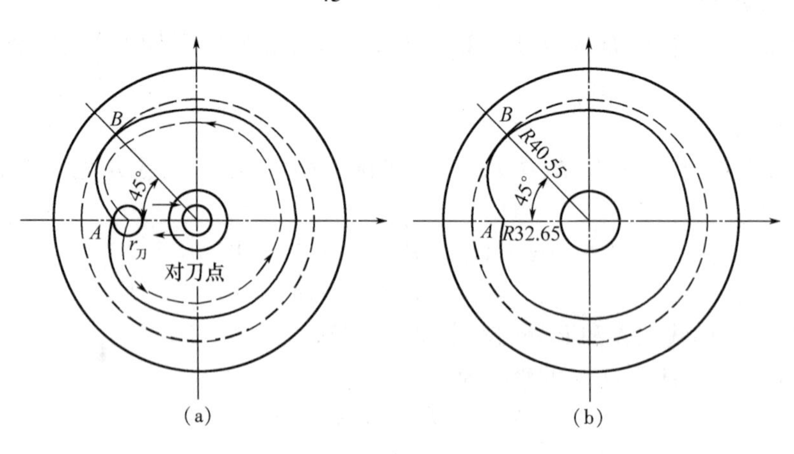

图 5－80　阿基米德螺线内凸轮

本道工序为粗加工内型。对刀点选在孔中心 O 上，如图 5－80(b) 所示，并以中心孔定位夹紧零件。选取立铣刀直径 $\phi10$；切削速度为 30.9 m/min；进给速度 $F_1 = 200$ mm/min，$F_2 = 80$ mm/min，$F_3 = 100$ mm/min。刀具下端面距零件表面 40 mm，零件厚度 7 mm，并考虑 1 mm 超越量。

在工艺分析基础上进行数值计算。由于该零件轮廓各处曲率半径的变化不大。为使编程计算简便，采用等插补段(等步长)法确定 l 和计算节点坐标，并按刀具中心轨迹编程。图 5－81 为极坐标下等插补段计算图。图中 $ab = bc = cd = \cdots = l$，计算步骤如下：

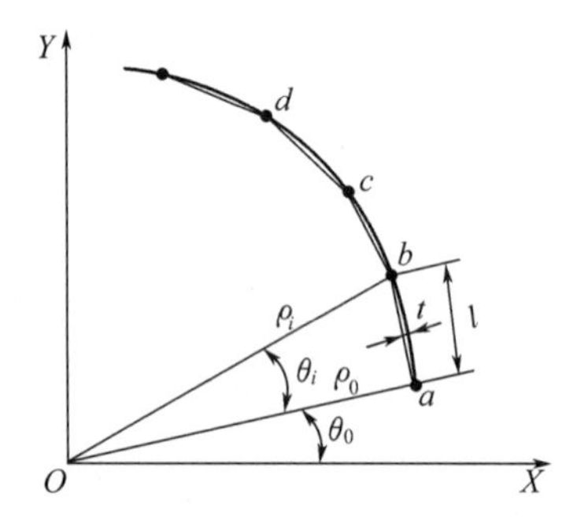

图 5－81　等插补段计算简图

(1) 首先计算出最小曲率半径 $R_{\min}$

极坐标的曲率半径公式为

$$R = \frac{(\rho^2 + \rho'^2)^{\frac{3}{2}}}{\rho^2 + 2\rho'^2 - \rho\rho''}$$

由阿基米德螺线特点知，$\rho'' = 0$，且 $\theta = 0^\circ$ 时为最小曲率半径，则有

$$R_{\min} = \frac{(\rho^2 + \rho'^2)^{\frac{3}{2}}}{\rho^2 + 2\rho'^2}$$

图 5－80(b) 中所示的 $R32.65$ 即为本例两段阿基米德螺线的最小曲率半径。

(2) 根据给定的允许插补误差 δ 和 $R_{\min}$，计算插补段长度。根据 $ab \approx 2\sqrt{2R\delta}$ 得到

$$l \approx \sqrt{8R_{\min}\delta}$$

(3) 在保证插补精度(本例 $\delta = 0.01$ mm)条件下，为了简化起见，可以取 $ab \approx \overset{\frown}{ab}$，所以 $l \approx \overset{\frown}{ab}$。

由高等数学知，螺线上弧长 S 可由下式求出：

$$S = \int_{\theta_0}^{\theta_i} \sqrt{\rho^2 + \rho'^2}\,\mathrm{d}\theta$$

所以

$$l \approx \overset{\frown}{ab} = S_{ab} = \int_{\theta_0}^{\theta_i} \sqrt{\rho^2 + \rho'^2}\mathrm{d}\theta$$

根据上式逐个求出对应于 l 的 $\theta_i(i=1,2,\cdots,n)$ 后,由螺线方程得出 $\rho_i(i=1,2,\cdots,n)$。

若不用弧长积分方法求 θ_i,也可按下法求 θ_i 和 ρ_i。由图 5－81 知,以螺线起点为圆心、以 l 为半径作圆,然后求该圆与螺线的交点(x_i,y_i)。在极坐标系下,圆的方程为

$$\rho_i^2 + \rho_0^2 - 2\rho_i\rho_0\cos(\theta_i - \theta_0) = l^2$$

式中,θ_i、θ_0 分别为 ρ_i 和 ρ_0 与 X 轴的夹角,且 θ_0 为已知。本例 $\theta_0=0°$,于是联立解螺线方程与圆方程得 ρ_i 和 θ_i。

(4)坐标转换

$$x_i = \rho_i\cos\theta_i, \quad y_i = \rho_i\sin\theta_i$$

(5)通过(x_i,y_i)和(x_{i+1},y_{i+1})两点作直线方程,再求这些直线的等距线方程,并求出相邻等距直线的交点(x_m,y_m)。

(6)求脉冲数。该机床控制机的脉冲当量 $K=0.01$ mm,因此

$$N_{xm} = \frac{x_m}{K}, N_{ym} = \frac{y_m}{K}$$

(7)计算脉冲数的增量值

$$\Delta N_{xm} = N_{xm} - N_{x(m-1)}, \Delta N_{ym} = N_{ym} - N_{y(m-1)}$$

(8)按上述计算步骤,由计算机处理后,要求打印输出如下数据:

$$\rho_i,\theta_i;x_i,y_i;x_m,y_m;\Delta N_{xm},\Delta N_{ym}$$

其中 ΔN_{xm}、ΔN_{ym} 为数控系统机输入数据,根据它编写加工程序单,如下面所示(仅列出部分程序段,其中类同部分省略)。

```
N0010   G01   G17   X-2735   F1;
N0020   G19   Z-3800;
N0030   Z-1000   F2;
N0040   X-35   Y190;
N0050   X-10   Y190;
N0060   X-23   Y190;
N0070   X-36   Y189;
……
N00210   X-16   Y-227;
N00220   X10   Y-223;
N00230   X18   Y-217;
N00240   X34   Y-221;
N00250   X49   Y-203;
N00260   X63   Y-194;
N00270   G19   Z4800   F1;
N00280   G17   X2735;
N00290   M02;
```

5.5 曲面轮廓加工技术

5.5.1 复杂形状零件的几何建模

复杂形状零件是数控加工的主要对象,为了对这类零件的加工进行编程,首先必须进行几何建模。曲面造型技术是复杂形状零件建模的基础及工具,也是几何造型技术的重要分支之一。随着 CAD/CAM 应用的不断深化,目前对曲线曲面已形成了一套较为完整的理论和方法体系,包括参数曲线曲面理论、贝塞尔(Bezier)方法、B 样条和非均匀有理 B 样条方法(Non-Uniform Rational B-Spline,NURBS)等。

1. 曲线曲面基本理论

所谓自由曲线是指不能用直线、圆弧和二次圆锥曲线描述的任意形状的曲线;自由曲面则是指不能用基本立体要素(如棱柱、棱锥、球、有界平面等)描述的呈自然形状的曲面。20 世纪 80 年代后期 NURBS 成为用于曲线曲面描述的普遍方法。由于 NURBS 除可包容有理与非有理贝塞尔和 B 样条曲线曲面,还可对二次曲线、曲面进行精确表达,因而可用 NURBS 对 CAD/CAM 中的几何形体建立起统一的数据表达。为此,国际标准化组织(ISO)继美国的 PDES 标准之后,于 1991 年颁布了关于工业产品数据交换的 STEP 国际标准,把 NURBS 作为定义工业产品几何形体的标准数学表达。

2. NURBS 曲线曲面

(1)NURBS 曲线的定义

一条 k 次 NURBS 曲线是由分段有理 B 样条多项式基函数定义的,其形式为

$$C(u)=\frac{\sum_{i=0}^{n}N_{i,k}(u)\omega_i P_i}{\sum_{i=0}^{n}N_{i,k}(u)\omega_i},\ 0\leqslant u\leqslant 1$$

其中,$\omega_i(i=0,1,\cdots,n)$称为权或权因子,分别与控制顶点 $P_i(i=0,1,\cdots,n)$相联系。首末权因子 $\omega_0,\omega_n>0$,其余 $\omega_i\geqslant 0$,以防止分母为零,保留凸包性质及曲线不致因权因子而退化为一点。恰如非有理 B 样条曲线那样,$P_i(i=0,1,\cdots,n)$称为控制顶点,顺序连接成控制多边形。$N_{i,k}(u)$是由节点矢量 $U=[u_0,u_1,\cdots,u_{n+k+1}]$决定的 k 次规范 B 样条基函数。对于非周期 NURBS 曲线,常将两端点的重复度取为 $k+1$,即 $u_0=u_1=\cdots=u_{n+k+1}$,且在大多数实际应用里,节点值分别取为 0 与 1,因此,有曲线定义域 $u\in[u_k,u_{n+1}]=[0,1]$。

(2)NURBS 曲面的定义

由双参数变量分段有理多项式定义的 NURBS 曲面为

$$C(u,v)=\frac{\sum_{i=0}^{m}\sum_{j=0}^{n}N_{i,k}(u)N_{j,l}(v)\omega_{i,j}P_{i,j}}{\sum_{i=0}^{m}\sum_{j=0}^{n}N_{i,k}(u)N_{j,l}(v)\omega_{i,j}},\ 0\leqslant u,v\leqslant 1$$

上式中,控制顶点 $P_{i,j}(i=0,1,\cdots,m;j=0,1,\cdots,n)$呈拓扑矩形阵列,形成一个控制网格。$\omega_{i,j}$是与顶点 $P_{i,j}$联系的权因子,规定四角顶点处用正权因子,即 $\omega_{0,0},\omega_{m,0},\omega_{0,n},\omega_{m,n}>0$,其余 $\omega_{i,j}\geqslant 0$;$N_{i,k}(u)$和 $N_{j,l}(v)$分别为 u 向 k 次和 v 向 l 次的规范 B 样条基。它们分别由 u 向

与 v 向的节点矢量 $U=[u_0,u_1,\cdots,u_{m+k+1}]$ 与 $V=[v_0,v_1,\cdots,v_{n+l+1}]$ 决定。

3. 曲线曲面生成

曲线曲面生成技术是曲面造型技术中的基础关键技术，它包括曲线曲面的反算及曲线曲面的各种生成方法。

(1)曲线生成

曲线生成有两种实现方法：一种是由设计人员输入曲线控制顶点来设计曲线，此时曲线生成就是上小节所述的曲线正向计算过程；另一种则是由设计人员输入曲线上的型值点来设计曲线，此时曲线生成就是所谓的曲线反算过程。

曲线反算过程一般包括以下几个主要步骤：确定插值曲线的节点矢量；确定曲线两端的边界条件；反算插值曲线的控制顶点。

(2)曲面生成

曲面生成是曲面造型中的核心技术。曲面生成方法通常可分为两大类：蒙皮曲面生成法及扫描曲面生成法。不管哪一种生成方法，其核心都是曲面的反算技术。

①蒙皮曲面生成法　利用蒙皮技术(skin)生成曲面其实质就是拟合一张光滑曲面，使其通过一组有序的截面曲线的空间曲线。它可形象地看成为给一族截面曲线构成的骨架蒙上一张光滑的皮。蒙皮技术通常被考虑为最合适于交互 CAD 应用的，目前各种 CAD 系统中实际上都采用了类似的曲面定义。

②扫描面生成法　扫描面生成法(sweep)是蒙皮曲面法的推广。它需要先设计一族反映曲面基本截面形状的曲线，称为基线族，以及一族控制曲面基本走向的曲线，称为导线族；而后规定一种运动方式，使基线族沿导线族进行扫掠运动，这样形成的曲面就叫扫曲面。根据基线族、导线族中曲线个数的多少，扫曲面可分为一基一导扫曲面及多基多导扫曲面等；根据运动方式的不同，扫曲面则又可分为脊线扫曲面、旋转扫曲面及同步扫曲面等。

4. 曲面建模中的关键技术

曲面的求交和集合运算，以及过渡曲面生成等均是曲面造型技术中的关键技术。在曲面造型技术的应用中，需要设计的往往是一些具有复杂型面的零件，这种零件仅用单张曲面是难以表达清楚的，因此就需要多个曲面的组合，即雕塑曲面来进行描述。组合曲面是由多张单一曲面(具有表示实体概念的拓扑结构)经过求交及集合运算，即通过裁剪及拼接而获得。因此，对于复杂形体，就必须解决曲面的求交及集合运算技术。

曲面求交是曲面应用中的基本问题，它不仅是曲面的组合过程中的重要角色，而且在过渡曲面的生成及曲面的刀位轨迹生成过程中均起着重要的作用。

在组合曲面中，各组成曲面之间虽然保证了位置连续，但却不能同时保证切矢连续和曲率连续，这样的曲面在连接处显然不光滑。此时就需要利用曲面间过渡曲面生成技术，将不同的曲面光滑地连接在一起。此外，在零件的设计过程中，出于对零件性能的考虑，或者出于对数控加工工艺的考虑，曲面间也往往需要用过渡曲面来连接。

过渡面(Blending 面)是在相邻曲面间形成的光滑过渡曲面。过渡曲面的生成十分复杂，是几何造型的重要问题。

5.5.2 复杂形状零件数控加工工艺方案

1. 二维轮廓加工

(1)刀具的选择

铣削平面零件的周边轮廓一般采用立铣刀。

(2)走刀路线的选择

走刀路线是指加工过程中刀具相对于被加工件的运动轨迹和方向。加工路线的合理选择是非常重要的,因为它与零件的加工效率和表面质量密切相关。确定走刀路线的一般原则是:

①保证零件的加工精度和表面粗糙度要求;

②缩短走刀路线,减少进退刀时间和其他辅助时间;

③方便数值计算,减少编程工作量;

④尽量减少程序段数。

对于二维轮廓的铣削,无论是外轮廓或内轮廓,要安排刀具从切向进入轮廓进行加工,当轮廓加工完毕之后,要安排一段沿切线方向继续运动的距离退刀,这样可以避免刀具在工件上的切入点和退出点处留下接刀痕。例如,铣切外圆可采取的走刀路线,其切向进、退刀采取的是直线段。而对于内轮廓的加工,其切向进、退刀可采用圆弧段。此外,在铣削加工零件轮廓时,要考虑尽量采用顺铣加工方式,这样可以提高零件表面质量和加工精度,减少机床的"颤振"。要选择合理的进、退刀位置,尽可能选在不太重要的位置。

2. 二维型腔加工

型腔是指具有封闭边界轮廓的平底或曲底凹坑,而且可能具有一个或多个不加工的岛屿,当型腔底面为平面时即为二维型腔。型腔类零件在模具、飞机零件加工中应用普遍,有人甚至认为80%以上的机械加工可归结为型腔加工。

型腔的加工包括型腔区域的加工与轮廓(包括边界与岛屿轮廓)的加工,一般采用立铣刀或环形刀(取决于型腔侧壁与底面间的过渡要求)进行加工。

型腔的切削分两步,第一步切内腔,第二步切轮廓。切轮廓通常又分为粗加工和精加工两步。粗加工的刀具轨迹是从型腔边界轮廓向里及从岛屿轮廓向外偏置铣刀半径值并且留出精加工余量而形成,它是计算内腔区域加工走刀路线的依据。切削内腔区域时,环切和行切等两种走刀路线在生产中应用最为广泛,其共同点是都要切净内腔区域的全部面积,不留死角,不伤轮廓,同时尽量减少重复走刀的搭接量。

3. 三坐标曲面加工

曲面加工在模具、飞机、动力设备等众多制造部门中具有重要地位,一直是数控加工技术的主要研究与应用对象。曲面加工可在三坐标、四坐标或五坐标数控机床上完成,其中三坐标曲面加工应用最为普遍。

三坐标曲面加工可采用球头刀、平底立铣刀、环形刀、鼓形刀和锥形刀等,其特征是加工过程中刀具轴线方向始终不变,平行于 Z 坐标轴。

三坐标曲面加工通过逐行加工走刀来完成(称为行切),通过刀具沿各切削行的运动,近似包络出被加工曲面。两相邻切削行刀具轨迹或刀具接触点路径之间的距离称为走刀行距,行距的大小是影响曲面加工质量和效率的重要因素。行距过小将使加工时间成倍增加,同时还导致零件程序的膨胀;行距过大则表面残余高度增大,后续处理工作量加大,整体效率降低。

因此,为了既满足加工精度和表面粗糙度的要求,又要有较高的生产效率,应确定合适的加工方案以使在满足残余高度要求的前提下走刀行距尽可能大。

4. 五坐标曲面加工

螺旋桨是五坐标加工的曲形零件之一,其叶片的形状和加工原理如图 5-82 所示。

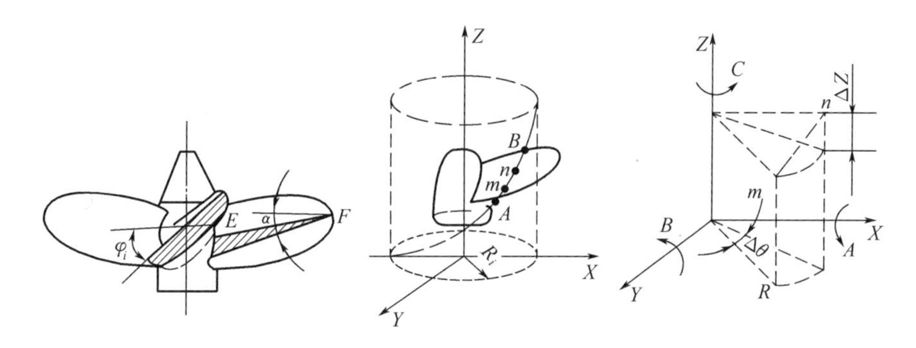

图 5-82 五坐标联动加工

在半径为 R_i 的圆柱面上与叶面的交线 AB 为螺旋线的一部分,旋角为 φ_i,叶片的径向叶型线(轴向割线)EF 的倾角 α 为后倾角。螺旋线 AB 用极坐标加工方法,并且以折线段逼近。逼近段 mn 是由 C 坐标旋转 $\Delta\theta$ 与 Z 坐标位移 ΔZ 的合成。当 AB 加工完后,刀具径向位移 ΔX(改变 R_i),再加工相邻的另一条叶型线,依次加工即可形成整个叶面。由于叶面的曲率半径较大,所以常采用端面铣刀加工,以提高生产率并简化程序。因此保证铣刀端面与曲面贴合,铣刀还应做由坐标 A 和坐标 B 形成的 θ_1 和 α_1 的摆角运动。在摆角的同时,还应做直角坐标的附加运动,以保证铣刀端面中心始终位于编程值所规定的位置上,所以需要五坐标联动加工。这种加工编程计算相当复杂,一般采用计算机辅助编程来完成。

五坐标数控加工是实现大型与异型复杂零件的高效高质量加工的重要手段。五坐标机床在三个平动轴基础上增加了两个转动轴,不仅可使刀具相对于工件的位置任意可控,而且刀具轴线相对于工件的方向也在一定范围内任意可控。

五坐标加工与三坐标加工的本质区别在于:在三坐标加工情况下,刀具轴线在工件坐标系中的方向是固定的,它始终平行于 Z 坐标轴;而在五坐标加工情况下,刀具轴线在工件坐标系中的方向一般是变化的。

5.6 图形编程技术

5.6.1 概述

近年来,计算机技术发展十分迅速,计算机的图形处理能力有了很大的增强。因而,一种可以直接将零件的几何图形信息自动转化为数控加工程序的全新的计算机辅助编程技术——图形编程便应运而生,并在 20 世纪 70 年代以后,得到迅速的发展和推广应用。

图形编程是一种计算机辅助编程技术,它是通过专用的计算机软件(如机械 CAD 软件)来实现的。利用 CAD 软件的图形编辑功能,通过使用鼠标、键盘、数字化仪等将零件的几何图形绘制到计算机上，形成零件的图形文件，然后调用数控编程模块，采用人机交互的实时对话方式，在计算机屏幕上指定被加工的部位，再输入相应的加工参数，计算机便可自动进行必要的数学处理并编制出数控加工程序，同时在计算机屏幕上动态地显示出刀具的加工轨迹。很显然，这种编程方法与语言编程相比，具有速度快、精度高、直观性好、使用简便、便于检查等优点。

在人机交互过程中，根据所设置的“菜单”命令和屏幕上的“提示”，引导编程人员有条不紊地工作。菜单一般包括主菜单和各级分菜单，它们相当于语言系统中几何、运动、后置等处理阶段及其所包含的语句等内容，只是表现形式和处理方式不同。

图形编程系统的硬件配置与语言编程系统相比，增加了图形输入器件，如鼠标、键盘、数字化仪等输入设备，这些设备与计算机辅助设计系统是一致的，因此图形编程系统不仅可用已有零件图样进行编程，更多的是适用于 CAD/CAM 系统中零件的自动设计和 NC 程序编制。这是因为 CAD 系统已将零件的设计数据予以存储，可以直接调用这些设计数据进行数控程序的编制。

图形编程是一种全新的编程方法，它主要有以下几个特点：

(1)图形编程将加工零件的几何造型、刀位计算、图形显示和后置处理等结合在一起，有效地解决了编程数据来源、几何显示、走刀模拟、交互修改等问题，弥补了单一利用数控编程语言进行编程的不足。

(2)不需要编制零件加工源程序，用户界面友好，使用简便、直观、难确，便于检查。因为编程过程是在计算机上直接面向零件的几何图形，以光标指点、菜单选择及交互对话的方式进行的，其编程的结果也以图形的方式显示在计算机上。

(3)编程方法简单易学，使用方便。整个编程过程是交互进行的，有多级功能“菜单”引导用户进行交互操作。

(4)有利于实现与其他功能的结合。可以把产品设计与零件编程结合起来，也可以与工艺过程设计、刀具设计等过程结合起来。

图形编程技术推动了 CAD 和 CAM 向集成化发展的进程。应用 CAD/CAM 系统进行数控编程已成为数控机床加工编程的主流。CAD/CAM 集成技术中的重要内容之一就是数控自动编程系统与 CAD 及 CAPP 的集成，其基本任务就是要实现 CAD、CAPP 和数控编程之间信息的顺畅传递、变换和共享。数控编程与 CAD 的集成，可以直接从产品的数字定义提取零件的设计信息，包括零件的几何信息和拓扑信息；与 CAPP 的集成，可以直接提取零件的工艺设计结果信息；最后，CAM 系统帮助产品制造工程师完成被加工零件的形面定义、刀具的选择、加工参数的设定、刀具轨迹的计算、数控加工成型的自动生成、加工模拟等数控程序的整个过程。

将 CAD/CAM 集成化技术用于数控自动编程，无论是在工作站上，还是在微机上所开发的 CAD/CAM 集成化软件，都应该解决以下问题：

1. 零件信息模型

CAD、CAPP、CAM 系统是独立发展起来的，它们的数据模型彼此不相容。CAD 系统采用面向数学和几何学的数学模型，虽然可完整地描述零件的几何信息，但对非几何信息，如精度、公差、表面粗糙度和热处理等只能附加在零件图样上，无法在计算机内部逻辑结构中得到充分表达。CAD/CAM 的集成除了要求几何信息外，更重要的是面向加工过程的非几何信息。因此，CAD、CAPP、CAM 系统间出现了信息的中断。解决的办法就是建立各系统之间相对统一的、基于产品特征的产品定义模型，以支持 CAPP、NC 编程、加工过程仿真等。

建立统一的产品信息模型是实现集成的第一步，要保证这些信息在各个系统间完整、可靠和有效地传输，还必须建立统一的产品数据交换标准。以统一的产品模型为基础，应用产品数据交换技术，才能有效地实现系统间的信息集成。

产品数据交换标准中最典型的有：美国国家标准局主持开发的初始图形交换规范 IGES，它是最早的，也是目前应用最广的数据交换规范，但它本身只能完成几何数据的交换；产品模型数据交换标准 STEP，是国际标准化组织研究开发的，基于集成的产品信息模型。产品数据在这里指的是全面定义零部件或构件所需的几何、拓扑、公差、关系、性能和属性等数据。STEP 作为标准仍在发展中，其中某些部分已很成熟，基本定型，有些部分尚在形成之中，尽管如此，它目前已在 CAD/CAM 系统的信息集成化方面得到广泛应用。

2. 工艺设计自动化

工艺设计自动化的目的就是根据 CAD 的设计结果，用 CAPP 系统软件自动进行工艺规划。

CAPP 系统直接从 CAD 系统的图形数据库中，提取用于工艺规划的零件的几何和拓扑信息，进行有关的工艺设计，主要包括零件加工工艺过程设计及工序内容设计，必要时 CAPP 还可向 CAD 系统反馈有关工艺评价结果。工艺设计结果及评价结果也以统一的模型存放在数据库中，供上下游系统使用。

建立统一的零件信息模型和工艺设计自动化问题的解决，将使数控编程实现完全的自动化。

3. 数控加工程序的生成

数控加工程序的生成是以 CAPP 的工艺设计结果和 CAD 的零件信息为依据，自动生成具有标准格式的 APT 程序，即刀位文件。经过适当的后置处理，将 APT 程序转换成 NC 加工程序，该 NC 加工程序是针对不同的数控机床和不同的数控系统的。目前，有许多商用的后置处理软件包，用户只需要开发相应的接口软件，就可以实现从刀位文件自动生成 NC 加工程序。生成的 NC 加工程序可以人工由键盘输入数控系统，或采用串行通信线路传输到数控系统里。

4. CAD/CAM 集成数控编程系统设计

在集成化数控编程系统中，数控编程系统直接读入 CAD 系统提供的零件图形信息、工艺要求及 CAPP 系统的工艺设计结果，进行加工程序的自动编制，编程过程达到了很高的自动化水平。

近年来，数控自动编程也在向自动化、智能化和可视化的方向发展。数控编程自动化的基本任务是要把人机交互工作减到最少，人的作用将在解决工艺问题、工艺过程设计、数控编程的综合中，如知识库、刀具库、切削数据库的建立及专家系统的完善，人机交互将由智能设计中的条件约束和转化来实现。数控编程系统的智能化是 20 世纪 80 年代后期形成的新概念，将人的知识加入集成化的 CAD/CAM/NC 系统中，并将人的判断及决策交给计算机来完成。因此，在每一个环节上都必须采用人工智能方法建立各类知识库和专家系统，把人的决策作用变为各种问题的求解过程。可视化技术是 20 世纪 80 年代末期提出并发展起来的一门新技术，它是将科学计算过程中及计算结果的数据和结论转换为图像信息（或几何图形），在计算机的图形显示器上显示出来，并进行交互处理。利用可视化技术，将自动编程过程中的各种数据、实施计算到表达结果均用图形或图像完成或表现，最后结果还可以用具有真实感的动态图形来描述。

5.6.2 图形编程系统组成

图形编程系统一般由几何造型、刀具轨迹生成、刀具轨迹编辑、刀位验证、后置处理（相对独立）、计算机图形显示、数据库管理、运行控制及用户界面等部分组成。

在图形交互自动编程系统中，数据库是整个模块的基础；几何造型完成零件几何图形构建，并在计算机内自动形成零件图形的数据文件；刀具轨迹生成模块根据所选用的刀具及加工方式进行刀位计算、生成数控加工刀位轨迹；刀具轨迹编辑模块根据加工单元的约束条件，对刀具轨迹进行裁剪、编辑和修改；刀位验证模块用于检验刀具轨迹的正确性，也用于检验刀具是否与加工单元的约束面发生干涉和碰撞，检验刀具是否啃切加工表面；图形显示始终贯穿整个编程过程；用户界面给用户提供一个良好的远行环境；运行控制模块支持用户界面所有的输入方式到各功能模块之间的接口。

5.6.3 图形编程的基本步骤

目前，国内外图形编程的软件很多，其软件功能、面向用户接口方式有所不同，编程的具体过程及编程过程中所使用的命令也不尽相同，但是从总体上讲，其编程的基本原理及基本步骤大体上是一致的。归纳起来为五大步骤：零件图纸及加工工艺分析、几何造型、刀位轨迹计算及生成、后置处理、程序输出。

1. 零件图纸及加工工艺分析

这是数控编程的依据。目前，国内外计算机辅助工艺过程设计（CAPP）技术尚未达到普及应用阶段，因此这项工作还不能由计算机承担，仍需要依靠人工进行。因为图形编程需要将零件被加工部分的图形准确地绘制在计算机上，并需要确定有关工件的装夹位置、工件坐标系、刀具尺寸、加工路线及加工工艺参数等数据之后才能进行编程，所以作为编程前期工作的零件图及加工工艺分析任务主要有：

（1）核准零件加工部位的几何尺寸、公差及精度要求；

（2）确定零件相对机床坐标系的装夹位置以及被加工部位所处的坐标平面；

（3）选择刀具并准确测定刀具有关尺寸；

（4）确定工件坐标系、编程原点、找正基准面及对刀点；

（5）确定加工路线；

（6）选择合理的工艺参数。

2. 几何造型

几何造型就是利用图形交互自动编程软件的图形绘制、编辑修改、曲线曲面造型等有关指令将零件被加工部位的几何图形准确地绘制在计算机屏幕上，与此同时，在计算机内自动形成零件的图形数据文件。这些图形数据是后来刀位轨迹计算的依据。自动编程过程中，软件将根据加工要求自动提取这些数据，进行分析判断和必要的数学处理，以形成加工的刀位轨迹数据。图形数据的准确与否直接影响着编程结果的准确性。所以，要求几何造型必须准确无误。

3. 刀位轨迹的生成

图形编程的刀位轨迹的生成是面向屏幕上图形交互进行的。其过程如下：首先在刀位轨迹生成菜单中选择所需要的菜单项，然后根据屏幕提示，用光标选择相应的图形目标，指定相应的坐标点,输入所需的各种参数。软件将自动从图形文件中提取编程所需要的信息,进行分析判断、计算出节点数据,并将其转换成刀位数据,存入指定的刀位文件中或直接进行后置处理生成数控加工程序。同时在屏幕上显示出刀位轨迹图形。

4. 后置处理

后置处理的目的是形成数控指令文件。由于各种机床使用的控制系统不同,所以所用的数控指令文件的代码也有所不同。为解决这个问题,软件通常设置一个后置处理文件。在进行后置处理前,编程人员需对文件进行编辑,按文件规定的格式定义数控指令文件所使用的代码、程序格式、圆整化方式等内容。软件在执行后置处理命令时将自动按设计文件定义的内容输出所需要的数控指令文件。另外,由于某些软件采用固定的模块化结构,其功能模块和控制系统是一一对应的,后置处理过程已固化在模块中,所以在生成刀位轨迹的同时便自动进行后置处理生成数控指令文件,而无须再单独进行后置处理。

5. 程序输出

由于图形交互自动编程软件在编辑过程中可在计算机内自动生成刀位轨迹图形文件和数控指令文件,所以程序的输出可以通过计算机的各种外部设备进行。使用打印机可以打印出数控加工程序单,并可在程序单上用绘图机绘制出刀位轨迹图,使机床操作者更加直观地了解加工的走刀过程。使用由计算机直接驱动的纸带穿孔机,可将加工程序穿成纸带,提供给有读带装置的机床控制系统使用。对于有标准通用接口的机床控制系统,可以和计算机直接联机,由计算机将加工程序直接送给机床控制系统。

5.6.4 关键技术分析

1. 复杂形状零件的几何建模

对于基于图纸以及型面特征点测量数据的复杂形状零件数控编程,其首要环节是建立被加工零件的几何模型。复杂形状零件几何建模的主要技术内容包括:曲线曲面生成、编辑、裁剪、拼接、过渡、偏置等。

2. 加工方案与加工参数的合理选择

数控加工的效率与质量有赖于加工方案与加工参数的合理选择,其中刀具、刀轴控制方式、走刀路线和进给速度的自动优化选择与自适应控制是近些年来所研究的重点问题。其目标是在满足加工要求、机床正常运行和一定的刀具寿命的前提下具有尽可能高的加工效率。

3. 刀具轨迹生成

刀具轨迹生成是复杂形状零件数控加工中最重要,同时也是研究最为广泛深入的内容,能否生成有效的刀具轨迹直接决定了加工的可能性、质量与效率,刀具轨迹生成的首要目标是使所生成的刀具轨迹能满足:无干涉、无碰撞、轨迹光滑、切削负荷光滑并满足要求、代码质量高。同时,刀具轨迹生成还应满足通用性好、稳定性好、编程效率高、代码量小等条件。

4. 数控加工仿真

尽管目前在工艺规划和刀具轨迹生成等技术方面已取得很大进展,但由于零件形状的复杂多变以及加工环境的复杂性,要确保所生成的加工程序不存在任何问题仍十分困难,其中最主要的如加工过程中的过切与欠切、机床各部件之间的干涉碰撞等。对于高速加工,这些问题常常是致命的。因此,实际加工前采取一定的措施对加工程序进行检验并修正是十分必要的。数控加工仿真通过软件模拟加工环境、刀具路径与材料切除过程来检验并优化加工程序，具有柔性好、成本低、效率高且安全可靠等特点，是提高编程效率与质量的重要措施。

5. 后置处理

后置处理是数控加工编程技术的一个重要内容，它将通用前置处理生成的刀位数据转换成适合于具体机床数据和数控加工程序。其技术内容包括：机床运动学建模与求解、机床结构误差补偿、机床运动非线性误差校核修正、机床运动的平稳性校核修正、进给速度校核修正及代码转换等。因此，有效的后置处理对于保证加工质量、效率与机床可靠运行具有重要作用。

数控自动编程中，刀位轨迹计算过程为前置处理(pre-processing)，前置处理产生 CLSF 刀位文件，将刀位文件与具体的机床特性文件相结合，转换成适合于机床能够识别的加工程序的过程即为后置处理。

5.6.5 复杂形状零件的数控加工工艺

加工工艺的合理确定对实现优质、高效、经济的数控加工具有极为重要的作用，其内容包括选择合适的机床、刀具、走刀路线、主轴速度、切削深度和进给速度等，只有选择合适的工艺参数与切削策略才能获得较理想的加工效果。从加工的角度看，数控加工技术主要也就是围绕加工方法与工艺参数的合理确定及有关其实现的理论与技术。对于复杂形状零件的加工，加工方案与加工参数的合理选择是一个较复杂的问题。

5.6.6 复杂形状零件数控加工的刀具轨迹计算

刀具轨迹生成是复杂零件数控加工中最重要的内容。它是通过零件几何模型，根据所选用的加工机床、刀具、走刀方式，以及加工余量等工艺方法进行刀位计算并生成加工运动轨迹。刀具轨迹的生成能力直接决定数控编程系统的功能及所生成的加工程序质量。高质量的数控加工程序除应保证编程精度和避免干涉外，同时应满足通用性好、加工时间短、编程效率高、代码量小等，其内容极为丰富，包括复杂轮廓、复杂区域、复杂曲面等的二、三、四、五坐标粗、精加工的理论、方法与实现技术，如轨迹规划、刀位计算、步长计算与行距控制、干涉碰撞的检测与处理等。

5.6.7 数控程序的后置处理

通用后置处理系统首先通过读取 CAM 软件生成的刀位文件，然后根据机床运动特性及控制指令格式，进行机床运动学的求解，建立正确的算法，最后生成数控程序，如图 5-83 所示。因此后置处理最主要的任务是将 CAM 系统生成的刀位文件数据转化为适合特定数控系统、特定机床结构的加工程序。在开发后置处理系统时，如何建立正确的算法把刀位数据转换为各个轴的运动的关键是要进行机床运动学求解。

1. 后置处理的重要概念及内容

1) 刀位文件

CLSF 是刀位轨迹文件(Cutter Location Source File)的英文缩写，简称为刀位文件。刀位文件是一种 APT 语言格式的文本文件，APT 语言是一种用来对工件、刀具及刀具相对于工件运动进行定义的，因此加工一个工件所需的所有刀位轨迹都包括在 CLSF 文件中。尽管

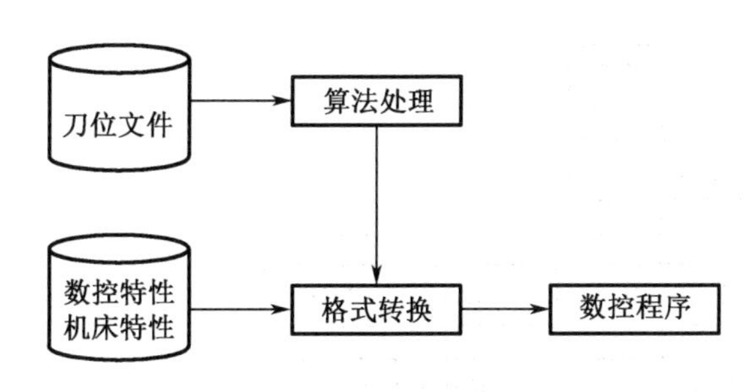

图 5-83　后置处理系统程序框图

刀位文件中的数据不能准确地描述出加工件的轮廓信息以及所用刀具信息，但是它包含了控制机床运动的指令信息和走刀过程中刀具的位置矢量和刀轴矢量（如主轴转速、进给速率、刀具直径及刀号等重要信息）。如何准确地获取这些信息，是生成数控代码的关键。为了正确地获取这些有用信息，必须对刀位文件中的各个符号和特征字的意义进行了解，提取如主轴转速、进给速度、插补方式等所需要的有用信息，同时去除起注释作用的冗余信息，为建立正确的后置处理算法做准备。CLSF 的主要命令及其含义见表 5-3。

表 5-3　CLSF 的主要命令及其含义

命令名称	功能说明	命令使用格式
CSYS	指定工件坐标系在绝对坐标系下的坐标值	$$->CSYS/x,y,z{i,j,k}
LOADTL/ $$->CUTTER	包括刀具编号和直径大小	LOADTL/编号 $$->CUTTER /直径
SPINDL	指定机床主轴的转速及方向	SPINDL/RPM, CLW
FEDRAT	指定进给速度和单位	FEDRAT/100,MMPM
GOTO	直线运动刀位点的位置矢量坐标	GOTO/x,y,z,i,j,k
CIRCLE	圆弧运动刀位点的位置矢量坐标	CIRCLE/x,y,z,i,j,k

刀位数据的处理是开发后置处理器的核心模块，该模块的处理结构框如图 5-84 所示。

2）相关坐标系及轴的定义

机床绝对坐标系：是机床固有的坐标系，以机床原点为坐标原点，具有唯一性；一般不作为编程坐标系，只作为工件坐标系的参考坐标系。

机床名义坐标系：加工时的坐标系，原点一般设在定轴上。

工件坐标系：编程人员以工件上的某一点为坐标原点，建立的一个新坐标系，是生成刀位文件的参考坐标系。

刀具坐标系：坐标原点是刀尖点，固连在刀具上。

五轴联动数控机床中旋转轴的定义：旋转轴的定义按照右手螺旋定则，绕 X 轴旋转的为 A 轴，绕 Y 轴旋转的为 B 轴，绕 Z 轴旋转的为 C 轴。如图 5-85 所示。

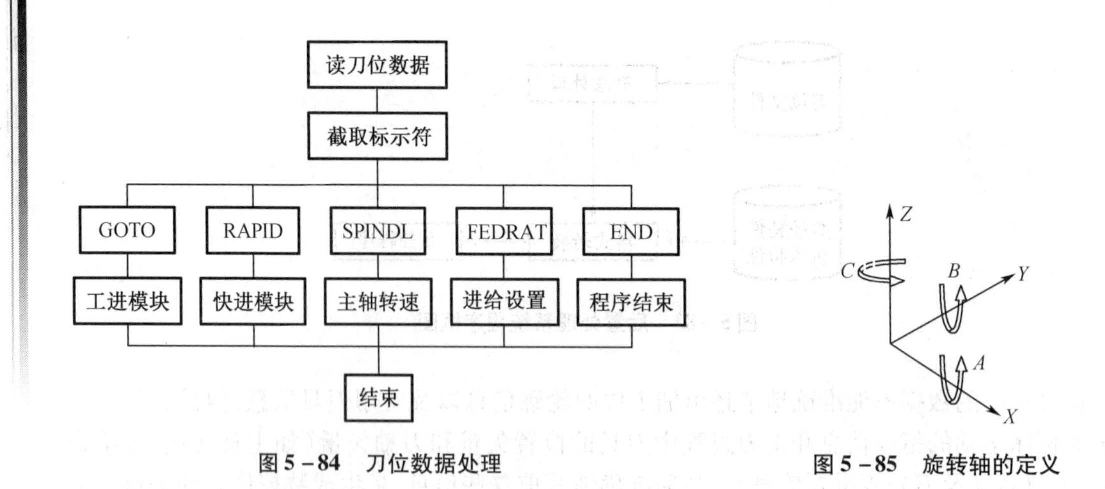

图 5-84　刀位数据处理　　　图 5-85　旋转轴的定义

2. $A-C$ 五轴双转台联动机床运动学的变换

1)五轴联动数控机床的结构类型

一般情况下，五轴联动数控机床包括三个平动轴和两个相互垂直的旋转轴，根据运动轴配置的不同，五轴联动数控机床结构类型按轴的分布可以分为三种基本类型：

①双转台五轴数控机床：两个旋转轴都在工作台上。

②刀具双摆动五轴数控机床：两个旋转轴都作用于刀具上。

③工作台旋转与刀具摆动五轴数控机床：一个旋转轴作用在刀具上，另一个作用在工作台上。

2) $A-C$ 双转台五轴联动数控机床运动学求解

后置处理正确与否的关键在于机床运动学求解是否正确。只有正确地建立机床各个运动轴与刀位文件中对应点之间的关系，才能生成正确的数控代码。

在多轴数控编程时，CAD/CAM 软件生成的刀位文件由工件坐标系下的刀位点位置矢量和刀轴矢量组成。后置处理的机床运动学求解，主要包括机床旋转角度的计算和经过旋转运动后三个平动轴值的求解。求解公式如下：

$$\begin{cases} X = fx(x,y,z,i,j,k) \\ Y = fy(x,y,z,i,j,k) \\ Z = fz(x,y,z,i,j,k) \\ A = fa(x,y,z,i,j,k) \\ C = fa(x,y,z,i,j,k) \end{cases} \tag{5-24}$$

其中，x、y、z、i、j、k 分别为刀具的位置矢量和刀轴矢量坐标值，X、Y、Z、A、C 为机床的五个运动轴的坐标值。

为了分析刀具在机床坐标系下的运动，建立如图 5-85 所示的坐标系统。这些坐标系包括：刀具坐标系 $O_tX_tY_tZ_t$，坐标原点一般取在刀位点上；生成刀位数据的参考坐标系即 $O_wX_wY_wZ_w$ 工件坐标系；以及上面提到的机床名义坐标系 $O_mX_mY_mZ_m$，它的坐标原点取在 A、C 两个轴的交点处。这三个坐标系的方向都与机床坐标的方向一致。显然，机床运动学的求解目的就是如何把 CLSF 文件中的数据转换为机床坐标系下工件和刀具的运动，它可以进一步分解为：刀具首先移动到机床名义坐标系，然后机床绕着 X 轴旋转一个角度 A，再绕 Z 轴旋转一个角度 C，最后刀具再移到工件坐标系进行加工。

根据上面的分析设机床在初始状态为动轴 C 的轴线平行于 Z 轴。此时，刀具与工作台垂直。以工件坐标系的原点 O_w 为原点，分别建立刀具坐标系原点 O_t 和 A、C 两轴的交点 O_m 的位置矢量分别为 $\boldsymbol{r}_t(t_x,t_y,t_z)$ 和 $\boldsymbol{r}_m(m_x,m_y,m_z)$。$[0\quad 0\quad 1]^{\mathrm{T}}$ 和 $[0\quad 0\quad 0]^{\mathrm{T}}$ 为刀具坐标系下的刀位点的刀轴矢量和位置矢量。并且假设在机床初始状态下，机床平动轴的坐标为 $\boldsymbol{r}_s(X,Y,Z)$，回转轴 A、C 的角度为 A、C（逆时针为正方向），此时，$(i,j,k)^{\mathrm{T}}$ 和 $(x,y,z)^{\mathrm{T}}$ 分别为刀轴矢量。$A-C$ 双转台机床坐标变换，如图 5－86 所示。

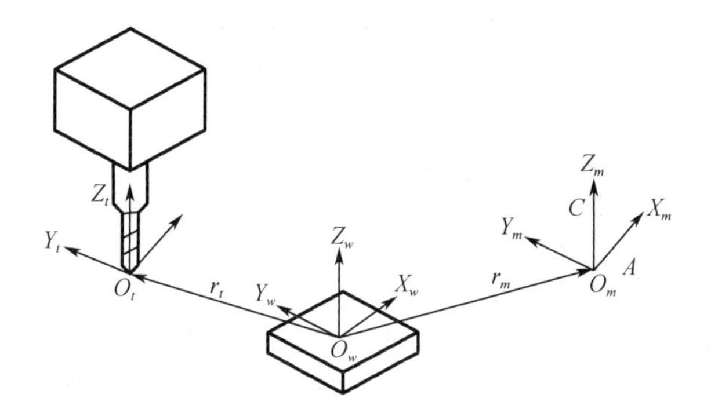

图 5－86　$A-C$ 双转台机床坐标变换

由上述机床运动链相互关系，可得坐标变换关系：

$$[i\quad j\quad k\quad 0]^{\mathrm{T}} = \boldsymbol{T}(\boldsymbol{r}_m)\boldsymbol{R}_z(-C)\boldsymbol{R}_x(-A)T(\boldsymbol{r}_s+\boldsymbol{r}_t-\boldsymbol{r}_m)[0\quad 0\quad 1\quad 0]^{\mathrm{T}} \tag{5-25}$$

$$[x\quad y\quad z\quad 1]^{\mathrm{T}} = \boldsymbol{T}(\boldsymbol{r}_m)\boldsymbol{R}_z(-C)\boldsymbol{R}_x(-A)T(\boldsymbol{r}_s+\boldsymbol{r}_t-\boldsymbol{r}_m)[0\quad 0\quad 0\quad 1]^{\mathrm{T}} \tag{5-26}$$

其中，$\boldsymbol{T}$ 和 $\boldsymbol{R}$ 分别代表平移矩阵和旋转矩阵。

$$\boldsymbol{T}(\boldsymbol{r}_m) = \begin{bmatrix} 1 & 0 & 0 & m_x \\ 0 & 1 & 0 & m_y \\ 0 & 0 & 1 & m_z \\ 0 & 0 & 0 & 1 \end{bmatrix} \tag{5-27}$$

$$\boldsymbol{T}(\boldsymbol{r}_s+\boldsymbol{r}_t-\boldsymbol{r}_m) = \begin{bmatrix} 1 & 0 & 0 & X+t_x-m_x \\ 0 & 1 & 0 & Y+t_y-m_y \\ 0 & 0 & 1 & Z+t_z-m_z \\ 0 & 0 & 0 & 1 \end{bmatrix} \tag{5-28}$$

$$\boldsymbol{R}_z(C) = \begin{bmatrix} \cos C & -\sin C & 0 & 0 \\ \sin C & \cos C & 0 & 0 \\ 0 & 0 & 1 & 0 \\ 0 & 0 & 0 & 1 \end{bmatrix} \tag{5-29}$$

$$\boldsymbol{R}_x(A) = \begin{bmatrix} 1 & 0 & 0 & 0 \\ 0 & \cos A & -\sin A & 0 \\ 0 & \sin A & \cos A & 0 \\ 0 & 0 & 0 & 1 \end{bmatrix} \tag{5-30}$$

由式（5－25）、式（5－26）可得

$$\begin{bmatrix} i \\ j \\ k \\ 0 \end{bmatrix} = \begin{bmatrix} \sin A\sin C \\ \sin A\cos C \\ \cos A \\ 0 \end{bmatrix} \tag{5-31}$$

$$\begin{bmatrix} x \\ y \\ z \\ 1 \end{bmatrix} = \begin{bmatrix} (X+t_x-m_x)\cos C+(Y+t_y-m_y)\cos A\sin C+(Z+t_z-m_z)\sin A\sin C \\ -(X+t_x-m_x)\sin C+(Y+t_y-m_y)\cos A\cos C+(Z+t_z-m_z)\sin A\cos C \\ -(Y+t_y-m_y)\sin A+(Z+t_z-m_z)\cos A \\ 1 \end{bmatrix} \tag{5-32}$$

$$\begin{cases} A = \arccos k \\ C = \arctan\ (i/j)\ + k \times \pi \end{cases} \quad k = 0,1 \tag{5-33}$$

$$\begin{cases} X = (x-m_x)\cos C-(y-y_m)\sin C+m_x-t_x \\ Y = (x-m_x)\cos A\sin C+(y-m_y)\cos A\cos C-(z-m_z)\sin A+m_y-t_y \\ Z = (x-m_x)\sin A\sin C+(y-m_y)\sin A\cos C+(z-_{mz})\cos A+m_z-t_z \end{cases} \tag{5-34}$$

因此，只需要知道工件坐标系下的刀位点坐标和两旋转轴交点的坐标就可以利用式(5-33)、式(5-34)求出机床各运动轴的坐标。

3. 软件的实现

在上一节中已经通过机床的坐标变换求出了在机床坐标下各轴的运动分量 X、Y、Z、A、C 的求解公式。在上一节的基础上，求出机床五个运动分量 X、Y、Z、A、C 的值需要知道两旋转轴交点 O_m 在工件坐标系的位置矢量 $\boldsymbol{r}_m(m_x,m_y,m_z)$ 和刀具坐标系原点在工件坐标系中的位置矢量表示 $\boldsymbol{r}_t(t_x,t_y,t_z)$。所以，在界面上首先设置两旋转轴交点 O_m 在工件坐标系下的坐标和刀具坐标原点在工件坐标系下的坐标的编辑框。界面上有一个“打开”按钮(用来打开刀位数据)和一个“转化”按钮(用来完成 G 代码的生成)，还有另外两个编辑框，一个用来显示刀位数据，另一个用来显示生成的 G 代码。

后置处理的主要内容包括:刀位文件的读取，提取出有用的数据信息和控制指令信息；机床运动学的求解，主要是推导出机床的 5 个轴的运动坐标与刀位数据中刀轴矢量以及位置矢量之间的关系，为建立正确的后置处理算法做准备；G 代码的生成，结合具体的机床以及不同控制系统的数控代码格式要求来生成可用的加工代码。后置处理的过程原则上是解释执行，即每读出刀位数据中一个完整的记录行，就根据自己所选机床进行坐标变换或文件代码的转换，生成一个完整的数控程序并保存到数控程序的文件中，直到刀位数据文件结束。后置处理流程图如图 5-87 所示。

根据图 5-87，可以定义一个链表，用来存取所需的刀位文件信息和生成的加工代码信息。

```
struct NC
{
  double xyz[3];    //用来存取刀位点坐标
  double i[3];      //用来存取刀轴矢量坐标
  int mode;         //用来判断是刀具信息、主轴转速还是 G01 或 G00
```

```
    double Feed;       //保存进给速度
    double Speed;      //保存主轴转速
double m_XYZ[3];  //后置处理后各平动轴的坐标
    double m_AC;       //后置处理后两个旋转角
    struct NC  * next;
};
```

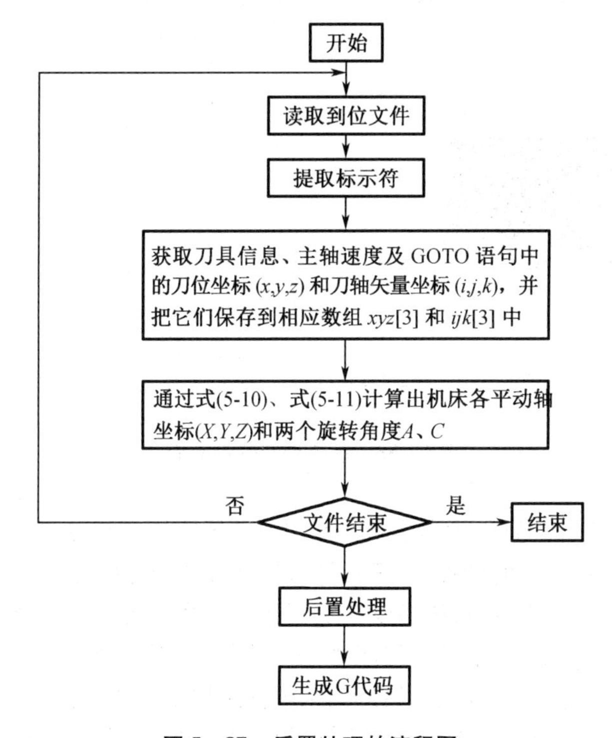

图 5－87　后置处理的流程图

后置处理程序由 6 个模块组成：刀位文件的读入、后置参数的设置、数据转换、程序的输出和数据显示模块。刀位文件的读入模块是对刀位文件进行逐条处理，截取标示符，对各种信息进行分类，为数据转换模块做准备；数据转换模块是根据刀位文件模块中读到的信息进行处理，生成机床代码。后置处理的软件界面如图 5－88 所示。软件的右上角是读入的刀位数据，右下角是生成的 G 代码，左边是显示的 $A-C$ 双转台模型，左上角用来设置两旋转轴交点在工件坐标系下的坐标和刀具坐标原点在工件坐标系下的坐标。

此外，系统体系结构、数据管理及人机界面等也是数控编程系统开发中的重要技术内容。

一个完善的后置处理器应具备以下功能：

(1)接口功能　后置处理器能自动地识别、读取不同的 CAD/CAM 软件所生成的刀具路径文件。

(2)NC 程序生成功能　数控机床具有直线插补、圆弧插补、自动换刀、夹具偏置、冷却等一系列的功能，功能的实现是通过一系列的代码组合实现的。代码的结构、顺序由数控机床规定的 NC 格式决定。当前世界上一些著名的后置处理器公司开发出通用后置处理器，它提供一种功能数据库模型，用户根据数控机床的具体情况回答它所提出的问题，通过问题回答生成用户指定的数控机床的专用后置处理器。用户只需要具有机床操作知识和NC编程知识,就能编出满意的专用后置处理器。当所提供的数据库不能满足用户的要求时,它提供的开发器允许用户进行修改和编译。因此可以按照数控机床的功能建立一个关系数据库,每个功能如何实现,由用户根据机床的结构、使用的数控系统指定控制的代码及代码结构。

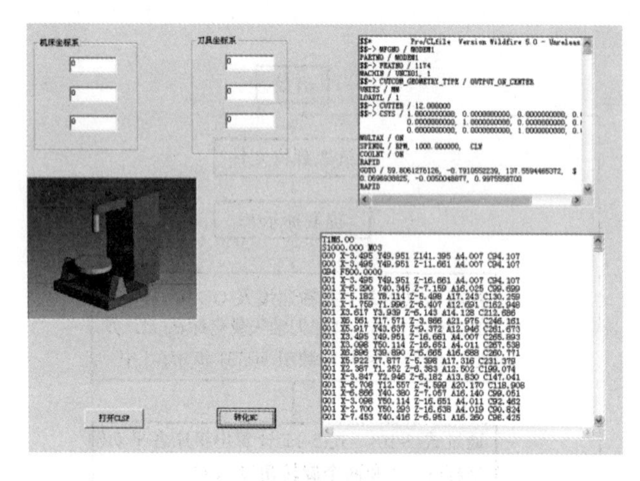

图5-88　后置处理软件界面

(3)专家系统功能　后置处理器不只是对刀具路径文件进行处理、转换,还要能加入一定的工艺知识。如高速加工的处理、加工丝杠时切削参数的选择等。

(4)反向仿真功能　以NC代码指令集及其相应参数设置为信息源的仿真。它包括两部分:NC程序的主体结构检查和NC程序语法结构检查;数控加工过程仿真。以NC程序为基础,模拟仿真加工过程,判断运动轨迹的正确性及加工参数的合理性。

不同结构的机床、不同的数控系统、不同的编程习惯,其NC程序的结构和格式千差万别。

5.6.8　数控程序的检验与仿真

无论是采用语言自动编程方法还是采用图形自动编程方法生成的数控加工程序,在加工过程中是否发生过切、少切,所选择的刀具,走刀路线,进、退刀方式是否合理,零件与刀具、刀具与夹具、刀具与工作台是否干涉和碰撞等,编程人员往往事先很难预料,结果可能导致工件形状不符合要求,出现废品,有时还会损坏机床、刀具。随着NC编程的复杂化,NC代码的错误率也越来越高。因此,零件的数控加工程序在投入实际的加工之前,如何有效地检验和验证数控加工程序的正确性,确保投入实际应用的数控加工程序正确,是数控加工编程中的重要环节。

目前数控程序检验方法主要有:试切、刀具轨迹仿真、三维动态切削仿真和虚拟加工仿真等方法。

试切法是NC程序检验的有效方法。传统的试切是采用塑模、蜡模或木模在数控机床上进行的,通过塑模、蜡模或木模零件尺寸的正确性来判断数控加工程序是否正确。但试切过程不仅占用了加工设备的工作时间,需要操作人员在整个加工周期内进行监控,而且加工中的各种危险同样难以避免。

用计算机仿真模拟系统，从软件上实现零件的试切过程，将数控程序的执行过程在计算机屏幕上显示出来，是数控加工程序检验的有效方法。在动态模拟时，刀具可以实时在屏幕上移动，刀具与工件接触之处，工件的形状就会按刀具移动的轨迹发生相应的变化。观察者可在屏幕上看到的是连续、逼真的加工过程。利用这种视觉检验装置，可以很容易发现刀具和工件之间的碰撞及其他错误的程序指令。

1. 刀位轨迹仿真法

一般在后置处理之前进行。通过读取刀位数据文件检查刀具位置计算是否正确，加工过程中是否发生过切，所选刀具，走刀路线，进、退刀方式是否合理，刀位轨迹是否正确，刀具与约束面是否发生干涉与碰撞。这种仿真一般可以采用动画显示的方法，效果逼真。由于该方法是在后置处理之前进行刀位轨迹仿真，因此可以脱离具体的数控系统环境进行。刀位轨迹仿真法是目前比较成熟有效的仿真方法，应用比较普遍。主要有刀具轨迹显示验证、截面法验证和数值验证三种方式。

(1) 刀具轨迹显示验证　刀具轨迹显示验证的基本方法是：当待加工零件的刀具轨迹计算完成以后，将刀具轨迹在图形显示器上显示出来，从而判断刀具轨迹是否连续，检查刀位计算是否正确。图 5－89 是采用球形棒铣刀五坐标侧铣加工透平压缩机叶轮叶片型面的显示验证图，从图 5－89 中可看出刀具轨迹与叶型的相对位置是合理的。

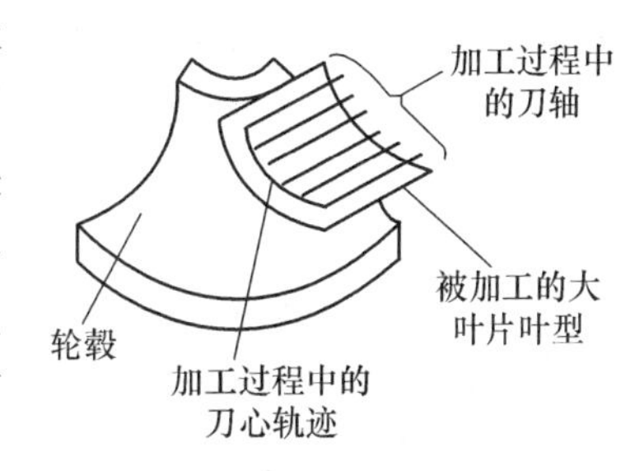

图 5－89　刀具轨迹显示验证

(2) 刀具轨迹截面法验证　截面法验证是先构造一个截面，然后求该截面与待验证的刀位点上的刀具外形表面、加工表面及其约束面的交线，构成一幅截面图显示在屏幕上，从而判断所选择的刀具是否合理，检查刀具与约束面是否发生干涉与碰撞，加工过程中是否存在过切。

截面法验证主要应用于侧铣加工、型腔加工及通道加工的刀具轨迹验证。截面方式有横截面、纵截面及曲截面三种。

采用横截面方式时，构造一个与走刀路线上刀具的刀轴方向大致垂直的平面，然后用该平面去剖截待验证的刀位点上的刀具表面、加工表面及其约束面，从而得到一张所选刀位点上刀具与加工表面及其约束面的截面图。该截面图能反映出加工过程中刀杆与加工表面及其约束面的接触情况。图 5－90 是采用二坐标端铣加工型腔及二坐标侧铣加工轮廓时的横截面验证图。

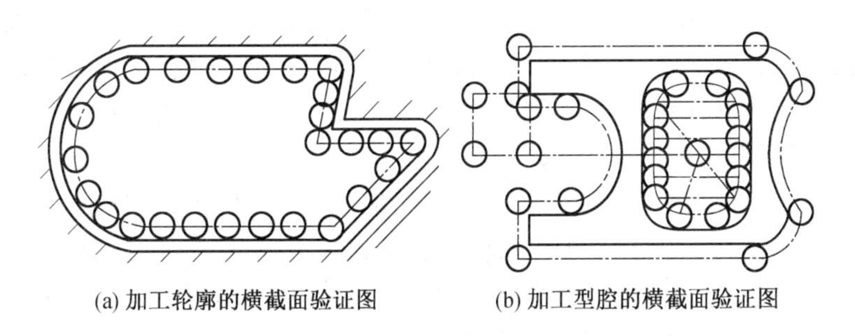

(a) 加工轮廓的横截面验证图　(b) 加工型腔的横截面验证图

图 5－90　横截面验证图

纵截面验证不仅可以得到一张反映刀杆与加工表面、刀尖与导动面的接触情况的定性验证图,还可以得到一个定量的干涉分析结果表。如图5－91所示,在用球形刀加工自由曲面时,若选择的刀具半径大于曲面的最小曲率半径,则可能出现过切干涉或加工不到位。

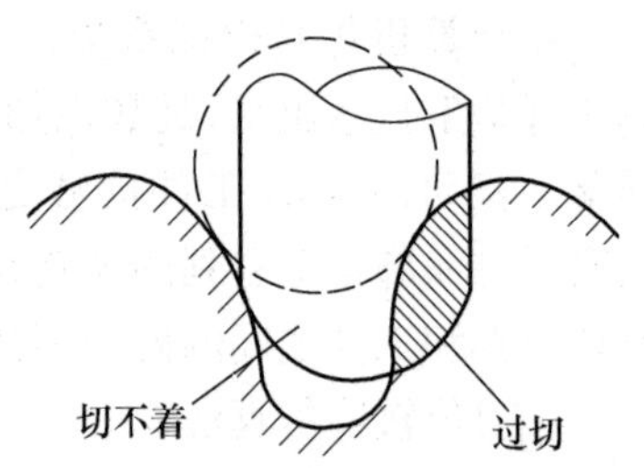

图5－91　用球形刀加工自由曲面时的干涉

(3)刀具轨迹数值验证

刀具轨迹数值验证也称为距离验证,是一种刀具轨迹的定量验证方法。它通过计算各刀位点上刀具表面与加工表面之间的距离进行判断。若此距离为正,表示刀具离开加工表面一个距离;若距离为负,表示刀具与加工表面过切。

如图5－92所示,选取加工过程中某刀位点上的刀心,然后计算刀心到所加工表面的距离,则刀具表面到加工表面的距离为刀心到加工表面的距离减去球形刀具半径。设 C_0 表示加工刀具的刀心,d 是刀心到加工表面的距离,R 表示刀具半径,则刀具表面到加工表面的距离:$\delta = d - R$。

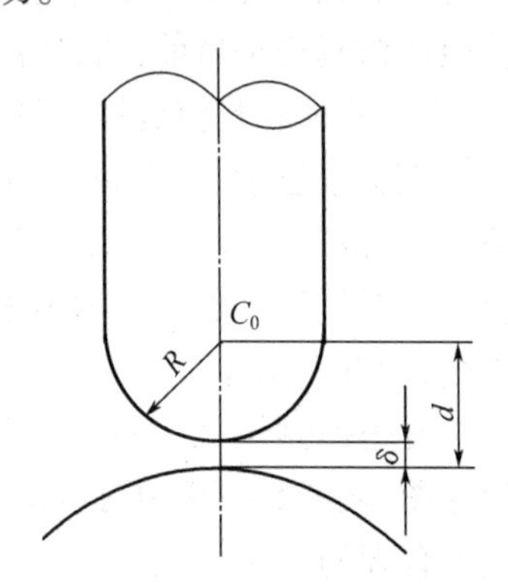

图5－92　球形刀加工的数值验证

2. 三维动态切削仿真法

三维动态切削图形仿真验证是采用实体造型技术建立加工零件毛坯、机床、夹具及刀具在加工过程中的实体几何模型,然后将加工零件毛坯及刀具的几何模型进行快速布尔运算(一般为减运算),最后采用真实感图形显示技术,把加工过程中的零件模型、机床模型、夹具模型及刀具模型动态地显示出来,模拟零件的实际加工过程。

三维动态切削仿真法特点:仿真过程的真实感较强,基本上具有试切加工的验证效果。

现代数控加工过程的动态仿真验证的典型方法有两种:一种是只显示刀具模型和零件模型的加工过程动态仿真;另一种是同时动态显示刀具模型、零件模型、夹具模型和机床模型的机床仿真系统。

从仿真检验的内容看,可以仿真刀位文件,也可仿真NC代码。

3. 虚拟加工仿真法

虚拟加工方法是应用虚拟现实技术实现加工过程的仿真技术。虚拟加工法主要解决加工过程和实际加工环境中,工艺系统间的干涉碰撞问题和运动关系。由于加工过程是一个动态的过程,刀具与工件、夹具、机床之间的相对位置是变化的,工件从毛坯开始经过若干道工序的加工,在形状和尺寸上均在不断变化,因此虚拟加工法是在各组成环节确定的工艺系统上进行动态仿真。

虚拟加工法与刀位轨迹仿真方法不同,虚拟加工方法能够利用多媒体技术实现虚拟加工,不只是解决刀具与工件之间的相对运动仿真,它更重视对整个工艺系统的仿真,虚拟加工软件一般直接读取数控程序,模仿数控系统逐段翻译,并模拟执行,利用三维真实感图形显示技术,模拟整个工艺系统的状态,还可以在一定程度上模拟加工过程中的声音等,提供更加逼真的加工环境效果。

从发展前景看,一些专家学者正在研究开发考虑加工系统物理学、力学特性情况下的虚拟加工，一旦成功，数控加工仿真技术将发生质的飞跃。

5.6.9　复杂形状零件数控加工仿真

1. Vericut 仿真环境构建

Vericut 是美国 CGTech 公司开发的模拟数控机床加工的仿真软件，可真实模拟加工中刀具的切屑以及机床各轴的运动情况，能有效避免过切、干涉等现象，并提供了干涉检查、程序校验、测量分析和工艺优化等功能。利用 Vericut 软件，不仅提高了加工过程的安全性，而且降低了加工成本，提高了生产效率。在 Vericut 中模拟仿真即通过计算机根据加工机床的特性建立虚拟的机床模型、控制系统、刀具库、加工坐标系等模块，通过添加毛坯，导入 NC 程序代码，在计算机中仿真机床加工的过程。

2. 分流叶轮加工工艺分析

(1)分流叶轮结构分析

叶轮作为汽轮机等各类透平机械的核心零部件，广泛应用于航空、航天、能源、汽车等领域。叶轮有着结构复杂、叶片扭曲大、型面精度要求高等特点，符合五轴加工的应用范围，选取叶轮作为五轴数控加工仿真优化的特例进行实验分析。

某叶轮三维模型如图 5-93 所示，此分流叶轮由主叶片、分流叶片和轮毂构成。轮毂表面为直纹流道面，在加工中刀具需顺着流道方向进行切削。叶片曲面为非可扩展扭曲直纹面，包含压力曲面、吸力曲面、叶片前缘和叶片后缘，主叶片最小厚度为 2.18 mm，分流叶片最小厚度为 2.48 mm，属于典型的薄壁类工件。综合上述情况，叶轮整体数控加工在普通的三轴机床上无法实现，需在五轴联动机床上实行加工。

图 5-93　叶轮三维模型图

(2)叶轮加工难点分析

通过分析叶轮的结构特点，结合实验加工所用五轴联动机床的特性，在进行铣削加工时需注意以下几方面问题：

①主叶片与分流叶片之间最小栅距为 19.56 mm，两主叶片间最小栅距则为 40.16 mm，故在加工时刀具直径选择不能过大。

②由于主叶片与分流叶片最小壁薄均不足 3 mm，作为典型的薄壁工件在加工时叶片极易受到切削力和切削热的影响发生形变。

③叶片最深处为 24.07 mm，叶片与流道过渡处圆角半径为 4 mm，在进行圆角部位清根时需设置相邻叶片和流道面为检查面，同时注意倾斜角度，避免刀具与工件发生干涉。

④叶片的扭曲很大，在加工分流叶片进气边处时刀轴极易与主叶片发生干涉，需控制最大刀轴的摆动范围。

(3)叶轮加工问题分析

通过对叶轮进行加工程序编制，并在 UG 仿真环境中仿真无误后，在 BV100 五轴机床进行了实物加工实验。由叶轮模型图，如图 5-93 可以看出，虽然刀具轨迹在 UG 仿真切削中能够实现叶轮的铣削成型，但是在实际加工中依然会出现过切、残留或干涉等问题。结合对程序的 Vericut 仿真可以发现以下问题，如图 5-94、图 5-95 所示：

图 5-94　叶轮叶片加工图

图 5-95　叶轮流道加工图

①叶轮叶片的进气边处有鱼鳞纹现象,主要原因为:五轴加工中机床直线轴和旋转轴的进给速度不一致,在合成速度中旋转轴跟不上动态响应而掉步,导致系统整体速度下降,从而致使刀具在工件表面产生干涉痕迹。

②叶轮流道表面出现啃切现象,表面光顺度较差。主要是由于通过 CAM 软件生成的刀具轨迹步长过大而产生非线性误差,在前馈控制中公差值超过机床限制,在加工中起刀具发生颤振和顿刀等现象。

3. 基于 Vericut 的加工优化

通过工艺及实际切削效果分析,对工艺参数进行一系列的优化,才能达到产品的设计要求;采用 Vericut 软件,对上述情况进行优化处理。Vericut 的五轴加工优化一般包括加工轨迹优化和切削速度优化两部分。加工轨迹优化是通过分析 Vericut 的仿真效果,返回 UG 等 CAM 软件对刀具路径及加工参数进行优化,或对机床后置处理软件处理算法进行修正;切削速度优化则是基于 Vericut 软件的速度优化模块,根据 NC 程序各段的材料去除量,为各段切削设定最佳进给速度,以提高切削效率。通过分析仿真和实际加工中出现的问题,叶轮加工轨迹的优化方案如下:

1)基于 Vericut 的加工轨迹优化

(1)基于 UG 的加工参数优化

叶片在进行精加工前余量控制在 0.2 mm 以下,主轴转速提高到 8 000 r/min,以提高叶片加工质量,降低切削力带来的叶片形变。

在叶轮流道的精加工程序编制时,需将刀具轨迹光顺百分比设置在 20% 以下,这样会使分流叶片拐角处增加许多过渡的刀位,减小刀具摆角范围,使刀具轨迹细腻,有利于提高流道加工质量。

(2)基于机床后置处理软件的算法修正

为提高叶片整体加工质量,降低鱼鳞纹和过切现象,需在后置处理软件中进行动态速度补偿,即在曲面曲率变化小的内背弧处降低切削速度,在曲面曲率变化大的进汽边处加大切削进给速度,以保持切削过程的恒功率状态。

为提高流道加工质量,降低非线性误差带来的影响,需在后置处理中添加非线性补偿,在叶片及流道矢量变化剧烈的地方插入中间点,细化刀轨来提高流道光顺度。

重新仿真修改后的加工程序发现,如图 5-96(a)刀位轨迹优化前仿真对比、图 5-96(b)刀位轨迹优化后仿真对比图所示:经过优化后的加工程序未出现过切现象,圆角处残留明显减小,工件误差达到加工标准,但是加工效率较低,在实际生产加工中严重影响经济效益，因此，需要对切削速度做进一步优化。

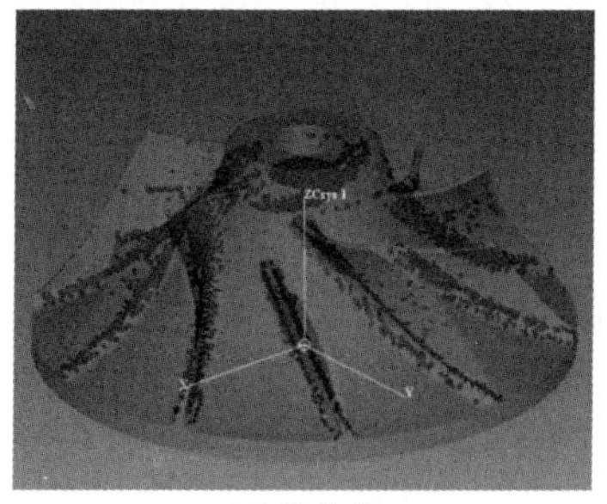

(a) 优化前

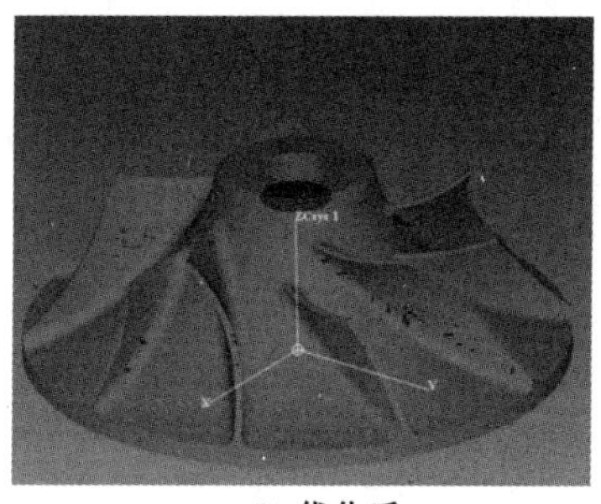

(b) 优化后

图 5-96 刀位轨迹优化前后仿真对比图

2) 基于 Vericut 的切削速度优化

(1) 建立切削速度优化模型

在数控铣削加工中，切削深度 A_p(mm)、切削宽度 A_e(mm)、主轴转速 F_n(mm/min)和进给速度 F_v(mm/min)是影响切削效率的关键因素，可得到 Vericut 优化模型的设计变量为

$$X = [A_p, A_e, F_n, F_v]T \tag{5-35}$$

Vericut 切削速度优化的目的是在保证工件加工质量的前提下尽可能减少加工时间，以提高工作效率，由此可得到 Vericut 优化的目标函数为

$$T(X) = T[A_p, A_e, F_n, F_v]T \tag{5-36}$$

通过边界约束的约束方式，基于切削深度约束、切削宽度约束、主轴转速约束、进给速度约束等约束条件，来获取目标函数 $T(X)$ 的最小值。

切削深度约束：切削深度 A_p 应当小于工件的切削余量 L，即

$$G_1(X) = L - A_p \geqslant 0 \tag{5-37}$$

切削宽度约束：切削宽度 A_e 应当小于刀具直径 D，即

$$G_2(X) = D - A_e \geqslant 0 \tag{5-38}$$

主轴转速约束：主轴转速 F_n 应当小于机床允许的最大转速 N_{max}，并大于工件加工需要的最小转速 N_{min}，即

$$\begin{cases} G_3(X) = N_{max} - F_n \geqslant 0 \\ G_3(X) = N_{min} - F_n \leqslant 0 \end{cases} \tag{5-39}$$

进给速度约束：进给速度 F_v 应当小于机床允许的最大进给速度 V_{max}，并大于机床的最小进给速度 V_{min}，即

$$\begin{matrix} G_4(X) = V_{max} - F_v \geqslant 0 \\ G_4(X) = V_{min} - F_v \leqslant 0 \end{matrix} \tag{5-40}$$

(2) 分流叶轮切削速度优化

Vericut 切削速度优化可以分为恒定体积去除率切削和恒定厚度切削两种方式。在叶轮进行粗加工时，为尽可能快速地去除材料，并维持恒定的体积去除率，保证稳定的切削状态，在 Vericut 中可以采用恒定体积去除率切削的优化方式；而在叶轮进行精加工时，需要保证叶片及流道的表面质量和加工精度，刀具切削时所走的路径应尽量靠近工件最终形状，此时应采用恒定厚度切削方式进行优化，即通过分析计算切削模型和切削厚度，动态地保

持切削厚度恒定。

通过比较速度优化前后程序文件可知，如图 5－97 所示，优化前进给速度较小，变化幅度不大，优化后的进给速度变化频繁。加工效率的高低最直接的反应就是加工时间的长短，由优化前后工时对比表 5－4 可以看出，优化后叶片粗加工节省时间 35.19%，精加工主叶片节省时间 28.25%，大大缩短了加工时间，提高了加工效率。

图 5－97　优化前后程序对比

表 5－4　优化前后工时对比

刀具号	刀具参数	优化前工时	优化后工时	优化率
1	D16R4，环形刀	42 min 3 s	27 min 15 s	35.19%
2	D8R4，球头刀	23 min 18 s	16 min 43 s	28.25%

通过仿真及优化后，在 BV100 双转台五轴机床上进行了分流叶轮的实例加工，采用 Vericut 优化后的 NC 代码在机床加工过程中无过切、干涉现象，叶片扭曲程度一致，流道表面光顺度得到明显提高，轮廓误差达到工艺设计要求，说明了五轴数控加工前对 NC 程序进行 Vericut 仿真验证的现实意义。

5.6.10　叶轮叶片的数控编程举例

1. 基于 UG NX 的叶轮零件建模

叶轮的整体建模总体分为两大步骤：一是叶轮轮毂部分的建立，二是叶轮叶片的构造。两大部分中，轮毂部分采用草图旋转的方法进行构造，整个过程比较简单；叶轮叶片的几何形状和尺寸直接关系到整个产品的加工过程的难易程度和加工工艺，以及加工出来产品的性能、实际使用中的可用性；又因为叶片具有明显的不规则的曲面特性，所以采用 NURBS 曲面重构来进行叶轮叶片的构建。

（1）根据零件的外形尺寸，在 UG NX 软件中，进入建模的草图界面，首先利用“尺寸约束”和“外形约束”命令，建立叶轮零件的界面草图，如图 5－98 所示。

（2）利用“编辑/变换/绕直线旋转命令”将第一步建立的草图绕 Z 轴旋转生成叶轮零件的基体，如图 5－99 所示。

(3)利用“文件/导入”命令导入上一节通过曲面重构的叶片曲面实体，与基体进行“布尔运算”求和，使其成为单一的实体模型，如图 5－100 所示。

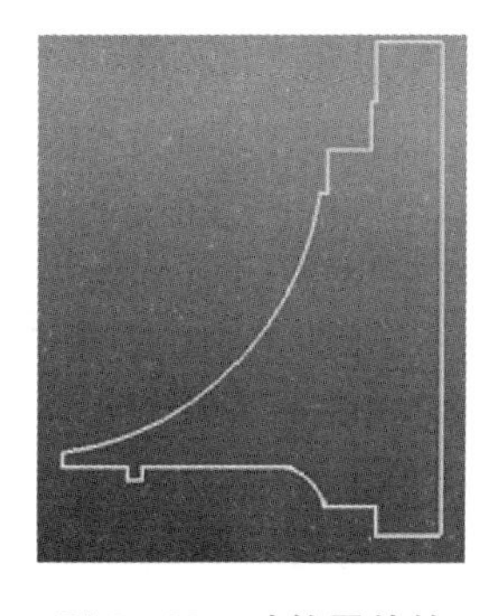

图 5－98　叶轮零件的界面草图

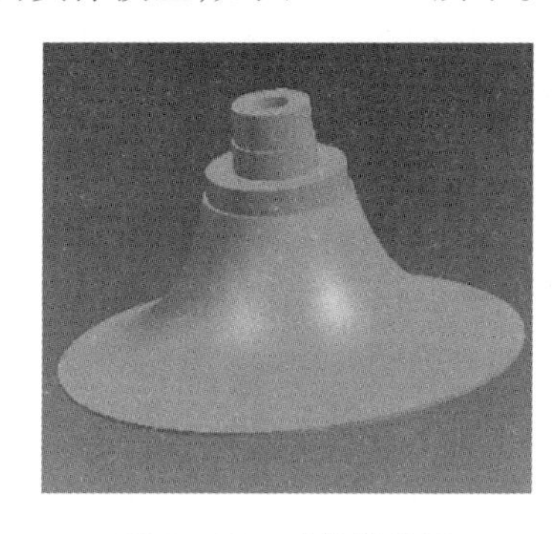

图 5－99　叶轮基体图

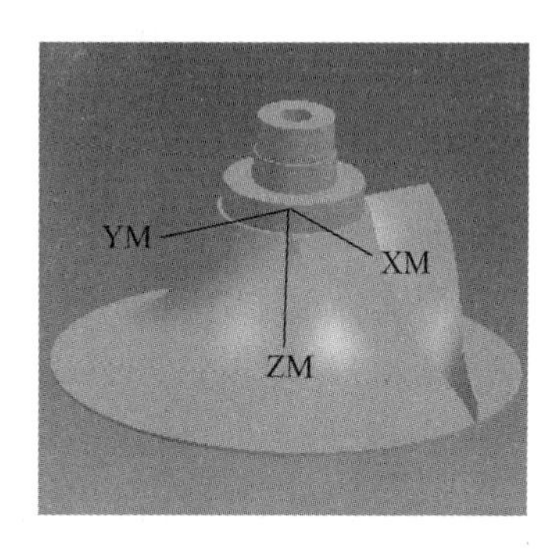

图 5－100　单一的实体模型

(4)利用“应用/建模/引用”功能，把叶片曲面特征沿圆周均布处引用复制，如图 5－101 所示。

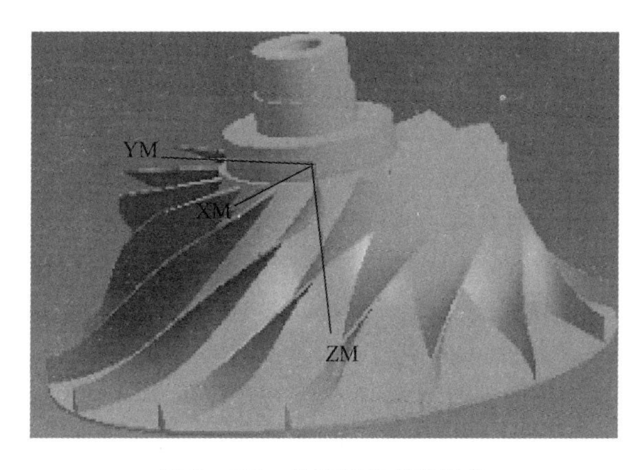

图 5－101　均布后的叶轮实体

(5)利用“插入/细节特征/边倒圆”功能对叶轮细节部分进行倒圆角处理，从而完成整体斜流叶轮零件实体建模，如图 5－102 所示。

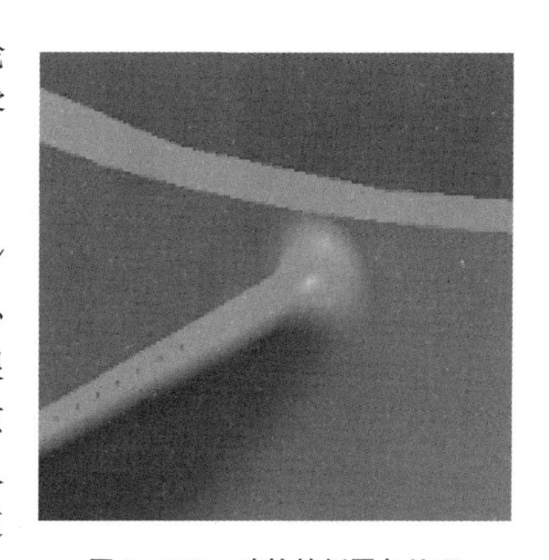

图 5－102　叶轮的倒圆角处理

2. 叶轮的数控加工编程

叶轮叶片的数控编程是在 UG NX 软件 CAD/CAM 集成环境下进行编制，利用五轴联动加工中心加工叶轮叶片的程序。虽然 UG NX 的 CAM 功能很强，但编制出的数控程序要达到加工效率高、成型质量好、加工粗糙度低、工艺过程合理，还需数控编程人员凭经验来制订每道加工工序及其各种工艺参数，这是计算机所不能替代的。

1)叶轮叶片数控编程前的准备

为了减少在 UG NX 软件环境下编程时烦琐、重复的设置，在进行叶片型面的编程之前，首先应该对零件的工艺特点和加工工艺进行分析，然后在UG的“加工”环境下，利用“加工生成”模块中的“创建操作”“创建程序组”“创建刀具组”“创建几何体”“创建方法”等功能，进行叶片加工编程过程中的一些例如坐标系、铣刀、几何体、毛坯和进退刀等公用选项的创建。然后在编程时，可以随时引用。

(1)叶片型面工艺特点和加工工艺分析

加工的叶轮的结构十分复杂，如图5－98所示，叶片部分的最大直径仅有ϕ162 mm，最小直径为ϕ53.48 mm，叶片的轴向高度仅有55.4 mm。叶轮的尺寸如此小，但是加工精度要求却很高：精度为IT7级，表面粗糙度为*Ra* 3.2，叶片的曲率变化较大，加工时叶片间的容刀空间很小，最小处仅有4.7 mm，极易发生加工刀具与叶片干涉的现象。它的难点在于铣加工工序，铣加工工序占整个零件加工总工时的80%。叶轮铣加工过程是对空间曲面进行加工，只有采用五轴联动机床才能实现。

用五坐标的加工中心加工时，刀具位置灵活性大，刀刃与工件的接触可能不是一点，而是近似于一条曲线。从工程角度考虑，出现这种近似性加工误差是允许的，以这种方式进行的铣削加工，称为线接触成型。这是一种近似成型法，它的加工“线”所形成的加工“面”在“线”的方向上不存在残留高度，这就可以大大减少铣削后的精整工序，如抛光等工序，所以线接触成型的效率很高。虽然线接触加工效率高，但设备价格贵，单位工时成本高。由于叶轮的叶片型面非常复杂，相邻叶片之间存在着严重的干涉，因此必须采用五坐标加工中心来加工。

(2)定义加工坐标系

为了便于编程的快速流畅，在进入UG NX加工编程环境前，先进入“应用加工”管理环境，进行一些加工编程的准备工作。

编程人员在编程前，首先需要定义一个加工坐标系，按加工坐标系中的程序来加工零件。这样做可使编程人员系统而又方便地管理产品的整个数控加工过程，保证加工质量。

编程时，一般是选择工件或夹具上某一点作为程序的原点，即编程零点，也称“程序原点”。编程零点是数控加工过程中切削加工的参考点，以该点为原点且平行于机床各移动坐标轴X、Y、Z可建立一个工件坐标系。这是数控编程的参考坐标系。

编程零点的选择原则是：应使编程零点与工件的尺寸基准重合；应使编制数控程序时的运算最为简单，避免出现尺寸链计算误差，引起的加工误差最小；编程零点应选在容易找正，在加工过程中便于测量的位置。

进入“加工”环境后，首先在工具图标栏中点选“操作导航器几何视图”选项，并在右侧的操作导航器中选择“MCS_MILL”，弹出如图5－103所示的“MILL_ORIENT”对话框，在其中设置叶轮零件的机床坐标系(即加工坐标系)与零件的工作坐标系相一致，即叶轮零件的底平面为X轴与Y轴的平面，叶轮的轴心线为Z轴。这样就保证了三维建模和加工坐标系的一致，实现了基准统一。

(3)确定叶轮叶片铣加工的加工模块和切削方式

叶轮的加工难点是叶片的加工和轮毂面的加工，由于叶轮的尺寸较小，叶片的数量较多，叶片的曲率变化较大，导致加工时叶片间的容刀空间很小，极易发生加工刀具与叶片干涉的现象，只有编制5轴联动的数控程序才能解决刀具与叶片的干涉问题。经过认真分析，采用如图5－104所示的UG的可变轴轮廓铣模块编制程序能够满足上述加工要求。

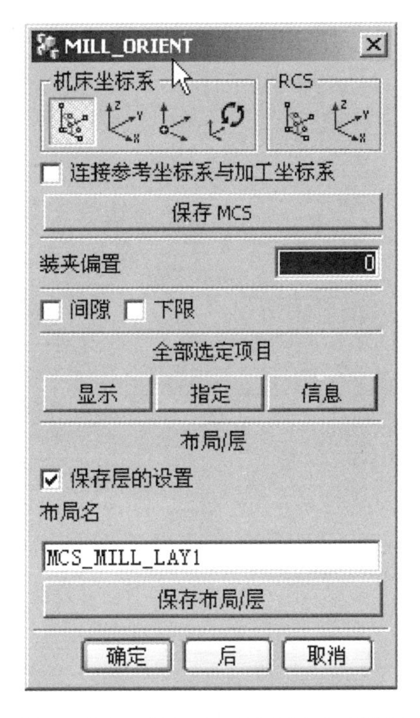

图 5 - 103　“MILL_ORIENT”对话框

图 5 - 104　创建可变轴轮廓铣对话框

在 UG NX 的 CAM 部分中可变轴轮廓铣(Variable-Axis Contour Milling)是一个能完全规定 5 轴联动的加工模块,它规定了 5 轴轮廓运动、刀具方位和曲面精度质量,刀具轨迹可由曲面参数或用任意曲线和点来控制。同时还提供了多种驱动方法(点、曲线、边界、曲面、刀轨等),可变刀具轴包括离开朝向点、离开朝向线、相对部件、法向部件、四轴法向驱动等驱动方式。能进行多曲面阵列的加工,包括所有修建、延伸和多个任意孔的曲面,能进行孔和小岛的回避选择,是一个功能强大的 5 轴加工模块。

在图 5 - 104 所示的对话框中设置好相应的选项后,点击确定后立即进入图 5 - 105 所示的可变轴编程操作对话框。在该对话框中,可以设置控制编程方式的加工部件、几何检查体、驱动方式、刀轴驱动方式、切削参数、非切削参数等许多参数和选项。

切削方式是指切削零件表面时,刀具轨迹的分布方式,UG NX 可变轴轮廓铣模块提供了双向驱动、抬刀双向驱动和单向驱动方式。针对叶轮这一典型零件,不仅尺寸精度有严格要求,切削刀纹也有要求,要求刀纹要顺着气流流路方向,因此刀具轨迹也必须顺着气流流路方向。同时为了提高加工效率,采用了双向往复切削方式,使刀具沿流路方向双向往复加工。该切削方式的特点是切削过程中顺铣、逆铣交替进行。其加工效率高,加工精度稍低一些,但对于叶轮叶片的 IT7 级精度和表面粗糙度 $Ra3.2$ 的要求是完全可以满足的。

(4)确定叶轮叶片铣加工的加工工步

根据叶轮零件的结构特点和零件铣加工前的毛坯供应状态,安排叶轮的铣加工工步如下:

①叶轮粗开槽,去大余量;

②叶片半精铣、精铣;

③叶轮轮毂面粗扫底、精扫底。

（5）选择加工刀具和建立刀具资料库

选择加工叶轮叶片的加工刀具，必须充分考虑两个叶片间的最小距离，并且由于叶片根部过渡圆半径为 2 mm，为了避免叶片根部的过渡圆的刀具过切，同时也为了加强刀具的刚性，在满足加工的前提下，尽量选用直径较粗的铣刀。该叶轮所需要的加工刀具主要如下：

①开槽刀和倒角刀：直柄球头立铣刀。

②精铣、半精铣刀：直柄球头立铣刀。

③扫底刀：直柄球头锥铣刀。

建立刀具资料库是指根据本单位加工中心刀具库的刀具及加工曲面所要选用的刀具种类，建立一个刀具库，把刀具的有关参数输入，在以后的加工编程时，可以随时调用。在 UG NX 中，用户可以根据所选加工方式（平面铣、型腔铣、固定轴轮廓铣、可变轴轮廓铣、孔加工、车削等）的不同，建立多种刀具，包括铣刀、钻头、锪刀、铰刀、车刀等。

图 5 - 105　可变轴轮廓铣对话框图

本例仅以建立可变轴轮廓铣所用的铣刀为例。在“加工生成”工具栏中点选“创建刀具组”图标，在“类型”栏中选择“mill_multi-axis”，在子类型中则可以提供铣刀、球铣刀、7 参数铣刀、10 参数铣刀及 T 型铣刀等多种铣刀类型。如图 5 - 106 中的创建刀具组对话框所示。选择铣刀，则出现图 5 - 107 的铣刀创建对话框，要求输入刀具总长度、切削刃长度、刀具直径、刀具顶角、刀具下端直径，以及刃数等刀具的参数，并要求在刀具号一栏中输入一个便于记忆、唯一的刀具标识编号，然后点击确定，一把直径为 $\phi6$ 的直柄球头立铣刀建立完成，刀具代号设为 B - 6。

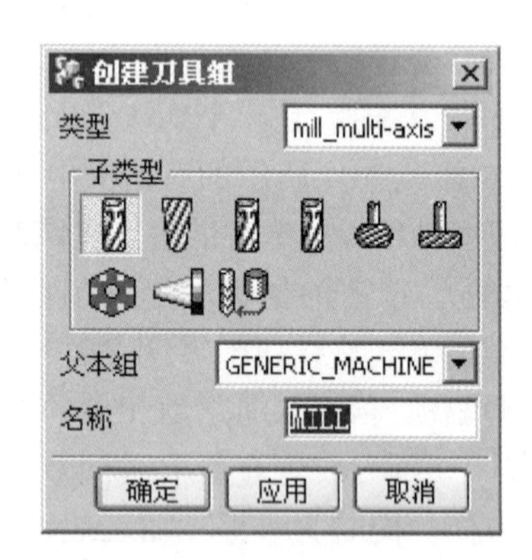

图 5 - 106　创建刀具组对话框

按上述的办法再依次建立 $\phi4$ 直柄球头立铣刀 B - 4 和 $\phi4$ 直柄球头锥铣刀 Z - 4。

（6）驱动方式的确定

UG 加工模块中驱动方式的选择是比较重要的，可变轴轮廓铣模块提供了线点、螺旋线、边界、表面、区域、刀轨等 11 种驱动方式，根据叶轮的结构特点，选择了曲面驱动方式来加工叶片表面和轮毂表面。

曲面驱动方式是指通过驱动面投影方式生成加工面上的刀位轨迹，这是 UG 加工的一大特色。由于驱动面与加工面可以分离，这样无论加工面是否连续或属于何种类型，UG 都能生成满意的刀位轨迹。其过程是先在驱动面上生成参考刀具轨迹（驱动点轨迹），然后沿着投影矢量方向将参考刀轨投影到加工面上，得到加工面的真实刀具轨迹。

驱动面一般选择简单的单一曲面，为了使刀具轨迹与参数方向一致，驱动面应尽量做到与加工面平行或接近平行，这样能更好地保证加工精度。

(7)刀轴驱动方式的确定

UG允许用户定义固定的和可变的刀轴驱动方式，固定刀轴驱动可在加工时使刀轴方向始终与一指定矢量保持平行，而可变刀轴驱动可在刀具沿刀轨运动时不断改变刀轴方向。UG的可变轴轮廓铣模块提供了I、J、K、直线端点、两点等6种固定刀轴驱动方式，同时提供了18种可变轴驱动方式，其中5轴加工提供了离开指向点、离开指向线等12种驱动方式。

由于相邻的两个叶片距离近，容刀空间小，切叶片扭曲较大，因此在加工过程中刀轴方向必须随位置时刻变化，且要保证不能与叶片发生干涉。基于以上，选用指向线驱动方式比较合适，既可以保证加工时刀轴始终在流路空间范围内，与叶片不发生干涉，又便于调整刀轴的摆动角度，使之满足机床摆角的要求。

刀轴指向线运动是指加工时刀具的轴线始终经过一条指定直线，且刀轴与该直线垂直。据此，分别给三个加工区域作了三条直线，使这三条直线沿着三个加工区域的流路方向，且处于相邻两叶片的最大空间处，再以相邻叶片作为检查几何体，这样生成的刀具轨迹就可以避免与叶片发生干涉，又可以控制刀轴摆角。

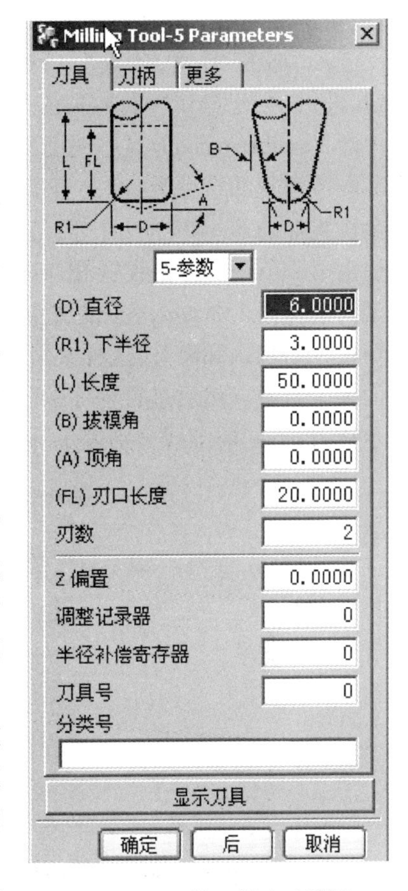

图5-107 铣刀创建对话框

(8)叶轮叶片编程毛坯的建立

要编程加工出叶轮叶片的曲面，必须先建立它们的编程毛坯，而且要使编程毛坯和实际加工毛坯的尺寸一致。由于叶轮零件实际上是一个回转体，因此在UG NX中利用“应用建模”模块中的草图功能和旋转功能，按照叶轮的图纸尺寸建立叶轮铣加工前的毛坯三维模型，如图5-108所示，作为后续铣加工编程时使用。由于这部分模型的建立比较简单，本文不做具体论述。

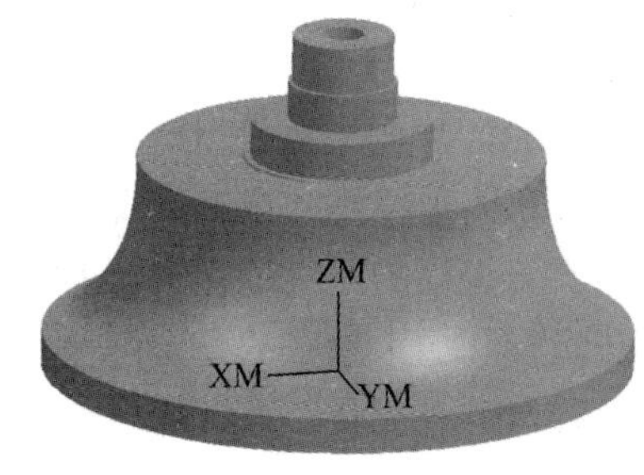

图5-108 叶轮铣加工前的毛坯三维模型

4.叶轮叶片的数控编程

产品的数控加工分为粗加工和精加工。在加工复杂曲面时，约70%的余量在粗加工时切除。粗加工工时一般要占总加工工时的50%~60%，有时多达70%以上，因而大量的加工工时被消耗于粗加工过程。

根据前面所述，该叶轮叶片的加工主要分为三部分：叶轮粗开槽，去大余量；叶片半精铣、精铣；叶轮轮毂面粗扫底、精扫底。下面介绍叶片的编程过程。

1)叶轮粗开槽、去大余量

叶轮粗开槽、去大余量的过程将去掉大量的材料，是一个粗加工的过程。在这一过程中,使用了带底齿的圆柱立铣刀,选用可变轴轮廓铣功能。

进入“加工”环境,点击 5 – 109 图示中“加工生成”工具栏中红色区域中的“创建操作”按钮,进入“创建操作”对话框,在“类型”中选择 mill_multi-axis,在“子类型”中选取红色区域中的 Variable-contour,在“使用几何体”中选取前一节设定的“MCS_MILL”,“使用刀具”选用前一节建立的直径为 $\phi6$ 的直柄球头立铣刀 B – 6,“使用方法”选择 MILL_ROUGH 粗铣,其余设置如图 5 – 109 所示。点击确定后,即进入图 5 – 105 所示的可变轴轮廓铣对话框,然后根据第 2 节中的方法设置相应的“几何体”“驱动方式”“刀轴”和“切削”等参数,其中粗加工的余量是 1.8 mm,表面粗糙度是 0.1 mm;走刀方式选择往复形式,进刀和退刀方式选用切矢方向切入和离开,这样在叶轮叶片的进刀、退刀处,不会留下驻刀痕迹,以利于提高表面加工质量。然后进行程序的生成。图 5 – 110 所示为粗开槽时的刀具运动轨迹,圆柱体表示铣刀,不同的细线分别表示刀具快速运动的轨迹、刀具轴线、刀具加工时的运动轨迹。

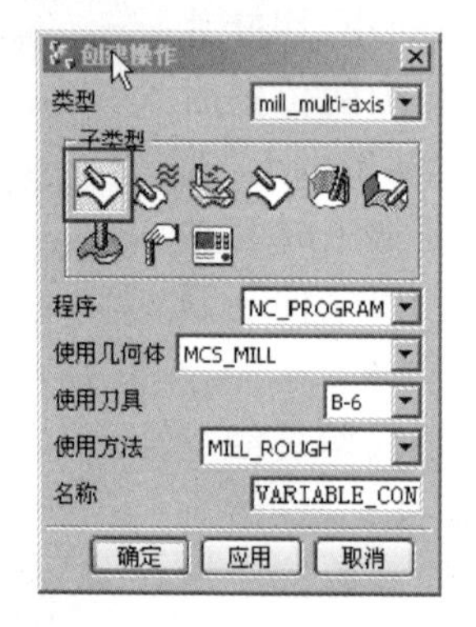

图 5 – 109　程序创建过程

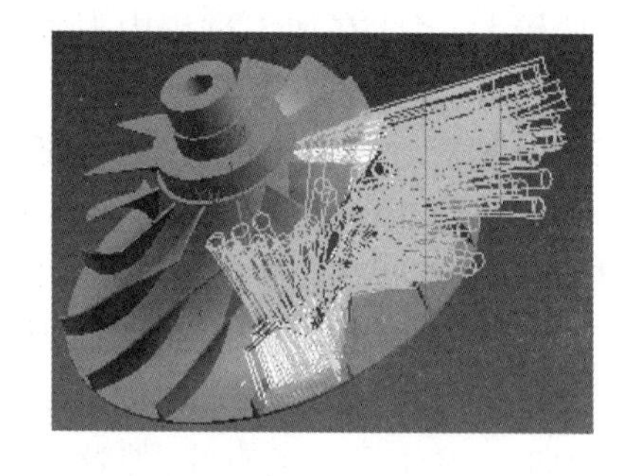

图 5 – 110　粗加工刀具轨迹图

编制完叶轮叶片的粗开槽加工程序,并经过 UG NX 软件的模拟加工器进行模拟加工,模拟整个粗加工过程,以检验编程的质量,如果有问题可以重新设定一些参数重复模拟加工,直至符合要求为止。图 5 – 111 是按上述方式和参数编制的粗加工程序经过模拟加工后的效果图。

2)叶轮叶片的半精铣、精铣编程

对叶片的半精铣和精铣来说,区别仅在于余量和精度,首先考虑的是达到要求的精度,所以精加工编程的原则是在保证加工精度的前提下尽可能提高加工效率。而编程时的加工方法选择和加工参数的设定则应根据所加工曲面的具体几何拓扑关系来定。

编程时,“几何体”“驱动方式”“刀轴”,以及切削方向和进退刀方式亦与粗加工相同。只是刀具选用直径为 $\phi4$ 的直柄球头立铣刀 B – 4,走刀方式由往复式改为单方向走刀方式,这种走刀方式在切削加工过程中能保证顺铣或逆铣的一致性。虽然加工时间长些,但加工精度较高。这里只选择顺铣。半精铣的切削用量为:主轴转速 2 500 r/min,每层加工步长 0.5 mm,表面粗糙度 0.03 mm。精铣的切削用量为:主轴转速 3 0000 r/min,每层加工步长 0.3 mm,表面粗糙度 0.01 mm。图 5 – 112 是按上述方式和参数编程的叶轮叶片精铣刀具轨迹图。

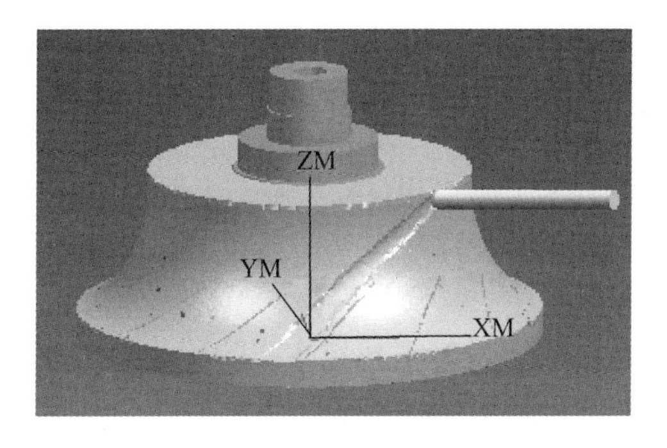

图 5-111　粗加工后模拟加工图

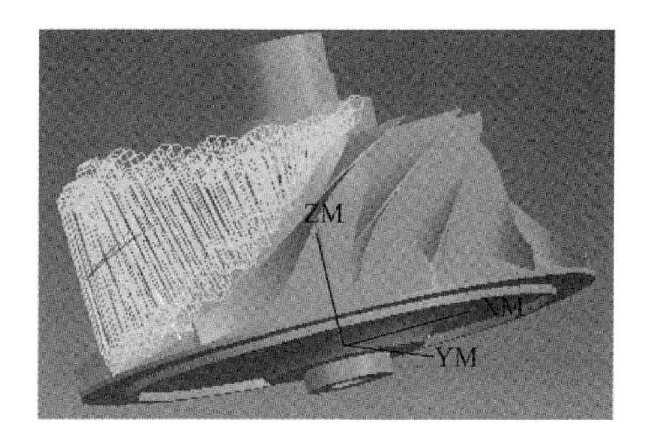

图 5-112　叶片精铣刀具轨迹

3）叶轮轮毂面粗扫底、精扫底

轮毂面扫底是叶轮零件加工的另一难点，轮毂面是一光滑的规律曲面，由于在两个叶片间的容刀空间很小，因此在程序的编制过程中，要求既能保证刀具能完整地加工出轮毂面，又能解决加工刀具与叶片的干涉问题。根据零件的实际尺寸，扫底加工选用切削直径为 $\phi4$ mm，锥度为4度的直柄球头锥铣刀 Z-4。

在操作设置中，加工面选择经过剪切处理后的轮毂区域；驱动方式选择曲面区域，与加工面一致；CUTAREA 采用 SURFACE，切削方式选用“ZIG - ZAG”；PATTERN 选用 PARALLELLINES，投影方式选择刀轴，刀轴选择朝向直线定义；检查面选择叶片表面。粗扫底的切削用量为：主轴转速 2 500 r/min，每层加工步长 0.5 mm，表面粗糙度 0.04 mm。精扫底的切削用量为：主轴转速 3 500 r/min，每层加工步长 0.2 mm，表面粗糙度 0.01 mm。

在编程时综合调整驱动区域和刀轴朝向直线的空间位置，消除干涉，保证加工范围。加工扫底的同时将轮毂面与叶片之间的圆角加工出来。图 5-113 是按上述方式和参数编程的叶轮叶片精扫底刀具轨迹图。

图 5-113　叶轮叶片精扫底刀具轨迹图

4）数控加工程序的仿真

叶轮叶片的粗、精加工程序编制完成，如果直接应用到加工中心进行加工，则往往由于加工干涉、切削参数不理想或不正确等原因不得不重新修改编程参数，这样非常浪费加工时间。

可以使用 UG 软件中的可视化刀具轨迹校核功能，对上述编制的数控程序进行仿真加工。仿真加工的最大好处是可以保证程序的可加工性，减少实际试制时间，节约费用。通过仿真可对程序进行分析，特别是刀具轴变化有特殊要求，旋转角度有限制的程序，可通过仿真确保刀轴变化平稳过渡。对于刀具或机床在加工或进退刀时与零件有干涉的情况等仿真结果不理想的程序，可以返回加工模块对参数进行修改，直至仿真结果符合加工要求。具体操作方法是在加工模块环境下，选择需要操作的程序段，使其反色显示，然后点击工具栏中的确认导轨，弹出可视化刀轨轨迹对话框，选择 3D 动态，动画速度选择 10（最快，以节省时间），点击播放按钮，刀具仿真运动开始进行，可以看到铣刀将余量从毛坯一点一点切掉的生动画面。这一部分的操作，这里不再详述。

本章小结

本章首先说明了数控编程方法可以分为两分类:手工编程和自动编程。

数控车床主要加工轴类零件和法兰类零件。数控车床的刀架在 X 轴和 Z 轴组成的平面内运动,主要加工回转零件的端面、内孔和外圆。

本章首先阐述了数控车床车削加工编程的特点,然后说明了数控车床的编程基础。数控车床有直径编程和半径编程两种方法。前一种方法把 X 坐标值表示为回转零件的直径值,称为直径编程;另一种方法把 X 坐标值表示为回转零件的半径值,称为半径编程。考虑使用上方便,采用直径编程的方法居多。

数控车床刀架布置有两种形式:前置刀架和后置刀架。前置刀架位于 Z 轴的前面,与传统卧式车床刀架的布置形式一样,刀架导轨为水平导轨,使用四工位电动刀架;后置刀架位于 Z 轴的后面,刀架的导轨位置与正平面倾斜。一般全功能的数控车床都设计为后置刀架。

数控车床编程坐标系统的确定:数控车床以径向(横向)为 X 轴方向,纵向为 Z 轴方向。尾架位置方向是 $+Z$ 区,而指向主轴位置为 $-Z$ 方向,指向操作者的位置为 $+X$ 方向。所以按右手法则规定,Y 轴的正方向指向地面。

在编写工件的加工程序时,首先是设定坐标系。机床欲对工件的车削进行程序控制,必须首先设定机床坐标系。工件坐标系是用于确定工件几何图形上各几何要素(如点、直线、圆弧等)的位置而建立的坐标系,是编程人员在编程时使用的。工件坐标系的原点就是工件原点,而工件原点是人为设定的。数控车床工件原点一般设在主轴中心线与工件左端面或右端面的交点处。

采用固定循环指令编写加工程序,可减少程序段的数量,缩短编程时间和提高数控机床工作效率。根据刀具切削加工的循环路线不同,循环指令可分为单一固定循环指令和多重复合循环指令。单一固定循环指令是对于加工几何形状简单、刀具走刀路线单一的工件,可采用固定循环指令编程,即只需用一条指令、一个程序段完成刀具的多步动作。固定循环指令中刀具的运动分四步:进刀、切削、退刀与返回。多重复合循环指令(G70 ~ G76)运用这组 G 代码,可以加工形状较复杂的零件,编程时只需指定精加工路线和粗加工背吃刀量,系统便会自动计算出粗加工路线和加工次数,因此编程效率更高。

数控铣床和加工中心的编程将数控加工程序的类型分成点位 - 直线控制系统编程和轮廓控制系统编程。分析、论述了此两类问题的编程方法。说明了曲面轮廓加工技术,阐明了图形编程技术,论述了所涉及的关键技术。论述了数控程序的检验与仿真,目前数控程序检验方法主要有试切、刀具轨迹仿真、三维动态切削仿真和虚拟加工仿真等方法。对复杂形状的零件数控加工仿真进行分析,基于 UG NX 对叶轮叶片进行了数控编程。

复 习 题

5 - 1　数控车削编程的特点是什么?

5 - 2　数控车床编程坐标系统如何确定?

5 - 3　刀尖圆弧半径补偿指令有哪些?

5－4　车削固定循环功能的作用是什么，常用的有哪些？

5－5　编制粗车题5－5图零件的外圆的程序，每次切削深度 $t \leqslant 1$ mm，题5－5图所示毛坯外径为 $\phi 34$，车到图纸尺寸。

5－6　编制粗车内孔的程序，每次切削深度 $t \leqslant 1$ mm，题5－6图所示毛坯外径为 $\phi 40$，内孔毛坯内径为 $\phi 20$，车到图纸尺寸。

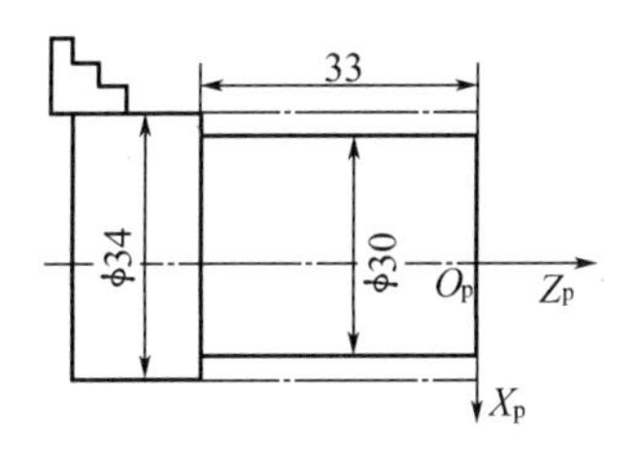

题5－5图　粗车的外圆

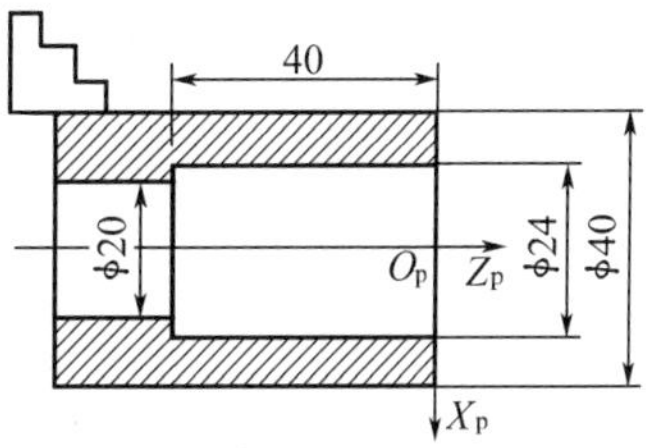

题5－6图　粗车内孔

5－7　如题5－7图所示为一车削零件图，试编制车削零件的精加工程序。

5－8　试编制如题5－8图所示的车削零件的精加工程序。

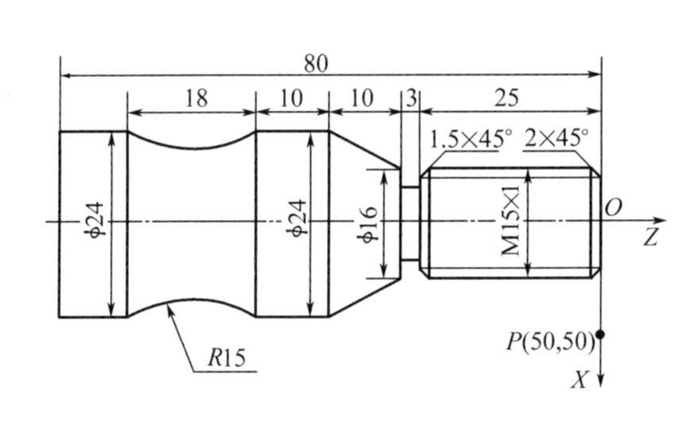

题5－7图　车削零件

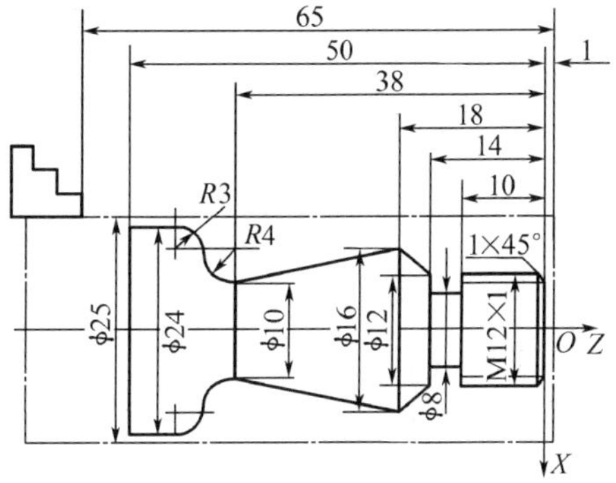

题5－8图　车削零件

5－9　数控铣床编程的特点是什么？

5－10　加工中心编程的特点是什么？

5－11　什么是固定循环功能？

5－12　固定循环六个动作组成是什么？

5－13　什么是子程序？说明子程序的调用、返回的格式。

5－14　孔加工固定循环的基本组成动作有哪些？试用图示法说明。

5－15　论述轮廓零件加工编程的数学处理包括哪些内容？

5－16　阐述直线－圆弧轮廓零件加工编程线性插补计算节点的方法。

5－17　试编制铣削如题5－17图所示零件外轮廓的精加工程序。

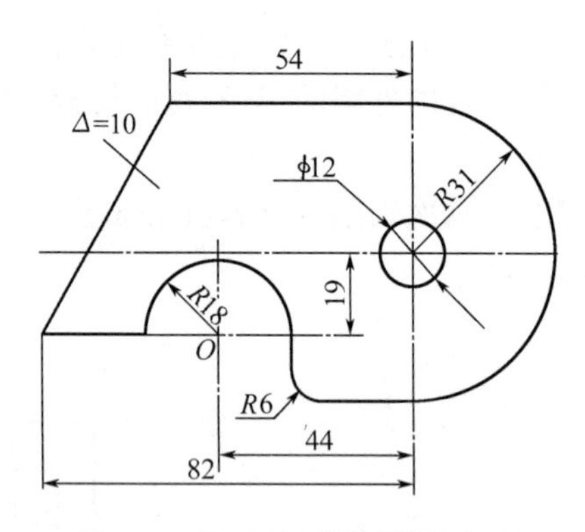

题 5－17 图　铣削的零件外轮廓

5－18　在数控铣床上加工题 5－18 图所示盖板零件的外轮廓，采用刀具半径补偿指令，编写加工程序，选择零件左端底面 A 为原点建立工件坐标系，走刀路线按 $A \to H \to G \to F \to E \to D \to C \to B \to A$ 切削，主轴转数 $S = 1000$ r/min，铣削直线时，进给速度 $F = 100$ mm/min，铣削圆弧时，进给速度 $F = 50$ mm/min。

5－19　如题 5－19 图所示，孔深 5 mm，加工过程为先铣削外形，然后钻孔和镗孔，试编程。

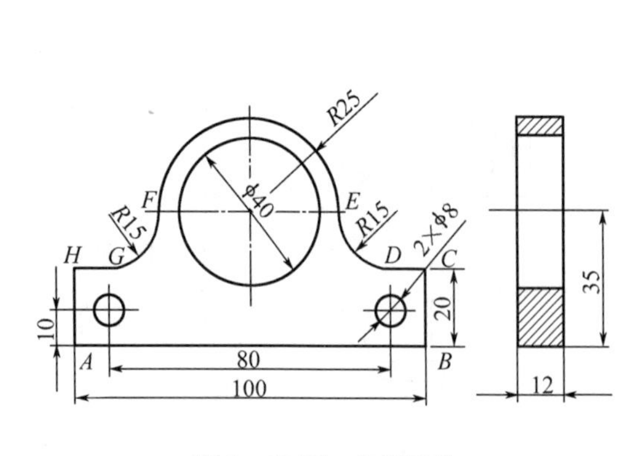

题 5－18 图　盖板零件

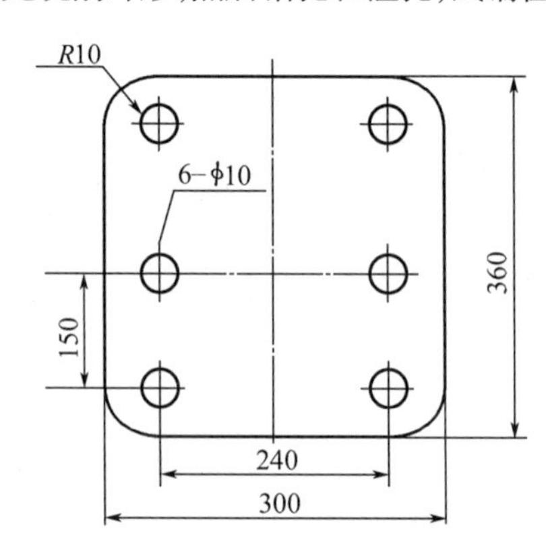

题 5－19 图　铣削零件外形

5－20　在数控铣床上加工如题 5－20 图所示的凸轮，工件材料为 45#钢，试编写加工程序。

5－21　什么是非圆曲线轮廓零件？编制数控加工程序时需要解决哪些问题？

5－22　用直线段逼近非圆曲线轮廓的节点有哪几种方法？节点坐标计算步骤是什么？

5－23　用圆弧逼近非圆曲线轮廓的节点有哪些种方法，节点坐标计算步骤是什么？

5－24　何为自动编程？常用的自动编程方法有哪两类，各有何特点？

5－25　图形交互式自动编程的信息处理过程是怎样的？

5－26　后置处理程序的作用是什么？

5－27　试述计算机辅助数控加工编程的一般原理。

5－28　说明图形编程的基本原理。

5－29　说明刀具轨迹仿真的基本原理，如何利用刀具轨迹仿真检验数控程序的正确性？

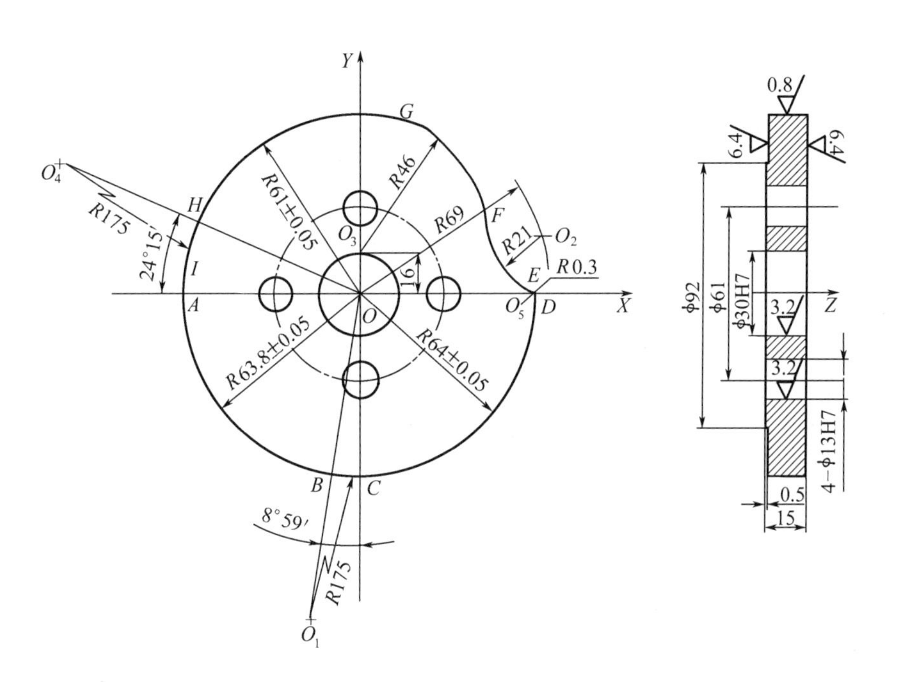

题 5-20 图　凸轮加工编程

参 考 文 献

[1] 黄国权. 数控技术[M]. 北京:清华大学出版社,2008.

[2] 易红,唐小琦. 机床数字控制技术手册:机床及系统卷[M]. 北京:国防工业出版社,2013.

[3] 王爱玲. 机床数字控制技术手册:操作和应用卷[M]. 北京:国防工业出版社,2013.

[4] 刘强. 机床数字控制技术手册:技术基础卷[M]. 北京:国防工业出版社,2013.

[5] 蔡厚道,杨家兴. 数控机床构造[M]. 2 版. 北京:北京理工大学出版社,2010.

[6] 娄锐. 数控应用关键技术[M]. 北京:电子工业出版社,2005.

[7] 周济,周艳红. 数控加工技术[M]. 北京:国防工业出版社,2002.

[8] 王永章,杜君文,程国全. 数控技术[M]. 北京:高等教育出版社,2001.

[9] 刘雄伟. 数控加工理论与编程技术[M]. 2 版. 北京:机械工业出版社,2000.

[10] 王爱玲. 现代数控原理及控制系统[M]. 北京:国防工业出版社,2002.

[11] 林宋,田建君. 现代数控机床[M]. 北京:化学工业出版社,2003.

[12] 白恩远. 现代数控机床伺服及检测技术[M]. 北京:国防工业出版社,2002.

[13] 孟富森. 数控技术与 CAM 应用[M]. 重庆:重庆大学出版社,2003.

[14] 黄国权,杨显惠. 采用逆向工程技术对叶轮建模的研究[J]. 机械设计与制造,2010(2):227-229.

[15] 黄国权. 高速切削金属陶瓷可转位铣刀刀片力学特性分析[J]. 哈尔滨工程大学学报,2006,27(2):281-284.

[16] 黄国权. 金属陶瓷可转位铣刀的研制[J]. 组合机床与自动化加工技术,2006(2):3-5.

[17] 黄国权. 非圆曲线数控加工编程的设计[J]. 组合机床与自动化加工技术,2005(2):29-30.

[18] 黄国权,顾勇进. 高速切削技术及高速切削可转位铣刀的研究[J]. 机械设计与制造,2004(1):100-102.

[19] 黄国权,吕金丽. 数控加工的后置处理技术[J]. 应用科技,2001,28(11):7-9.

[20] 全国有色金属标准化技术委员会. 切削刀具用可转位刀片型号表示规则:GB/T 2076—2007[S]. 北京:中国标准出版社,2008.